U0223766

国家出版基金资助项目

现代数学中的著名定理纵横谈丛书

丛书主编　王梓坤

GALOIS THEOREM AND GROUP THEORY

Galois定理与群论

勒贝尔　佩捷　刘立娟　编译

哈爾濱工業大學出版社
HARBIN INSTITUTE OF TECHNOLOGY PRESS

内 容 简 介

在数学和抽象代数中，群论研究名为群的代数结构，群在抽象代数中具有基本的重要地位．本书从一个方程能用根式求解所必须满足的本质条件开始研究，讲述了伽罗华定理与群论知识．全书分为：普及篇、基础篇及提高篇三部分，详细叙述了群论这门数学学科的发展及众多数学家在群论方向的研究成果．

本书适合于数学专业的本科生和研究生以及数学爱好者阅读和收藏．

图书在版编目(CIP)数据

Galois定理与群论/勒贝尔，佩捷，刘立娟编译．——哈尔滨：哈尔滨工业大学出版社，2016.6

(现代数学中的著名定理纵横谈丛书)

ISBN 978-7-5603-5807-9

Ⅰ.①G… Ⅱ.①勒…②佩…③刘… Ⅲ.①群论-研究 Ⅳ.①O152

中国版本图书馆CIP数据核字(2016)第006051号

策划编辑 刘培杰 张永芹
责任编辑 张永芹 刘春雷
封面设计 孙茵艾
出版发行 哈尔滨工业大学出版社
社　　址 哈尔滨市南岗区复华四道街10号 邮编150006
传　　真 0451-86414749
网　　址 http://hitpress.hit.edu.cn
印　　刷 牡丹江邮电印务有限公司
开　　本 787mm×960mm 1/16 印张36.25 字数426千字
版　　次 2016年6月第1版 2016年6月第1次印刷
书　　号 ISBN 978-7-5603-5807-9
定　　价 128.00元

代序

读书的乐趣

你最喜爱什么——书籍.

你经常去哪里——书店.

你最大的乐趣是什么——读书.

这是友人提出的问题和我的回答.真的,我这一辈子算是和书籍,特别是好书结下了不解之缘.有人说,读书要费那么大的劲,又发不了财,读它做什么?我却至今不悔,不仅不悔,反而情趣越来越浓.想当年,我也曾爱打球,也曾爱下棋,对操琴也有兴趣,还登台伴奏过.但后来却都一一断交,"终身不复鼓琴".那原因便是怕花费时间,玩物丧志,误了我的大事——求学.这当然过激了一些.剩下来唯有读书一事,自幼至今,无日少废,谓之书痴也可,谓之书橱也可,管它呢,人各有志,不可相强.我的一生大志,便是教书,而当教师,不多读书是不行的.

读好书是一种乐趣,一种情操;一种向全世界古往今来的伟人和名人求教的方法,一种和他们展开讨论的方式;一封出席各种社会、体验各种生活、结识各种人物的邀请信;一张迈进科学宫殿和未知世界的入场券;一股改造自己、丰富自己的强大力量.书籍是全人类有史以来共同创造的财富,是永不枯竭的智慧的源泉.失意时读书,可以使人重整旗鼓;得意时读书,可以使人头脑清醒;疑难时读书,可以得到解答或启示;年轻人读书,可明奋进之道;年老人读书,能知健神之理.浩浩乎!洋洋乎!如临大海,或波涛汹涌,或清风微拂,取之不尽,用之不竭.吾于读书,无疑义矣,三日不读,则头脑麻木,心摇摇无主.

潜能需要激发

我和书籍结缘,开始于一次非常偶然的机会.大概是八九岁吧,家里穷得揭不开锅,我每天从早到晚都要去田园里帮工.一天,偶然从旧木柜阴湿的角落里,找到一本蜡光纸的小书,自然很破了.屋内光线暗淡,又是黄昏时分,只好拿到大门外去看.封面已经脱落,扉页上写的是《薛仁贵征东》.管它呢,且往下看.第一回的标题已忘记,只是那首开卷诗不知为什么至今仍记忆犹新:

日出遥遥一点红,飘飘四海影无踪.

三岁孩童千两价,保主跨海去征东.

第一句指山东,二、三两句分别点出薛仁贵(雪、人贵).那时识字很少,半看半猜,居然引起了我极大的兴趣,同时也教我认识了许多生字.这是我有生以来独立看的第一本书.尝到甜头以后,我便千方百计去找书,向小朋友借,到亲友家找,居然断断续续看了《薛丁山征西》《彭公案》《二度梅》等,樊梨花便成了我心中的女英雄.我真入迷了.从此,放牛也罢,车水也罢,我总要带一本书,还练出了边走田间小路边读书的本领,读得津津有味,不知人间别有他事.

当我们安静下来回想往事时,往往会发现一些偶然的小事却影响了自己的一生.如果不是找到那本《薛仁贵征东》,我的好学心也许激发不起来.我这一生,也许会走另一条路.人的潜能,好比一座汽油库,星星之火,可以使它雷声隆隆、光照天地;但若少了这粒火星,它便会成为一潭死水,永归沉寂.

抄,总抄得起

好不容易上了中学,做完功课还有点时间,便常光顾图书馆.好书借了实在舍不得还,但买不到也买不起,便下决心动手抄书.抄,总抄得起.我抄过林语堂写的《高级英文法》,抄过英文的《英文典大全》,还抄过《孙子兵法》,这本书实在爱得狠了,竟一口气抄了两份.人们虽知抄书之苦,未知抄书之益,抄完毫末俱见,一览无余,胜读十遍.

始于精于一,返于精于博

关于康有为的教学法,他的弟子梁启超说:"康先生之教,专标专精、涉猎二条,无专精则不能成,无涉猎则不能通也."可见康有为强烈要求学生把专精和广博(即"涉猎")相结合.

在先后次序上,我认为要从精于一开始.首先应集中精力学好专业,并在专业的科研中做出成绩,然后逐步扩大领域,力求多方面的精.年轻时,我曾精读杜布(J. L. Doob)的《随机过程论》,哈尔莫斯(P. R. Halmos)的《测度论》等世界数学名著,使我终身受益.简言之,即"始于精于一,返于精于博".正如中国革命一样,必须先有一块根据地,站稳后再开创几块,最后连成一片.

丰富我文采,澡雪我精神

辛苦了一周,人相当疲劳了,每到星期六,我便到旧书店走走,这已成为生活中的一部分,多年如此.一次,偶然看到一套《纲鉴易知录》,编者之一便是选编《古文观止》的吴楚材.这部书提纲挈领地讲中国历史,上自盘古氏,直到明末,记事简明,文字古雅,又富于故事性,便把这部书从头到尾读了一遍.从此启发了我读史书的兴趣.

我爱读中国的古典小说,例如《三国演义》和《东周列国志》.我常对人说,这两部书简直是世界上政治阴谋诡计大全.即以近年来极时髦的人质问题(伊朗人质、劫机人质等),这些书中早就有了,秦始皇的父亲便是受害者,堪称"人质之父".

《庄子》超尘绝俗,不屑于名利.其中"秋水""解牛"诸篇,诚绝唱也.《论语》束身严谨,勇于面世,"己所不欲,勿施于人",有长者之风.司马迁的《报任少卿书》,读之我心两伤,既伤少卿,又伤司马;我不知道少卿是否收到这封信,希望有人做点研究.我也爱读鲁迅的杂文,果戈理、梅里美的小说.我非常敬重文天祥、秋瑾的人品,常记他们的诗句:"人生自古谁无死,留取丹心照汗青""谁言女子非英物,夜夜龙泉壁上鸣".唐诗、宋词、《西厢记》《牡丹亭》,丰富我文采,澡雪我精神,其中精粹,实是人间神品.

读了邓拓的《燕山夜话》,既叹服其广博,也使我动了写《科学发现纵横谈》的心.不料这本小册子竟给我招来了上千封鼓励信.以后人们便写出了许许多多的“纵横谈”.

从学生时代起,我就喜读方法论方面的论著.我想,做什么事情都要讲究方法,追求效率、效果和效益,方法好能事半而功倍.我很留心一些著名科学家、文学家写的心得体会和经验.我曾惊讶为什么巴尔扎克在51年短短的一生中能写出上百本书,并从他的传记中去寻找答案.文史哲和科学的海洋无边无际,先哲们的明智之光沐浴着人们的心灵,我衷心感谢他们的恩惠.

读书的另一面

以上我谈了读书的好处,现在要回过头来说说事情的另一面.

读书要选择.世上有各种各样的书:有的不值一看,有的只值看20分钟,有的可看5年,有的可保存一辈子,有的将永远不朽.即使是不朽的超级名著,由于我们的精力与时间有限,也必须加以选择.决不要看坏书,对一般书,要学会速读.

读书要多思考.应该想想,作者说得对吗?完全吗?适合今天的情况吗?从书本中迅速获得效果的好办法是有的放矢地读书,带着问题去读,或偏重某一方面去读.这时我们的思维处于主动寻找的地位,就像猎人追找猎物一样主动,很快就能找到答案,或者发现书中的问题.

有的书浏览即止,有的要读出声来,有的要心头记住,有的要笔头记录.对重要的专业书或名著,要勤做笔记,“不动笔墨不读书”.动脑加动手,手脑并用,既可加深理解,又可避忘备查,特别是自己的灵感,更要及时抓住.清代章学诚在《文史通义》中说:“札记之功必不可少,如不札记,则无穷妙绪如雨珠落大海矣.”

许多大事业、大作品,都是长期积累和短期突击相结合的产物.涓涓不息,将成江河;无此涓涓,何来江河?

爱好读书是许多伟人的共同特性,不仅学者专家如此,一些大政治家、大军事家也如此.曹操、康熙、拿破仑、毛泽东都是手不释卷,嗜书如命的人.他们的巨大成就与毕生刻苦自学密切相关.

王梓坤

普及篇

目录

基础篇

提高篇

普及篇

伽罗华小传[1]

第1章

这本书里所讲的是群论(Theory of Groups),群论是近代数学的一种.伽罗华(Évariste Galois,1811—1832)对于这门数学的理论和应用发扬很多.伽罗华殁于1832年,死的时候还不满二十一岁.在他那短促而悲惨的生命中,对群论有颇多贡献;而这门数学分支在今日已成为数学中的重要部分了.自古以来的二十五位大数学家中,他就是其中的一位[2].

伽罗华,1811年10月25日生于法国巴黎附近的Bourg-Ia-Reine,1832年5月31日卒于巴黎.

---

① 倪焯群译自 Dictionary of Scientific Biography. Vol. V,259-264.

② G. A. Miller in Science,Jan.,22,1932.

迄今,几乎没有一位数学家有伽罗华那种动人的个性.他在一次神秘的决斗中受伤身亡,终年仅20岁零7个月.他留下一批不到100页的著作(绝大部分在死后发表),在19世纪下半叶,人们才认识这些惊人的、富有成果的论文.伽罗华,这位早聪非凡、造诣出众的天才,可不是一位深居简出的学者,他有着极其不幸的一生.他身处逆境,学术界对他的工作的不理解和轻视,促使他投入革命.与绝大多数同代人相比,这位富有战斗精神的共和主义者,只是一个政治鼓动者.事实上,他继续了阿贝尔(Abel)的研究,用群论明确地解决了代数方程的可解性问题(这个问题从18世纪以来,一直吸引着数学家们的注意).从而为近世代数奠定了一个基础.从他留下的其他一些著作的手稿中可看到,他致力研究的椭圆函数理论和阿贝尔的整数理论,以及对数学的哲学和方法论的见解显露出对现代数学的先见.

伽罗华的父亲N.G.伽罗华,是个厚道、聪敏的自由主义思想家.他主管一所容纳约六十位寄宿生的学校.在"百日革命"时,他被推选为Bourg-Ia-Reine的市长.在二次复辟期间,他依然担任此职.伽罗华的母亲Adelaide-Marie Demante出身于法律学家的家庭,受过更为正统的教育.她有着倔强的个性,偏执甚至有些古怪.她承担了儿子的启蒙教育,她试图按照经典文化的要素反复地向伽罗华灌输宗教和崇尚于斯多葛道德的原则.伽罗华受了父亲的想象力和自由主义以及母亲的那种反复无常的严厉的怪僻脾气的影响,也受到他长姐Nathalie-Théodore的影响,他似乎有着一个幸

福又勤奋好学的青少年时代.

伽罗华1823年10月去巴黎的Loais-Ie-Grand学院继续求学,那时他是个四年级寄宿生.他感到复辟期间校方在当局和教会指使下所制定的苛刻校规实在难以忍受.虽然他是个杰出的学生,但他仍然表示了异议.1827年的头几个月,他参加了由H.J.Vernier开讲的一年制数学预科课程.这一初次与数学的接触对他是一个启示,但他很快对讲课内容的初等以及教科书中的某些不当之处感到厌倦,于是不久便转为直接阅读原始的论文.他弄懂了勒让德(Legendre)《几何》(*Géométrie*)一书的严密性,并通过学习拉格朗日(Lagrange)的主要著作为自己打下了一个扎实的基础.此后两年,他参加了Vernier开讲的二年制数学预科课程,后来又参加了L.P.E.Richard的更为高级的课程,Richard最早认识到伽罗华在数学上是个无可怀疑的出类拔萃的人物.伽罗华虽然花在课业上的时间远少于自己从事研究所花的时间,但是在跟这位聪明的老师学习时,他仍然是一个出色的学生.1828年,他开始着手学习关于方程理论、整数理论和椭圆函数理论的一些最新的著作.他最早的工作,于1829年3月发表在Gergome主办的《纯粹与应用数学年刊》(*Annales de Mathématiques pures et appliquées*)上,那篇论文更为清楚地论述和说明了拉格朗日关于连分式的结果,显示了一定的技巧,但并未显示出特别的才能.

据伽罗华自己说,他在1828年犯了和阿贝尔在八年前犯的同样错误,以为他已经解出一般的五次方程.

但他立刻觉察到了错误,在一个新的基础上又重新开始研究方程理论,他坚持不懈,直到成功地用群论阐明了这个带普遍性的问题.他在1829年5月得出的结果,经由一个特别够格的审定人柯西(Cauchy)呈报科学院.然而,一些事件挫伤了这个辉煌的开端,而且在这位年轻数学家的个性上留下了深深的烙印.首先,伽罗华的父亲,因持有自由主义的政见遭到迫害,并于同年7月初自杀.其次,在一个月以后,由于伽罗华拒绝采用考核人员建议的解答方法,结果他在多科工艺学院(École Polytechnique)入学考试中失败.该学院在科学上的声望以及自由的传统吸引着伽罗华,但当他看到进入这所学院的希望成了泡影,就去报考高等师范学院(École Normale Sapérieure,当时称预备学院École Preparatoire).那是一所培养未来中学教师的学校.伽罗华数学成绩出色,因而被录取.该校当时位于College Louis-Ie-Grand(在那里他已经度过了以往的六年)的附属建筑中.就在这期间,通过阅读Férussac的《数学科学通报》(*Bulletin des Sciences Mathématiques*)得知了阿贝尔不久前去世的消息,同时发觉在阿贝尔最终发表的论文中,有许多结论已在他呈送给科学院的论文中独立地提出过.

柯西是指定审核伽罗华学术论文的,考虑到阿贝尔的研究工作及新取得的结果,他不得不劝告伽罗华修改他的论文(就是这个原因柯西没有就他的学术论文提出报告).为希望赢得数学大奖(grond prix),伽罗华确实又作了一篇新的论文,在1830年2月末送交科学院.不幸,由于指派审定他论文的傅里叶

(Fourier) 去世，他的论文也遗失了. 伽罗华在这次竞争中被莫明其妙地逐出之后，他感到自己是官方科学和整个社会的代理人所进行的一种新迫害的对象. 他的手稿保存了 1830 年 2 月的那篇精心制作的论文的一部分记录，它的一个简要的分析发表在 1830 年 4 月 Férussac 的《数学科学通报》上. 于 1830 年 6 月伽罗华又在同一杂志上发表了关于解数值方程的短篇注记“数的理论”(Sur la théorie des nombres). 在这篇论文中，他介绍了“伽罗华虚数”的引人注目的理论. 同一期杂志上还刊登着柯西和泊松(Poisson) 的创造性的著作，这就充分说明了伽罗华已赢得的声誉，尽管背运逆境折磨着他. 但是 1830 年七月革命，标志了伽罗华一生的一个重大转折.

在几星期的表面平静之后，革命又重新在法国激起了政治性鼓励，并激励了共和主义宣传的强化，特别在知识界和学生中间. 正在此时，伽罗华投身于政治. 在 1830 年 11 月到高等师范学院念第二学年之前，伽罗华早已与几个共和主义的领导人，特别是与 Blangui 和 Raspail 结下了友谊. 他越来越不能容忍学校的苛刻校规，在一个对立的刊物(*Gazatte des éwles*) 上发表了激烈抨击校长的文章. 为此，1830 年 12 月 8 日他被开除学校. 1831 年 1 月 4 日皇室枢密院批准校方这一措施.

于是，伽罗华根据自己的意志用绝大部分时间从事政治宣传，参加了把当时的巴黎搅得动荡不安的示威游行和骚乱. 1831 年 5 月 9 日，在一个共和主义者的宴会上，在他给一个弑逆者敬酒之后第一次被捕. 6 月

15日由Seine陪审法院将他开释.在此期间,他在一定程度上继续他的数学研究.他发表的最后两篇论文是1830年12月登在Férussac的《数学科学通报》上关于分析的短文以及刊登在1831年1月2日《科学教育通讯》(*Gazette des écoles*)上的论文"Lettre suar l'erseignement des sciences".1月13日他开了一门关于高等代数的公共课程,他准备在课上提出他自己的发现.但是,这个设想看来没有获得多大的成功.在泊松的要求下,1831年1月17日伽罗华向科学院提出了他草草写成的"代数方程的解的论文"(Mémoire sur la resolution des équations algébriques)的修改稿.不幸的是,1831年7月4日泊松在对伽罗华这项极为重要的研究的评语中,暗示伽罗华的一部分结果可以在最近出版的阿贝尔的遗著中找到,而其余部分则是不可理喻的.这样一个极不公正的评价以后是会弄清楚的,但在当时只能加深伽罗华的叛逆.

1831年7月14日,在一次共和主义者示威游行时,他再度被捕,并押在Sainte-Pélagic监狱.在喧闹以及常常是痛苦的环境中,他继续数学研究,修改他关于方程论的论文,并且研究他的理论的应用以及椭圆函数.1832年3月16日,由于宣布霍乱正在流行,伽罗华被转移到一家私人医院中服刑.在那里他又继续他的研究,写了几篇科学哲学的短文,而且陷入了恋爱.不幸的结局使他极为悲痛.

随着恋爱的告吹,他不明不白地卷进了一场决斗,伽罗华预感到死期将临.5月29日他给共和主义者的朋友们写了绝笔信,草率地整理了他的手稿,并给他的

朋友 Augeste Chevalier(但实际上是想给高斯(Gauss)和雅可比(Jacobi))写了一封遗嘱信.在这一悲惨的文件中,他力图概述他所取得的一些主要结果.5月30日,伽罗华遭到无名对手的致命伤,后被送进医院,并于次日身亡.6月2日他的葬礼正好成了共和主义者示威游行的良机,并预示了随后几天即将出现的血染巴黎的悲惨骚乱.

伽罗华的工作似乎并未得到与他同代的任何人的充分认可.柯西或许能了解它的重要性,但他只看到伽罗华工作的最初的纲要,便在1830年9月离开了法国.此外,伽罗华在世时发表的少量的片断未能反映他成就的全貌,尤其是未能提供一些方法来判定在方程论方面所获得的但被泊松拒绝的结果的重大意义.1832年9月发表的那份著名的遗嘱信也未引起应有的重视.直到1843年9月,刘维尔(Liouville)(他为了出版而整理伽罗华的手稿)正式地向科学院报告这位年轻数学家已经有效地解决了曾为阿贝尔考虑过的一个不可约的一次方程是否"能用根式来解"的问题.著名的1831年的论文和"用根式可解的本原方程"的片断虽然是预告了,并且准备于1843年年底出版.但是直到1846年的10月至11月才发表于《纯粹与应用数学杂志》(*Journal de mathématiques et appliquées*)上.

因此,一直到伽罗华去世14年以后,他的研究工作的基本要素才为数学家们看到.数学研究的进展极为有利于接受伽罗华的思想,这种形势到此时发展到了顶点.在法国学派中,数学物理的优势已消减,而纯粹研究正受到一种新的刺激.再则,后来出版的两卷本

《Neils-Henrik 阿贝尔全集》(1839 年),其中有椭圆函数的代数理论基础的工作和一篇重要的未完成的论文"代数方程的解"(Sur la résolution algébrique des équations),它引起人们对其中一些领域的兴趣,而在这些领域中伽罗华已经很有名气了. 最后,柯西在1844 年到 1846 年间发表的一系列著作,他早在 1815年便曾开始这方面的研究,但不久便放弃了 —— 通过系统地阐明他的著名置换理论已隐含地为群论给出了 —— 一种新的看法.

从刘维尔出的版本开始(在 1877 年又由皮卡(J. Picard) 以书本的形式再次刊行),伽罗华的工作越来越为数学家们识知,而且对近世数学的发展产生了深远影响,那些先没有出版后来才发表的原文,虽然它们的出现太晚已无助于数学的进展,但仍不失其重要性. 在 1906 ~ 1907 年间由 J. Tannery 主编的各种手稿的片断,展示了这位青年数学家的认识论著作的非凡的创造性,提供了对他进行研究的新资料. 最后 R. Bourgne 和 J. P. Azra 在 1961 年出版了带有评论的典型的版本,它汇集了伽罗华所有以前出版的著作和绝大部分还保存的数学提纲和原始草稿. 虽然这些新文献资料对当今数学家们自身的问题没有帮助,但它确实使我们更好地认识伽罗华研究工作的各个方面,它也许还有助于搞清关于他的思想的基本起源的一些尚存的疑团.

为理解伽罗华的工作,考虑影响他产生最初的思想的前人的著作以及引导和丰富他的这些工作的那些同时代研究者的论文是重要的;同时,确认伽罗华的创

造性同样也是必不可少的，因为伽罗华融会贯通了当时最富生命力的各流派的数学思想.基于对近世数学的概念特性的一种先见，他才能够超越他们.从他原始草稿中精选出来的寥寥数笔有关认识论的原文成了当今研究的主要方向；明晰、简要、精确的文风为他的思想增添了新奇和魅力.伽罗华无疑受益于他的前人和对手.然而，他那多重的个性以及他认为数学思想不可避免地更新的远见卓识，使他成为一个杰出的创新者，他的影响长期地留存于数学的浩瀚天地里.

伽罗华最初的研究，正如阿贝尔的一样，是受了拉格朗日与高斯某些类型的代数方程可解性条件的论文以及柯西的置换理论的启示.因而他们之间的相似性是不足为奇的，伽罗华在1829年5月～7月宣布的主要结果早已为阿贝尔所得到这也是不奇怪的.在1829年下半年，伽罗华知道了阿贝尔于过早夭折的前几天在Crelle的《数学理论与应用杂志》(*Journal für die reine und angewandte Mathematik*)上已经发表了许多他的发现.当时伽罗华的兴趣得之于阿贝尔的工作以及他的另一个对手雅可比.从他的大量阅读笔记中可见，由于对群论研究的进一步深入，伽罗华不仅对代数方程理论的解释远远地超过了阿贝尔所发表的结果，而且从1830年头几个月开始，他的大部分研究转向由阿贝尔和雅可比开创的其他一些新的方向，特别是关于椭圆函数论以及关于某些类型的积分的理论.

伽罗华在第一个领域的研究即代数方程的研究中的进展由两篇伟大的综合研究论文所标志.一篇是在1830年2月为取得科学院大奖而写，其摘要于1830年

4 月发表在 Férussac 的《数学科学通报》上，它显示了他已取得超出了阿贝尔最新论文的重大进展，但是要得到全面的解决还有一些障碍，在 Crelle 的《数学理论与应用杂志》上发表了阿贝尔生前工作的一些片断(在这一课题上的未完成的遗著直到 1839 年才发表)，其中有一些更新的结果. 这激励了伽罗华努力继续去克服遗留的困难，并重新改写了他的论文，那就是他向科学院提交的"关于代数方程的求解"的新的修改稿的目的.

不管泊松的批评，伽罗华正确地坚持相信他自己对代数方程可解性问题已经给出了一个明确的解决. 他将这篇论文稍加修改，在他的 1832 年 5 月 29 日遗嘱信中把它放在他所有著作的首位. 这就是他的基本论文做"定型的"版本，其中他继续了前人的研究，同时他作出了全然创新的工作. 确实，他以更为严谨的方式表述了已经广为流行的基本思想，但他也引进了别的东西，已经说到过，这些东西在近世代数的起源中起着重要的作用. 此外，他大胆地将一些经典的方法推广到其他一些领域中去，并且通过系统地使用群论 —— 那就是他在研究方程时所创立的学科 —— 成功地彻底地解决了存在的问题，它确实是一种推广.

拉格朗日已经证明一个代数方程的可解性依赖于是否可能找出一系列二项型的中间方程，即所谓预解方程. 据此，他成功地找出"一般的"二次、三次和四次方程的经典求根公式，但是对于一般的五次方程他不能得出任何明确的结果. 对于上述最后一种类型的方程不可能用根式解出的结论，由 Paolo Ruffini 给出. 后

来,在 1824 年又被阿贝尔以更为满意的方式给出.其间,在 1801 年高斯发表了二项方程和本原单位根的重要研究,在 1815 年柯西对一种未来群论的特殊形式置换理论做出了重要的贡献.

在代数方程可解性的研究中,伽罗华发展了阿贝尔的思想.他考虑到对于每个中间预解方程伴随着一个代数数的域.这个域是介乎所探讨的方程的根产生的域以及由这个方程系数所决定的域之间.而他主要的思想是成功地对给定的方程以及对有关的不同的中间的域给出一个群的序列,使得和与方程所伴随的一串域中的任何域相对应的群是与前一个域所对应的群的不全同的子群.这样一种方法显然需要预先澄清为高斯和阿贝尔所怀疑的域这个概念(当时采用此术语),以及需要进行群论的探索性研究,这些方面伽罗华可以被认为是个开创者.

伽罗华就这样证明了可以用根式来解一个不可约的代数方程的必要和充分条件是它的群是可解的,也就是具有由某些精确地确定的性质的真子群所形成的一个合成系列.虽然这个一般的规则,事实上不能使一个确定方程的精确求解更为简单,但它确实提供了一些方法,作为特殊情况可以用来得出关于低于五次的一般方程以及二项方程和某些特殊类型方程的可解性的所有已知结果,而且它也直接阐明了一般高于四次的方程不可能得到根式解,因为与之伴随的群(几个对象的置换群)是不可解的.伽罗华认识到他的研究超出了代数方程用根式解的可能性这个局限的问题,而可以去处理无理数分类这个远为一般的问题.

在伽罗华的遗嘱信中，他简述了第二篇论文（此论文现在仅剩一些片断）. 此文论述了方程理论和群论的一些成果和应用，文章“数的理论”（Sur la théorie des nombres）与之密切相关. 特别是其中用新的数（现在称为伽罗华虚数）对同余理论做了一个大胆的推广并将之应用于研究一个本原方程可用根式来解的情况. 在第二篇论文中除了群的分解的精确定义以外，还包括了伽罗华理论对椭圆函数的应用，在处理由这些函数的相除和变换所得到的代数方程中，文章未加证明地列出了以周期的商为变量的模方程的结果.

伽罗华在遗嘱信中提到的第三篇论文，只能通过这篇深深打动人的文献中所载的资料来了解，这些资料极为清晰地表明，像阿贝尔和雅可比那样，伽罗华通过对椭圆函数的研究来考虑最一般的代数微分的积分，即现在所说的阿贝尔积分，似乎他在这一领域的研究已经相当先进. 因为，信中总结了他已取得的结果，特别是他将这些积分归成三类的分类法. 后来黎曼（Riemann）在1857年也得到这一结果. 这信还隐含地提到最近在考虑题为“隐含的卓越的分析应用理论”（Sur l'application á l'analyse transcendante de la théoriede l'ambiguité）的文章，但这个暗示太含糊而不能明确地解释.

伽罗华时常表现出对现代数学精神的先知先觉：“严厉地批判微积分运算，将各种运算分类，分类应根据它们的困难程度而不是根据它们的形式，以我看这就是未来数学家们的任务.”（《写作与回忆》（*Écrits et mémoires*）第9页.）

他也认真地考虑过科学创造性的条件:"如果一个人有能力一下子领悟全部数学的真理(不仅是我们所已知的,而且是全部可能的真理),那么他就能规则地,就像机械般地对它们进行演绎……,然而事情并非如此."(《写作与回忆》,第13,14页)他又谈到:"科学通过一系列的结合而得到进展,在这些结合中,机会起着不小的作用,科学的生命是无缘由的、没有计划的(盲目的),就像由并置而生长的矿物一样."(《写作与回忆》,第15页.)

另外,我们也必须看到伽罗华讽刺一些著名科学家时所用的带讥讽又严厉并具挑战性的语调:"我没有对任何人说,这研究中的成功之处归功于他的忠告和鼓励.我不这样说,因为那是说谎."(《写作与回忆》,第3页)由于他对这些科学家的轻蔑,因而他指望他的极为简洁的论证只有他们中的最优秀者才能弄懂.

伽罗华简洁的文风,连同他思想中孕育的伟大开创精神以及他的概念的新颖,其结果不仅使出版被延搁了,同时,人们经过了很长的时期之后,才承认其工作的真正价值,并加以充分的发展.事实上,在19世纪中叶,几乎没有一个数学家准备直接弄清楚这项带革命性的工作.因此,最早涉及这工作的一些出版物,如:Enrico Bettǐ(开始于1815年),T. Schónemann, Leopold Kroneker和Charles Hermite——都是简单地评述、解释或者局限于直接的使用.只是到1866年,Alfred Serret的《高等代数教程》(*Cours d'algèbre Supérieure*)的第三版和1870年Comiele Jordan的《置换理论》(*Traité des Substitution*)出版后,群论和伽罗华的全部工作才真正被归入数学的主流.从那时开始,它的发展极为迅速,应用的范围已延伸到各式各样的科学分支中.事实上,群论以及伽罗华著作中其他更为精妙的因素对于近世代数的产生起着重要的作用.

敬祝他的灵魂安乐!

群的重要

第2章

在讲群论之前，先把群论之所以重要的几个原因之一说一下.

我们都知道数学中一桩要紧的事情是解方程式. 代数方程式[1]可以依它的次数来分类，一次方程式[2]

$$ax+b=0$$

只要是学过初等代数的小孩子都会解[3]，它的解是

$$x=-\frac{b}{a}$$

---

① 代数方程式是形如

$$a_0x^n+a_1x^{n-1}+\cdots+a_n=0$$

的形式的方程式，其中 n 是正整数.

② $a=0$ 而 $b\neq 0$ 的情形除外.

③ 一次方程式的解法是在公元前1700年发明的，这年代是根据 Ahmes Papyrus 书中的记载. 此抄本是一部最早的数学文献，现已得美国数学会的赞助而出版.

二次方程式

$$ax^2+bx+c=0$$

的解法在初等代数中也有，它的解是

$$x=\frac{-b\pm\sqrt{b^2-4ac}}{2a}$$

在公元前数世纪，巴比伦人(Babylonians)已能解这种形式的方程式了①.

三次方程式

$$ax^3+bx^2+cx+d=0$$

和四次方程式

$$ax^4+bx^3+cx^2+dx+e=0$$

的解法已比解一次、二次的方程式难得多了. 直到16世纪才有了解法. 这解法在每本方程式论的书中都可以找到.

当方程式的次数增大时，解法的困难增加得很快. 想来数学家虽都不会解一般高于四次的方程式，可是都相信一定是可能的②. 直到19世纪，利用群论的道理，才证明了这是不可能的事.

此处读者应该懂得透彻的是刚才所说的“不可能”三个字.

一个问题的能否解决是要看我们对于解答所加的限制条件而定的. 譬如

$$x+5=3$$

是能解的，假使我们允许 x 可以是负数的话. 若我们限

---

① 参阅 School and Society, June 18, 1932, P. 833, G. A. Miller 著的 The Oldest Extant Mathematics 一文.

② 如18世纪的大数学家欧拉(Euler)也相信这是可能的.

定 x 不能是负数，那么这方程式就不能解了.

同样，假使 x 表示银圆数，方程式

$$2x+3=10$$

是可解的. 如果 x 表示人数，这方程式就不能解了，因为 $x=3\frac{1}{2}$ 没有意义.

要三等分任意一角，若只准用直尺与圆规，这是不可能的. 但是若允许用别的仪器，就可能了.

一个代数式为可约的(Reducible,就是说可以分解因数)或不可约的(Irreducible),要看我们在什么数域(Field)[①] 中分解因式而定.譬如

$$x^2+1$$

在实数域(Field of Real Numbers)中是不可约的.可是在复数域(Field of Complex Numbers)中却是可约的,因为

$$x^2+1=(x+\mathrm{i})(x-\mathrm{i})$$

此处的$\mathrm{i}=\sqrt{-1}$.简单地说:我们若单说一个代数式是可约的或是不可约的,而不说出它在什么数域内,这话是全然没有意义的.

数学家知道特别说明范围(Environment)的重要.我们说:一个命题在什么范围中是对的,在什么范围中是错的,甚至于在什么范围中是绝对没有意义的.

那么,刚才所说一般高于四次的方程式不能解究竟是什么意思呢?这问题的答案是:一般高于四次的方程式是不能用根式解的.所谓"不能用根式解"是说方程式的根不能用有限次的有理运算(加、减、乘、除)和开方表作方程式的系数的函数.

为了说明这一点,拿一次方程式

$$ax+b=0$$

来看,这方程式的根是

① 一个数域是一个数的集合,其中任两数的和、差、积和商(但零不许作除数)仍在这集合中.故所有复数作成一个数域;所有实数也作成一个数域;所有有理数也作成一个数域.但是一切整数的集合不作成一个数域.因为两个整数的商不一定还是整数.许多有趣的数域的例子,可以在 L. W. Reid 的 *The Theory of Algebraic Numbers* 中看到.

$$x=-\frac{b}{a}$$

所以 x 的值可以用 a 除 b 而得，这是一个有理运算！二次方程式

$$ax^2+bx+c=0$$

的两个根是

$$x=\frac{-b\pm\sqrt{b^2-4ac}}{2a}$$

这也可以由有限次的有理运算和开方而得.

同样，一般的三次、四次方程式的根也可用有限次的有理运算和开方表作系数的函数. 换句话说：它们可以用根式解(Solvable by Radicals).

可是，若论到高于四次的方程式时，这就不再成立了. 当然，这是指一般高于四次的方程式而言，有些特殊的高次方程式还是可以用根式解的.

以后我们将看到怎样用群论的原理来证明一般高于四次的方程式是不能用根式解的①.

我们还可以看到：用群论的道理来证明以直尺与圆规三等分任意角的不可能是何等简单而绮丽，正如应用群论于其他名题一样！

---

① 若不限定单用有理运算和开方来解高于四次的方程式，关于这点，可参读 L. E. Dickson 的 *Modern Algebraic Theories* 以及该书中所指的参考书(这当然不是指近似解法，如圆解法或霍纳氏法(Horner's method) 等而言的，这类近似解法只在应用数学上有用).

群是什么

第3章

数学中的系统(System)可以说是一部数学的机器(A Mathematical Machine),它的主要成分是:

(1) 元素(Element);

(2) 一种运算(Operation).

例如:

(a)(1) 元素是一切整数(正或负或0);

(2) 运算是加法.

(b)(1) 元素是一切有理数①(0除外);

(2) 运算是乘法.

① 一个有理数是一个可以写作两个整数的商的数.譬如$\frac{3}{5}$是一个有理数.但是$\sqrt{2}$不是有理数,因为$\sqrt{2}$不能表作两个整数的商的形式;这事实的证明,可参考Rietz and Crathorne:College Algebra,P. 23.

(c)(1) 元素是某几个文字(如 x_1, x_2, x_3) 的置换(Substitution);

(2) 运算是将一个置换跟着另一个置换(这个且待以后再解释).

(d)(1) 元素是下圆(图 3.1) 的旋转,转的度数是 60° 或是 60° 的倍数;

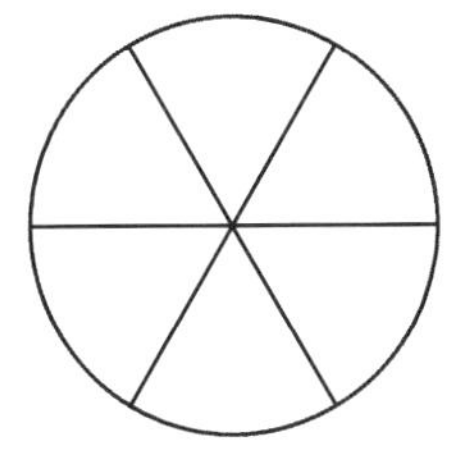

图 3.1

(2) 运算是如(c) 中一般,将一个旋转跟着另一个旋转.

从这么一个简单的出发点着手,看上去似乎弄不出什么东西来,然而这样讨论下去所得的结果是会令人诧异的!

这种系统若能满足下列四条性质,就称为群(Group):

1. 假使两个元素①用规定的运算结合时,所得的结果还是系统中的一个元素.

例如:

在(a) 中,一个整数加到另一个整数上去的结果还是一个整数.

① 这两个元素不必相异,也可以是同一个元素.

在(b)中,两个有理数相乘的结果还是一个有理数.

在(c)中,设有一个置换将 x_1 代作 x_2,x_2 代作 x_3,x_3 代作 x_1,即是将

$$x_1 \quad x_2 \quad x_3$$

换作

$$x_2 \quad x_3 \quad x_1$$

若在这置换之后跟着另一个置换,假设另一个置换是将 x_2 代作 x_3,x_3 代作 x_1,x_1 代作 x_2 的,那么,这两个置换结合的结果是一个将

$$x_1 \quad x_2 \quad x_3$$

换作

$$x_3 \quad x_1 \quad x_2$$

的置换.

在(d)中,设在一个 60° 的旋转(逆时针方向)之后跟着一个 120° 的旋转(逆时针方向),其结果是一个 180° 的旋转(逆时针方向).

2. 系统中必须含有单位元素(Identity Element).所谓单位元素是这样性质的元素:它与系统中任意另一个元素结合的结果仍是那另一个元素.

例如:

在(a)中,单位元素是0,因为0与任何整数相加的结果还是那个整数.

在(b)中,单位元素是1,因为任意一个有理数用1乘之后的积还是那个有理数.

在(c)中,单位元素是将 x_1 代作 x_1,x_2 代作 x_2,x_3 代作 x_3 的置换,因为任意一个置换和这个置换结合的

结果还是那个置换.

在(d)中,单位元素是那个 360° 的旋转,因为系统中的任意一个旋转和这个旋转结合的结果还是那个旋转.

3. 每个元素必须有一个逆元素(Inverse Element).所谓一个元素的逆元素是这样规定的:一个元素和它的逆元素用系统中的运算结合的结果是单位元素.

例如:

在(a)中,3的逆元素是-3,因为3加-3的和是0.

在(b)中,$\frac{a}{b}$ 的逆元素是$\frac{b}{a}$,因为$\frac{a}{b}$ 和$\frac{b}{a}$ 相乘的积是1.

在(c)中,将 x_1 代作 x_2,x_2 代作 x_3,x_3 代作 x_1 的置换的逆元素是一个将 x_2 代作 x_1,x_3 代作 x_2,x_1 代作 x_3 的置换.因为这两个置换结合的结果是一个将 x_2 代作 x_2,x_3 代作 x_3,x_1 代作 x_1 的置换.

在(d)中,那个 60° 的旋转(逆时针方向)的逆元素是一个 $-60°$ 的旋转(就是说:一个顺时针方向的 60° 的旋转).因为这两个旋转结合的结果和那个 360° 的旋转一样.

4. 结合律[①](Associative Law)必须成立.

---

① 设 a,b,c 是任意三个元素,又设运算用记号 ○ 来表示.那么结合律就是说

$$(a \bigcirc b) \bigcirc c = a \bigcirc (b \bigcirc c)$$

例如,在(a)中

$$(3+4)+5=3+(4+5)$$

所以结合律在(a)中能成立,同样,结合律在(b),(c),(d)中都成立.

因为一个群[①]必须具备上述的四条性质，所以在(a)中若把0去掉，那么系统就不成为群了，因为这样，系统里没有单位元素.

一切整数用乘法作系统中的运算不成一群.譬如拿3来说，它的逆元素$\frac{1}{3}$不在系统中.

所以一个系统是否成群，不但要看它的元素，还要看它的运算才能决定.

读者所应当注意的是：

(1) 元素不必一定是数，可以是一种运动（如在(d)中），也可以是一种动作（如在(c)中）或者其他的东西.我们不限定数学的对象是数，这样我们把数学的领域开拓出去了.

(2) 运算不必一定要是加法或乘法，或寻常算术、代数中所称为的运算，尽可以是旁的方法（如在(c)，(d)两例中）.

但在习惯上，我们不管那是什么样的运算，都愿意把它叫作乘法.例如在(c)中，一个置换跟着另一个置换也可以说是一个置换乘另一个置换.当然，这个乘法切不可与普通算术或代数中的乘法相混.这个广义的乘法的性质可以和普通乘法的性质大异.

例如，在普通的乘法中

$$2\times3=3\times2$$

我们说：普通的乘法是适合交换律(Commutative Law)的.这就是说，普通乘法中因子的次序可以交换，

① 关于群的例子，可参看L. C. Mathewson: Elementary Theory of Finite Groups.

其结果相同.可是,若说(c)中的“乘法”,交换律就不成立了.譬如我们拿一个将 x_1 代作 x_3,x_3 代作 x_1,x_2 代作 x_2 的置换和一个将 x_1 代作 x_2,x_2 代作 x_3,x_3 代作 x_1 的置换来看.若先施行第一个置换而后施行第二个置换于式子

$$x_1x_2+x_3$$

那么,这式子先变成

$$x_3x_2+x_1$$

再变成

$$x_1x_3+x_2$$

若将施行置换的次序交换一下,那么,原来的式子先变成

$$x_2x_3+x_1$$

再变成

$$x_2x_1+x_3$$

这个结果显见得和以前那个不一样了.

所以,这种“乘法”是不适合交换律的.因此,相乘时元素的次序很重要;两个元素用运算结合时当照一定的次序结合.

在下一章中,我们要讲一些关于置换群(Substitution Group)的有趣的性质,因为伽罗华用来解方程式的就是这种群.但在事前先要讲一个简单的记法.

譬如一个将 x_1 代作 x_2,x_2 代作 x_3,x_3 代作 x_1 的置换.这个置换我们可以用简单记号来表示它:这些 x 可以省去,只要用 1,2,3 来代表 x_1,x_2,x_3 好了;于是这个置换可以记作

$$(1\ 2\ 3)$$

这记号的意思是说：

1 变作 2；

2 变作 3；

3 变作 1.

换句话说，就是：

x_1 变作 x_2；

x_2 变作 x_3；

x_3 变作 x_1.

同样，一个将 x_2 代作 x_3，x_3 代作 x_1，x_1 代作 x_2 的置换可以记作

$$(2\ 3\ 1)$$

总之，在这种记号中，每个数变作它后一个数，而最后的一数则变成最先的一数，如此完成一个循环. 同样

$$(1\ 3\ 2)$$

表示一个将 x_1 代作 x_3，x_3 代作 x_2，x_2 代作 x_1 的置换. 又如

$$(13)(2)\ 或(13)$$

表示一个将 x_1 代作 x_3，x_3 代作 x_1，x_2 代作 x_2 的置换，所以前面讲乘法交换律时所说两个置换相乘的例子，若照第一种次序是

$$(13)(123)=(23)$$

若照第二种次序是

$$(123)(13)=(12)$$

由这两个式子我们知道这种乘法是不适合交换律的，将一个元素右乘或左乘另一个元素，它的结果是完全不同的！

群的重要性质

第4章

有时一个群的一部分元素自己形成一群，这种群称为子群(Subgroup).

例如,前章的(a)例中,一切整数对于加法而言,固然成为一群.若单拿一切偶数来看,对于加法而言,它们也成一群;因为群的四个性质都能适合:

1.两个偶数的和还是偶数.

2.零是单位元素.

3.一个正偶数的逆元素是一个负偶数,而一个负偶数的逆元素是正偶数.

4.结合律当然成立.

所以单是偶数全体对于加法而言作成一个群,这群是那个由一切整数对于加法而言作成的群的子群.

仿此,一个置换群(即是以置换作元素的群)也可以有子群.例如,拿

$$1,(12),(123),(132),(13),(23)$$

六个置换来看,此处 1 表示那个恒等置换(Identity Substitution,即是将 x_1 代作 x_1,x_2 代作 x_2,x_3 代作 x_3 的置换).这六个置换形成一群,因为群的四条性质都成立:

1. 这六个置换中每两个的积还是这六个中的一个置换,譬如

$$(12)(123)=(13)$$ ①

$$(123)(132)=1$$

$$(13)(23)=(123)$$

$$(123)(123)=(132)$$

等等.

2. 单位元素是 1.

3. 每个元素的逆元素都在这六个元素之中.譬如(123)的逆元素是(132),(12)的逆元素是(12),等等.

4. 结合律成立.

现在从这六个置换中取出 1 和(12)两个来,这两个也作成一个群,这是原来那个群的子群.

我们很容易证明:子群的元数(Order,即是元素

① 这结果(13)是如此得来的:在(12)中 1 变成 2,在(123)中 2 又变成 3,所以结果是 1 变成 3.又在(12)中 2 变成 1,在(123)中 1 变成 2,所以结果 2 还是 2 不变.又在(12)中 3 是不变,在(123)中 3 变成 1,所以结果是 3 变成 1.所以(12)(123) = (13).

的个数）是原来的群的元数的约数[1].

一种重要的子群是不变子群（Invarient Subgroup）. 为了解释这个名词，先得说明变形（Transform）的意义.

设有一个元素(12)，我们用另一个元素(123)去右乘它，再用(123)的逆元素(132)去左乘它，如此所得的结果是

$$(132)(12)(123)=(23)$$

这个结果(23)就称为(12)应用(123)的变形.

同样，群中一个元素若以另一个元素右乘，再用这另一个元素的逆元素左乘，所得结果称为元素应用另一个元素的变形.

一个子群中的任何元素应用原来的群中任何元素的变形，若仍是子群中的元素，这子群就称为原来那个

---

① 设有群 G，它有 n 个元素；又设 H 是 G 的一个子群，H 含有 r 个元素. 现在要证明 r 是 n 的约数：假设 H 中的 r 个元素是

$$a_1, a_2, a_3, \cdots, a_r$$

我们任意取一个不在 H 中的 G 的元素 b，作

$$a_1b, a_2b, a_3b, \cdots, a_rb$$

r 个元素，这 r 个元素当然都相异，而且都在 G 中，但都不属于 H. 如果 $n>2r$，我们一定还可以取一个 G 中的元素 c，c 与以上所得的 $2r$ 个元素相异. 于是再作

$$a_1c, a_2c, a_3c, \cdots, a_rc$$

这 r 个元素都相异，而且在 G 中，但与以前的 $2r$ 个元素都相异. 如此看来，G 中的 n 个元素可以排成下列的形式

$$\begin{array}{ccccc} a_1, & a_2, & a_3, & \cdots, & a_r \\ a_1b, & a_2b, & a_3b, & \cdots, & a_rb \\ a_1c, & a_2c, & a_3c, & \cdots, & a_rc \\ \vdots & \vdots & \vdots & & \vdots \end{array}$$

所以 r 必是 n 的约数.

群的不变子群.

不变子群是很重要的,尤其重要的是一种极大不变真子群[①](Maximal Invarient Proper Subgroup).设 H 是 G 的不变子群,假如 G 中没有包含 H 而较 H 大的不变真子群存在时,H 就称为 G 的一个极大不变真子群.

假设 G 是一个群,H 是 G 的一个极大不变真子群,K 是 H 的一个极大不变真子群,…… 若将 G 的元数用 H 的元数去除,H 的元数用 K 的元数去除,…… 如此所得诸数,称为群 G 的组合因数(Composition Factors).假使这些组合因数都是质数,我们就说 G 是一个可解群[②](Solvable Group),这里"可解"两个字的意义,容后再说.

在有些群中,群中的一切元素都是某一个元素(不是单位元素)的乘幂.譬如在群

$$1,(123),(132)$$

中

---

① 一个群可以看作它自己的子群但不是真子群(Proper Subgroup),一个真子群必须较原来的群小.

② 一个群分成一列极大不变真子群的分法,不仅一种,但是不论如何分法,所得的组合因数却是不变的.例如在群

$$G:1,(123456),(135)(246),(14)(25)(36),(153)(264),(165432)$$

中,子群

$$H_1:1,(135)(246),(153)(264)$$

是 G 的一个极大不变真子群,而 H_1 的极大不变真子群只有1.所以 G 的组合因数是2,3.然而子群

$$H_2:1,(14)(25)(36)$$

也是 G 的一个极大不变真子群,而 H_2 的极大不变真子群只有1.所以这样所得的 G 的组合因数是3,2.这与以前所得的一样.

$$(123)^2=(123)(123)=(132)$$

$$(123)^3=(123)(123)(123)=1$$

这群中的元素都是(123)的乘幂.像这种幂,称为循环群(Cyclic Group).

在一个置换群中,如果每个文字都有一个而且只有一个置换将这文字换成其他某一个文字(这个文字也可以和原来那个文字相同),那么,这个群就称为正规置换群(Regular Substitution Group).例如方才所说的群

$$1,(123),(132)$$

在1中x_1变成x_1,在(123)中x_1变成x_2,在(132)中x_1变成x_3,…… 所以这是一个循环正规置换群(Regular Cyclic Group).这种群在方程式的应用上很重要,在以后的各章中可以见到.

第5章 一个方程式的群

对于一个一定的数域，每个方程式都有一个群.

譬如我们有一个三次方程式

$$ax^3+bx^2+cx+d=0$$

而且假定它的三个根 x_1，x_2，x_3 是相异的. 我们随便取一个这三个根的函数，如

$$x_1x_2+x_3$$

来看，在这函数中，我们若将这些 x 互相替换，那么，一共有多少种置换呢？

我们可以作(12)一类的置换，这种置换是将 x 中的两个互相对换的. (12)将

$$x_1x_2+x_3$$

变成

$$x_2x_1+x_3$$

又如(13)将

$$x_1x_2+x_3$$

变成

$$x_3x_2+x_1$$

等等.

其次是像(123)一类的置换.这个置换把原来的函数变成

$$x_2x_3+x_1$$

除了以上两类置换,还有一种就是那个恒等置换了.所以一共是六个置换

$$1,(12),(13),(23),(123),(132)$$

换句话说,对于这三个 x,一共有 3! 种可能的置换[①].

同理,对于四个 x 有 4! 种可能的置换.一般的情形,对于 n 个 x 就有 n! 种可能的置换.

读者应当注意:于一个函数施行一个置换的时候,函数的值可以因此而变,也可以不变.例如,若将(12)这个置换施行于函数

$$x_1+x_2$$

这函数的值不变.可是,若将(12)施行于函数

$$x_1-x_2$$

① 记号 3! 即表示 $3\times2\times1$.一般地说:n! 表示 $n(n-1)(n-2)\cdots1$.

函数的值就由 x_1-x_2 变为 x_2-x_1 了①.

现在假定有一个 n 次的方程式，它有 n 个不同的根

$$x_1, x_2, x_3, \cdots, x_n$$

我们可以证明：在函数

$$V_1=m_1x_1+m_2x_2+m_3x_3+\cdots+m_nx_n$$

(这个函数也称作伽罗华函数(Galois Function)) 中，一定可以如此选择这些 m，使 x 的每种置换都变更这函数的值. 如此，当 x 作各种可能的置换时，这函数就有 $n!$ 个不同的值. 我们用

$$V_1, V_2, V_3, \cdots, V_{n!}$$

表示这些不同的值. 于是再作出式子

$$P(y)\equiv(y-V_1)(y-V_2)\cdots(y-V_{n!})$$

此处 y 是一个变数.

将 $P(y)$ 的各因子乘出来，就得到一个 y 的多项式. 这个多项式也许是可约的，也许是不可约的，那就要看在什么数域中分解因数而定了.

假设 $P(y)$ 在某一个一定的数域中分解因数，包含 V_1 而在这数域中为不可约的部分设为

$$(y-V_1)(y-V_2) \text{ 或 } y^2-(V_1+V_2)y+V_1V_2$$

在这部分中所含的 V 仅有 V_1 与 V_2. 那个恒等置换和那种将 V_1, V_2 互相交换的 x 的置换作成一群，这是可

---

① 除非 $x_1-x_2=0$，(12) 才不变更函数 x_1-x_2 的值. 但此时 $x_1=x_2$，方程式的根不是全异的. 如果方程式 $f(x)=0$ 的根不是完全相异，我们只要用 $f(x)$ 与 $f'(x)$(即 $f(x)$ 的导函数) 的最大公因子去除方程式 $f(x)=0$ 的两端，就得到一个没有重根的方程式了. 所以我们只要讨论没有重根的方程式就够了.

以证明的事.这个群就称为方程式在这数域中的群(The Group of the given Equation for the given Field).

将这个群中的置换施行于函数 $y^2-(V_1+V_2)y+V_1V_2$ 时,函数的值显然不变.因为 V_1 和 V_2 交换后函数的值不变,至于那个不动置换当然不会变更函数的值.仿此,假使 $P(y)$ 中包含 V_1 的不可约的部分也含有 V_2 和 V_3,那么,方程式在这数域中的群就是那些使这个不可约部分不变的置换作成的.

一般地说,一个方程式在一个一定的数域中的群是由 $P(y)$ 中包含 V_1 的不可约部分而决定的.假使这个不可约部分记作 $G(y)$,那么,$G(y)=0$ 就称为伽罗华分解式(Galois Resolvent).

在一个数域中将一个式子分解因数,到了不能再分解时,若将数域扩大,往往又可以继续分解因数①.所以扩大数域可以将方程式的群变小.这一重要的事实,我们以后还要回过来说的.

对于一般的 n 次方程式,在一个包含它的系数的数域中,$P(y)$ 可能是完全不可约的.这样,方程式在这个数域中的群就含有一切可能的 $n!$ 个置换了.

我们可以证明下列的事实:假使方程式的根的任意一个函数的值在一个数域中,那么,方程式在这个数

① 例如在 $(x^2+1)(x^2-3)(x^2-1)$ 中,$(x^2+1)(x^2-3)$ 在有理数域中是不可约的.但若将数域扩大为实数域,只有 x^2+1 是不可约的了.

域中的群的一切置换都不变更这函数的值①. 而且,假使一个函数的值不在数域中,那么,群中至少有一个置换,它能变更这函数的值.

应用这一重要性质,我们不必很麻烦地去找伽罗

① 其证明可参考 L. E. Dickson:Modern Algebraic Theories, P. 165. 此处所谓函数都限定是有理函数,而且系数必须是数域中的数. 又方程式的系数也必须在数域内.

华分解式,就可以求方程式在一个数域中的群.

例如二次方程式

$$x^2+3x+1=0$$

它有两个根 x_1,x_2.因为它只有两个根,所以可能的置换只有 1 和(12) 两种.所以这方程式的群或者含有这两个置换或者只有 1 一个,这就要凭在什么数域中而决定了.

现在取函数

$$x_1-x_2$$

来看,从初等代数中我们知道:二次方程式

$$x^2+bx+c=0$$

的两个根之差是

$$x_1-x_2=\sqrt{b^2-4c}$$

在此例中,$b=3,c=1$,所以

$$x_1-x_2=\sqrt{5}$$

如果所讨论的数域是有理数域,那么,这个函数的值不在数域中,所以群中必有一个置换,它能变更这函数的值.而 1 和(12) 两个置换中只有(12) 能变更函数 x_1-x_2 的值.所以群中必含有(12),因此,这方程式在有理数域中的群是由

1, (12)

两个置换作成的.

如果所讨论的数域是实数域,那么,$\sqrt{5}$ 在这数域中,所以群中一切置换都不改变函数 x_1-x_2 的值.所以(12) 不能在群中.这方程式在实数域中的群是由 1 一个置换作成的.

我们再取方程式

$$x^3-3x+1=0$$

作例.它有三个根 x_1, x_2, x_3.所以至多有六种可能的置换,即是

$$1,(12),(13),(23),(123),(132)$$

现在要求这方程式在有理数域中的群.我们应用

$$(x_1-x_2)(x_1-x_3)(x_2-x_3)$$

这个函数[①].三次方程式

$$x^3+cx+d=0$$

的根的函数

$$(x_1-x_2)(x_1-x_3)(x_2-x_3)$$

之值是 $\pm\sqrt{-4c^3-27d^2}$.现在 $c=-3, d=1$,所以

$$(x_1-x_2)(x_1-x_3)(x_2-x_3)=$$
$$\pm\sqrt{108-27}=\pm\sqrt{81}=\pm 9$$

± 9 是有理数,在有理数域中,所以群中一切置换都不能变更这函数的值.但在上述六个置换中,只有 1,(123),(132) 不变更这函数的值[②],所以这个三次方程式在有理数域中的群的元素或者就是这三个置换,或者只是 1 一个.所以单利用函数

$$(x_1-x_2)(x_1-x_3)(x_2-x_3)$$

① 这种形式的函数,在求一个方程式的群时很有用.当然我们也可以用别种函数,但不论如何求法,方程式在某一个数域中的群总是唯一的.

② 函数 $(x_1-x_2)(x_1-x_3)(x_2-x_3)$ 的值因 x_1, x_2, x_3 的命名而异,或为 $+9$,或为 -9.若 $(x_1-x_2)(x_1-x_3)(x_2-x_3)=+9$,当 1,(123),(132) 三种置换施行于这函数时,它的值仍是 $+9$;但若施行其余三种置换于这函数,它的值就变为 -9 了.同样,设若 $(x_1-x_2)(x_1-x_3)(x_2-x_3)=-9$,1,(123),(132) 三种置换也不改变这函数的值,而 (12),(13),(23) 等置换改变函数的值为 $+9$.

还不能决定这个方程式在有理数域中的群.我们再应用另外一个函数 x_1,如果群中只有1一个元素,那么,1不会变更函数 x_1 的值,所以 x_1 必在有理数域中.换句话说,这个三次方程式的根 x_1 必须是有理数.同样的道理,x_2,x_3 也必须是有理数.但是,这个三次方程式没有一个根是有理数①,所以,它在有理数域中的群不能单含1一个元素,这群必定是由1,(123),(132)三个元素作成的.

如此,我们利用 $(x_1-x_2)(x_1-x_3)(x_2-x_3)$ 和 x_1 两个函数而决定了这方程式在有理数域中的群.

刚才讨论的这个三次方程式是有特别用处的.在讨论以直尺与圆规三等分任意角的可能与否时,便用到这个方程式.我们将在第7章中讲它.

读者可以尝试:证明方程式

$$x^3-2=0$$

在有理数域中的群含有六个置换.这个方程式显然是表示立方倍积(The Duplication of the Cube)的老问题②.在第7章中我们将看到单用直尺与圆规这问题是不可能的.

至此,我们已经知道什么叫作一个方程式在一个数域中的群,而且知道如何去求它.下面要看它有什么用处.

---

① 因为一个整系数方程式的最高次项系数若是1,那么,它的有理数根必是整数,而且必是常数项的约数.现在这个方程式的常数项是1,只有±1是它的约数,而±1又都不能满足这方程式.所以这方程式没有有理数根.

② 所谓立方倍积问题是单用直尺与圆规怎样去作出立方体的一边 x,使它的体积 $x^3=2$ 是另一已知的单位体积的立方体的体积的二倍.

伽罗华的鉴定

第6章

伽罗华证明了下面的事实：一个方程式在一个含有它的系数的数域中的群若是可解群，则此方程式是可能用根式解的，而且仅在这条件之下方程式始能用根式解①.

在第8章中我们将证明这事实.现在我们且先讨论几个方程式在一个含有其系数的数域中的群，而应用伽罗华的鉴定来看看它们是否可以用根式解.

首先，取一般的二次方程式

$$ax^2+bx+c=0$$

来看，它的两个根是 x_1，x_2.这方程式

① 这是"可解群"这名词命名的理由.

在一个含有它的系数的数域中的群的元素是 1 和 (12). 这群的唯一的极大不变真子群是 1,所以此群的组合因数是

$$\frac{2}{1}=2$$

是一个质数,因此,根据伽罗华的鉴定,凡二次方程式都是可用根式解的. 这事实在伽罗华之前早已为人所共知. 可是用伽罗华的理论得出这个结果是何等简单而美妙啊!

其次,取一般的三次方程式

$$ax^3+bx^2+cx+d=0$$

来看,因为它有三个根 x_1,x_2,x_3,所以在一个含有它的系数的数域中,它的群含有

$$1,(12),(13),(23),(123),(132)$$

六个置换. 此群的唯一极大不变真子群 H 含有 1, (123),(132) 三个置换. 而 H 的唯一极大不变真子群是 1. 所以组合因数是

$$\frac{6}{3}=2 \text{ 与 } \frac{3}{1}=3$$

两个都是质数. 所以凡三次方程式都是可用根式解的.

我们再看一般的四次方程式

$$ax^4+bx^3+cx^2+dx+e=0$$

它在一个含有其系数的数域中的群的元数是 $4!=24$. 这个群的组合因数是[①]

$$2,\ 3,\ 2,\ 2$$

---

① 参看 Miller, Blichfeldt and Dickson: Theory and Applications of Finite Groups.

这些都是质数，所以凡四次方程式也都可以用根式解.

对于一般的五次方程式，G 含有 $5!$ 个置换，G 的极大不变真子群 H 含有$\frac{5!}{2}$个置换，而 H 的唯一极大不变真子群是 1[①]. 所以组合因数是

$$2 \text{ 与 } \frac{5!}{2}$$

$\frac{5!}{2}$ 当然不是质数，所以一般的五次方程式是不能用根式解的.

其实，对于一般的 n 次方程式，n 若是大于 4，组合因数便是[①]

$$2 \text{ 与 } \frac{n!}{2}$$

而后者当然不是质数.

如此，应用群的群论，我们得到一个美妙而有力的方法来判别一个方程式之能否用根式解.

不但如此，在下一章中我们还要讲应用群论来解方程式的方法以及这种方法与三等分任意一角的诸作图问题的关系.

① 其证明可参考 L. E. Dickson：Modern Algebraic Theories，P. 200，Theorem 13.

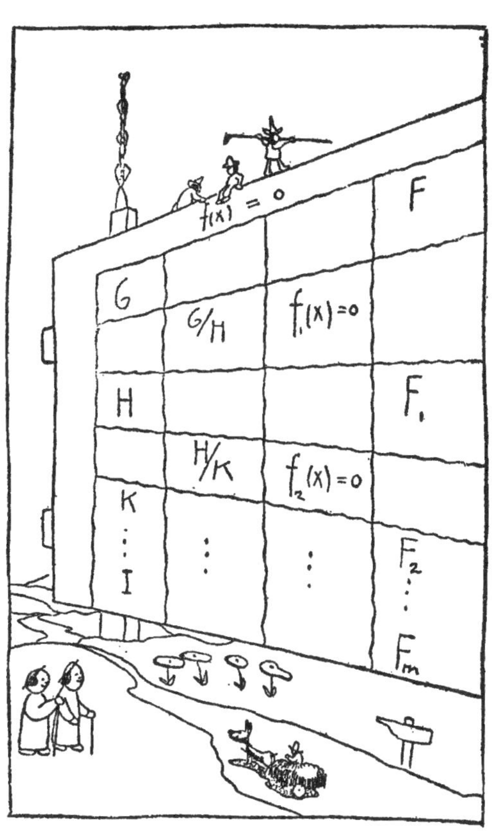
f(x) = 0
F
G
G/H
f1(x)=0
H
F1
H/K
f2(x)=0
K
I
F2
Fm

用直尺与圆规的作图

第7章

伽罗华发明了判别方程式能否用根式解的鉴定以后，他还创造了如何求一个能用根式解的方程式的根的方法，这方法是利用一组辅助方程式(Auxiliary Equations)，这些辅助方程式的次数恰是原来那个方程式的群的组合因数.

现在将这方法的大意表述为：先把第一个辅助方程式的根加入数域 F 中，前面讲过：将数域扩大了可以增加 $P(y)$ 分解因数的可能性，即能将 $P(y)$ 的不可约部分减少，因此能将方程式的群变小. 当然，要数域扩大了之后的确能继续分解 $P(y)$ 的因数，这效果才会发生.

现在假设数域经第一个辅助方程式的根的加入而扩大了[①],而且使分解因数的工作因之可以再继续下去,结果使方程式在这扩大了的数域 F_1 中的群是 H.

再将第二个辅助方程式的根加入 F_1 中,使方程式的群变为 K,如此做法,直到后来,方程式在那个最后扩大成的数域 F_m 中的群是 1. 函数 x_1 显然不能被群 1 中的置换变更它的值,所以 x_1 必在数域 F_m 中. 仿此,其余的根也都在 F_m 中.

这样先决定了方程式的群和此群的组合因数,才知道辅助方程式的次数. 由此我们可以知道什么样的数应该加入原来的数域里去,而把方程式的群变为 1,于是可以决定方程式的根存在于怎样一个数域中.

现在取方程式

$$x^3-3x+1=0$$

作例来帮助我们了解上面的话. 这方程式在有理数域中的群是由 1,(123),(132) 三个置换作成的. 此群的唯一极大不变真子群是 1,因为组合因数是 3,所以只有一个辅助方程式,它的次数是 3[②],而这个辅助方程式的根含有一个立方根. 所以这个立方根必须加入数域中,才能使方程式的群变为 1,而这原来的方程式的根可以从有理数域中的数及这个立方根单用有理运算

---

① 所谓"数域经一个数的加入而扩大",读者须透彻了解其意义. 举例来说,譬如将 $\sqrt{2}$ 加入有理数域中,则扩大后的新数域是由所有 $a+b\sqrt{2}$ 形式的数作成的,此中 a,b 是有理数.

② 这辅助方程式虽与原来的方程式同是三次方程式,但是这辅助方程式作 $z^3=g$ 的形状,较原来的方程式容易解得多.

得出.

我们再看以上的讨论和那个以直尺、圆规三等分任意角的可能性有什么关系.

首先我们要问：单用直尺与圆规能作些什么图形？当然，我们只能作直线和圆.这两样的代数表示就是一次和二次方程式.所以要求它们的交点，我们至多只要解一个二次方程式就可以把交点的坐标用有理运算和平方根表作系数的函数.所以凡是能用直尺与圆

规作出的数量都可以用有限次的加、减、乘、除和平方根表出. 而且我们从初等几何学中知道这事的反面也对:假使给了两线段 a,b 和单位长度,我们可以用直尺与圆规作出它们的和 $a+b$,差 $a-b$,积 ab,商 $\frac{a}{b}$ 以及这些量的平方根,如 $\sqrt{ab}$,$\sqrt{b}$ 之类. 这种运算当然可以重复应用于一切已经作出的线段.

我们讨论一个作图单用直尺、圆规是否可能时,必须作出一个表示这作图的代数方程式:假使这方程式在数域中可以分解成单是一次和二次的代数式,那么,一切实数根当然都能用直尺与圆规作出. 但是,即使方程式不能分解成上述的样子,只要方程式的实数根能用有限次的有理运算与平方根表作已知的几何量的函数,那么,这作图单用直尺、圆规还是可能的. 否则这作图就不可能了.

现在我们要找一个表示三等分角的方程式. 我们只要证明了一个特别的角不能用直尺与圆规三等分,那么,这三等分任意角的作图当然是不可能了.

我们取 $120°$ 这角来看,且假定这角位于一个半径是单位长的圆的中心. 假使我们能作出 $\cos 40°$ 来,那么,只要取 $OA=\cos 40°$,于是 α 就是一个 $40°$ 的角,而三等分 $120°$ 角的作图就完成了(图 7.1).

应用三角恒等式

$$2\cos 3\alpha=8\cos^3\alpha-6\cos\alpha$$

而且,令 $x=2\cos\alpha$,则有

$$2\cos 3\alpha=x^3-3x$$

因为 $3\alpha=120°$,$\cos 3\alpha=-\frac{1}{2}$,所以上面的方程式可以

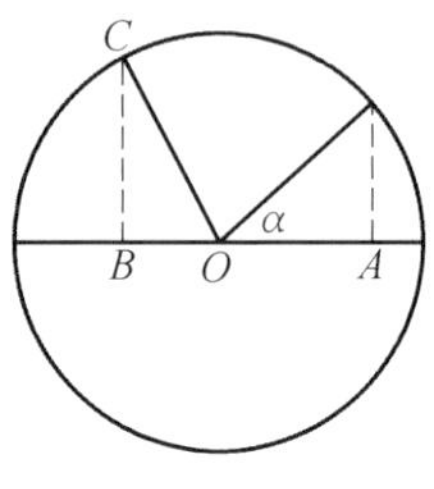

图 7.1

写作

$$x^3-3x+1=0$$

这正是我们以前讨论过的方程式.

现在假设所给的只有单位长,我们可以作出一个半径是单位长的圆,而且可以作 $OB=\frac{1}{2}$,于是 $\angle AOC=120°$. 因为所给的只有单位长,所以我们的数域当限定是有理数域.[①]

所以要解这个方程式,必须将一个立方根加入有理数域中. 然而一个立方根是不能用直尺与圆规作出的. 这样,我们可以知道:用直尺与圆规三等分任意角是不可能的.

以相似的方法,不难证明用直尺、圆规解决立方倍积问题也是不可能的. 对于这个问题,方程式是

$$x^3=2$$

数域是有理数域. 这方程式在这个数域中的群含有六个置换. 读者当证明需要加入一个平方根和一个立方根于有理数域中,方程式的群才会变成 1. 又因一个立

---

① 因为从 1 单用四种有理运算,我们可以作出一切有理数,即有理数域.

方根是不能用直尺、圆规作出的，所以我们这个立方倍积问题是不可能的.

仿此，我们可以应用群论去探讨正多边形作圆的问题[①].

① 参考 L. E. Dickson：Modern Algebraic Theories，Chapter XI.

伽罗华的鉴定为什么是对的

第8章

现在我们要证明一个方程式若有一个可解群，这方程式就可用根式解[①].

每个人在他少年的时候也许都有过这个经验：想应用方程式的根与系数的关系去解方程式. 例如在二次方程式

$$x^2 + bx + c = 0$$

的两个根 x_1, x_2 中，我们知道有

$$x_1 + x_2 = -b \tag{8.1}$$

与

$$x_1 x_2 = c \tag{8.2}$$

① 我们不在此处证明这定理的逆定理. 关于此点，读者可参考 L. E. Dickson: Modern Algebraic Theories, P. 198.

的关系,那么,我们为什么不从这两个方程式中去解 x_1,x_2 呢?我们很容易发现这条路是走不通的,因为如果从式(8.1)中得出 x_1 的值而后代入式(8.2)中,结果是

$$x_2^2 + bx_2 + c = 0$$

这正与原来的二次方程式丝毫没有区别.所以这个方法只令我们兜了一个圈子又回到原来的出发点去了.但是,如果我们能得到一对都是一次的方程式,那么,x_1 和 x_2 就实实在在可以求得了①.

如果方程式的群是一个元数为质数的循环正规置换群,那么,这方程式的确可以照刚才所说的方法去解.这一点我们立刻就要说明,而且我们还要观察这个特殊情形与一般的有可解群的方程式有什么关系.

现在先就这特殊情形来考究,设方程式

$$f(x) = 0$$

有 n 个相异的根,而且在那个由方程式的系数及 1 的 n 个 n 次根决定的数域中②,此方程式的群是一个元数为质数的循环正规置换群.

在此我们先要问什么叫作 1 的 n 个 n 次根.我们都知道 1 有三个立方根③

---

① 但需要假定这对方程式的系数的行列式不等于零.

② 凡数域都含有一切有理数.因为我们若取数域中的任意一数来除它自己,即是 1.从 1 应用有理运算,可得一切有理数.所以在任何数域中都含有一切有理数.

③ 因为 $x^3 = 1$ 可以写作

$$x^3 - 1 = 0$$

或
$$(x-1)(x^2+x+1) = 0$$

由此即易得 1 的三个根.

$$1, -\frac{1}{2}+\frac{1}{2}\sqrt{-3}, -\frac{1}{2}-\frac{1}{2}\sqrt{-3}$$

(通常都记作 $1,\omega,\omega^2$) 仿此,在一般的情形,1 有 n 个 n 次根,这 n 个 n 次根我们记作

$$1, \rho, \rho^2, \cdots, \rho^{n-1}$$

1 的三个立方根只包含有理数和有理数的根数,同样 1 的 n 个 n 次根也只包含有理数和有理数的根数. 所以这种数加入数域中去时并不影响到"方程式是能用根式解"的这句命题.

因为我们假定这方程式的群是一个元数为质数的循环正规置换群,群中的元素都是置换

$$(123\cdots n)$$

的乘幂,这个置换的 n 次乘幂就是恒等置换.

现在我们要应用一组一次方程式

$$x_1+\rho^k x_2+\rho^{2k}x_3+\cdots+\rho^{(n-1)k}x_n=\gamma_k \quad (8.3)$$

此处 k 的值为 0 与 $n-1$ 间的任何整数,所以这是将 n 个方程式写作一个简便的写法. 例如当 $k=0$ 时,方程式(8.3) 就成为

$$x_1+x_2+x_3+\cdots+x_n=\gamma_0$$

当 $k=1$ 时,方程式(8.3) 成为

$$x_1+\rho x_2+\rho^2 x_3+\cdots+\rho^{n-1}x_n=\gamma_1$$

等等.

因为一个方程式的最高次项系数若是 1,则诸根的和等于方程式中第二项的系数的负值,所以 γ_0 的值可以直接从方程式的系数中求得. 现在要将置换

$$(123\cdots n)$$

施行于方程式(8.3) 的左端,式(8.3) 左端就成为

$$x_2+\rho^k x_3+\rho^{2k}x_4+\cdots+\rho^{(n-1)k}x_1$$

但是若将式(8.3)左端用 ρ^{-k} 乘，也可得出同样的结果，这是因为 $\rho^n=1$ 的缘故.所以置换

$$(123\cdots n)$$

将 γ_k 的值变为 $\rho^{-k}\gamma_k$. 又因 $\rho^n=1$，故 $(\gamma_k)^n=(\rho^{-k}\gamma_k)^n$，所以置换

$$(123\cdots n)$$

不变更 γ_k^n 的值.同样，群中其他的置换也不变更 γ_k^n 的值[①].

如此，群中一切置换既然都不变更 γ_k^n 的值，γ_k^n 的值必在那数域中.因此，γ_k 是数域中某一个数的 n 次根.这就是说：所有 γ 的值都可由根式得到(对于那数域而言).而由式(8.3)中可以将 x 用 ρ 与 γ 表出，于是这组方程式(8.3)是可以用根式解的.但是这些 x 就是方程式 $f(x)=0$ 的根.所以我们已经证明：如果方程式在一个数域中的群是元数为质数的循环正规置换群，则此方程式必可用根式解.

举例来说：方程式

$$x^3-3x+1=0$$

在有理数域中的群是 1，(123)，(132)；这是一个元数为质数的循环正规置换群，所以我们可以从

$$x_1+x_2+x_3=0$$
$$x_1+\omega x_2+\omega^2x_3=\gamma_1$$
$$x_1+\omega^2x_2+\omega x_3=\gamma_2$$

---

① 因为这群是循环群，群中的置换都是 $(123\cdots n)$ 的乘幂.所以将群中某一置换施行于 γ_k^n 实际就相当于将 $(123\cdots n)$ 重复施行若干次于 γ_k^n.但将 $(123\cdots n)$ 施行一次于 γ_k^n 既不改变 γ_k^n 的值，重复施行若干次当然也不变更 γ_k^n 的值.

这三个一次方程式中解它.此处 ω 表示 1 的一个虚立方根,γ_1 与 γ_2 可以由数域中的数的根数而得.换句话说,如果把这种根数加入到数域中去,则 x 都存在于扩大的数域中.

但是,假使方程式的群不是一个元数为质数的循环正规置换群,那又怎么样呢?

方程式的群是一个可解群时,我们已经知道:假使组合因数都是质数,虽然方程式的群不是一个元数为质数的循环正规置换群,这方程式还是能用根式解的.因为这时候每个辅助方程式在那个用前几个辅助方程式的根扩大成的数域中的群是一个元数为质数的循环正规置换群.

如此,每个辅助方程式既有一个元数为质数的循环正规置换群,根据以前所说的,这些辅助方程式都能用根式解.所以这些加入原来的数域去的辅助方程式的根,都只不过是原来的数域中的数的根数而已.这样看来,只要方程式的群是可解群,这方程式就是能用根式解的.

在一般的情形,我们常可以取

$$y^2=(x_1-x_2)^2(x_2-x_3)^2\cdots(x_{n-1}-x_n)^2$$

作第一个辅助方程式,此式右端是所有每两个根之差的平方之积.假若方程式的第一项系数是 1 的话,那么,上式的右端正是方程式的判别式(Discriminant).例如二次方程式

$$x^2+bx+c=0$$

的两个根 x_1,x_2 之差的平方是

$$(x_1-x_2)^2=(x_1+x_2)^2-4x_1x_2=b^2-4c$$

这恰是方程式的判别式. 同样,高次方程式的判别式也可从系数求得. 现在第一个辅助方程式的两个根就是这判别式的两个平方根,将这两个平方根加入数域中,方程式在这新的数域 F_1 中的群是 H. 我们再按同样方法用其余的辅助方程式进行下去.

设若所要解的方程式是一个一般的三次方程式,将第一个辅助方程式的根加入原来的数域之后,方程式的群变为 H. 在这种情形下,H 是一个元数为质数的循环正规置换群,所以我们可以利用

$$x_1+x_2+x_3=-b$$

$$x_1+\omega x_2+\omega^2 x_3=\gamma_1$$

$$x_1+\omega^2 x_2+\omega x_3=\gamma_2$$

这三个一次方程式来解原来的三次方程式. 此中的 γ_1,γ_2 可由数域(这数域是由三次方程式的系数以及第一个辅助方程式的根而决定的)中的数的根数求得[①]. 换句话说,假使把 γ_1,γ_2 的值也加入数域中,则方程式的群变为 1. 这也就是说,x_1,x_2,x_3 存在于这个最后经 γ_1,γ_2 的加入而扩大成的数域中.

如此我们已经证明:方程式在一个由其系数与 1 的 n 个 n 次根而决定的数域中的群若是一个可解群,则此方程式是可以用根式解的.

当然,如果方程式在一个含有其系数的数域中的群是可解群,则对于这数域而言,此方程式是可以用根式解的.

---

① 参考 L. E. Dickson:Modern Algebraic Theories,P. 133. 但此处的 γ_1,γ_2 在该书中记作 ϕ,ψ.

本篇所说的已够使读者知道一个大概，我们希望读者继续去研究这门引人入胜的数学分支. 要知道用群论解方程并不是这个令人惊叹的群的概念的唯一应用.

应用群论于几何学[①]，使几何学起了一个大的改革. 还有在相对论中，群论也极重要. 贝尔(E. T. Bell)说过[②]："无论在什么地方，只要能应用群论，从一切纷乱混淆中立刻结晶出简洁与和谐. 群的概念是近世纪科学思想的出色的新工具之一".

---

① 参考 Veblen and Young: Projective Geometry.

② 参看 E. T. Bell: The Queen of the Sciences 及 C. J. Keyser: Mathematical Philosophy 一书中论群之概念一章.

基础篇

第9章 群的引言

群论在18世纪末始具雏形. 19世纪初,它仍发展缓慢,没受到什么重视,其后,在1830年前后的几年里,通过伽罗华和阿贝尔关于代数方程的可解性的研究工作,群论向前大大跃进了,并对整个数学的发展做出了重大贡献.

从那时起,群论中的许多基本概念被精心提炼出来并且推广到许多数学分支. 群论在各种不同的领域(像量子力学、结晶学及纽结理论)中都有了应用.

本篇主要讨论群及其图像表示. 我们的第一个任务就是要阐明"群"是什么意思.

通往群的概念的基本思想是结构(或范型). 下面读者就会看到,列举的一些例子和解释,定义和定理,都可以看成是一个基本主题的各种变化:群及其图像是如何体现并说明一种数学结构的.

虽然现在我们已经用了"群"这个字,却没有告诉读者它的意思是什么. 如果一下子就把完整的形式定义给出来,读者也许从一开始就会感到莫名其妙. 因此,我们一步一步慢慢来讲群的概念,先举两个例子.

群 A 所有整数的集合$\{\cdots,-3,-2,-1,0,1,2,3,\cdots\}$,把它们看成彼此能够相加的数. 换句话说,群 A 的元素是整数,而我们感兴趣施行的唯一运算是集合中任意两个元素的加法,例如 $2+5=7$.

群 B 所有正有理数的集合,把它们看成彼此能够相乘的数. 在这种情形下,集合的元素就是所有能够表成$\frac{a}{b}$形式的数,这里 a 和 b 是正整数,而我们感兴趣施行的唯一运算是**集合中任意两个元素**的乘法,例如 $\frac{2}{3}\cdot\frac{5}{8}=\frac{5}{12}$.

现在在读者面前已经展示了群的例子,然而在理解群是什么的大道上仍然没走多远,因为读者可能不会立即认识到这些例子中的哪些特点在群的本质结构中是起主要作用的. 在我们描述群 A 和群 B 时,有着重点的那些字就是为了强调在所有群中出现的基本结构范型. 我们可以突出其中的两个特征:

1. 元素的集合$\begin{cases}\text{群 A:所有整数}\\ \text{群 B:所有正有理数}\end{cases}$.

2. 集合上的一种二元运算

$\begin{cases}\text{群 A:任意两个整数的加法} \\ \text{群 B:任意两个正有理数的乘法}\end{cases}$

我们把群 A 和群 B 的运算称为二元运算，这是因为每次运算只涉及两个元素.

一个集合上的二元运算是一种对应，对于集合中的有次序的每一对元素它指定这个集合中的唯一确定的元素.因此在群 A 中，加法是在整数集合上的二元运算，这是因为，假如 r 与 s 是我们集合中的任意两个元素，则 $r+s$ 也是集合中的一个元素.如果我们用符号 t 表示元素 $r+s$，我们可以把这段叙述这么说：如果 r 和 s 是我们集合中任意两个元素，则集合中有且仅有一个元素 t，使得 $r+s=t$.例如，假使我们选 2 和 5 为我们的集合中的两个元素，那么就有集合中唯一的元素 7，使得 $2+5=7$.

群 B 的二元运算是乘法，这是由于，假如 r 及 s 是我们的(正有理数)集合的两个元素，则有且仅有一个集合中的元素 t，使得 $r\cdot s=t$(为了得出元素 t 的唯一性，需要把相等的有理数，例如 $\frac{4}{8}$ 与 $\frac{1}{2}$，理解为表示同一个数).假如我们选取 $\frac{2}{3}$ 及 $\frac{5}{8}$ 为我们集合中的两个元素，则存在集合中唯一的元素 $\frac{5}{12}$ 使得 $\frac{2}{3}\cdot\frac{5}{8}=\frac{5}{12}$.

要注意，“二元运算”这个概念本身就包含一个相关的集合.这就是为什么我们用“在一个集合上的二元运算”这个词.一对元素以及通过二元运算所指定的对应元素必须全都是同一集合中的元素.这样我们就看出，群的两个密切相关的特征是：(1) 元素的集合；

(2) 这个集合上的二元运算. 这样两个特征是互相缠绕在一起不能分开的,虽然,我们可能有时候把注意力从一个特征转到另一个特征上较为方便.

刚才我们所考虑的群的二元运算的例子是通常整数的加法,用符号"+"表示,以及正有理数的乘法,用"•"表示. 后面我们会看到,对于不同的群有许多不同的二元运算,有时把这些运算都用同一个符号表示较为方便. 我们就用符号"$\otimes$"来表示这种没有特殊指定的二元运算.

这个记号使得我们有可能把群 A 及群 B 所显示的结构特征(1) 和(2) 表述为:一个集合 S 以及 S 上的一个二元运算 $\otimes$. 假如 r 及 s 是 S 中任意两个元素,则 S 中存在唯一的元素 t,使得

$$r \otimes s = t$$

对于群 A, $\otimes$ 表示"整数的加法"这种特殊运算;对于群 B, $\otimes$ 表示"正有理数的乘法".

为了强调二元运算是一种对应,我们再换一种方式来描述我们所讨论过的群. 在群 A 的情形,我们可以说,对应于任何一对整数 r 及 s,存在唯一整数 t. 我们能够用符号写成

$$(r,s) \rightarrow t$$

其中箭头表示"对应于". 在群 B 的情形,我们可以说,对应于任何一对正有理数 r 及 s,存在唯一的正有理数 t.

为了对一个集合上的二元运算有更广的观点,我们考虑这样的问题:是否一个集合上的二元运算也可以是一个子集上的二元运算?(如果 U 的每个元素也是 S 的元素,我们把集合 U 称为集合 S 的子集.)例如,

假定 S 是所有正有理数的集合，U 是由所有正整数组成的子集.首先让我们决定除法是否是 S 上的二元运算.读者很容易证明除法是正有理数集合 S 上的二元运算.如果 r 及 s 是任意两个正有理数，就存在唯一的正有理数 t，使得

$$r \div s = t$$

现在让我们来考察一下集合 S 上的二元运算除法是否也是正整数子集 U 上的二元运算.显然，如果在子集 U 中我们选择了两个元素比如说 2 和 3，则就不存在任何正整数 t 使得

$$2 \div 3 = t$$

于是，除法并不是正整数子集 U 上的二元运算，因为存在正整数对，它不对应于第三个正整数.

与这种情况相反，让我们考虑所有整数的集合 S 及所有偶数的子集 U.我们已经看到加法是所有整数的集合 S 上的二元运算.在加法运算下，偶数子集会出现什么情况？当两个偶数相加时，得数也是偶数.换句话说，加法是偶数子集上的二元运算，就像它是整数集合上的二元运算一样.偶数子集 U 中的任意两个元素相加，其和总是 U 中的元素.我们把这种性质说成：偶数子集 U 在加法二元运算下是封闭的.读者能够验证，奇数子集在这个运算下不是封闭的.

我们可把子集在二元运算下的封闭性更一般地说法叙述为：如果 $\otimes$ 是集合 S 上的二元运算，U 是 S 的子集且具有如下性质：当 u 及 v 属于子集 U 时，$u \otimes v$ 就是 U 的元素，则我们就说 U 在运算 $\otimes$ 下是封闭的."封闭"这词提示我们，当把运算 $\otimes$ 限制在 U 中的元素对上时，运算结果不会弄到 U 的外面去；所以我们可以把 $\otimes$ 看成是集合 U 上的二元运算.

第 16 章中我们将会看到，在讨论“子群”时，这种子集在二元运算下的封闭性质怎样起着关键的作用.

到现在为止，我们已经看到一个群是一个集合连同这集合上的一种二元运算. 如果 r 及 s 是这集合上的任意两个元素，则存在这个集合的唯一元素 t 使得

$$r \otimes s = t \text{ 或} (r, s) \to t$$

“如果 r 及 s 是这集合上任意两个元素”这段话并不排除 r 及 s 可能表示相同元素；它也没预先假定 r 及 s 的特殊次序. 因此，假如 r 及 s 是这集合上任意两个元素，则

$$r \otimes s, r \otimes r, s \otimes s, s \otimes r$$

也是这个集合的元素（它们不一定彼此完全不同）.

现在就要问：一个群中，$r \otimes s$ 及 $s \otimes r$ 能够是集合中的不同的元素吗？在群 A 及群 B 中，显然 $r \otimes s = s \otimes r$ 总成立. 例如，在群 A 中，我们有 $3+5=5+3$，在群 B 中我们有 $\frac{2}{3} \cdot \frac{7}{2} = \frac{7}{2} \cdot \frac{2}{3}$. 但是，在正有理数集合中以除法为二元运算时，我们就看到，比如 $\frac{2}{3} \div \frac{7}{2} \neq \frac{7}{2} \div \frac{2}{3}$. 一般来说，这个集合中，$r \otimes s \neq s \otimes r$. 因此，元素的次序很重要；在某些集合中，改变或交换元素的次序可以得出不同的结果，即有可能

$$(a, b) \to c \text{ 及} (b, a) \to d$$

其中 a, b, c, d 是一个群的元素且 $c \neq d$.

当 $r \otimes s = s \otimes r$ 时，我们就说元素 r 及 s（关于用 $\otimes$

表示的特殊运算）可交换；如果 $r\otimes s\neq s\otimes r$，我们就说元素 r 及 s（关于这个特殊运算）不可交换. 从现在起，我们事先并不保证在运算 $\otimes$ 下，有序对 (r,s) 与有序对 (s,r) 对应到相同的元素. 对于每一个情形，我们都要分别检查其可交换性.

考虑到一般我们有必要区别 $r\otimes s$ 及 $s\otimes r$，我们把一个集合及其相关的二元运算的刻画重述如下：对于集合中每个有序的元素对 r 及 s，存在集合中的唯一元素 t 使得

$$r\otimes s=t \text{ 或 } (r,s)\rightarrow t$$

到现在为止，在所有集合及其相关的二元运算的例子中都把数作为元素，把我们熟知的一种算术运算当作二元运算. 但是，我们就会看到，群的元素也可以不是数，而是其他对象，例如运动，置换，函数，几何变换或者一组符号；在这些情形下，相关的二元运算就不具有算术性质.

例如，考虑一个正方形可以在平面上围绕通过它的中心的轴自由转动，但是允许的转动只限于使这个正方形和自身重合的转动. 那么，一个允许的转动就是沿顺时针方向转动 90°（图 9.1）. 让我们用 a 表示这个转动. 另外一些允许的转动可以是：(1) 顺时针转动 180°，我们用 b 表示；(2) 顺时针转动 270°，我们用 c 表示.

我们可以把这些转动 a,b,c 看成一个群的元素. 是否我们能够定义一个二元运算使得 $a\otimes b=c$ 有意义呢？一个办法是按下列方式去思考：

图 9.1

顺时针转动 90°　接着　顺时针转动 180°

等价于

顺时针转动 270°

或者

元素 a 接着元素 b 等于元素 c

或者

$$a \otimes b = c$$

把两个元素 a 与 b 同元素 c 联系起来的这个运算可以称为“接着”，也可称为“相继”. 对于转动来说，相继这种运算是有意义的. 下面将会看到，对于其他各种可能的群的元素也可以使之有意义.

第10章 群的公理

虽然到此为止我们都在讨论集合上的二元运算，但读者不应由此断定它就是群的唯一特征. 事实上，为了使得某个具有二元运算的集合构成一个群，还必须假设：这个二元运算还具有几个涉及这个集合元素的基本性质. 刻画这些基本性质的假设，就是所谓的(群的)公理，我们将需要三个这样的公理. 我们称它们为：(1) 结合性公理；(2) 单位元素(或恒等元素)公理；(3) 逆元素公理.

可结合性

可结合性是说，若 r,s,t 是集合的任意三个元素，则

$$r \otimes (s \otimes t) = (r \otimes s) \otimes t$$

也就是说，若 $s \otimes t$ 是集合的元素 x，$r \otimes s$ 是集合的元素 y，则 $r \otimes x = y \otimes t$.

让我们考察前面说过的群 A 和群 B. 在群 A 中，可结合性就是，对任意三个整数 r,s,t，有

$$r + (s + t) = (r + s) + t$$

例如，我们有

$$5 + (3 + 8) = 5 + 11 = 16$$

及

$$(5 + 3) + 8 = 8 + 8 = 16$$

在群 B 的情况，我们将有

$$r \cdot (s \cdot t) = (r \cdot s) \cdot t$$

例如

$$\frac{3}{8} \cdot (4 \cdot \frac{2}{3}) = \frac{3}{8} \cdot \frac{8}{3} = 1$$

及

$$(\frac{3}{8} \cdot 4) \cdot \frac{2}{3} = \frac{3}{2} \cdot \frac{2}{3} = 1$$

我们由初等代数的经验知道，群 A 和群 B 的二元运算是可结合的.

现在让我们把除法作为正有理数集合上的二元运算来考虑，看看这时结合性是否也成立. 我们有

$$\frac{3}{2} \div (3 \div \frac{3}{4}) = \frac{3}{2} \div 4 = \frac{3}{8}$$

而

$$(\frac{3}{2} \div 3) \div \frac{3}{4} = \frac{1}{2} \div \frac{3}{4} = \frac{2}{3}$$

所以

$$r \div (s \div t) \neq (r \div s) \div t$$

这就是说，除法不是正有理数集合上的可结合的二元运算.

那么，不加括号的表达式 $r\otimes s\otimes t$ 的含义是什么？如果 $\otimes$ 表示一个集合上的二元运算，当包含这个集合的三个元素时我们又如何应用它？我们能给表达式 $r\otimes s\otimes t$ 一个确定的意义，就是或者按前两个加括号看待，或者按后两个加括号看待. 在第一种情况该表达式就好像 $(r\otimes s)\otimes t$，而在第二种情况则像 $r\otimes(s\otimes t)$. 因为 $\otimes$ 是我们集合上的一个二元运算，所以 $y=(r\otimes s)$ 和 $x=(s\otimes t)$ 都是我们集合上的元素. 因此 $(r\otimes s)\otimes t$ 和 $r\otimes(s\otimes t)$ 的每一个都可以作为仅涉及这个集合的两个元素：在第一种情况即 y 和 t；在第二种情况即 r 和 x.

若二元运算 $\otimes$ 是不可结合的，则元素 $r\otimes x$ 与 $y\otimes t$ 通常是不同的，从而表达式 $r\otimes s\otimes t$ 没有唯一的意义. 例如，在正有理数集合上的除法这种情况下，表达式 $\frac{3}{2}\div 3\div\frac{3}{4}$ 的含义就是模棱两可的，这是因为

$$(\frac{3}{2}\div 3)\div\frac{3}{4}=\frac{2}{3}\text{，而}\frac{3}{2}\div(3\div\frac{3}{4})=\frac{3}{8}$$

如果二元运算 $\otimes$ 是可结合的，则元素 $r\otimes x$ 与 $y\otimes t$ 是相等的，所以我们所用的两种加括号方法并没有差别. 在这两种情况下，我们得到的都是同一元素的表示. 就是因为这种结合性，下面三个表达式

$$r\otimes s\otimes t, r\otimes(s\otimes t), (r\otimes s)\otimes t$$

显然也都是同一元素的表示.

公理 10.1（结合性公理）　在群中，一个二元运算是这样定义的：若 r，s 和 t 是任意三个元素，则

$$r \otimes (s \otimes t) = (r \otimes s) \otimes t$$

用“接着”一词描述的运算是可结合的吗？为此，我们来考察一个像自行车轮子一样、能围绕通过它的中心的轴旋转的圆盘. 假设 a,b,c 是这个圆盘的旋转的任意集合，若用 $\otimes$ 表示“接着”运算（或旋转的相继），那么

$$(a \otimes b) \otimes c = a \otimes (b \otimes c)$$

总成立吗？容易看到，括号的用处仅仅在于破坏原有的那种 a 第一、b 第二、c 第三的次序. 对于旋转或其他运动的任意集合，这个运算是可结合的，从而是一个许可的群运算.

单位元素或么元

剩下的两个公理涉及数 1 的概念的推广. 如果我们想到用通常的乘法作为我们的二元运算，那么这些公理似乎是非常自然的. 首先我们检查一下数 1 在乘法中的性质. 若 n 是一个数，则

$$n \cdot 1 = 1 \cdot n = n$$

这就是说，n 与 1 的乘积是 n. 将这个观点推广到群的元素和群的运算，我们得到公理 10.2.

公理 10.2（单位元素公理） 对任意的群元素 a，存在唯一的群的元素 I，使得

$$a \otimes I = I \otimes a = a$$

在二元运算中，任意元素与元素 I 配对（作二元运算）都对应于它自己. 这个元素 I 叫作群的单位元素或么元. 之所以采用字母 I 作单位元素，是由于它与普通算术中的数 1 相像.

倒数或逆元素

与推广数 1 有关的第二个概念，是将倒数概念推广到群. 若 u 和 v 是任意两个使 $uv=1$ 的数，则我们说 u 与 v 互为倒数. 下面这个公理是这个观点的一个推广.

公理 10.3（逆元素公理） 若 a 是一个群的任意元素，则这个群存在唯一的元素 a^{-1}，使得

$$a \otimes a^{-1} = a^{-1} \otimes a = I$$

元素 a^{-1} 叫作 a 的逆元素. 显然 a^{-1} 的逆元素是 a，即

$$(a^{-1})^{-1} = a$$

之所以用 a^{-1} 作为 a 的逆元素的符号，是为了与普通代数相一致. 在普通代数中，不等于 0 的 u 的倒数（即逆元素）是用 u^{-1} 表示的.

让我们来概括一下我们的群的定义. 一个群是一个集合 G 及 G 上的一个二元运算 $\otimes$，且使得如下的公理都成立：

公理 10.1（结合性公理） 对 G 的任意元素 r,s,t，都有

$$r \otimes (s \otimes t) = (r \otimes s) \otimes t$$

公理 10.2（单位元素公理） 对 G 的每一个元素 r，在 G 中都存在唯一的元素 I，使得

$$r \otimes I = I \otimes r = r$$

公理 10.3（逆元素公理） 对 G 的任意元素 r，都存在 G 的唯一的元素 r^{-1}，使得

$$r \otimes r^{-1} = r^{-1} \otimes r = I$$

读者不应设想，这个群的公理化定义是从某一个数学家的头脑中一下子蹦出来的. 数学概念常常是许多数学家以一种非常没有规律的方式发展起来的，一阵高一阵低，有时走到死胡同，有时却作出革命性的发现. 实际上构成群的基础的正式的公理，在群论工作中大约经一个世纪之久才表述清楚.

早在1771年拉格朗日就已提出并证明了第一个重要的定理(在稍后一点的章节中我们将考虑这个定理). 但到1815年柯西[①]开始写群论方面的著作时，考虑的还仅是元素是用置换表示的群. "群"这个词是伽罗华在1832年引进的，伽罗华是第一个指出群可不用置换作元素来定义的人. 直到1854年，强调结构这种思想发展到使得凯莱[②](Cayley)才能指出，可不管元素种类的特殊性和具体性而抽象地定义群. 凯莱指出，群的本质结构仅依赖于规定元素对二元运算的方法.

在我们进一步给出群的一些例子之前，我们来简化并推广我们将利用的群的二元运算的符号. 初等代数的经验提醒我们

$$a \otimes b = c$$

---

① 奥古斯丁·路易斯·柯西(1789—1857)，他强调数学分析的严格性而对数学的发展做出巨大贡献. 他提出的"极限""连续性"及"收敛性"现在仍然是现代数学分析概念的基础. 柯西是使群论(特别是置换群论)得到系统发展的先驱者之一. 他还以他的单复变函数论的基本定理而知名.

② 亚瑟·凯莱(1821—1895)在数学的许多分支都有过著作，从几何和代数到理论动力学和物理天文学. 他同时花许多时间(14年)从事法律工作. 现在凯莱主要以矩阵论上的创见及其在群论方面的工作而著名.

可简写成

$$ab = c$$

读作:元素 a 乘元素 b 对应于元素 ab,ab 叫作 a 和 b 的乘积(也可记作 c). 今后,我们将不总是用 $\otimes$ 表示一般的二元运算,我们将用符号 ab 来表示 a 与 b 的群乘法. 有时我们也将 ab 写成 $a \cdot b$ 的形式.

用"乘法"作为群二元运算的一般术语,一般不会与普通算术中的乘法相混淆. 群的元素是数、群的二元运算是普通乘法的情况可以作为一个特殊情况出现. 但是在一般情况下,群的乘法将看作算术乘法的一种抽象推广.

注意 在一个集合的元素上虽然可以定义许多运算,但在任何特殊的群上,只有一个唯一确定的运算即群的运算.

第11章 群的例子

如果我们想要断定，具有特定二元运算的一个给定的元素集合是否构成一个群，我们必须逐一检查上述公理是否都能成立. 让我们检查下面一些集合是否符合群的条件. 我们首先由群 A 做起.

例 1

元素的集合　所有整数(正整数、负整数及 0).

二元运算　加法.

结合性　数的加法是可结合的.

单位元素　0 是这个集合的一个元素，而且对每一个整数 u 都有 $u+0=0+u=u$，所以 0 是单位元素.

逆元素 若 u 是一个整数，则 $-u$ 也是一个整数，而且有 $u+(-u)=(-u)+u=0$；所以 $-u$ 是 u 的逆元素. 用群的记法即 $u^{-1}=-u$.

所以，经过检验，这个集合是一个群. 因为这个群有无限多个元素，所以我们称它是无限群，这个群有时也叫作无限加法群或整数加法群.

例 2

集合与例 1 相同，但现在改用乘法. 读者自己不难验证，乘法是所有整数的集合上的二元运算，而且可结合性公理及单位元素公理都是成立的. 现在来看这个集合是否满足公理 10.3，我们来试求元素 2 的逆元素，为此我们需要一个能满足

$$2 \otimes u = I$$

即

$$2u = 1$$

的整数 u. 这样的整数不存在，所以，改用乘法后就不是一个群.

例 3

集合由两个数 1 及 -1 组成，二元运算是乘法

$$(1)(1)=1;(-1)(-1)=1$$

$$(1)(-1)=(-1)(1)=-1$$

结合性 显然成立.

单位元素 单位元素是 1.

逆元素 因为 $(1)(1)=1$ 及 $(-1)(-1)=1$，所以 $(1)^{-1}=1$ 及 $(-1)^{-1}=-1$，即每一个元素的逆元素是

它自己.

所以我们得到一个群.这个群的元素的个数是有限的,所以我们说它是有限群.一个有限群的阶就是集合的元素的个数.这个群的阶是 2.

例 4

有阶是 1 的群吗?用乘法作二元运算的仅含有数 1 的集合能作成一个群吗?对三个公理作检验即知,它是一个阶为 1 的群.

例 5

下面我们将考察一个群,它的元素是几何图形的运动.运动这个概念以后将经常出现,所以我们将详细叙述这个运动及运动群,以使读者有一个坚实的基础.

考察这样的运动:等边三角形在它所在的平面内绕过它的中心的轴所作的旋转.我们提到的群是以其中的某些特选的旋转作为元素的,而集合上的二元运算将是"接着"或"相继".我们的兴趣在于,使三角形与它自己重合的那些运动,这样的运动叫重合运动.

为了给出重合运动的具体图形,我们首先在平面上任选一个特殊的位置作为等边三角形的(作任意旋转之前的)初始位置;其次在每一个顶点标示一个数作为识别的标记.可以如图 11.1 那样,中心的圆点表示旋转的轴与三角形所在平面的交点,而顶点的标记将帮助我们判别我们集合中的运动的不同.我们应当记住,三角形与它自己重合,并不是每一个(被标记)被分配的顶点都必须与它自己重合,而仅是三角形各

边旋转之后必须与初始位置上的边重合.例如,如果图11.1中的三角形逆时针方向绕轴转120°,我们能看到,旋转后的三角形好像是第二个三角形,它重叠于初始位置的三角形,如图11.2所示.图11.2中括号中的符号表示初始位置时的顶点.我们看到,这种旋转伴随着顶点间的一个轮换

1换成2,2换成3,3换成1

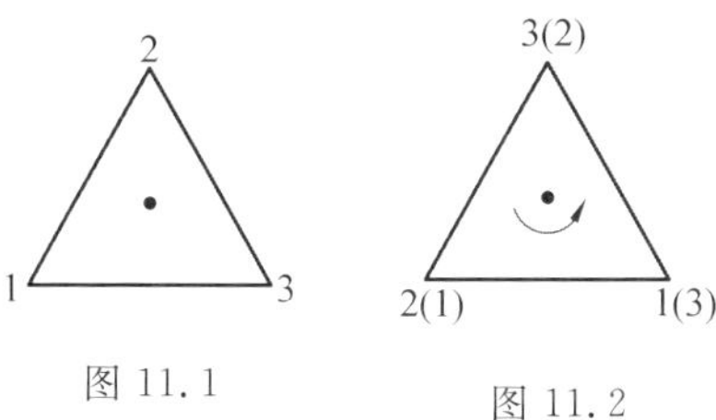

图11.1　　图11.2

为了简便起见,我们用像图11.3那样的方法来表示三角形的与它自己重合的两个位置.注意,顶点1的一角被涂黑将有助于识别三角形的运动.

图11.3

有其他的旋转也能使三角形从原始位置进入上面画的第二个位置吗?回答是肯定的,顺时针转240°是,逆时针转480°或840°也是.读者可以自己验证,无限集合

$A=\{$逆时针转$120°\pm(360k)°,k=0,1,2,\cdots\}$

中的任意一个旋转都有同样效果(负的逆时针旋转解

释成一个顺时针旋转).

集合 A 中的运动有一个共同性质,就是我们的三角形的顶点都用如下的特殊方式由初始位置变换为旋转后的位置

初始位置		旋转后的位置
1	→	2
2	→	3
3	→	1

读者应注意,集合的旋转所具有的这个性质与三角形的初始位置的选择无关.

现在让我们取一个元素来表示集合 A 的任何一个元素.如下意义的顶点轮换(图 11.4)

$$a:1\to 2,2\to 3,3\to 1$$

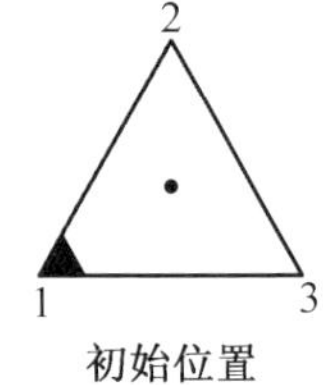

初始位置

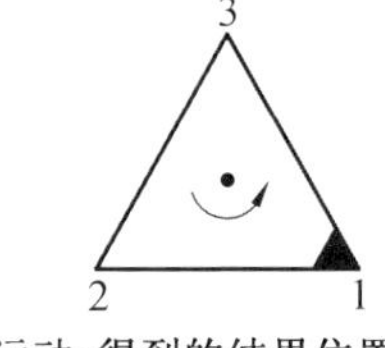

运动a得到的结果位置

图 11.4

能够被看作是集合 A 的(三角形从任意选定的初始位置进入与它自己重合位置的)代表元.集合 A 的所有运动都有这个效果.

对于给出的位置,可以让 a 表示集 A 的某个特殊运动,例如(为了便于寻求)a 可以是逆时针转 $120°$,这对应于在

$$120°\pm(360k)°$$

中选取 $k=0$.如果读者愿意将 a 取作某个其他的特殊运动,例如他愿意取 $k=13$,则逆时针转 $4\ 800°$ 就是它

所选取的集 A 的代表. 这种特殊的选取仅仅是为了方便. 重要的是，从集合 A 的所有运动，用同样方法选取我们的三角形的轮换顶点，都与它的初始位置无关. 我们可用

$$1 \to 2, 2 \to 3, 3 \to 1$$

来标明我们的顶点轮换.

除此之外，集合 A 中还有其他的旋转(即三角形的重合运动)吗? 考察旋转集合

$B=\{$逆时针转 $240^\circ \pm (360k)^\circ, k=0,1,2,\cdots\}$

这个集合的任何运动结果如图 11.5 所示. 图 11.6 则表示图 11.5 的"分开的"情况.

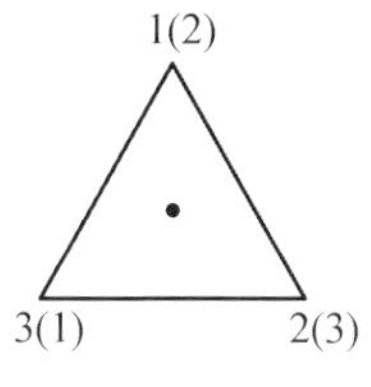

图 11.5

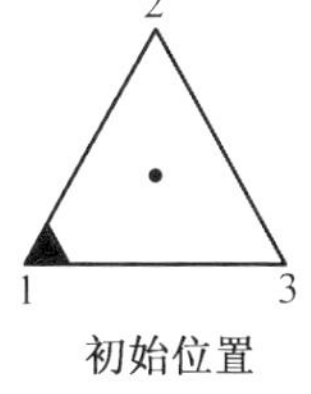

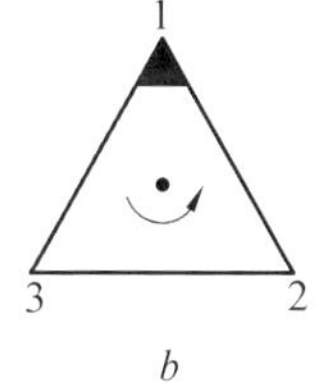

图 11.6

与上述类似，可用 b 表示集合 B 的任意一个元素，也就是作这个集合的一个"代表". 为了方便起见，我们用 b 标记这个运动的结果位置. 这与从集合 B 选取的旋转无关，它的作用是三角形顶点的如下的轮换

$$b: 1 \to 3, 3 \to 2, 2 \to 1$$

(也就是1变为3,3变为2,2变为1.)

三角形重合于它自身的旋转的其他集合是

$C = \{$逆时针转 $0° \pm (360k)°, k = 0, 1, 2, \cdots\}$

在图11.7中,c 是集合 C 的任意元素.注意,运动 c 是三角形回到原始位置的旋转,其效果是如下的顶点对应

$$c: 1 \to 1, 2 \to 2, 3 \to 3$$

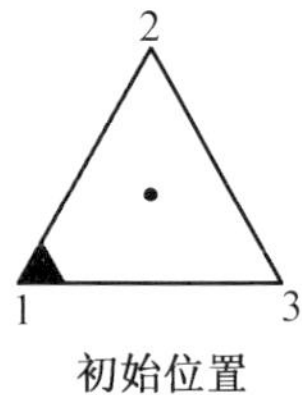

初始位置

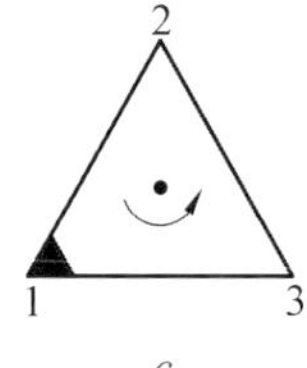

c

图11.7

我们的目的是要得到一个运动群;由于一个群必须含有一个单位元素(单位元素公理),所以我们将注意辨认集合 C 的任意运动 c 是否可作为一个单位元素.事实上,若 x 是集 A,B 或 C 的任意元素,则"x 接着 c"是一个与 x 处于同一集合的旋转,而且"c 接着 x"也是一个与 x 处于相同集合的旋转.为了看出这一点,我们应回想起,A 中的旋转是旋转

$$120° \pm (360k)°, k = 0, 1, 2, \cdots$$

而 C 中的旋转是旋转

$$0° \pm (360m)°, m = 0, 1, 2, \cdots$$

如果一个旋转后接着又一个旋转,则旋转的角度将是这两个旋转角度的和.所以"a 接着 c"旋转的角度是

$$120° \pm (360k)° + 0° \pm (360m)°$$

即

$$120^\circ \pm (360(m+k))^\circ$$

因为 k 和 m 是整数，所以 $k+m$ 是整数，所以旋转“a 接着 c”在集 A 内. 类似地，“c 接着 a”是旋转

$$120^\circ \pm (360(k+m))^\circ$$

也在 A 内.

应用群乘法的概念，我们有

$$ac = ca = a, bc = cb = b, cc = c$$

这些结果是普遍有效的，与集合 A, B 和 C 的元素（分别表示为 a, b 及 c）的选取无关. 这些结果证明，集合 C 中的任意元素可用符号 I（表示单位元素）代替.

我们详细讨论了所有绕轴的重合旋转. 三个集合 A, B, C 包含了每一种旋转. 这三个集合的代表元 a, b, I 的“分开的”位置如图 11.8 所示. 注意三角形的三个位置中的每一个，都是三角形从初始位置到描述位置的运动的符号表示. 我们认为，包含重合运动三个类（分别以 I, a, b 为代表元）的集合作成的群是用“接着”作为二元运算的. 为了验证“接着”是这个集合上的二元运算，为了验证群公理，我们需要求出两个元素的所有乘积. 例如，让我们应用顶点对应的办法并按运动“a 接着 b”的含义来求 ab

$$\begin{aligned} a: 1 &\to 2 \qquad & b: 1 &\to 3 \\ 2 &\to 3 & 3 &\to 2 \\ 3 &\to 1 & 2 &\to 1 \end{aligned}$$

运动 a 将顶点 1 变为顶点 2；运动 b 又将顶点 2 变到顶点 1；所以运动 a 之后接着运动 b 的效果等于将顶点 1 变到它自己. 类似地，a 将 2 变到 3，b 将 3 变到 2，所以

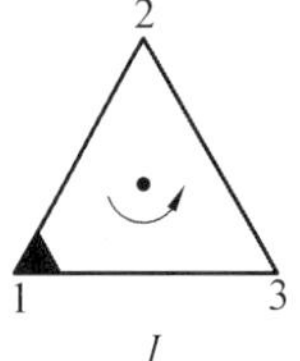

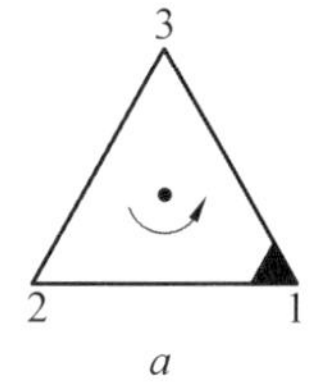

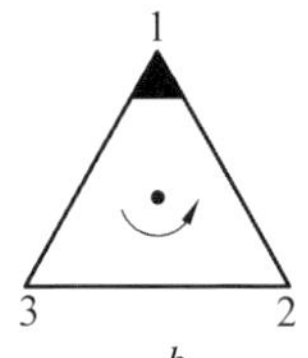

I　　　　a　　　　b

图 11.8

ab 将 2 变到它自己，如此等等. 所以有

$$ab: 1 \to 2 \to 1，即 1 \to 1$$
$$2 \to 3 \to 2，即 2 \to 2$$
$$3 \to 1 \to 3，即 3 \to 3$$

显然有

$$ab = I$$

读者容易验证，其余的乘积是

$$aa = b, bb = a, ba = I$$

现在我们已肯定了“接着”是我们集合上的二元运算. 我们剩下的仅需验证群公理也是满足的.

结合性　当集合的元素是运动时，相继运算是结合的.

单位元素　上面的讨论已经指出，集合 C 的代表元 I 是单位元素.

逆元素　因为

$$ab = I, ba = I \quad （当然还有 I \cdot I = I）$$

所以每一个元素在这个集合中都有一个逆元素.

例 6

假设对任意的整数，我们仅考虑它除以 2 的余数，而且若两个整数有相同的余数，则我们说它们是相等

的，这样一来，两个都是偶数的整数是相等的，都是奇数的也是相等的.我们用

$$8 \equiv 6 \pmod 2$$

表示：当除以2时，8与6有相同的余数，其中"≡"表示"相等"，而"mod"是"模"这个字的英文"modulo"的缩写.类似地我们能写

$$7 \equiv 3 \pmod 2$$

这是因为7与3除以2时有相同的余数.所以，如果x表示任意的偶数，而y表示任意的奇数，则我们可以记为

$$x \equiv 0 \pmod 2, y \equiv 1 \pmod 2$$

事实上，这个"模2相等"的概念使我们能够用0和1分别"表示"偶数和奇数.

现在我们来检验用"模2加法"作二元运算且仅有0与1两个元素的集合能否作成一个群.为此，我们先如下地定义两个整数a与b的模2加法(用$\oplus$表示)：若

$$a + b \equiv 0 \pmod 2$$

(即如果a与b的通常的和是偶数)，则

$$a \oplus b = 0$$

若

$$a + b \equiv 1 \pmod 2$$

则

$$a \oplus b = 1$$

模2加法是集合$\{0,1\}$上的一个完全确定的二元运算，这是因为

$$0 + 0 \equiv 0 \pmod 2, 0 + 1 \equiv 1 \pmod 2$$

$$1+0\equiv 1 \pmod 2, 1+1\equiv 0 \pmod 2$$

即

$$0\oplus 0=0, 0\oplus 1=1, 1\oplus 0=1, 1\oplus 1=0$$

结合性　检验模 2 加法是可结合的是容易的，例如

$$1+(1+1)\equiv 1+0\equiv 1 \pmod 2$$

$$(1+1)+1\equiv 0+1\equiv 1 \pmod 2$$

单位元素　0 是单位元素.

逆元素　因为

$$0+0\equiv 0 \pmod 2, 1+1\equiv 0 \pmod 2$$

所以每一个元素的逆元素是它自己.

我们恰好把所有的整数划分为两类，偶整数用 0 表示，奇整数用 1 表示. 当我们考虑除以 3 的余数时，也可以把所有的整数集合划分成 3 类：所有除以 3 余数为 0 的整数是一类，所有余数为 1 的是另一类，所有余数为 2 的是第三类. 我们有，例如

$$12\equiv 15 \pmod 3, 7\equiv 1 \pmod 3, 5\equiv 8 \pmod 3$$

也就是说，除以 3 后余数相同的整数是模 3 相等的.

类似地，按除以 4 的余数，我们可以考虑整数模 4 的等价类，一般地，可考虑模任意整数 n 的整数等价类. 因为除以 n 时所有可能的余数是

$$0,1,\cdots,n-1$$

所以我们得到 n 个等价类，我们可用 $0,1,\cdots,n-1$ 表示这些等价类.

读者自己验证，有二元运算“模 n 加法”的集合

$$\{0,1,2,\cdots,n-1\}$$

构成一个群（若 x 是我们集合的任意元素，它的逆元素

是什么？我们求满足

$$x+y\equiv 0(\bmod n)$$

的元素 y 时，应注意 $n\equiv 0(\bmod n)$.

例 7

现在我们来考察有二元运算“模 5 乘法”的整数集 $\{1,2,3,4\}$. 所谓“模 5 乘法”是指，对任意两个整数 r 及 s，若

$$r\cdot s\equiv t(\bmod 5)$$

也就是如果除以 5 时 $r\cdot s$ 与 t 有相同的余数，则记作

$$r\otimes s=t \text{ 或}(r,s)\rightarrow t$$

例如，因为 $3\cdot 4=12\equiv 2(\bmod 5)$，所以

$$3\otimes 4=2 \text{ 或}(3,4)\rightarrow 2$$

如证明出任意两个元素的乘积都等于我们集合中的某一个整数时，读者也就验证了模 5 乘法是我们集合上的二元运算.

结合性 由整数的普通乘法的可结合性推得模 5 乘的可结合性（验证这一点）.

单位元素 单位元素是 1.

逆元素 1 的逆元素是它自身；2，3 及 4 的逆元素由如下的关系式推得

$2\cdot 3\equiv 1(\bmod 5)$，所以 2 的逆元素是 3

$3\cdot 2\equiv 1(\bmod 5)$，所以 3 的逆元素是 2

$4\cdot 4\equiv 1(\bmod 5)$，所以 4 的逆元素是 4

试问从我们的集合中去掉 0 是必须的吗？也就是说，在模 5 乘法这个运算下，集合 $\{0,1,2,3,4\}$ 是一个群吗？

读者还可以提这样的问题：集合$\{1,2,3\}$在模 4 乘法这个二元运算下构成一个群吗？读者首先应试求 2 的逆元，也就是求适合

$$2x \equiv 1 \pmod 4$$

的元素 x.

例 8

一个大于 1 的整数，如果它只有 1 及自身这两个正整数因子，则说它是一个素数. 设 p 是一个素数，考察集合

$$\{1,2,3,\cdots,p-1\}$$

我们指出，"模 p 乘法"是这个集合上的一个二元运算，而且群的三个公理都成立. 读者可以假设结合性公理及单位元素公理是成立的，作为练习的仅是：证明逆元素公理也是成立的.

第12章 群的乘法表

现在我们必须着手考虑这样的问题：我们怎样才能确定一个特殊的群？换句话说，在数学上要多少信息量才足以确定一个群？而我们又将怎样显示确定一个特殊群的数据？

凯莱在1854年引进了群的乘法表，从而给出了这些问题的回答.这种乘法表的排列形式类似于熟知的算术中的乘法表.群的元素排在表的最上一行，并以同样的次序排列在表的最左边一列，而表中的值则是群元素的乘积.

首先考察阶为2的、仅包含两个元素1及－1的、用普通乘法作二元运算的群.表12.1展示了这个群的两个元素的所有可能的乘积.因为普通乘法是可交换的，所以这个群的任意两个元素可以相互交换.

表 12.1

	−1	−1
1	1	−1
−1	−1	1

其次我们将构造等边三角形的在平面中的重合旋转的群(见第 11 章例 5) 的乘法表. 当用 I, a, b 表示这个群的三个元素时,我们将它们及它们的乘积排列成表 12.2. 这里的解释和简化应按次序,所以我们不能随便将这个群的任意两个元素相互交换. 由于这个原因,乘积中的每一个因子是按执行乘法时的次序写的,列表时还规定将第一个因子排在表的最左边一列,第二个因子排在表的最上面一行.

表 12.2

第二个因子 / 第一个因子	I	a	b
I	$I \cdot I$	Ia	Ib
a	aI	aa	ab
b	bI	ba	bb

我们曾详细讨论过这个群,我们还求得

$$aa = b, ab = ba = I, bb = a$$

当利用这些结果及单位元素 I 的一些性质时,我们可以将这个乘法表写成如表 12.3 所示.

表 12.3

第二个因子 \ 第一个因子	I	a	b
I	I	a	b
a	a	b	I
b	b	I	a

这个旋转群的许多性质可以从它的乘法表上直接看出.逆元素可以在表中出现 I 的行和列观察到.注意表中还有如下有趣的"一致性":每一行是最上面一行的重新排列(或置换),每一列是最左边一列的重新排列.

这个乘法表还表明,这个群的所有的元素都是可以互相交换的,这是由关于主对角线对称的各元素的乘积都相同这一点看出的.所谓主对角线,就是从表的左上角到右下角的线,表 12.3 中的主对角线是

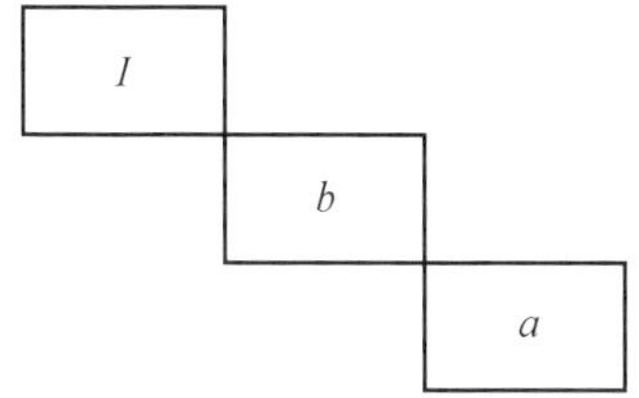

在任何乘法表中,如果一个乘积是 rs,则与其对称的元素的乘积就是 sr.如果一个群的任意两个元素都是可交换的,则称这个群是交换群.因此我们可以说:

一个有限群是交换群,当且仅当它的乘法表中关于主对角线对称的各元素的乘积都是相同的群元素.

一个等边三角形的重合旋转群的其他重要性质,

从这个乘法表的当前形式还不能直接看出，但是以后我们将引进某个新记法，并应用它将这个乘法表写成其他更明显的形式.

由于群乘法是普通乘法的一种推广，所以我们也可以将群元素 aa 用 a^2 表示，aaa 用 a^3 表示，一般地，k 个 a 的乘积用 a^k 表示. 类似地，$(a^{-1})(a^{-1})$ 可以写成 a^{-2}，k 个 a^{-1} 的乘积可以写成 a^{-k}. 由于

$$a^k \cdot a^{-k} = I$$

所以很自然地定义 $a^0 = I$. 群元素 a^n 叫作 a 的 n 次方，其中 n 是任意整数. 读者自己可以验证，对乘幂的通常规则对于群乘幂也成立.

前面讨论这个群时曾得到

$$b = aa = a^2$$

$$ab = aaa = a^3 = I$$

所以这个群的乘法表可以写成表 12.4 的形式. 在最后这种形式中看到，这个群的每一个元素都是元素 a 的方幂. 具有这种性质的群叫作是由 a 生成的群，a 叫作生成元. 这一概念将在稍后的讲群的生成元的那一节进一步讨论.

表 12.4

	I	a	a^2
I	I	a	a^2
a	a	a^2	I
a^2	a^2	I	a

非交换群

虽然我们遇到过非交换元素对的例子，但我们还

没有见过非交换群.前面讲到交换群时是作为其任何两个元素都可交换来定义的.这样的群又叫阿贝尔群.采用这个名称是为了纪念数学家阿贝尔①的工作,他是第一个将这样的群应用于方程理论的人.

一个群只要有两个元素不可交换,这个群就叫作非交换群;就是说,在非交换群中可以有一些元素对是可交换的.能找到任何两个元素都不可交换的群吗?回答是明确的"不能".原因很简单:每一个群都必须含有单位元素 I,而 I 与每一个元素都可交换.

现在让我们来构造一个阶为 6 的非交换群.以后我们将看到,对非交换群来说,这已是最小的可能的阶.为了构造我们的群,我们来考察等边三角形的使它与其自身重合的旋转.我们曾限制三角形只能在它所在的平面内旋转,并检验了这种旋转的集合,看到它们构成一个阶为 3 的群.如果我们取消这种限制,则还有其他旋转也是所容许的.这是因为三角形还能跃出平面做转动——翻转.例如,以它的一个高为轴翻转三角形时,也可使它与自己重合,但这并不是例 5(第 11 章)中研究过的旋转.我们将看到,现在三角形与它自己重合的位置共有 6 个.我们用

$$I, r, r^2, f, fr, fr^2$$

分别标记这 6 个位置(图 12.1).

为了引起读者对空间有直观感觉,在本书中将时

---

① 挪威数学家 N. H. 阿贝尔证明了:一般的五次代数方程不可能用根式求解.在他的代数方程的工作中,他应用了交换群(现在叫"阿贝尔群")的概念.他还在函数论(特别是椭圆函数)的探讨中打开了新的领域.他死于结核病时年仅 26 岁.

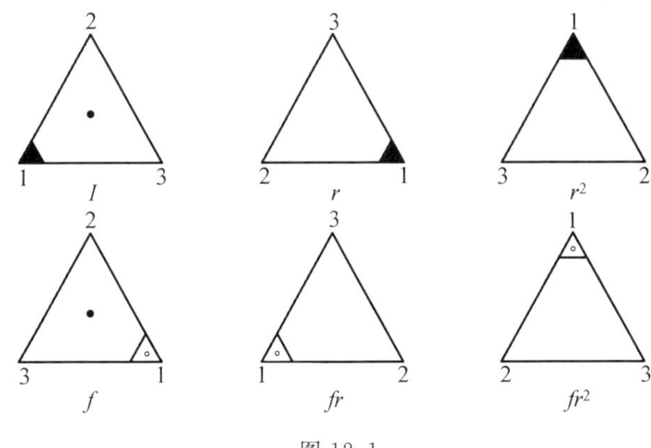

图 12.1

常有群性质的几何表示.我们建议读者最好采用物理模型作辅助.例如,在这里若用纸板剪下等边三角形以模仿所说的旋转,将有助于把运动形象化.

为了构造我们的群,下面我们利用与第 11 章例 5 类似的方法.用这种方法对付旋转群是比较方便的.

用来表示运动的符号常常给一个特殊的意义.在这一节,r 表示等边三角形的绕过中心的轴逆时针转 $120°$,但它也可以表示集合 A 的任意一个逆时针旋转

$$120°\pm(360k)°, k=0,1,2,\cdots$$

的元素.类似地,稍后,我们也将引进运动 f,为了便于运动形象化也给它一个特殊的意义,即用它来表示三角形的"翻转"运动.重要的是,我们将把所有这些用同样方法作的顶点对应作为同样的运动来考虑.

我们希望,我们的群的运动有一个图形表示,但本书的静止图形不能直接描绘运动.因此,我们将采用办法:用一个静止的图形来作为一个运动的表示,也就是,如果符号 x 表示一个指出图形的位置,则我们将把

这个图形理解为从所给的原始位置到标记位置 x 的运动的一个表示.

随后,我们将发现,用 r 表示绕垂直于三角形所在平面且过三角形中心的轴、逆时针转 120° 的旋转将是方便的. 于是,正如我们已经看到的,运动 I,r,r^2 只能到达前三个位置(我们应回想起,I 是转 $0^\circ \pm (360k)^\circ$ 的旋转).

为了到达其余的新位置,我们必须设法翻转这个三角形. 我们能用三角形绕过一个顶点的高转 180° 的旋转来实现这一点. 我们选过顶点 2 的高作为我们的旋转的轴. 我们用 f 表示绕这个轴转 180° 的旋转. 当然,f 也可以表示绕这个轴转

$$180^\circ \pm (360k)^\circ$$

的任意一个旋转. 所以我们有图 12.2 中的图形.

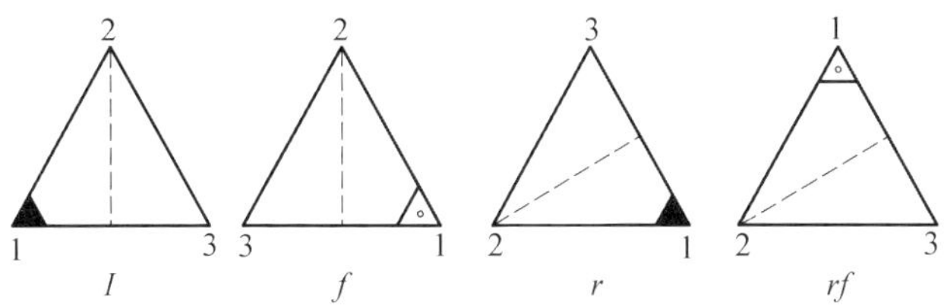

图 12.2

我们将试图阐明符号 fr 的意义. 为此我们将图 12.1 中用 f 和 fr 标记的位置在图 12.3 中又重画了一下. 由图 12.3 看到,旋转 r 似乎是顺时针转 120°,而不是所述的逆时针转 120°. 但是如果我们注意到翻转三角形时旋转 r 的轴也被翻转(因而旋转方向就相反)的话,这种表面上的矛盾也就不存在了. 首先我们需要对旋转 r 做更详细的叙述. 我们取通过三角形中心的垂

直于它所在平面的直线为轴，这个轴的方向如图 12.4 中的箭头所示，而我们的旋转 r 则伴随着如下的顶点轮换

$$1 \to 2, 2 \to 3, 3 \to 1$$

（也就是 1 变为 2，2 变为 3，3 变为 1）.

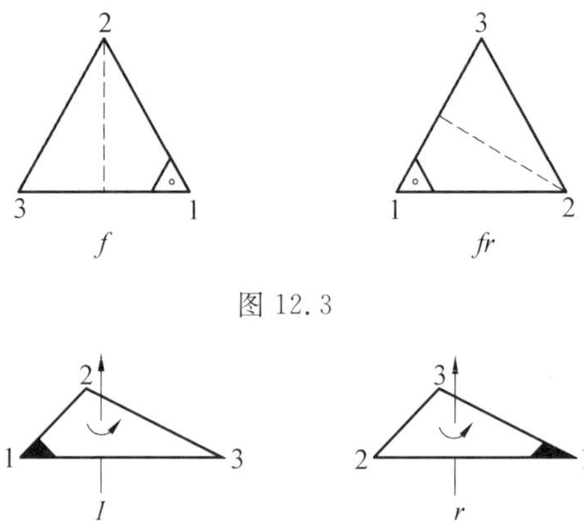

图 12.3

图 12.4

现在我们设想，轴的箭头是右旋螺钉的旋进方向，旋转 r（三角形转 120°）的效果相当于你将右旋螺钉旋紧. 如果图 12.4 中的第一个三角形被 f 翻转，则它将变成图 12.5 中 f 所标记的位置. 注意，轴的箭头已因翻转而倒过来了. 如果后来这个三角形接着旋转 r（旋转 r 使右旋螺钉旋紧），则得到的位置就是图 12.5 中 fr 所标记的位置. 所以，不管三角形是处于位置 I 还是处于 f 所标记的位置，旋转 r 都与如下的顶点轮换相同

$$1 \to 2, 2 \to 3, 3 \to 1$$

以三角形的 6 个可能位置作为图示的运动的 6 个类组成的集合，以相继或"接着" 作二元运算，就作成一个群. 我们已经知道，运算是相继，单位元素 I 是这

个集合的一个元素,(在这个基础上)逆元素公理的成立也可直观地看出,这是因为,如果有一个运动将一个位置变为另一个,则反转过来的变换(逆变换)就变回原来位置.

借助于乘法表来显示某些群的性质将是有启发性的.注意,按 r,f,I 的意义,即有

$$r^3=I,f^2=I$$

利用这些特殊性质我们就可构造出表 12.5.

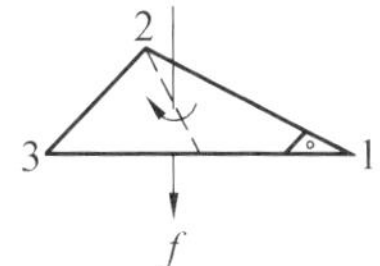

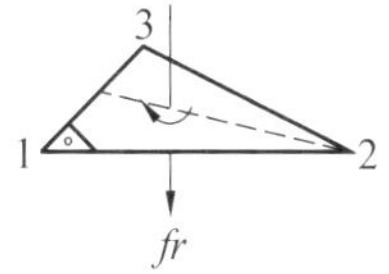

图 12.5

表 12.5

第二个因子 / 第一个因子	I	r	r^2	f	fr	fr^2
I	I	r	r^2	f	fr	fr^2
r	r	r^2	I	rf	rfr	rfr^2
r^2	r^2	I	r	r^2f	r^2fr	r^2fr^2
f	f	fr	fr^2	I	r	r^2
fr	fr	fr^2	f	frf	$frfr$	$frfr^2$
fr^2	fr^2	f	fr	fr^2f	fr^2fr	fr^2fr^2

为了完全造出我们群的乘法表,我们必须将表 12.5 中的每一格都表示成 6 个元素

$$I,r,r^2,f,fr,fr^2$$

中的一个.我们仔细地化简其中的两个乘积,而把其他的留给读者.首先我们证明 $frfr=I$.为此我们考察图

12.6 中的一系列图形. 其第一个表示 fr. 三角形从这个位置开始，绕过顶点 2 的高翻转 180°，其结果 frf(fr“接着”f) 如第二个图形所示. 然后我们绕过中心的轴沿右旋螺钉的旋进方向转 120°,其结果 $frfr$ 如最后一个图形所示;我们看到,它与用 I 标记的初始位置相同. 所以有 $frfr = I$.

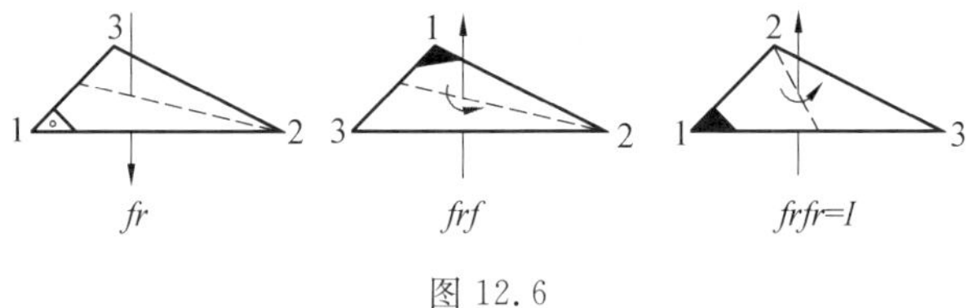

图 12.6

其次按图 12.7 中的图形的意义,可以证明 $rfr^2 = fr$.

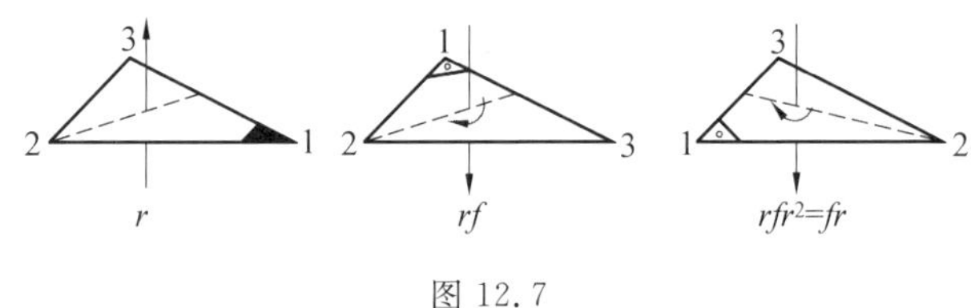

图 12.7

利用所有这样化简的乘积,我们作成乘法表12.6. 这个表揭示了:

(1)“接着”是我们的所有元素的二元运算;

(2) 因为 I 在每一行每一列出现,所以逆元素公理是满足的.(而且由这个表) 我们能立即确定任意一个群元素的逆元素. 例如,由如下的相对位置

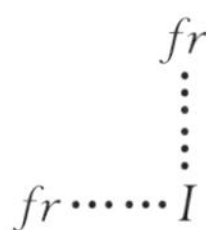

表 12.6

第二个因子 / 第一个因子	I	r	r^2	f	fr	fr^2
I	I	r	r^2	f	fr	fr^2
r	r	r^2	I	fr^2	f	fr
r^2	r^2	I	r	fr	fr^2	f
f	f	fr	fr^2	I	r	r^2
fr	fr	fr^2	f	r^2	I	r
fr^2	fr^2	f	fr	r	r^2	I

(3) 这个群是非交换的.这由关于主对角线处于对称位置的元素一眼就看出了,例如

$$(fr)f = r^2 \neq r = f(fr)$$

(4) 表的每一行及每一列分别是最上面一行及最左边一列的元素的置换(或重新排列),这种“重合性”是以前就观察到的.

(5) 左上角的 3×3 方阵正是等边三角形在平面上的旋转的三阶群的乘法表.在主对角线的下部,在右下角有一个 3×3 方阵,它是左上角方阵的重新排列.但是在左下角和右上角有两个主对角线方阵,它们是用每一个乘积加一个前缀 f 得到的.如果用 M 表示左上角 3×3 方阵的元素的集合,则表 12.7 用符号表示了这个乘法表的范型中的范型,这给我们提供一个暗示,以帮助我们进一步分析群的结构.我们将在稍后的关于正规子群和商群的章节中探讨这些可能性.

表 12.7

M	fM
fM	M

群的乘法表的结构

现在我们来察看群的乘法表的内部结构. 首先我们检验“重合性”,也就是检验群乘法表中的行和列分别是最上面的行及最左边的列的置换. 我们将证明,这并非是一种巧合,它是群的乘法表的一个特征性质. 证明这一点之后,我们将把一个群的乘法表看成由一列符号排成一个方阵的范型. 在这个阵列中我们将看到符号的空间范型,并指明它们如何对应群的关系. 由此可见,一个群的结构反映在它的乘法表的“几何”性质中. 可以证明,反之,有这些“几何”性质的方阵是一个群的乘法表.

“解”群的“方程”. 在谈及群元素和它的关系时,有时必须能够回答这样一个问题:如果 a 和 b 是群的两个已知元素,这个群是否存在一个元素 x,使得 $ax=b$? 我们断言,$x=a^{-1}b$ 是我们要求的群元素,这是因为

$$a(a^{-1}b)=(aa^{-1})b=Ib=b$$

所以 $x=a^{-1}b$ 满足群“方程”$ax=b$.

有其他可能的解吗? 为了回答这个回答,我们来证明:只要 y 是 $ax=b$ 的解,就有 $y=a^{-1}b$;换句话说,$a^{-1}b$ 是唯一解. 首先我们设有一个群元素 y 使得

$$ay=b$$

根据逆元素公理,又知道 a^{-1} 存在,所以我们能在 $ay=$

b 的两边同时左乘 a^{-1} 得

$$a^{-1}(ay)=a^{-1}(b)$$

因而有

$$(a^{-1}a)y=a^{-1}b \quad (\text{根据结合性公理})$$

$$Iy=a^{-1}b$$

$$y=a^{-1}b \quad (\text{根据单位元素公理})$$

因为我们已经验证过，用元素 $a^{-1}b$ 替换 y 满足群方程，于是 $a^{-1}b$ 是唯一解得到证明.

注意，在这个证明中，所有的群公理都是需要用上的.

形如

$$xa=b$$

的群方程的解也可类似地讨论(其中 a 和 b 都是群元素)：在两边同时右乘 a^{-1}，我们就得解

$$xaa^{-1}=x=ba^{-1}$$

将我们的结果公式化后可作为"规则"：

为了"解"$ax=b$，左乘 a^{-1}，求得 $x=a^{-1}b$；

为了"解"$xa=b$，右乘 a^{-1}，求得 $x=ba^{-1}$.

作为当前讨论的第一个应用，我们将证明一个关于群元素和它们的逆元素的关系(这个关系后面要用到). 假设我们有一个群元素表示成其他群元素的乘积，例如

$$d=ab$$

问题是：我们能将 d 的逆元素 d^{-1} 表示成什么？一个与之等价的问题是：我们能求一个什么样的群元素 x，使得

$$dx=I \text{ 或 } abx=I$$

我们从前面的讨论知道，群方程有唯一解，为了求这个解，我们首先左乘 a^{-1} 得到

$$a^{-1}abx = a^{-1}I$$

$$bx = a^{-1}$$

然后再左乘 b^{-1} 得到

$$b^{-1}bx = b^{-1}a^{-1}$$

$$x = b^{-1}a^{-1}$$

为了验证 $d^{-1} = b^{-1}a^{-1}$，我们只需证明 $d(b^{-1}a^{-1}) = I$ 即可

$$\begin{aligned} d(b^{-1}a^{-1}) &= ab(b^{-1}a^{-1}) = a(bb^{-1}a^{-1}) \\ &= a((bb^{-1})a^{-1}) = aa^{-1} \\ &= I \end{aligned}$$

类似地，如果 $d = abc$，则 $d^{-1} = c^{-1}b^{-1}a^{-1}$. 范型是清楚的，因而我们能得出一般命题：若

$$d = a_1 a_2 \cdots a_n$$

则

$$d^{-1} = a_n^{-1} a_{n-1}^{-1} \cdots a_2^{-1} a_1^{-1}$$

换句话说，乘积的逆元素是按照相反次序的逆元素乘积.

作为群方程解法的一个附带应用，我们将证明一个定理，它解释为什么群的乘法表的任意的行（或列）是其他行（或列）的元素的重新排列.

我们假设有一个由元素

$$a_1, a_2, \cdots, a_n$$

组成的 n 阶群（当然，这些元素中必有一个是单位元素 I，但是它没有被特殊地标记出来）. 取这 n 个元素中的任意一个，例如 a_i，为了方便，把它叫作 b. n 个元素左

乘 b 的乘积是

$$ba_1, ba_2, \cdots, ba_n$$

那么这些乘积是原来的 n 个群元素，可能是它们的重新排列. 为了证明这一点，我们将指出，这些乘积中没有任何两个能够是同一个群的元素. 假设，假如

$$ba_i = ba_j \quad (\text{其中 } i \neq j)$$

则左乘 b^{-1} 时得到

$$b^{-1}ba_i = b^{-1}ba_j$$

即

$$a_i = a_j \quad (i \neq j)$$

但是如果 $i \neq j$，a_i 与 a_j 是不同的群元素，与假设 $ba_i = ba_j$ 发生矛盾. 因此这 n 个乘积都是不同的. 因为这些不同的乘积的每一个都是原来群的一个元素，它们合在一起必然是所有 n 个群元素. 证毕.

以上我们是用左乘来证明的. 右乘群的元素也有类似结果. 对有限群我们就完全证明了：

定理　若 $a_1, a_2, \cdots, a_n$ 是 n 阶群的不同元素，且若 b 是这个群的任意一个固定的元素(当然 b 必须是这 n 个元素中的一个，则乘积 $ba_1, ba_2, \cdots, ba_n$(或 a_1b, $a_2b, \cdots, a_nb$) 由所有 n 个群元素组成，可以是它们的重新排列(当 $b \neq I$ 时是重新排列).

这个定理保证了，群乘法表的每一行和每一列都分别是最上面一行和最左边一列的元素组成的，只是重新排列一下.

下面将对乘法表的性质做一简要介绍，其目的在于指出，一方面群的公理和它的一些推论将用来确定乘法表中的关于符号的空间关系的范型，另一方面展示这些范型的方阵是一个群的乘法表.由于这些特殊概念并不是后面几章的主要部分,所以即使这个简短的解释在第一次阅读时不完全精通,也不影响后面内容的理解.

假设我们有一个组成方阵的符号集合,也就是群的乘法表,那么这个方阵有如下五个性质.

(1)方阵恰好包含和行(或列)一样多的不同符号;所以方阵如果有 n 行和 n 列,则组成这个方阵的 n^2 个符号中恰好有 n 个不同的符号.方阵的这个性质反映了这样一个事实,即群是一个由 n 个元素组成的、有二元运算的集合.

(2)每一个符号在每行和每列中恰好只出现一次.这反映了定理断定的事实.

(3)假设表示群的所有不同符号被排列成某个确定的次序,而且群的乘法表的行和列也是根据这个次序标记的.例如,我们可以有有序符号

$$a,b,I,c,\cdots,k$$

我们知道,因为符号 I 是单位元素,所以它必然在这种有序符号中出现(在我们的例子中,我们是将它作为第三个元素).对应于群的单位元素公理,我们有方阵的第三个性质:方阵中被符号 I 标记的一行与方阵的最上面的一行的符号完全相同;被符号 I 标记的一列与方阵的最左边的一列的符号完全相同.这个性质已用表 12.8 加以说明.

表 12.8

	$a\ b\ I\ c\ \cdots\ k$
a	a
b	b
I	$a\ b\ I\ c\ \cdots\ k$
c	c
$\vdots$	$\vdots$
k	k

(4) 关于存在逆元素的群公理确定方阵这样的性质:方阵中的每一个符号都伴随着另一个符号,使得标记第一个符号(例如 r) 的行与标记第二个符号(例如 s) 的列的交点处的符号是 I;标记 s 的行与标记 r 的列的交点处也是 I;而且这两个 I 是关于主对角线对称的. 这个范型(表 12.9) 反映了

$$rs = sr = I$$

(即 s 是 r 的逆元素) 这个事实.

表 12.9

		r		s
		$\vdots$		$\vdots$
r	$\cdots$	$\vdots$	$\cdots$	I
s	$\cdots$	I		

(5) 结合律对应于方阵有如下性质:方阵就是群的乘法表. 假设我们在方阵中选择任意两个符号 r 和 s,使得包含 r 的列与包含 s 的行的交点是出现 I 的地方. 这个包含 r 的列用某个群元素(例如 y) 打头,包含 r 的行用一个元素 u 标记在最左边,类似地,包含 s 的列由 x 打头,包含 s 的行用 v 标记(表 12.10). 由结合律

知,包含 r 的行与包含 s 的列的交点,也就是乘积 ux 处,必须是 rs. 为了看出这一点,我们应看到(表12.10)

$$vy = yv = I, uy = r, vx = s$$

表 12.10

		x		y	
		$\vdots$		$\vdots$	
u	$\cdots$	ux	$\cdots$	r	$\cdots$
		$\vdots$		$\vdots$	
v	$\cdots$	s	$\cdots$	I	$\cdots$

所以

$$ux = uIx = u(yv)x = (uy)(vx) = rs$$

所以乘法表必须体现这样的范型

	rs	$\cdots$	r
	$\vdots$		$\vdots$
	s	$\cdots$	I

为了结束群乘法表的讨论,我们回到这一章一开始提出的问题:确定作为一个数学实体的群,需要多少信息量? 我们又怎样指示这些数据? 这些问题的回答是:对于 n 阶有限群,我们需 n^2 个信息单位,也就是这些群元素的所有可能的二元乘积. 在我们的群乘法表的方阵中指示了这 n^2 个乘积. 一个方阵表示一个群,当且仅当这个方阵中的符号都满足上面五个"几何"性质.

第13章 群的生成元

虽然群的乘法表能隐含地告诉我们,只要任何两个群元素的乘积规定好,就能知道我们所要了解的群的一切性质,但我们也能预见到,当企图无限扩大它的应用范围时,也会遇到某些困难.例如,不难设想,企图借助乘法表来分析一个阶为60的群就有实际限制.

现在我们转向生成元概念.这个概念是另一个刻画群的途径,在某种意义上,它与群的阶无关.本书的一个首要目标是群的图像表示,群的生成元概念是实现这一目标的一个重要环节.

假设 a 和 b 是群的元素，则按逆元素公理 a^{-1} 及 b^{-1} 也是这个群的元素，从而

$$ab^{-1}a, aba^{-1}b, \cdots$$

也是群元素. 能用

$$a, b, a^{-1} \text{ 及 } b^{-1}$$

作为因子的每一个乘积，不管其顺序及出现的次数的多少，按二元运算的定义，都是这个群的一个元素. 若这个群的所有的元素都能表成仅含 a 及 b（以及它们的逆元素）的乘积，则我们称 a 及 b 是这个群的生成元. 我们能把群生成元这个概念推广到多于两个群元素的一个集合. 若 S 是群 G 的元素的一个集合

$$S = \{a, b, c, \cdots\}$$

而且如果 G 的所有元素都能表示成仅含 S 的元素（及它们的逆元素）的乘积，则我们称 S 的元素叫作 G 的生成元.

最简单的情况是只有一个生成元（例如 a）的群；这个群的所有元素都能表示成仅含 a 及其逆元素 a^{-1} 的因子的乘积. 我们已经见过一个生成元的群：以表 13.1 作为乘法表的群，即正三角形在所在平面的旋转群. 因为

表 13.1

	I	a	a^2
I	I	a	a^2
a	a	a^2	I
a^2	a^2	I	a

$$I = aa^{-1}$$

所以3个群元素 I, a, a^2 的每一个显然都是仅以生成元 a 或 a^{-1} 作为因子的乘积.

循环群

为了显示三角形旋转群的本质特征,我们指出,由于 $a^3=I$,所以生成元 a 的乘幂序列

$$a, a^2, a^3, a^4, a^5, a^6, a^7, \cdots$$

可以写成

$$a, a^2, I, a, a^2, I, a, \cdots$$

这里我们看到有一个以

$$a, a^2, I$$

为基本范型的循环重复. 由于这个原因,这个群被称为阶为3的循环群.

我们可以类似地定义任意阶的循环群:若一个群的每一个元素都能表示成某个生成元 a 的幂次,则这个群叫作循环群. 我们将用 C 作为表示循环群的一般符号,而群的阶则用下标来表示. 例如,C_3 表示阶为3的循环群,而 C_n 就表示阶为 n 的循环群.

若 n 是使

$$a^n=I$$

的最小整指数,则由 a 生成的群将是 n 阶的. 这个使得 $a^n=I$ 的最小的整指数也叫作元素 a 的周期. 例如,在上面叙述过的循环群 C_3 中有

$$a^6=I, a^9=I, a^{-3}=I, \cdots$$

但还有 $a^3=I$,而且这个3是使

$$a^n=I$$

成立的最小的整指数,所以我们说元素 a 的周期是3.

若 a 生成一个循环群 C_n，则 a 的逐次递增的乘幂序列能构成一个以

$$a, a^2, \cdots, a^n \quad (a^n = I)$$

为基本范型的循环重复序列. 用这个特征(对群)做几何解释(即用它来作群的图像表示)是很适合的. 例如，阶为 3 的循环群使我们联想到一个三角形，这个三角形的每一个顶点都对应于一个群元素(图 13.1). 这个三角形的每一边有一个箭头指示方向. 沿箭头方向移动对应于右乘生成元 a. 所以，以标记 a^2 的顶点作起点，沿着指向 I 的箭头方向移动就等价于

$$a^2 a = a^3 = I$$

与箭头反方向移动对应于右乘 a^{-1}(即右乘生成元 a 的逆元素). 例如，以标记 a^2 的顶点为起点，沿着与指向 a^2 的箭头方向相反移动就等价于

$$a^2 a^{-1} = aaa^{-1} = a$$

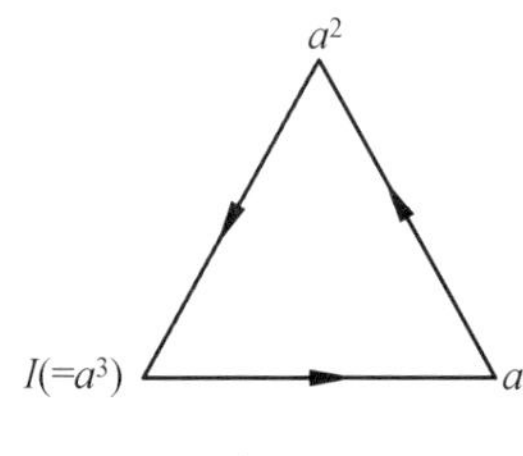

图 13.1

第14章 群的图像

似乎在每一边画有箭头的多边形,能作为一个循环群的图示,即作为循环群的图像. 让我们考察我们所知道的循环群的基本性质,并看看它们怎样与刚刚介绍的几何解释联系起来.

如果 a 是循环群的一个生成元,按定义我们知道,这个群的任何一个元素都能表成仅以 a 及 a^{-1} 作为因子的乘积. 反之,每一个仅以 a 及 a^{-1} 作为因子的乘积都是一个群元素. 例如,考虑三个乘积

$$a, aaa^{-1}, a^{-1}aaa^{-1}a$$

碰巧所有这些乘积都表示同一个群元素.

类似地，我们也将生成元和它们的逆元素的有限序列称为“字”. 对于每一个含 a 及 a^{-1} 的字都对应于用 a 生成的循环群的一个元素. 因为任何一个给定的群元素能用无限多种方法表示成一个字，所以用字作为群元素的解释不是唯一的.

若 x 是阶为 3 的循环群的某个元素，我们能将对应于 x 的任何一个字翻译成在假定的图像上的移动. 假设字 aaa^{-1} 表示 x，则我们可将这个字翻译成在图14.1中的图像上以如下方式作的移动：

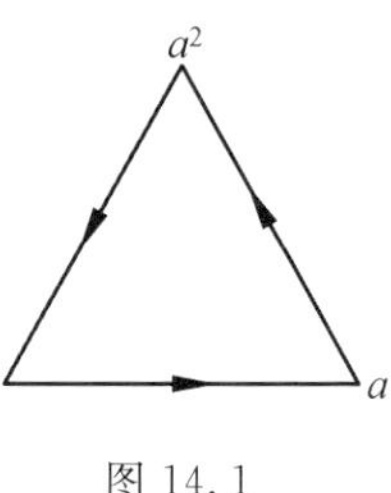

图 14.1

1. 我们取标记 I 的顶点作起点. 因为对应于 x 的字中的第一个因子是 a，所以我们从 I 出发沿与箭头相同的方向移动到线段的另一个端点(图 14.2)，这个端点是标记 a 的顶点，然后我们以它作为起点作进一步移动.

2. 因为在这个字中第二个因子是 a，所以当我们从所到达的顶点开始移动时仍沿与箭头相同的方向移动到线段的另一个端点(图 14.3)，这个端点是标记 a^2 的顶点，以它作为起点再作进一步的移动.

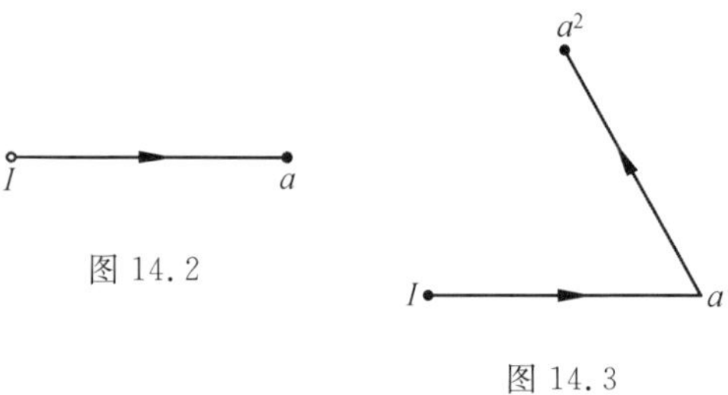

图 14.2

图 14.3

3. 因为第三个因子是 a^{-1}，a 的逆元素，所以我们从所到达的顶点开始时应沿与箭头相反的方向移动到线段的另一个端点，这个端点是标记 a 的顶点，它是任何进一步移动的起点. 但这第三个因子已是这个特殊字的最后一个因子；因而已没有进一步的移动，所以对应于字 aaa^{-1} 的路的终端是标记 a 的顶点.

对应于 x 的字，可解释为在图像网络上沿道路移动的方向的集合. 每一个字，都对应于一个沿有向线段移动的特殊序列；反之，任何一条从 I 出发沿群的图像的有向线段移动的道路，都对应于一个特殊的字.

由于用有向线段的网络作为一个群的表示（其中的顶点对应于群元素，线段对应于右乘群的生成元或其逆元素）首行是 19 世纪数学家凯莱引进的，所以这种网络或图像通常被称为凯莱图.

正方形在它所在平面内的诸旋转构成一个阶为 4 的循环群. 这个群的图像如图 14.4 所示.

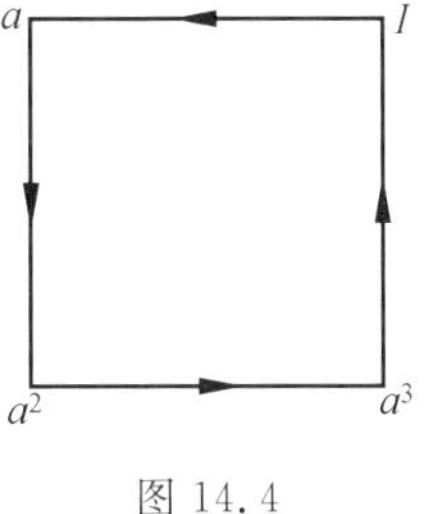

图 14.4

注 (1) 循环群有多少个元素，它的图像上就有多少个顶点.

(2) 顶点 I 的位置是任意选择的.

(3) 在每一个顶点有两条线段：一条对应于右乘生成元 a，箭头方向是远离该顶点；另一条对应于右乘生成元 a 的逆元素 a^{-1}，箭头方向是向着该顶点.

(4) 图像网络采用什么特殊形状，在这里并没有意义. 考虑的只是在诸顶点之间作内联而成一个图形.

若联结顶点的有向线段不用直线，则图像的总的形状就不是正多边形. 只要不有损于数学意义，你可以按你的美学观点随意选择你所喜爱的形状.

正 n 边形在所在平面内的诸旋转构成一个阶为 n 的循环群 C_n，其图像是一个有向线段做成的 n 边形. 例如，正六边形在所在平面内的诸旋转构成一个 6 阶循环群 C_6，其元素是

$$a, a^2, a^3, a^4, a^5, a^6 (a^6 = I)$$

这个群的图像是一个有向线段做成的六边形，如图 14.5 所示.

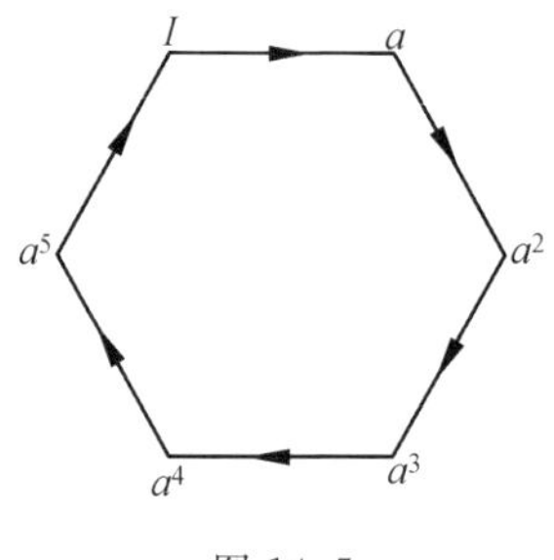

图 14.5

无限循环群

现在我们来构造无限循环群的图像. 循环群是用所有元素都能表示成某个生成元 a 的乘幂这个性质来定义的. 若存在一个正整数 n，使得

$$a^n = I$$

则说用 a 生成的群是有限的. 若不存在这样的正整数 n，则 a 的每一个递增乘幂都表示群的一个新元素，所以在这种情况下，循环群是无限的. “无限加法群”就是这样的群.

为了构造无限循环群的图像,在心里记住几何图形是有帮助的.在有限循环群的情况下(即 n 为有限时)我们很容易得到对应的凯莱图.当 n 无限增大时,正 n 边形的边数无限增多,顶点到中心的距离无限增大.所以,不难想象,当 n 是 ∞ 时正 n 边形的周边已是一条无限长的直线,它的每一边是其上的一个单位线段.所以分成相等线段(每段长为 1)的直线(图 14.6)就是无限循环群的图像.重合旋转就是在这条线上向右或向左移动一个或更多个单位.这个无限循环群的生成元是向右移动一个单位.

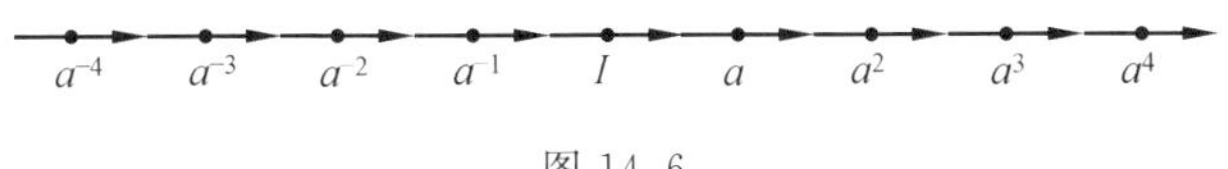

图 14.6

注 (1) 根据我们的周期概念的自然推广,我们可用 C_∞ 来表示无限循环群.

(2) 显然,任意一个顶点都可以取作 I.

(3) 我们再一次看到,每一个顶点都有两条有向线段.沿有向线段作与箭头相同方向的移动对应于右乘生成元 a,沿有向线段作与箭头相反方向的移动对应于右乘 a 的逆元素 a^{-1}.

有两个生成元的群

等边三角形的重合运动群的乘法表显示出,这个群有两个生成元:旋转 r 及翻转 f.这个群的元素是

$$I, r, r^2$$

$$f, fr, fr^2$$

容易看到,其中第一行的每一个元素是由它的左邻(或右邻)右乘 r(或 r^{-1})得到的;其中第二行的元素则分

别是用它们上面的元素左乘 f 得到的. 这就提醒我们，对于这个群的图像要用两个以虚有向线段互连的三角形来表示(图 14.7)，虚有向线段对应于生成元 f.

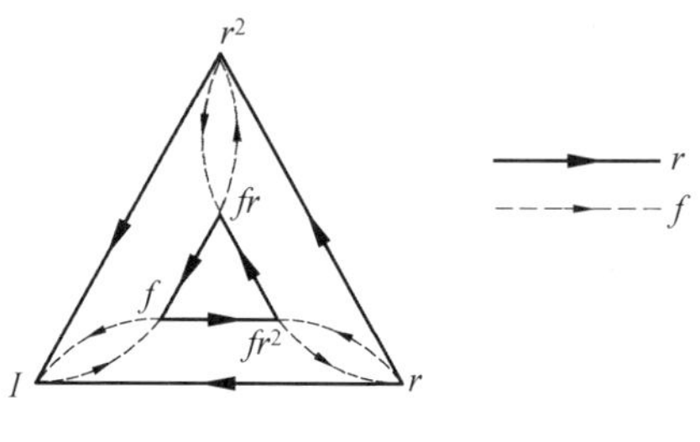

图 14.7

为了区别两个生成元 r 与 f，在这个图像上我们用实有向线段表示乘 r，用虚有向线段表示乘 f. 凯莱原来是用不同的颜色区别不同的生成元，他的图解表示法叫作群的着色表示法.

现在由于我们有两个生成元，所以在我们图像上的任何一条道路都能被仅由集合

$$r, f, r^{-1}, f^{-1}$$

中的符号组成的序列所刻画. 序列

$$rfr^{-1}f^{-1} \text{ 和 } rf^{-1}rf^{-1}r$$

就是这种序列的两个例子，这种序列(如前所述) 叫作字. 当然，含有生成元或其逆元素的每一个字是群的一个元素，更严格地说，每一个这样的字表示一个群元素.

读者应该自己验证，用这个群的乘法表给出的任意两个元素的乘积，与由图 14.7 中的图像得到的乘积正好是一致的. 例如，为了验证

$$rf = fr^2$$

首先由起点 I 移动 r 一线段，然后再移动 f 一线段，到达标记 fr^2 的顶点(图 14.8)，在图 14.9 中指出，路

$$frrf=r$$

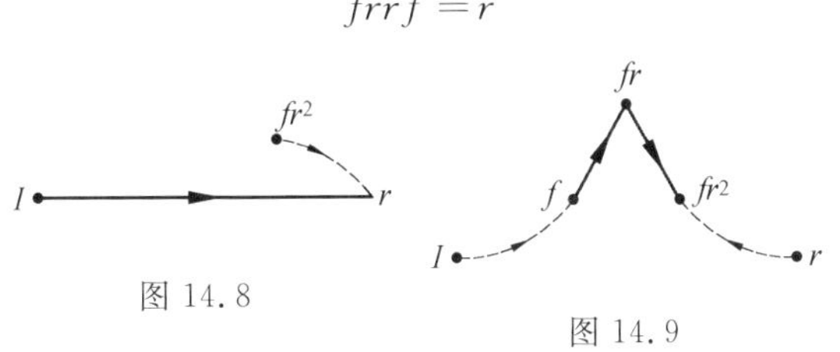

图 14.8

图 14.9

群的图像的基本性质

我们上面给出的那些不同群的图像的例子，却有某些共同的基本性质.

(1) 群元素 $\longleftrightarrow$ 图像顶点

即：群元素与图像顶点一一对应. 这也就是说，群的图像上的每一个顶点恰好对应于一个群元素，且反之亦然.

(2) 生成元 $\longleftrightarrow$ 相同“颜色”的边

图像网络的每一边都是有向线段，相同“颜色”的有向线段对应于群的相同的生成元. 由起点顺箭头方向沿线段运动，对应于右乘生成元 a；反箭头方向沿线段运动，对应于右乘生成元的逆元素 a^{-1}. 若图 14.10 中的图像顶点 A，B 及 C 分别表示群元素 x，y 及 z，则由 B 到 C 的运动就对应于 a 乘 y，所以

$$ya=z$$

而由 B 到 A 的运动就对应于 a^{-1} 乘 y，所以

$$ya^{-1}=x$$

(3) 字 $\longleftrightarrow$ 道路

表示群元素的每一个字可解释为一条道路(即图像的有向线段的一个特殊序列)，且反之亦然. 对于对应于

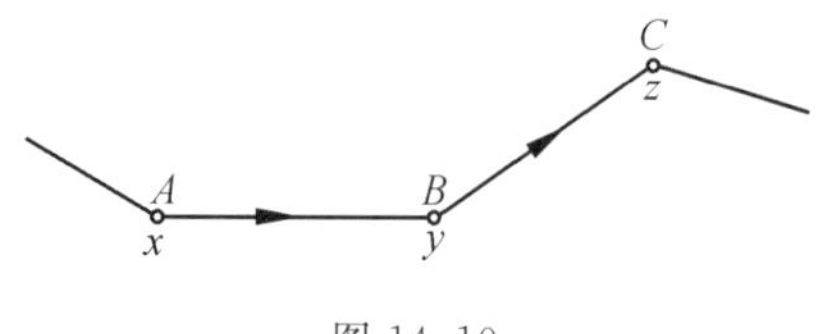

图 14.10

一个字的道路，在一个顶点沿道路所作的下一个运动都被字的下一因子所规定. 因为每一个因子或者是生成元或者是生成元的逆元素，所以图像的每一顶点是两条相同"颜色"的有向线段的端点：一条的箭头方向向着这个顶点，而另一条的箭头方向背离这个顶点. 如果这个群有两个生成元 a 和 b，则在每一个顶点有四条边，这是因为从每一个顶点，对应于四个因子

$$a, a^{-1}, b, b^{-1}$$

有四个可能的运动. 一般地说，对于每一个生成元，在每一个顶点有一条进入边和一条走出边.

(4)　　元素的乘法 ⟷ 道路的相继

两个群元素的乘法，对应于图像上的、用两个相继的道路合成的道路上的移动. 群元素 r 和 s 的乘积

$$rs = t$$

对应的道路可作如下的解释：将 r 和 s 作为字中符号(即生成元或其逆元素)来写. 用对应于 I 的顶点作起点，与其相接的道路是表示 r 的字所规定的道路，这条道路的终点对应于 r. 然后再用 r — 顶点作起点，与其相接的道路是表示 s 的字所规定的道路. (不管 r 和 s 表示什么特殊的字) 这条道路的终点对应于 $t = rs$.

(5)　　表示 I 的字 ⟷ 闭道路

任意一个表示 I 的字都对应于图像上的一条闭道路. 假设 W 是表示 I 的一个字. 例如，在等边三角形的重合

运动群中，W 可以是 $frfr$. 若对应于 I 的顶点被取作起点，则被字 W 所规定的路将以 I－顶点为终点. 我们把起点与终点重合的道路称为闭道路. 若 t 不同于 I，且取对应于 t 的顶点作起点，则被字 W 所规定的路将以 t－顶点为终点，这是因为 $tW=t$. 所以，若 W 是表示 I 的字，则无论取什么顶点作起点，W 所规定的道路都是闭道路. 具有这个性质的图像叫作是齐次的.

由群的图像的"齐次性"推得，图像上的任意选择的一个顶点都可标记为 I. 还可看到，有这样的例子，其边是有向线段的图形不是齐次的，这样的图形不是一个群的图像，这类图形是有"缺陷"的.

(6) $rx=s$ 的可解性 $\longleftrightarrow$ 图像网络是连通的

群的图像是连通的网络是指，从图像上的任一顶点到其他每一个顶点都有道路相连. 若 r 和 s 是群的任意两个元素，则有一个元素 $x=r^{-1}s$，使得 $rx=s$. 显然，如果 W 是表示 $x=r^{-1}s$ 的任意一个字，则 $rW=s$；所以如果对应于 r 的顶点取作起点，则 W 所规定的道路是由 r－顶点到 s－顶点的道路.

我们将前面讨论中阐述的对应关系总结如下(表 14.1)：

表 14.1

群	图像
元素	顶点
生成元	相同"颜色"的有向边
字	道路
元素的乘法	道路的相继
表示 I 的字	闭道路
方程 $rx=s$ 的可解性	网络是连通的

由于我们能够选择凯莱图的任意顶点与 I 对应，所以同样的群的图像表示似乎不需要标记顶点. 例如，在图 14.11 中的两个未标记顶点的凯莱图的每一个，都充分刻画了一个 4 阶循环群. 但是我们不应当走到试图消去边的有向记号. 考虑图 14.12 中的两个图像，它们的不同仅在于内三角形的边的箭头方向，但是它们所表示的群有本质差别，这是因为其中只有一个是交换群. 今后，如果需要澄清，就要标记群图像的顶点.

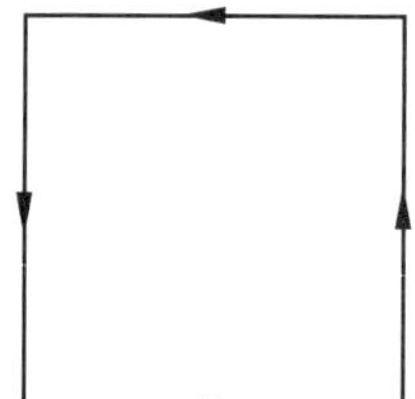
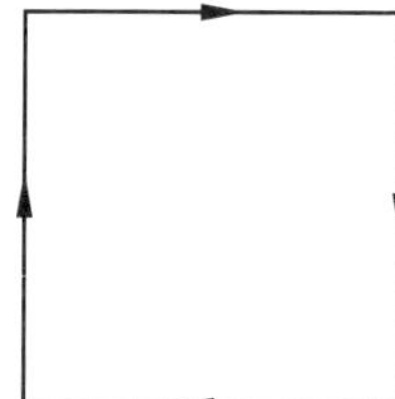

图 14.11

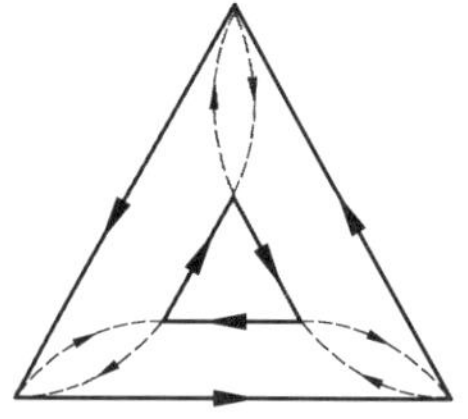
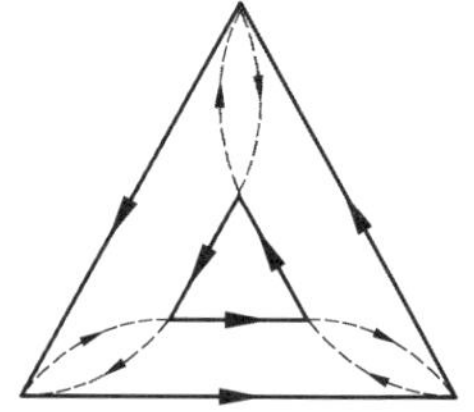

图 14.12

关于表示 I 的字的注　一字表示 I，当且仅当(群的图像网络上的)对应的道路是闭的(回想，当起点与终点重合时道路是闭的). 我们能区分闭道路的有本质差别的两种类型. 图 14.13 是正三角形的运动群的图像上的两条道路

$$I \to P \to Q \to I \text{ 及 } I \to R \to S \to T \to S \to R \to I$$

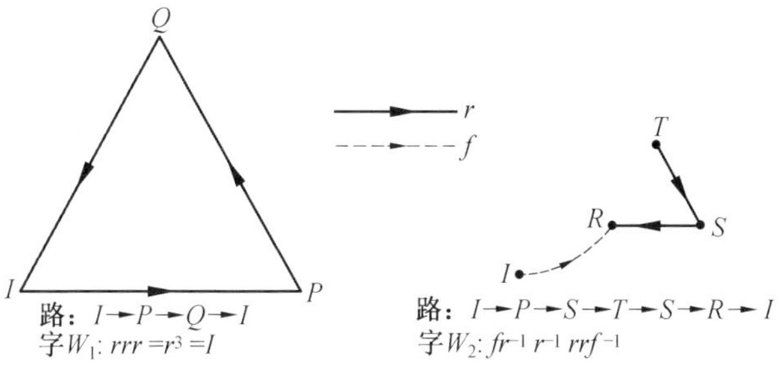

图 14.13

的图示，这两条道路都是闭的，但是不管是用拓扑学的观点还是用群性质的观点看，它们的本质都是不同的. 拓扑学是几何学的一个分支，它考虑的是几何对象的连接方式，而全然不考虑线的长度这样的性质. 如果几何图形的变形不破坏图形的任何线或接合处，则这种变换叫连续变换. 拓扑学仅仅考察几何图形在连续变换下保持不变的性质. 从拓扑学的观点看，对应于字$W_1=r^3$的道路与对应于字$W_2=fr^{-1}r^{-1}rrf^{-1}$的道路有本质区别：对应于$W_1$的闭路在每一个线段上只经过一次，从不经过两次，而对应于W_2的闭道路在每一个线段上都来回两次（读者应将道路W_2的特点与群乘积的逆元素作一个比较）.

群的公理是构成所有群的性质的基础. 从群的公理的观点也可以看出W_1与W_2之间的基本差别. $W_2=fr^{-1}r^{-1}rrf^{-1}$在任何有两个元素（我们指定它们为$r$和$f$）的群中都表示$I$，但$W_1=r^3$仅在使$r^3=I$成立的那些特殊群中才表示$I$.

为了看出$W_2=I$在任意群中都成立，我们只需写

$$W_2=fr^{-1}r^{-1}rrf^{-1}=fr^{-1}(r^{-1}r)rf^{-1}$$

$$=fr^{-1}(I)rf^{-1}=fr^{-1}rf^{-1}=f(r^{-1}r)f^{-1}$$
$$=f(I)f^{-1}=ff^{-1}=I$$

应用群的公理我们逐次消去了所有表示生成元及其逆元素的符号,因而将字 W_2 化简成 I. 我们称 W_2 为空字,因为应用群的公理它能表示成除 I 外不含其他任何群元素. 我们断定:

(1) 在图像网络的每一线段上都往返两次而返回自身的闭道路,对应于空字.

(2) 所有其他的闭道路对应于生成元之间的一个特殊关系,但这并不是对所有的群都是真的.

发现群的图像

已经看到,群的凯莱图能用任何方法变形,只要我们不破坏顶点之间的任何联结. 例如,图 14.14 是等边三角形的重合运动群的凯莱图(图 14.7) 的变形. 这个群的这个凯莱图也可以变成三维网络,如图 14.15 所示.

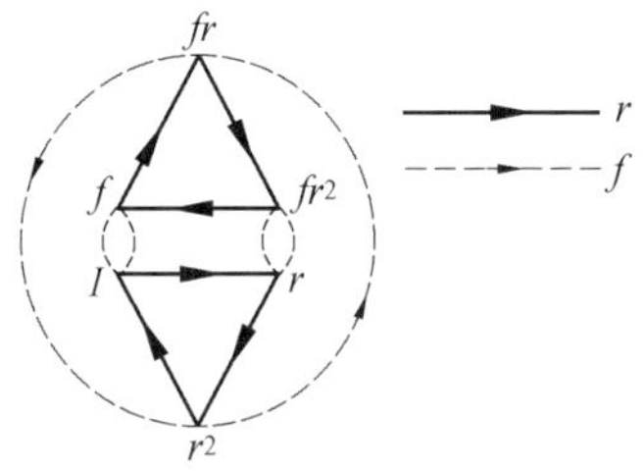

图 14.14

这种三维图像有力地暗示了群的实际上的物理运动. 下面的三角形 ABC 可以用来表示没有翻转的三角形的位置,其箭头表示三角形在所在平面中的运动,上

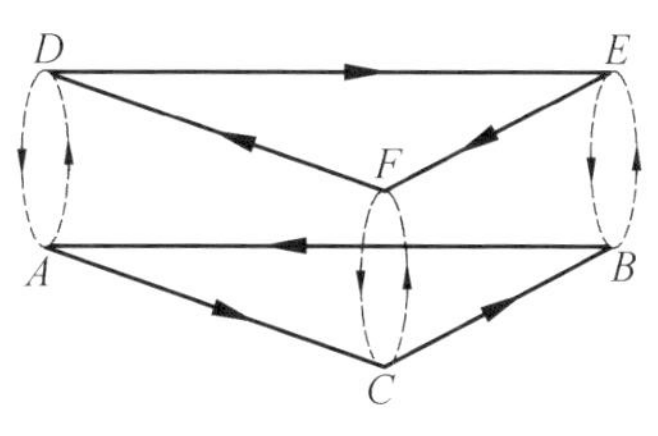

图 14.15

面的三角形 DEF 则刻画翻转后的三角形位置，其箭头表示翻转后再旋转的三角形的位置. 在每一个顶点处的构成闭圈的一对线段表示来回翻转.

这里是首先画出凯莱图，然后修改成符合物理作用的图示. 有时我们颠倒这个过程，首先画群的实际运动的图形表示，然后抽象成那个群的凯莱图.

二面体群

考虑导致一个正方形重合于它自身的运动的集合 —— 正方形的重合运动. 等边三角形的情况提示我们，这些运动的生成元是 r(正方形在所在平面旋转 90° 的运动) 和 f(正方形绕对角线转 180° 的翻转). 这些运动指出，三维表示如图 14.16 所示. 这个图像是以 r 和 f 为生成元的，满足

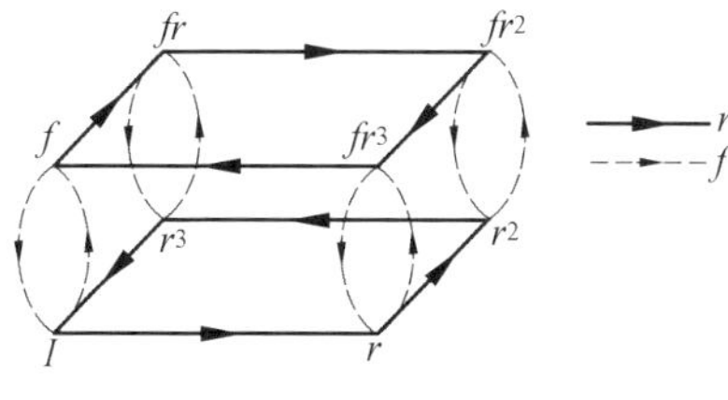

图 14.16

$$r^4 = I \text{ 及 } f^2 = I$$

的 8 阶群的凯莱图. 若把它变成二维网络, 则如图 14.17 所示.

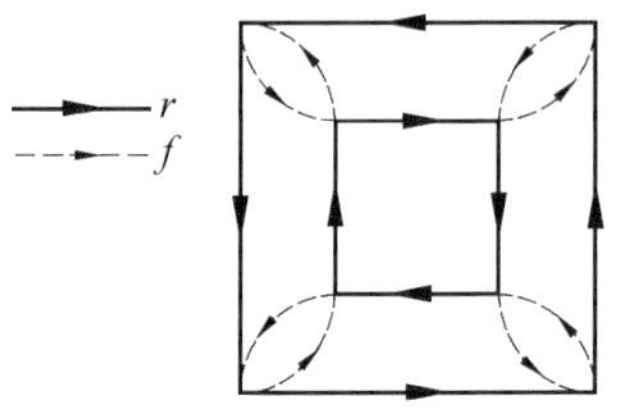

图 14.17

任意正多边形的重合运动的情况,与等边三角形的情况的类似性是非常显然的,因而可直接推广到任意正多边形的重合运动群.

正多边形的重合运动群叫作二面体群."二面体"表示"两个平面",因而,我们可以看到,一个二面体群的凯莱图的三维型式表示成两个平面多边形,它们的顶点被生成元"翻转"线段所联结. 今后我们将用 D 作为二面体群的一般符号. 我们也将用下标表示这个群的多边形的顶点的个数. 因此,等边三角形的六阶二面体群将用 D_3 表示;正方形的八阶二面体群将用 D_4 表示. 一般地,正 n 边形的二面体群,我们将用 D_n 表示. 显然,D_n 是一个 $2n$ 阶群.

有一个周期为 2 的生成元的群的图像的画法,有一个简化方法. 因为二面体群的"翻转"元素 f 是周期为 2 的,所以我们将用二面体群的图像来阐明这种简化方法,但它也适用于有周期为 2 的生成元的任何群的图像.

所有含有周期为 2 的生成元(如 f) 的图像,在每

一个顶点都有一对 f 一线段的"闭圈".我们仍用每一对这样的线段表示 f 和它的逆元素 f^{-1}.我们可以省略这种(从一条线段上出去又回来的)所用的箭头,而仅用一条没有箭头的线段来表示周期为 2 的生成元.因为对于周期为 2 的生成元有 $f=f^{-1}$,所以沿每一个方向移动 f 一线段就表示右乘 f 或 f^{-1}.用这种简化方法来画二面群 D_3 和 D_4 的图像,就如图 14.18 所示.注意,生成元 r(它的周期大于2)是用有箭头的线段表示的,只是对应于(周期为 2 的)f 的线段才没有箭头.

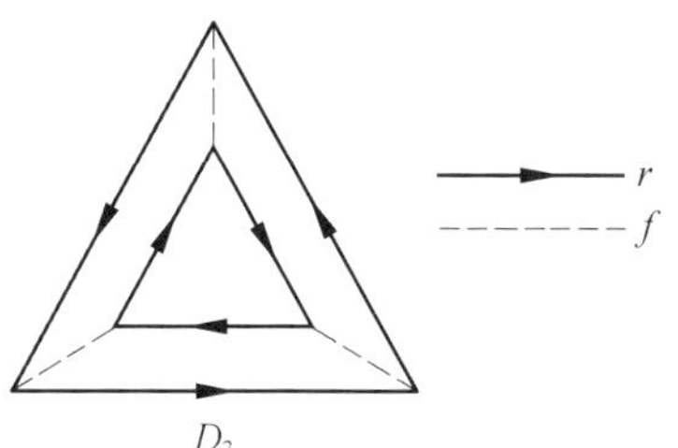

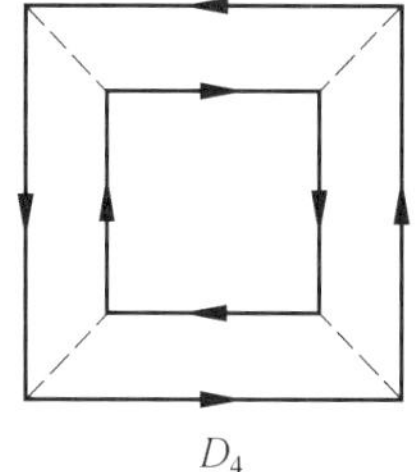

图 14.18

按生成元和关系定义群

第15章

我们已经看到,一个特殊的群可用下面这些方法定义:

(1) 有二元运算且满足三个群公理的(一些元素的)集合.这是基本定义形式,所有其他可能的定义方式都是由它推导来的.

(2) 具有在第四章中所讨论过的一些性质的、我们叫作群的乘法表的(一些符号的)方阵.这种方阵以规定群元素的所有乘积的方式来定义一个群.

(3) 满足我们对群的图像所规定的一些基本性质的(一些有向线段的)网络.这种网络用规定它里面的结构(即群元素的任何一个乘积对应于这个图像网络上的什么相继的路)的办法来定义一个群.

在这一章，我们将专门指出，还有其他定义群的方法 —— 用生成元和它们的关系来定义群的方法. 关于生成元，我们已有某些经验.

循环群 C_3

我们将由检验(用 C_3 表示的)3 阶循环群的简单情况开始. 这是等边三角形在其所在平面内的旋转群. 这个群 C_3，(作为一个循环群) 能用它的一个元素(如 r) 生成，而且它的 3 个元素能表示成

$$r, r^2, r^3 (= I)$$

现在我们来考虑这相反的情况：

(1)G 是用一个元素 r 生成的；

(2)$r^3 = I$.

这些条件能完全确定 G 的结构吗？特别是群 G 必须是一个 3 阶循环群吗？回答是“不能”. 这是因为我们仅仅考察关系 $r^3 = I$ 是不够的，如果还满足 $r = I$，则就看出这个群 G 可以仅由一个元素 I 组成，所以是 1 阶的. 因此，如果我们想完全确定 G，我们就必须修改我们对群 G 的刻画. 显然，若命题(2) 修改成

(2′)G 的定义关系的集合仅由一个关系 $r^3 = I$ 构成.

则(1) 和(2′) 就能完全确定作为一个 3 阶循环群的 G. 为了阐明这个命题，我们必须给出“关系”的精确含义，然后再给出一个群的定义关系的含义. 这以后我们才能够决定 C_3 的“关系”$r^3 = I$ 是否是 C_3 的一个定义关系.

一个关系涉及一个如下的等式

$$W=I$$

其中 W 是群的一个字. 字 W 有两种不同的类型, 对于它们我们都可以有 $W=I$. 首先在 C_3 中有这样的字 rrr 或 r^3, 对于它, 命题

$$r^3=I$$

断言, 字表示一个与 I 相同的群元素. 这个等式不是群的公理的一个推论, 因而对于所有的群一般是不真的. 例如, 在生成元为 r 的循环群 C_2 中 $r^3=I$ 就不真. 相反, 考虑命题

$$rr^{-1}=I$$

这个等式是群的公理(逆元素公理)的直接推论, 因此对每一个群的每一元素 r 都成立. 注意, rr^{-1} 是空字; 对所有的生成元, 我们都可以应用群的公理, 并可以用 I 取代互为逆元素的元素对. 但 r^3 不是空字, 因而仅仅在特殊的群中 $r^3=I$ 才是真的. 让我们约定, 在我们的关系的定义中, 对于 $W=I$, 我们将排除 W 是空字的平凡情况. 我们应回忆起, 命题 $r^3=I$ 和 $rr^{-1}=I$ 都对应于 C_3 的闭道路, 后者对应于返回自身的平凡的闭道路, 而前者则对应于非平凡的闭道路.

我们将利用的群关系的定义: 若 W 是群 G 的非空的字, 且使

$$W=I$$

则称这个等式是 G 的一个关系. 因为字 W 是 G 的生成

元的乘积，所以我们也称 $W=I$ 是 G 的一个生成元关系[①].

为了引进 G 的定义关系的概念，我们考虑由 G 的所有非平凡关系组成的集合，即集合

$$\{R_k=I\},k=1,2,\cdots$$

其中 R_k 不是空字. 我们将用 A 标记关系 $R_k=I$ 的集合.

让我们来考虑关系集合 A 是空集合(没有任何元素的集合)的情形. 难道有一种群它没有生成元关系吗？仅仅由一个元素 I 组成的平凡群可以作为没有生成元关系的群. 然而我们也应考虑用指明有(例如)满足关系 $a=I$ 和 $b=I$ 的生成元 a 和 b 的方法来确定同一个群. 在这种情况下，每一个字等于 I. 让我们回避这种情况，而仅考虑至少有一个字不等于 I 的群. 用元素 a 生成的无限循环群 C_∞ 就是这样一个群. 我们已经看到，若 C_∞ 的任何一个字是非空的，则它不等于 I，因为 $n\neq 0$ 时 $a^n\neq I$；这就是说，群 C_∞ 没有仅含有单个生成元 a 的关系. 用一个元素生成的无限循环群 C_∞ 是一个没有关系的群. 这样的群叫作自由群.

假设集合 A 至少包含一个关系 $R=I$，我们将指出，只要对关系 $R=I$ 应用群的公理，A 就包含无限多个关系. 特别是，若 $R=I$，则

$$R^{-1}=I(\text{因为 } RR^{-1}=I),R^2=R\cdot I=I$$

---

① 好像我们应考虑更一般的形式 $W_1=W_2$ 作为群 G 的一个关系；但是用群公理能将其变形为 $W=W_1W_2^{-1}=I$，所以仅考虑形如 $W=I$ 的关系就够了.

类似地，$R^{-2}=I$. 继续乘等于 I 的字，我们得到

$$R^n=I \text{ 及 } R^{-n}=I \quad (n=1,2,\cdots)$$

这个结果指出，由一个关系 $R=I$ 就可推出无限多个关系，因而 A 必须包含无限多个关系 $R_k=I$，其中 R_k 是非空字.

关系 $R^n=I$ 和 $R^{-n}=I$，$n=1,2,\cdots$，不仅仅是由一个关系 $R=I$ 和群的公理推导出来的. 显然，若 W 是用群 G 的生成元做成的任何一个字，则

$$W^{-1}RW=W^{-1}IW=I$$

且

$$W^{-1}R^{-1}W=W^{-1}IW=I$$

而且可以指出，由 $R=I$ 推出的所有关系的集合是由形如 $W^{-1}RW$ 和 $W^{-1}R^{-1}W$ 作因子的所有等于 I 的乘积构成的一个集合.

现在我们转向群 G 的所有非平凡关系的集合 A，而且，如果可能我们将选择这样的子集 B，用 B 中的关系能推得 A 中的所有关系. 关系的这种集合 B 叫作群 G 的定义关系集合. 我们可以确信，如果 A 是非空的，则至少有一个定义关系集合，这是因为我们总可以取集合 A 自己作为 B. 更有兴趣的且更有用的情况是，B 是 A 的一个真子集(即 B 与 A 不完全一样).

在详细叙述特殊的群之前，我们先来阐明“由集合 B 的关系推得集合 A 的所有关系”的含义. 我们的意思是说，应用群的公理我们能从 B 的关系推得 A 的所有的关系；例如，在上面我们已经看到，由一个关系 $R=I$ 组成的集合怎样推导出无穷多个关系

$$R^n=I, R^{-n}=I, W^{-1}RW=I$$

及

$$W^{-1}R^{-1}W=I$$

现在我们来研究关系

$$r^3=I$$

是否是生成元为 r 的 3 阶循环群 C_3 的定义关系. 首先回忆,用 r 和 r^{-1} 排成的每一个字都可以写成 r 的幂次,所以,C_3 的所有关系的集合 A 为

$$A=\{r^{3k}=I\},k=\pm1,\pm2,\cdots$$

注意,集 A 也可以写成如下的形式

$$A=\{r^n=I\},n\equiv0(\mathrm{mod}\ 3),n\neq0$$

C_3 的每一个非平凡关系都已包含在集合 A 中;这是因为,若 $r^{3k+1}=I$ 是 C_3 的一个关系,则将推得 $r=I$. 但在群 C_3 中 $r\neq I$,因此 $r^{3k+1}\neq I$. 类似地,由 $r^{3k+2}=I$ 可推得 $r^2=I$,这个关系在 C_3 中也是不成立的.

我们认为,我们取一个关系

$$r^3=I$$

就能组成 C_3 的定义关系集合 B. 集合 A 的每一个关系都可由这个关系和群公理推得. 例如

$$r^3=I\text{ 推得 }r^{-3}=I$$

因而

$$(r^3)^k=I,(r^{-3})^k=I,k=1,2,\cdots$$

所以,$r^3=I$ 推得

$$r^n=I,n\equiv0(\mathrm{mod}\ 3),n\neq0$$

而这些正好是 A 的所有的关系(从我们的关系集合中排除 $n=0$ 的情况,是因为 r^0 是空字).

对于 C_3,还有其他的定义关系集合,例如单个关系 $r^{-3}=I$,或两个关系 $r^6=I$ 及 $r^{-9}=I$ 也可以取作集

合 B.

下面的定理充分给出了定义关系概念的完整的潜在意义.这个定理断言,在任意生成元集合上的任意生成元关系的集合完全确定一个群.

定理 15.1 若我们给定一个关系 $R_n = I$ 的集合 B,其中每一个 R_k 是用一组生成元符号给出的非空的字,则存在一个群 G,B 是它的生成元关系集合.

定理 15.1 的证明超出了本书的范围.然而,对于两个具体的定义关系集合,我们将详细说明这个定理.

我们需要用到等价字的概念.考虑两个字

$$W_1 = rr^{-1}r \text{ 和 } W_2 = r^{-1}rr$$

把它们看作是生成元和其逆元素的序列,这两个字是不同的,这是因为第一个(和第二个)符号是不同的.但是把它们看作是群元素的表示时,则它们表示同一个群元素,这是因为

$$W_1 = rr^{-1}r = (rr^{-1})r = Ir = r$$

及

$$W_2 = r^{-1}rr = (r^{-1}r)r = Ir = r$$

如果两个字 W_1 与 W_2 表示同一个群元素,则说它们是等价的.

注意,在所出现的这些序列中,我们删去 $rr^{-1} = I$ 和 $r^{-1}r = I$ 而将 W_1 和 W_2"变换"为 r,现在我们在循环群 C_3 中考虑字

$$W_3 = r^{-1}r^{-1} \text{ 和 } W_4 = rrrr$$

我们已经看到,这个群被关系 $r^3 = I$(由它可推得关系 $r^{-3} = I$)所确定.现在我们用插入及删去等于 I 的字的办法来"变换"字 W_3 及 W_4

$$W_3 = r^{-1}r^{-1} = (rr^{-1})r^{-1}r^{-1} \qquad \text{(插入)}$$
$$= r(r^{-1}r^{-1}r^{-1}) = rr^{-3} = rI = r$$
(删去)

及

$$W_4 = rrrr = r(rrr) = r(r^3) = rI = r \quad \text{(删去)}$$

不同的字 W_3 与 W_4 在循环群 C_3 中却表示同一个群元素;我们说 W_3 与 W_4 在 C_3 中是等价字.

等价概念可以推广到任意符号集合上的任意两个字 W_1 与 W_2:如果删去或插入等于 I 的字可将 W_1 变换成 W_2,则说 W_1 等价于 W_2. 因为删去和插入等于 I 的字的运算是可逆的,所以也可将字 W_1 变成字 W_2 的步骤"颠倒"过来而将字 W_2 变成字 W_1. 这说明如下的命题是正确的:如果 W_1 等价于 W_2,则 W_2 等价于 W_1. 可以证明,如果 W_1,W_2 和 W_3 是这样的字,W_1 等价于 W_2,W_2 等价于 W_3,则 W_1 等价于 W_3,我们所期望和要求的这个性质叫作关系的"等价性".

我们将利用等价性概念把字的集合划分成等价字的类. 设 F 是给定的符号集合上的所有字的集合;也就是说,F 是所有用表示生成元和它的逆元素的符号排成的有限序列. F 的所有的字的分类法如下:若 W_1 和 W_2 是 F 的等价字,则 W_1 和 W_2 归入同一类;若 W_1 与 W_2 是 F 中的不等价的字,则它们不能归入同一类. 换句话说,W_1 和 W_2 归入同一类,当且仅当它们是等价的.(一般问题怎样解决,对任意给定的群,两个字实际上是否等价,是非常困难的. 这个问题,通常叫字问题,只有很少的群被解决.)F 怎样被划分为等价字的类,下面在我们讨论被关系 $r^3 = I$ 确定的群时,将给出一个例子.那时F将被划分为等价字的类,等价的字将用同一个群元素表示.我们可用某一类中的任意一个字作为这个类的代表元.

现在我们来详细说明定理,下面我们将介绍一个基本方法的要点.介绍是抽象的并采用一般术语,后面将用详细说明的例子来巩固它.

(1) 我们给定一个生成元符合的集合和关系$R_k=I$的集合B(这里每一个R_k都是用给定符号拼成的非空的字).

(2)F是所有(用给定符号拼成的)字的集合.

(3) 将F的所有使得$W=I$的字W作成子集K,这里的$W=I$是由给定的关系$R_k=I$的集合推出来的.

(4) 将F划分成等价字的类(等价的字即是可以用删去或插入等于I的字的方法彼此互变的字).

(5) 选择代表元字的集合G(代表元字是从每一个等价类中选来的一个字).任意这样的集合G是一个群(对这个群,给定关系$R_k=I$是定义关系).

关于K的构造的注 我们要求,K是形如$T^{-1}RT$或$T^{-1}R^{-1}T$的字的所有乘积(即有限序列)的集合,这里$R=I$是给定集合B中的一个关系,而T是F的任意的字.若$R=I$,则显然所叙述的任意一个字都等于I,这是因为$T^{-1}IT=I$.反之,若V是F的一个字,且由我们的关系能推得$V=I$,则V是形如$T^{-1}RT$的因子的乘积.

用定义关系确定C_3 (1) 我们应用前面的方法来"发现"有一个生成元r的、由定义关系$r^3=I$确定的群G(无疑我们"希望"群G结果是一个3阶循环群).

(2) 我们的字是用符号 r 和 r^{-1} 组成的有限乘积，所有这样的字就组成我们的集合 F. 显然，F 的任意一个字 T 都能变成 r 的乘幂，即 T 可变为 r^n，$n=0,\pm1,\pm2,\cdots$.

(3) 在当前的情况下，形如 $T^{-1}RT$ 或 $T^{-1}R^{-1}T$ 的字也就是形如

$$(r^n)^{-1}(r^3)(r^n) \text{ 或 } (r^n)^{-1}(r^{-3})(r^n)$$

的字. 为了作成集合 F，我们来寻找所有形如

$$(r^n)^{-1}(r^3)(r^n) \text{ 或 } (r^n)^{-1}(r^{-3})(r^n)$$

的字"生成"的字. 但是，如果我们从这些字中消去所有相邻的互逆对时，它们就变成

$$r^3 \text{ 和 } r^{-3}$$

所以集合 K 包含 r^3 和 r^{-3} 的乘幂

$$K=\{r^n\},n \text{ 是 } 3 \text{ 的倍数}$$

即

$$K=\{r^n\},n\equiv 0(\bmod 3)$$

K 的所有这些等于 I 的字都可由关系 $r^3=I$ 推得.

(4) 用删去或插入所有 $n\equiv 0(\bmod 3)$ 的字的方法来变换 F 的字 r^n. 我们看到，F 的字被划分为如下三个类：

A：$n\equiv 0(\bmod 3)$ 的字 r^n，例如 $n=6$ 的字 r^6；

B：$n\equiv 1(\bmod 3)$ 的字 r^n，例如 $n=4$ 的字 r^4；

C：$n\equiv 2(\bmod 3)$ 的字 r^n，例如 $n=-1$ 的字 r^{-1}.

(5) 选出每一类的代表元

$$A \text{ 选 } I(n=0),B \text{ 选 } r,C \text{ 选 } r^2$$

(这种选法是方便的，但选法可以任意. 我们也可这样选代表元：A 选 r^3，B 选 r^{-2}，C 选 r^5.) 这三个代表元 I，

r, r^2 作成一个群，即生成元为 r 的 3 阶循环群.（我们应回忆起类的等价字的含义. 例如，字 $(r^2)(r^2)=r^4$ 与字 r 在同一个类，因此我们能说群元素 $(r^2)^2$ 与群元素 r 相同.）

我们看到，被关系 $r^3=I$ 定义的群 G 正是我们所"期望"的 3 阶循环群.

D_3 的定义关系集合

我们将应用同样的基本方法来发现 D_3 是怎样被定义关系所确定的. 我们的首要任务是寻找关系集合（我们可以希望它的结果是定义关系集合）. 一个线索是在群的图像中寻找，因此我们来重新检查 D_3 的图像（图 15.1）.

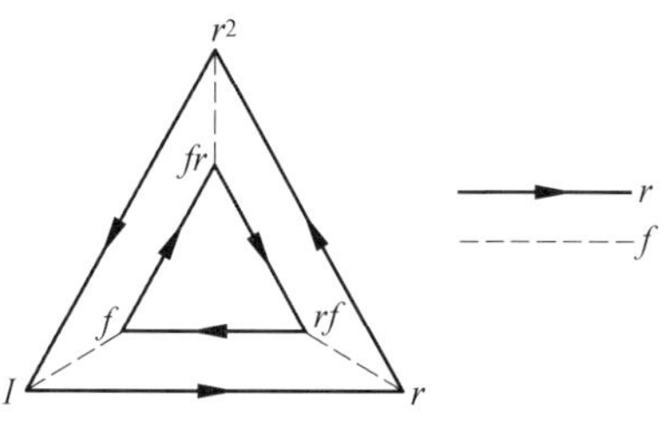

图 15.1

我们从用 r 和 f 组成的字中引出等于 I 的字，从而求得关系的集合. 我们回忆起，一个群中的每一个关系都连带它图像上的一个（非平凡）闭道路. D_3 的图像上的非平凡闭道路如图 15.2 所示. 道路(a) 对应于关系 $r^3=I$，道路(b) 对应于 $f^2=I$，道路 c 对应于 $rfrf=I$. 注意，这样的闭道路起自图像的每一个顶点，这由群的图像的齐次性是可料到的.

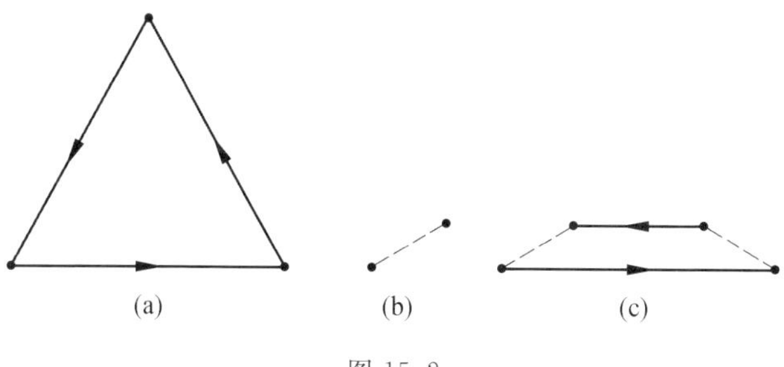

图 15.2

我们要求

$$r^3=I, f^2=I, rfrf=I$$

是 D_3 的定义关系.

用关系集合定义 D_3　仍用我们的基本方法.

(1) 我们的生成元集合是$\{r,f\}$,我们的定义关系是

$$r^3=I, f^2=I, rfrf=I$$

(2)F 是所有用 r,f,r^{-1},f^{-1} 组成的字的集合. 与上述的例子相反,没有简单的方案来记述所有这些字.

(3) 子集 K 包含所有由给定关系推得的、等于 I 的字. 我们来注意 K 的一个特殊的、后面要用到的字. 考虑用形如 $T^{-1}RT$ 或 $T^{-1}R^{-1}T$ 作为因子的字 V

$$\begin{aligned}V&=f^{-2}(f^2)f^2\cdot f^{-1}(rfrf)f\cdot r^{-3}(r^{-3})r^3\\&=f^2\cdot f^{-1}(rfrf)f\cdot r^{-3}=f(rfr)(f^2)\cdot r^{-3}\\&=frfr^{-2}\end{aligned}$$

因为 V 在 K 中,所以

$$V=frfr^{-2}=I \text{ 即 } fr=r^2f$$

(4),(5) 现在我们用删去或插入等于 I 的字的方法来变换 F 的字,并将 F 划分成等价字的类. 我们断言,有以

$$I, r, f, r^2, rf, fr$$

为代表字的 6 个等价字的类.

为了证明这个断言,我们将首先指出,不能有多于 6 个等价字的类,也就是说,F 中的任意的字都能变成这 6 个字中的一个;然后指出这 6 个字中没有两个是等价的. 为此,我们将利用 K 的每一个字都等于 I 的事实,并将利用 K 的那个特殊的字 V.

在(3) 中我们已看到,因为 V 在 K 中,所以由

$$V = f^2 \cdot f^{-1}(rfrf)f \cdot r^{-3}$$

推得①

$$fr = r^2 f$$

利用该结果我们可以断定,F 中的每一个字都等于形如 $r^a f^b$ 的字,其中 a 和 b 是非负整数. 这是因为,对 F 中的给定的任意字,我们可以利用等式 $fr = r^2 f$ 来"交换"f 与 r,而且是用 r^2 代替 r;用这种方法,我们可以把所有符号 f"移"到右边,把所有符号 r"移"到左边,而得到最后的字(在这种字中已用所有的符号 r 代替了所有的符号 f). 进一步,因为由关系 $r^3 = I$ 及 $f^2 = I$ 推得 $r^{-1} = r^2$ 及 $f^{-1} = f$,所以在变换出来的字中的所有 r 和 f 的幂次都可以假定是非负数. 因此正如我们所断言的 F 的每一个字都等价于形如 $r^a f^b$ 的字. 作为这个方法的一个具体说明,考虑如下的

$$r^2 fr^2 fr = r^2(fr)rfr = r^2(r^2 f)rfr = r^4 frfr$$

① $fr = r^2 f = r^{-1} f$ 是下列更一般结果的一个特殊情况:由两个关系 $f^2 = I$ 和 $rfrf = I$ 推得 $fr^n = r^{-n} f$(对所有整数 n);而且由单个关系 $rfrf = I$ 推得 $f^a r^b = r^x f^y$,其中 $x = (-1)^a b$, $y = (-1)^b a$.

$$=r(fr)fr=r(r^2f)fr=r^3f^2r=r$$

由 $r^3=I$ 及 $f^2=I$ 可进一步推得，每一个字 r^af^b 等价于形如 $r^{a'}f^{b'}$ 的字，其中 $a'=0,1$ 或 $2,b'=0$ 或 1；也就是说，F 的每一个字等价于字

$$I,r,f,r^2,rf,r^2f(=fr)$$

中的一个.

至此，我们的论证证明，F 的等价字至多有 6 个. 然而，在以 I,r,f,r^2,rf 及 fr 作代表元的 6 个类中，或许有某些有共同的元素；也就是，我们提到的代表元的某些或许是可相互变换的字. 留待证明的是，没有这种情况——6 个字中没有两个是等价的. 这种证明的实质部分是指出 $r\neq f$ 及 $f\neq I$. 虽然在我们的定义关系集合中并没有 $r=I$ 及 $f=I$，我们也不能假定这些量就不是我们提到的关系(能推得)的结果①.

我们首先证明 $f\neq I$. 若 $f=I$ 是给定关系的一个结果，则 f 是 K 的一个字. 因此在 K 中存在一个用形如 $T^{-1}RT$ 或 $T^{-1}R^{-1}T$ 的因子作的字，它可以转变为字 f. 我们需要证明的是，无论我们怎样应用群的公理及给定的关系，都不能将 f 写成这些因子的乘积. 我们的方法的实质是，在 K 的任意字中检验 f 的指数和. 我们将求可能因子 $T^{-1}RT$ 加到和上去的贡献. R 是字 r^3，f^2，$rfrf$(或它们的逆元素)中的一个，在这些字中 f 的指数和是 0，2，2(对于它们的逆元素则为 0，-2，-2). 因为 T 是 F 的任意字，所以在 T 中 f 的指数和是任意的(例如 t)值. 因而 f 在 T^{-1} 中的指数和为 $-t$(应记住

---

① 例如，由两个关系 $xyx^2=I$ 及 $x^3=I$ 就推得 $y=I$.

的是，如果 $T=r^2fr^{-3}f^3$，则 $T^{-1}=f^{-3}r^3f^{-1}r^{-2}$）. 在任何因子中 T^{-1} 和 T 的净贡献为 0. 因此，在任何因子 $T^{-1}RT$ 中 f 的指数和是 0，2 或 -2 中的一个. 所以在 K 的任意字中 f 的指数和应为偶数. 因为 f 有指数和 1（不是偶数），所以推得 f 不能在 K 中.

如果我们试图应用“指数和”的方法去证明 $r\neq I$，那就会发现根本行不通. 这是因为，在形如 $T^{-1}RT$ 的字中 r 的指数和可以是 0，2 或 3 中的一个，所以在 K 的字中偶数和及奇数和都能出现. 我们将应用前面的 D_3（全等三角形的重合运动群）的存在性知识来证明 $r\neq I$. 假设 $r=I$ 真是关系

$$r^3=I, f^2=I, rfrf=I$$

推得的一个结果，则这个结果在这些关系为真的任何群中都成立. 我们知道在特殊群 D_3 中这些关系是真的，但在 D_3 中却没有 $r=I$. 因此 $r=I$ 不是给定关系的一个结果.

$r=f$ 能作为给定关系的一个结果吗？若 $r=f$，则 $r^2=fr=r^2f$，它推得 $f=I$. 但 $f\neq I$，所以 $r\neq f$.

我们已证明 I,r,f 是不等价的. 留给读者作为练习的是，证明我们的 6 个代表元的集合中剩下的字互相不同，而且与 I,r,f 也不相同. 例如，能有 $r=r^2$ 吗？显然由它推得 $r=I$，如此等等.

二面体群 D_n 的生成元及关系

我们曾对一个二面体群（即 D_3）的定义关系作为详细的讨论. 用同样的基本方法可证明如下的一般命题：一般二面体群 D_n 完全被条件

(1)D_n 是由两个记为 r 和 f 的元素生成的；

(2) 这两个生成元满足三个定义关系

$$r^n=I, f^2=I, (rf)^2=I$$

(用关系集合作为定义关系的含义，在前文的讨论中已经明确过).

二面体群 D_n 当 n 较小时的特殊情况特别有趣. 当 $n=1$ 时，二面体群的定义关系变为

$$r=I, f^2=I, (rf)^2=I$$

因为 $r=I$ 推得 $(rf)^2=f^2=I$，所以只留下 $f^2=I$ 及 $r=I$ 作为定义关系. 但这些关系定义二阶循环群，所以，$D_1=C_2$. 可看出这一点的另一种方法，是将 D_1 作为只有一边的“多边形”(即线段) 的重合运动群考虑. 线段的两个重合位置是

1○——○2　　2●——○1

用简化方式画的 D_1 的图像为

I○- - - - - - - - - - - - -○f

当 $n=2$ 时，D_2 的定义关系是

$$r^2=I, f^2=I, (rf)^2=I$$

即

$$r^2=f^2=(rf)^2=I$$

我们将按“二边形”的解释来构造 D_2 的图像，“二边形”是二边平面图形，其边是弧. 图 15.3 是这个二边形的重合运动的一个图示，这里 r 是一个旋转，f 是一个翻转. 如果我们考虑前面建立的群的图像性质，则我们看到，我们的二边形的重合运动的表示却是 D_2 的凯莱图.

利用周期为 2 的生成元的简化表示(且注意到 r 和 f 都是周期为 2 的) 时，我们能将 D_2 的图像简化为图

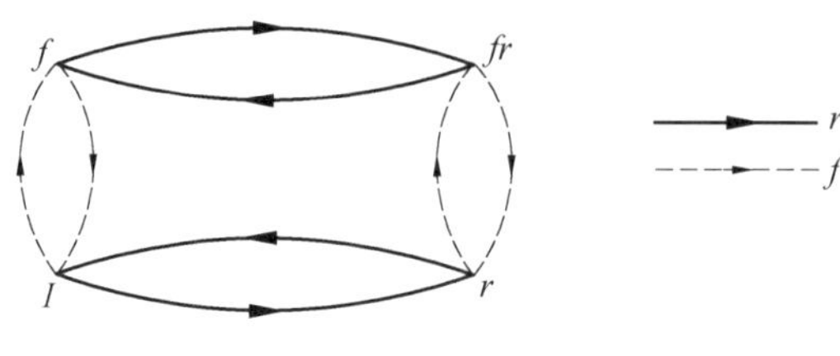

图 15.3

15.4. 注意，与 I 成对角的顶点曾标记为 fr，但图像显然表示，对应于字 fr 的道路与对应于字 rf 的道路把 I 引向同一顶点，所以有 $rf=fr$，因而 D_2 是一个交换群.

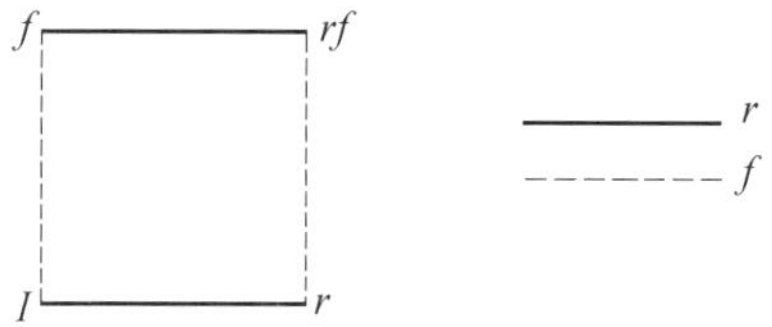

图 15.4

阶为 4 的群 D_2 常简称为四群，也可按关系的指数简称为二次群. 当研究正四面体的重合运动时，我们将再次遇到这个群.

可交换的二面体群

D_1 和 D_2 都是可交换的，但一看 D_3 和 D_4 的图像即知它们是不可交换的. 我们能对二面体群 D_n 的可交换性给出一个一般命题吗？可以，我们将指出，D_1 和 D_2 是仅有的可交换二面体群.

定理 15.2 仅当 $n=1$ 及 $n=2$ 时，二面体群 D_n 的生成元 r 和 f 的定义关系

$$r^n=I, f^2=I, (rf)^2=I$$

才可推得

$$fr = rf$$

反之,若 $n > 2$,则二面体群 D_n 是不可交换的.

为了证明这个定理.我们首先观察,在任何可交换的二面体群中有

$$I = (rf)^2 = (rf)(rf) = (rf)(fr) = rf^2r = r^2$$

若 n 是偶数,由 $r^2 = I$ 推得 $r^n = I$,所以原来的 D_n 的定义关系等价于 D_2 的定义关系

$$r^2 = I, f^2 = I, (rf)^2 = I$$

若 n 是奇数,例如 $n = 2k + 1$,则

$$r^2 = I = r^n = r^{2k+1} = r^{2k}r = Ir = r$$

所以 $r = I$,因而 D_n 的原来的定义关系等价于 D_1 的定义关系

$$r = I, f^2 = I$$

这就完成了我们的证明.

二面体群 D_∞

有无限阶二面体群 D_∞ 吗? 我们将用展示它的图像的方法来证明其有. D_∞ 的图像是由 r — 线段组成的并被 f — 线段互连的两个 n 边形. 如果我们回想起 C_∞ 与 C_n 的图像是怎样相关的(n 边形的边数由 n 增加到无限多,即由 C_n 变为 C_∞ 的图像),则当我们将(互连的)两个 n 边形用两条互连的平行直线代替(图 15.5)时,似乎我们也能由 D_n 得到 D_∞ 的图像. 这个直线段网络满足群的图像的所有性质,我们将用 D_∞ 表示与其对应的群.

现在让我们用生成元和定义关系的观点来检验 D_∞. 我们看到,首先 D_n 的定义关系

$$r^n=I, f^2=I, (rf)^2=I$$

对 D_∞ 的图像并不有效(类似地,在 C_∞ 的情况中,关系 $a^n=I$ 也不成立,因而应去掉). 我们去掉关系 $r^n=I$ 而仅保留

$$f^2=I, (rf)^2=I$$

以定义 D_∞. 关系 $f^2=I$ 需要在 D_∞ 的图像的每一顶点画一对弧,在简化形式中则需要在每个顶点画一条 f—线段. 关系 $(rf)^2=I$ 对应于一个四边形,它的边是 r—线段与 f—线段相交替. 在图 15.5 中正好都有这些性质.

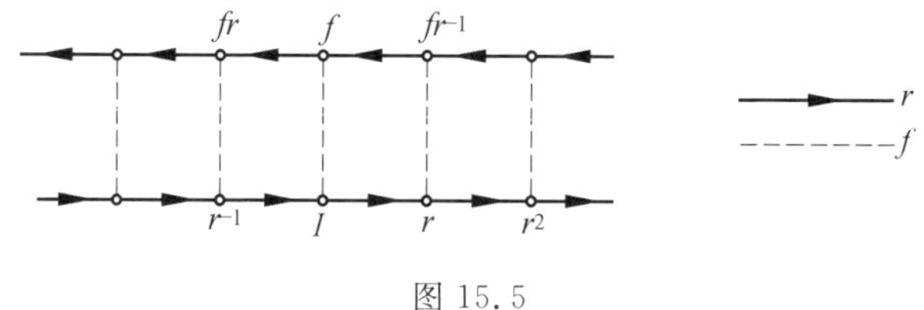

图 15.5

直　积

所有二面体群的凯莱图都给人一个"双重"循环群的直观印象. 群 D_n 表示为 r—线段的(被 f—线段互连的)两个 n 边形. 群 D_∞ 则表示为 r—线段的(被 f—线段互连的)两条平行直线. 这使我们联想到,新的扩大的群有时可以用小的群"组合"而成.

我们来考虑,在二面体群的图像中,只改变一个多边形的边上的箭头方向,并重新标记对应的顶点. 图 15.6 就是 D_3 的作如此改变后的凯莱图. 在这个用新的图像表示的群中,关系 $r^3=f^2=I$ 成立,但 $(rf)^2=I$ 不成立. 这个改变后的图形指出,$fr=rf$,即 $frf^{-1}r^{-1}=$

I(从 I 到顶点 f,到顶点 fr,到顶点 r,再回到 I 的闭路). 这新的群是有关系

$$r^3 = f^2 = frf^{-1}r^{-1} = I$$

的阿贝尔群或交换群. 因为它是用循环群 $C_2(f^2 = I)$ 与循环群 $C_3(r^3 = I)$"组合"成的,所以我们用 $C_2 \times C_3$ 表示它.

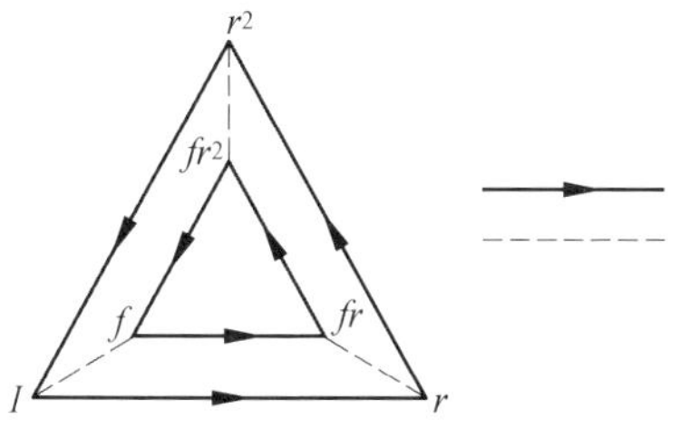

图 15.6

若改变二面体群 D_n 的图像中的一个 n 边形的边上的箭头方向,则我们得到关系

$$r^n = f^2 = frf^{-1}r^{-1} = I$$

的"双重循环"群 $C_2 \times C_n$. 类似地,由 D_∞ 的图像可得到无限"双重循环"群 $C_2 \times C_\infty$(图 15.7). 此凯莱图像两条平行的单行街道,它们又被双行的纵向街道所连通.

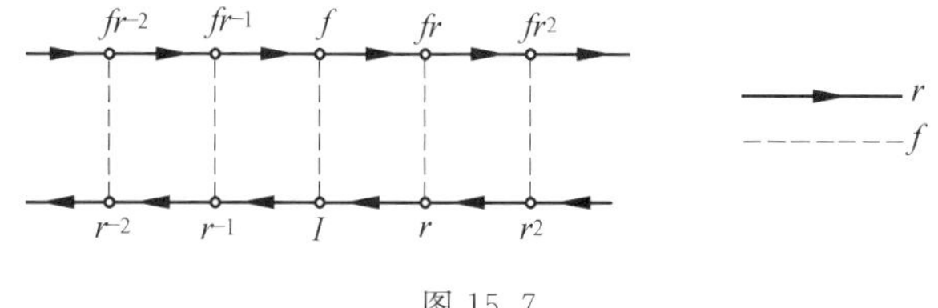

图 15.7

考虑图 15.8 中的图像. 看来它有点像单行街道网络,也像一个城市的一部分地图. 在这个图像表示的群

中,关系 $f^2=I$ 不成立,也就是说 f 的周期不是 2. 因此,我们在 f－线段上也画上了箭头. 指出可交换性的单一关系

$$frf^{-1}r^{-1}=I(\text{即 } fr=rf)$$

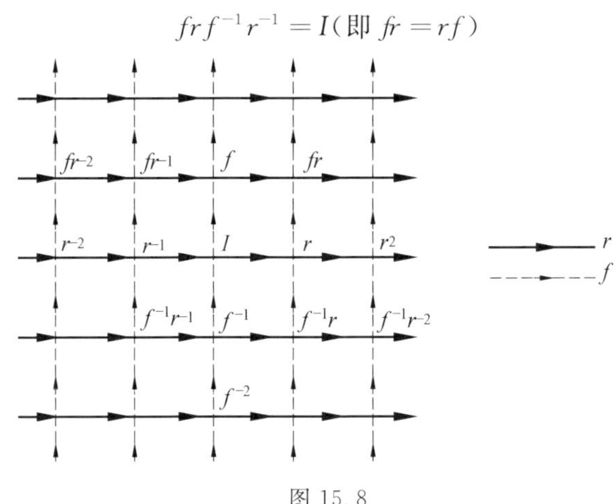

图 15.8

定义了这个群,这个单一关系反映在它的图像上,则是在每一个顶点存在一个对应于 $frf^{-1}r^{-1}$ 的矩形闭路. 这个“城市街道”群是两个生成元的更一般的阿贝尔群(为了使群更一般,应从它的定义关系中删去某些限制,而仅仅留下限制 $fr=rf$). 这个“城市街道”群用 $C_\infty\times C_\infty$(或 C_∞^2)表示.

群 $C_2\times C_3$ 称为循环群 C_2 与 C_3 的直积;类似地,$C_\infty\times C_\infty$ 是 C_∞ 与它自己的直积. 直积这个概念的最一般最抽象的形式,是极其有用的;例如,可以指出,任何有限阿贝尔群是循环群的直积. 下面关于直积的讨论将是简要的,因而我们将依赖于例证来了解基本概念.

假设 S 是有二元运算 $\otimes$ 的集合,群 G 和 H 是 S 的子集,且 G 和 H 都是以 $\otimes$ 为运算的群. G 有生成元 g_1,

$g_2,\cdots$,H 有生成元 $h_1,h_2,\cdots$ 我们规定 G 和 H 仅有单位元素是公共的,且 G 的任何元素与 H 的任何元素可交换.在这些条件下,我们能用 G 和 H 的元素作为因子的乘积做成的集合来构造直积 $G\times H$.可以指出,集合 $G\times H$ 是一个群,其生成元是 $g_1,g_2,\cdots,h_1,h_2,\cdots$.①

作为直积的一个例证,我们将考虑有生成元 r 和 f 的"城市街道"群(图 15.8),有一个仅由 r 生成的无限循环群,还有一个仅由 f 生成的无限循环群(应记住,在这些循环群的每一个中生成元都没有关系可满足).这两个无限循环群除 I 外再无共同的元素.若我们规定 $rf=fr$(或 $rfr^{-1}f^{-1}=I$),则第一个群的每一个元素与第二个群的每一个元素可交换,因而生成元 r 和 f 的集合生成直积 $C_\infty\times C_\infty=C_\infty^2$.

直积与定义关系

一般地说,直积 $G\times H$ 的定义关系集合包含直因子群 G 和 H 的定义关系及一个附加的等价于指定 G 的各生成元与 H 的各生成元可交换的关系.附加关系保证 G 的每一个元素与 H 的每一个元素可交换,它是我们在直积的定义中所需要的.现在我们来考虑一个是直积的群,并考察它的定义关系.

为了构造 $G=C_2\times C_2$,我们从一个 2 阶循环群开始,它是用元素 x 生成的,且有关系 $x^2=I$;我们有另一个 2 阶循环群,它的生成元是 y 且有关系 $y^2=I$.群 $G=$

① 在我们的直积的例证中,集 S 将是群.群 G 和 H 则是"群中群".

$C_2 \times C_2$ 有两个生成元 x 和 y，满足两个关系 $x^2 = y^2 = I$. 指定 x 与 y 可交换可记为 $xyx^{-1}y^{-1} = I$，显然它等价于 $xy = yx$. 所以，$G = C_2 \times C_2$ 是用直因子群的定义关系

$$x^2 = I, y^2 = I$$

及一个附加关系

$$xyx^{-1}y^{-1} = I$$

定义的. 因为 $x^{-1} = x$ 及 $y^{-1} = y$，所以我们能将 $C_2 \times C_2$ 的定义关系写成

$$x^2 = I, y^2 = I, xyxy = I$$

即

$$x^2 = y^2 = (xy)^2 = I$$

但是它们是 D_2（四群）的定义关系，因此有 $C_2 \times C_2 = D_2$.

现在来考虑直积 $H = C_2 \times D_2$. 假设 C_2 是元素 x 生成的，有关系 $x^2 = I$；而 D_2 是元素 y 和 z 生成的，有关系 $y^2 = z^2 = (yz)^2 = I$. 为了得到 $C_2 \times D_2$ 的定义关系，我们还需在 C_2 和 D_2 的这些关系外再附加两个关系

$$xyx^{-1}y^{-1} = I, xzx^{-1}z^{-1} = I$$

其中的第一个指定 x 与 y 可交换，第二个指定 x 与 z 可交换. 因为所有的生成元的周期都为 2，所以我们能将这两个附加关系写成

$$(xy)^2 = I, (xz)^2 = I$$

从而对于 $C_2 \times D_2$ 的全部定义关系集合如下

$$x^2 = y^2 = z^2 = (yz)^2 = (xy)^2 = (xz)^2 = I$$

考虑图 15.9 中的 $C_2 \times D_2$ 的图像表示，并观察这个图像的这样的某个部分，当取走其他无关部分时，它

能解释成一个群的图像. 例如,图 15.10 中所示的部分就是四群的图像. 在关于子群的下一章中,我们将指出“群中群”的意义.

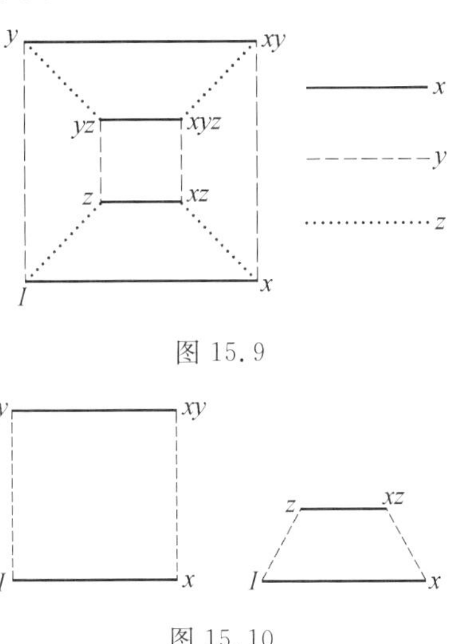

图 15.9

图 15.10

第16章 子　群

对某些特殊群的内部结构的研究,将有助于深入了解它们的一些性质.某些群有一种内部结构,我们将用“子群”这个术语来刻画它.“子群”一词的含义也就是一个群中的群;也就是说,如果

(A)集合 H 的每一个元素都是群 G 的一个元素;

(B)(关于 G 的二元运算)H 是一个群.

则说集合 H 是群 G 的一个子群.这些条件的全部含义将在以下的讨论中逐步给出.我们从寻找并检验已给群的某些子群开始.

让我们考虑 4 阶循环群

$$C_4: I, a, a^2, a^3$$

并找出它的 2 阶子群. 因为子群是群，它必须包含元素 I，所以下列集合都有资格作为群 C_4 中的 2 阶子群的候选者

$$R=\{I,a\},S=\{I,a^2\},T=\{I,a^3\}$$

首先我们承认，所有这些集合都满足条件(A)，这是因为这些集合的元素都是 C_4 中的元素. 至于条件(B) 则是有点担心的. 我们注意，集合 R 包含两个元素，要能构成一个 2 阶子群只要 $a^2=I$. 然而，在 C_4 的二元运算下 $a^2\neq I$. 因此 R 不是 C_4 的一个子群. 如果我们继续采用这种试探法，我们将求得，集合 S 是 C_4 仅有的一个 2 阶子群. 我们应想出一个更简单、更系统化的试验方法.

为了证明一个集合在某个二元运算(例如 $\otimes$) 下作成一个群，我们必须查明群的所有的公理都成立. 如果从一开始我们就已知道一个集合是一个群的子集，则检验公理的任务就变得比较简单了. 为了看清这一点，让我们来查明定义子群的条件(B). 为此我们必须指出

(1)G 的群运算 $\otimes$ 限制于 H 的诸元素时是 H 的一个二元运算.

这相当于验证，若 h_1 及 h_2 是 H 的元素，则 $h_1\otimes h_2$ 在 H 中. 当群 G 的一个子集有这个性质时，则我们说 H 关于 $\otimes$ 是封闭的(见关于封闭性的讨论). 为了证明 H 是一个群，我们还必须指出

(2) 运算 $\otimes$ 是可结合的.

(3)H 的各元素的逆元素在 H 中.

(4)G 的单位元素在 H 中.

条件(2) 是自动成立的，这是因为在 G 中的群运算是可结合的. 条件(1) 和(3) 一起可推得条件(4)；例如，若 h 是 H 的一个元素，则根据(3) 知 h^{-1} 在 H 中，再根据(1) 知 $h \otimes h^{-1} = I$ 在 H 中. 所以，要使群 G 的一个子集 H 是一个子群只要如下两个条件成立即可：

(i) 当 h_1 和 h_2 在 H 中时 $h_1 \otimes h_2$ 就在 H 中(封闭性)；

(ii) 当 h 在 H 中时 h^{-1} 就在 H 中(逆元素).

现在我们将利用条件(i) 和(ii) 来确定 C_4 的子集 R,S,T 是否是一个子群. 若一个集合不满足这些条件中的任何一个，则就不是一个子群. 我们能用考察这些集合的乘法表来验证封闭性(这时我们心中应记住，$a^4 = I, a^2 \neq I, a^3 \neq I$).

表 16.1

集合 R

	I	a
I	I	a
a	a	a^2

集合 S

	I	a^2
I	I	a^2
a^2	a^2	I

集合 T

	I	a^3
I	I	a^3
a^3	a^3	$a^6 = a^2$

只有集合 S 的乘法表关于群的运算是封闭的，也就是说，这个乘法表仅包含 S 的元素. 如果集合 S 也满足条件(ii)，则它将是子群；由 S 的乘法表一看就知，I 与 I 和 a^2 与 a^2 分别是互逆的. 所以，S 的每一个元素的逆元素都在 S 中，因而 S 是 C_4 的一个子群.

C_4 有 3 阶子群吗？考虑包含 C_4 的单位元素 I 及其他任何二元素的集合；例如

$$D = \{I, a, a^3\}$$

因为 $aa = a^2$ 是 D 的乘法表中的一个元素，但 a^2 不是 D

的元素，所以这个集合关于 C_4 的二元运算是不封闭的，因而不是一个群. 读者很容易验证 C_4 的 3 个元素的其他集合也都不满足条件(i)，所以 C_4 没有任何 3 阶子群.

每一个群都有两个特殊的子群. 群 G 的所有元素组成的集合是 G 的一个子集，而且在 G 的二元运算下是一个群. 所以任意群都是它自己的子群. 由单一元素 I 组成的子集 H 也满足条件(i) 和(ii)，这是因为 $I \otimes I = I$；所以每一个群都有一个仅由单一元素 I 组成的子集.

不是这两个特殊子群的子群叫真子群. 通常我们的兴趣在于真子群.

无限子群　让我们来研究无限循环群 C_∞ 的子群，C_∞ 的生成元是 a，C_∞ 的元素是

$$\cdots, a^{-2}, a^{-1}, I, a, a^2, \cdots$$

C_∞ 的任意子群都是循环群，这是因为它的每一个元素都是 a 的乘幂. 首先我们要问，C_∞ 有任何有限真子群吗？考虑子集

$$S_4 = \{1, a, a^2, a^3\}$$

初看起来，似乎 S_4 与前文讨论过的循环群 C_4 是相同的，然而在 C_∞ 的群运算下，在 S_4 中 $a^4 \neq I$；因此 S_4 不是群 C_4. 因为 a 的所有幂次在 C_∞ 中都是不同的，所以 S_4 在 C_∞ 的群运算下是不封闭的；例如，$a^2a^3 = a^5$ 就不在 S_4 中. 所以 S_4 不是 C_∞ 的子群. 同理可知，无限循环群 C_∞ 没有有限真子群.

C_∞ 有无限子群吗？集合

$$D = \{\cdots, a^{-4}, a^{-2}, I, a^2, a^4, \cdots\}$$

是用 C_∞ 的生成元 a 的偶次幂组成的. 因为任意两个 a 的偶次幂的乘积还是 a 的偶次幂,所以关于封闭性的条件(i) 是满足的. 为了验证条件(ii),观察 a^{2k} 的逆元素,是 a^{-2k},它是 D 中的元素,所以 D 是 C_∞ 的子群. D 本身是用 a^2 生成的无限循环群. C_∞ 还有用 a^3,用 a^4 等生成的子群. 所以 C_∞ 有无限多个真子群,它们的每一个都是一个无限循环群.

用普通加法作二元运算的、所有整数的无限循环群 N,是我们非常熟悉的. 在这个群中:

群元素 —— 整数(正整数,负整数及 0);

群运算 —— 普通加法;

单位元素 ——0;

a 的逆元素 —— $-a$;

生成元 ——1(或它的逆元素,-1).

我们称这个群为(整数) 加法循环群.

所有偶数的集合 E 是 N 的一个子群吗? 我们来检验两个条件:

(1) 封闭性:任意两个偶数的和是偶数;

(2) 逆元素:任意偶数 k 的逆元素是 $-k$,它还是偶数,由于这两个条件都满足,所以所有偶数作成整数加法循环群的一个子群.

所有奇数的集合 O 是 N 的一个子群吗? 任意两个奇数之和为偶数的事实证明,这个集合在加法下是不封闭的,所以奇数集 O 不是一个群.

子群的阶 我们知道,"素数" 是大于 1 的、除它自己和 1 外再无其他正因子的整数. 有趣的是,有些群也有类似的性质,即除它自己及仅包含单位元素 I 的

两个子群外，这些群再无其他的真子群.事实上，当且仅当某有限群的阶是素数时，这群才没有真子群.这个断言的一部分（“当”部分）是一个更一般的（指定有限群的阶与它的任意子群的阶之间的数值关系的）定理的推论.这个定理（是1771年拉格朗日阐述的）将在下面讨论.

拉格朗日是动力学领域中数学物理的伟大先驱者之一.时至今日，人们仍用他的名字（拉格朗日）的第一个字母“L”来表示动力学中的基本函数，以纪念他的贡献.他在发展群论以及在解代数方程上的应用等方面的工作，也使人们难以忘怀.“拉格朗日预解式后来被伽罗华开创性地应用群论来对代数方程的可解性进行研究.现在我们回到关于有限群的子群的阶的拉格朗日定理的讨论.”

拉格朗日定理　有限群的阶是其任意子群的阶的倍数.

这个定理断言，若 g 是群 G 的阶，而 h 是 G 的子群 H 的阶，则 $g=nh$，这里 n 是整数

$$1,2,3,\cdots,g$$

中的一个.在特殊子群 G 及 I 的情况下，分别有 $n=1$ 及 $n=g$.若 H 是此外的真子群，则 n 是整数

$$2,3,\cdots,g-1$$

中的一个.

在证明这个定理时，我们将利用陪集的概念，它是某些群元素的集合.陪集这个概念在群论中是一个重要工具.以下的简单引言将直接引出拉格朗日定理的证明.

群的陪集　设 H 是群 G 的一个子群. 为了表述的方便,假设 H 仅有 4 个(不同的) 元素

$$H=\{I,h_1,h_2,h_3\}$$

假设 b 是 G 的元素但不是 H 的元素,考虑集合

$$H_b=\{b,bh_1,bh_2,bh_3\}$$

H_b 是用 b 左乘 H 的各元素得到的(我们指定左乘只是为了确定起见). 可以断言

(1) 集合 H_b 的所有的元素是不同的;

(2) H 与 H_b 没有公共的元素.

为了证明(1),假设(例如) $bh_1=bh_3$,在两边同时左乘 b^{-1},则得

$$b^{-1}bh_1=b^{-1}bh_3 \text{ 即 } h_1=h_3$$

这与 H 的 4 个元素是不同的假设矛盾.

为了证明(2),考虑 H 的某元素与 H_b 的某元素相等的可能性;例如假设 $h_2=bh_1$,则用 h_1^{-1} 右乘两边而有

$$h_2h_1^{-1}=bh_1h_1^{-1}=b$$

因为 H 是群,所以元素 $h_2h_1^{-1}$(即 b) 应在 H 中,但根据假设 b 不在 H 中. 所以 H 与 H_b 有公共元素的假设引出了矛盾.

所以 G 由 8 个元素构成,4 个在

$$H=\{I,h_1,h_2,h_3\}(G \text{ 的一个子群})$$

中,其他 4 个在

$$H_b=\{b,bh_1,bh_2,bh_3\}(G \text{ 的元素的集合})$$

中. 我们称 H_b 是群 G 的关于子群 H 的左陪集,记作

$$bH=\{b,bh_1,bh_2,bh_3\}$$

子群 H 也是它自己的一个陪集,这是因为

$$H = IH = \{I, Ih_1, Ih_2, Ih_3\} = \{I, h_1, h_2, h_3\}$$

若 c 是 G 的元素，但不是 H 和 H_b 的元素，则我们能用 c 得到关于 H 的另一个陪集

$$cH = \{c, ch_1, ch_2, ch_3\}$$

我们知道，陪集 cH 的元素是不同的，而且 H 与 cH 没有公共元素. 我们可以断言，cH 的元素与 bH 的元素是不同的. 所以 G 恰有 12 个元素，组成 3 个左陪集

$$H = \{I, h_1, h_2, h_3\}$$

$$bH = \{b, bh_1, bh_2, bh_3\}, cH = \{c, ch_1, ch_2, ch_3\}$$

若构成群 G 的元素恰有 12 个，则我们可将它们分解成互不相交的集合. 我们用

$$G = H \cup bH \cup cH$$

来表示 G 是这些陪集的并集[①]这个事实.

若 G 的元素多于 12 个，设 d 是不包含在 $H \cup bH \cup cH$ 中的任意一个元素，并作成另一个左陪集

$$dH = \{d, dh_1, dh_2, dh_3\}$$

dH 的所有的元素是不同的，dH 与上述诸陪集的每一个都没有公共元素. 所以我们有 16 个不同元素构成 G 的元素，它们组成 4 个左陪集，每个 4 个. 如果 G 只有这 16 个元素，则我们能记为

$$G = H \cup bH \cup cH \cup dH$$

现在划分是清楚的. 从阶为 h 的特殊子群 H 开始，我们能用这个子群外的一个元素 b 作成左陪集 bH，它有 h 个不同元素；这个左陪集与子群 H 合在一起共有

① 两个或更多个集合的并集，是原来这些集合的所有元素（共同的元素只取一次）组成的集合.

G 的 $2h$ 个不同元素. 若有一个元素(例如 c)尚未计入，则我们可作另一个左陪集 cH，因而总共计入 G 的不同元素共有 $3h$ 个. 每次有 G 的(不在做成的诸陪集中的)一个元素，就可作成一个新的(附加 h 个不同元素的)左陪集. 用这样的程序，每一步都增加 h 个不同的元素，因为 G 是有限阶的群，我们必然在某一步最终用完 G 的所有的元素. 若作成关于 H 的 n 个左陪集以后，G 的所有元素全部用完，则我们将 G 分解成(每个都是 h 个元素的)n 个左陪集

$$G = \underbrace{H \cup bH \cup cH \cup \cdots \cup kH}_{\text{每个都是}h\text{个元素的}n\text{个左陪集}}$$

所以，G 的阶是 G 的任意一个子群 H 的阶的倍数：用符号表示即 $g = nh$.

在群用(关于子群的)陪集概念表示的过程中，拉格朗日定理作为副产品被证明了.

左陪集与右陪集的差别　拉格朗日定理的上述证明是利用左陪集进行的. 如果我们利用右陪集进行证明，基本做法保持不变. 其次我们要问，关于同一个子群的左陪集和右陪集，一般地说是否是相同的? 如果不同，我们是否可要求任意一个左陪集(例如 bH)将恰好与某个右陪集(例如 Hc)有相同的元素?

考虑 6 阶二面体群 D_3(图 16.1). D_3 的一个子群是 2 阶循环群

$$H:\{I, b\}$$

我们将作 D_3 的关于 H 的左陪集和右陪集(注意由图像看到 $a^2b = ba$ 及 $ba^2 = ab$).

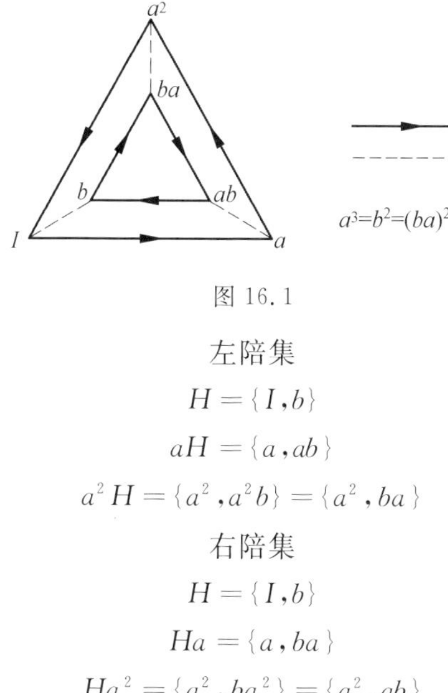

图 16.1

左陪集

$$H=\{I,b\}$$

$$aH=\{a,ab\}$$

$$a^2H=\{a^2,a^2b\}=\{a^2,ba\}$$

右陪集

$$H=\{I,b\}$$

$$Ha=\{a,ba\}$$

$$Ha^2=\{a^2,ba^2\}=\{a^2,ab\}$$

注意,在两种分解中除了 H 以外,没有两个陪集是相同的.陪集 aH 与 Ha 和 Ha^2 都不相同,而且 a^2H 也是如此.我们有二面体群 D_3 的两个不同的分解,分别分解成左陪集和右陪集.我们即可将 D_3 表示成(关于 H 的)左陪集的并集

$$D_3=H\cup aH\cup a^2H$$

也可以将 D_3 表示成(关于 H 的)右陪集的并集

$$D_3=H\cup Ha\cup Ha^2$$

这个例子指出,群 G 的关于给定子群 H 的左陪集和右陪集可以得到 G 的不同的分解.

无限陪集 我们已经看到,所有整数的集 N 用加法作二元运算时构成一个群(加法循环群),所有偶数

的集合 E 是它的一个子群. 我们可以将 N 表示成关于子集 E 的陪集的并集. 做法与上述陪集的例子类似,设 a 是不在 E 中的一个元素,即设 a 是一个奇数,考虑用奇数 a 左“乘”(这里左加)E 中的诸元素得到的集合 aE. 若 E 的元素是 $e_1, e_2, e_3, \cdots$,则集合 aE 的元素是

$$a + e_1, a + e_2, a + e_3, \cdots$$

因为一个奇数与一个偶数的和是奇数,又因为每一奇数都可以写成特殊的奇数 a 与某个偶数的和,所以陪集 aE 是所有奇数集 O,而且不论 a 选什么特殊的奇数,陪集 aE 都与集合 O 重合. 显然陪集 E 和集合 O 正好用完集合 N,所以我们能写

$$N = E \cup aE$$

即

$$N = \{\cdots, -2, 0, 2, \cdots\} \cup \{\cdots, -3, -1, 1, 3, \cdots\}$$

(注意,因为群 N 是可交换的,其左陪集与右陪集是恒等的,所以 Ea 也是集合 O.)

子群 E 是所有 2 的倍数的集合,而陪集 aE 是所有除 2 余 1 的整数的集合. 能找到 N 的关于所有 3 的倍数的子群 T 的陪集的类似范型. 关于 T 的陪集是

$$T = \{\cdots, -6, -3, 0, 3, 6, \cdots\}$$
$$= \{除 3 余 0 的所有整数\}$$
$$aT = \{\cdots, -5, -2, 1, 4, 7, \cdots\}$$
$$= \{除 3 余 1 的所有整数\}$$
$$bT = \{\cdots, -4, -1, 2, 5, 8, \cdots\}$$
$$= \{除 3 余 2 的所有整数\}$$

其中,a 是形如 $3n + 1$ 的整数,而 b 是形如 $3n + 2$ 的整数. 所以

$$N = T \cup aT \cup bT$$

是 N 的关于子群 T 的陪集表示.

拉格朗日定理的某些结果 我们现在指出关于子群的阶的拉格朗日定理的某些容易得到的推论. 首先有

定理 16.1 若群 G 的阶是素数,则

(1)G 没有真子群;

(2)G 是一个循环群.

断言(1) 由拉格朗日定理及素数的定义立即推得. 为了证明(2),我们用 r 表示素数阶 p 的群 G 的不是 I 的任意其他元素. 若 r 的周期是 n,则 $r^n = I$,且 $n > 1$,集合

$$H = \{I, r, r^2, \cdots, r^{n-1}\} \quad (n-1 > 0)$$

构成 G 中一个 n 阶循环群,所以 H 是给定的素数阶 p 的群 G 的一个子群. 根据拉格朗日定理,它的阶 n 是 p 的一个因子,因为 $n \neq 1$,所以必有 $n = p$,因此 H 是 p 阶子群,所以 H 是给定的群,这就证明了(2).

我们必须认识到,拉格朗日定理仅指出,若群 G 的子群 H 存在,则 G 的阶必是 H 的阶的倍数. 拉格朗日定理的逆定理是否为真的问题,对我们来说暂时还是一个未解决的问题. 当 n 是 k 的倍数时,n 阶群必包含 k 阶子群吗? 等到后面研究 12 阶四面体群的时候再回答这个问题.

第17章 映射

群的概念与映射(或映射集合)的概念关系非常密切. 现在我们通过考虑一些简单例子来引进这个概念(它已是大部分现代数学中的基本概念).

"映射"一词的通常含义是"作某物的映象". 作为数学的一个术语,"映射"的含义并未远离这个通常意义,这在数学中还是不多见的. 与此相反,通常的情况是,借用的词将给一个特殊的数学意义,与原来的意义相差甚远. 例如,群,域,环等,都是如此.

映射的数学概念是通常的城市地图的概念的一种很自然的抽象. 事实上,这样的地图是原来的对象(城市)在一张纸上的这样一种表示方法,原

来对象（城市）的每一点在纸上有对应的一个（且仅有一个）点.在各数学分支中，映射的数学概念从不偏离原来的元素与映象的元素之间的对应性这个基本概念.

我们想到的映射的一种简单情况是，映象是由有限个元素组成的集合，我们从这种简单情况开始.假设我们有3个元素组成的集合 $X=\{a,b,c\}$ 和 $Y=\{r,s,t\}$.我们能用各种方法将这两个集合的元素配对，例如

$$\begin{pmatrix} a & b & c \\ r & s & t \end{pmatrix}$$

这里，元素间的对应是用一个在另一个的上面来表示的，每一个下面的元素与它上面的元素相对应.这种对应性是一个集合 X 到另一个集合 Y 上的映射的一个例子.一般地，由集合 X 到集合 Y 的映射是这样定义的：对集合 X 的每一个元素恰有集合 Y 的一个元素与之对应.

像上面那样的 X 到 Y 上的特殊的映射，可用如下一些不同方式表示（写成两行，外加圆括号）

$$\begin{pmatrix} a & b & c \\ r & s & t \end{pmatrix} \text{或} \begin{pmatrix} a & c & b \\ r & t & s \end{pmatrix} \text{或} \begin{pmatrix} b & c & a \\ s & t & r \end{pmatrix}$$

它们都表示 X 到 Y 上的同一个映射，这是因为在每一种表示中，集 X 的每一个元素都对应于集 Y 的相同的特殊元素，a 总是映为 r，b 映为 s，c 映为 t.

然而还有 X 到 Y 上的实质上不同的其他映射，例如

$$\begin{pmatrix} a & b & c \\ s & r & t \end{pmatrix}$$

这个映射不同于前者，这是因为，虽然集 X 的元素 c 仍映到集 Y 的 t 上，但 a 已是映到 s 上而不是（前一映射的）r 上.

与（一集合到另一集合上的）映射概念有关的词汇及符号是各式各样的. 我们将需要其中的某些术语和符号，现在我们就来引进它们，希望读者通过这一章将逐步掌握它们.

已介绍的“两行－圆括号”只是映射的一种表示法，其他的表示法在本书中也出现过. 再看关于群的二元运算的讨论时，我们就可看到，一个群的二元运算能看作是一个映射. 对群的每一个有序元素对 r 和 s，有群的唯一的元素 t 与其对应，使得

$$(r,s)\rightarrow t$$

在这种方法中，群元素的有序对的集合映到这个群上. 群乘法表刻画这映射. 所有对 (r,s) 中的第一个元素写在第一列中，第二个元素写在顶上一行中，在这个映射下的 (r,s) 的象写在这个表中适当的地方.

当有一个由集合 X 到集合 Y 的映射时，我们记为 $X\rightarrow Y$. 我们也利用箭头表示个别元素间的对应；在我们的第一个例子中的映射可记为：$a\rightarrow r, b\rightarrow s, c\rightarrow t$. 在这个映射下，$X$ 的元素 a 对应于 Y 的元素 r，这个 r 叫作 a 的象；类似地，s 是 b 的象，t 是 c 的象. 集合 X 叫作这个映射的定义域，X 的所有元素的象（是 Y 的元素）的集合，叫作这个映射的值域，也叫作 X 的象.

在本篇中，我们将主要涉及这样一类特殊的映射，在这种映射中 Y 的每一元素都至少是 X 的一个元素的象，也就是说，X 的象与集合 Y 重合. 我们将说这样映

射是映上(或 X 映到 Y 上). 上面给出的几个例子都是集合 X 映到集合 Y 上的. 现在我们考虑由 X 到 Y 的映射

$$N:\begin{pmatrix} a & b & c \\ s & r & s \end{pmatrix}$$

我们看到, N 是一个映射, 这是因为 X 的每一个元素都分别对应于 Y 的一个元素. 但 X 不是映到 Y 上, 因为 Y 的元素 t 不是 X 的任何元素的象.

由集合 X 到集合 Y 的映射也常常用一个符号(例如 f) 来表示, 记为

$$f:X \to Y$$

在这种表示法中, $f(a)=r$ 的含义即 $a \to r$, 也就是 a 的象是 r. 类似地, b 和 c 的象分别是 $f(b)=s$, $f(c)=t$.

映射的概念也隐含在初等解析几何中, 当我们构造一个二元方程的图像时就隐含地利用了一集合到另一集合的映射概念. 例如, 考虑方程

$$y=2x+1$$

和它的图像(图 17.1). 这个方程刻画了一个由 x 轴到 y 轴上的映射, 这是因为 x 轴是这个映射的定义域, 而整个 y 轴是其值域(或像集合). 这个映射可以表示成

$$f:x \to y \text{ 或 } f(x)=y$$

这个表示法含义是, x 的象是 y, 其中 $y=2x+1$ 或 $f(x)=2x+1$. 对 x 轴的每一个点, 方程 $y=2x+1$ 恰对应于 y 轴上的一点; 也就是, 每一个实数恰对应于实数作为它的象. 例如, $x-1$ 映到 $2\times 1+1=3$ 上.

除一集合到另一集合上的映象外, 也能将一集合映到它自己上. 考虑集合 $X:\{a,b,c\}$, X 到它自己上的

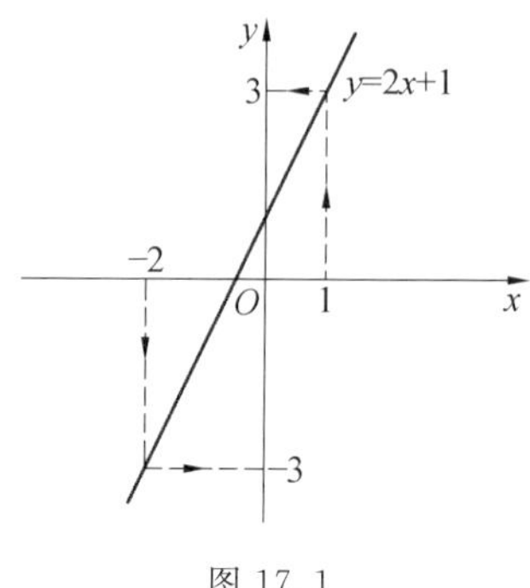

图 17.1

一种映射是

$$\begin{pmatrix} a & b & c \\ b & a & c \end{pmatrix}$$

这个映射将 X 的每一个元素都恰好对应于 X 的一个元素,这个映射的定义域与其值域是重合的. 设用 M 来表示这个映射.

现在假设 a,b,c 是等边三角形的顶点,则这个映射这个三角形以过顶点 c 的高为轴所作的翻转,两个相继翻转是“映射 M 后再作一个映射 M”,两个相断映射可以表示成一个映射.

我们首先要问“映射 M 后再作一个映射 M” 的含义是什么? 即

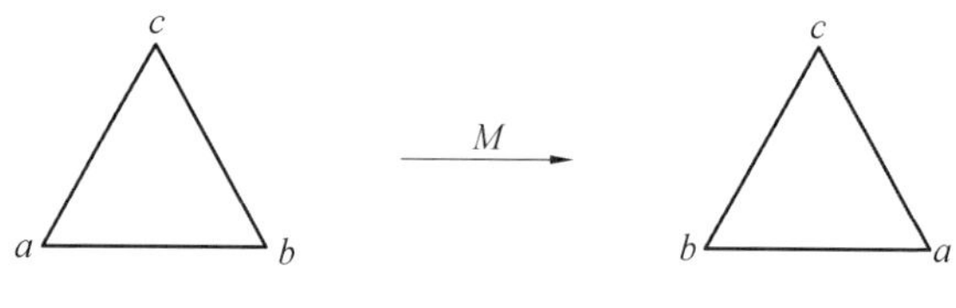

图 17.2

$$M^2=\begin{pmatrix}a & b & c\\ b & a & c\end{pmatrix}\begin{pmatrix}a & b & c\\ b & a & c\end{pmatrix}=?$$

前面说过,一个映射可以写成各种两行－圆括号形式;例如 M 可以写成

$$\begin{pmatrix}b & a & c\\ a & b & c\end{pmatrix}$$

注意这个括号中的上面一行与 M 原来的表示的下面一行是相同的. 于是上面的问题又可写成

$$M^2=\begin{pmatrix}a & b & c\\ b & a & c\end{pmatrix}\begin{pmatrix}b & a & c\\ a & b & c\end{pmatrix}=?$$

在第一个括号中我们有 $a\to b$,在第二个括号中跟随的是 $b\to a$,所以净效果是 $a\to a$,也就是 a 映射到它自己. 类似地,$b\to a$ 并跟随 $a\to b$ 的净效果是 $b\to b$;最后 $c\to c$ 跟随 $c\to c$ 的净效果是 $c\to c$. 因此我们有

$$M^2=\begin{pmatrix}a & b & c\\ b & a & c\end{pmatrix}\begin{pmatrix}a & b & c\\ b & a & c\end{pmatrix}=\begin{pmatrix}a & b & c\\ a & b & c\end{pmatrix}=I$$

所以“M 跟随 M”是一个将每个元素变为它自己的映射,具有这种性质的映射叫作恒等映射,用 I 表示.

回到映射 M 的几何解释时,我们看到 M^2 意味着绕过 c 的高作两次连续的翻转,其结果是这个三角形返回到它的原来位置(图 17.3).

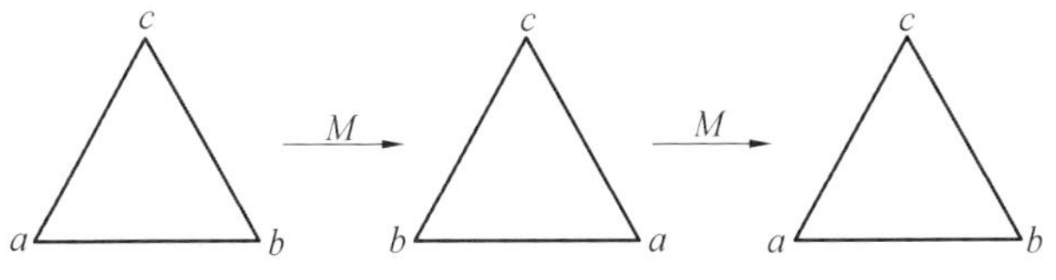

图 17.3

恒等映射的另一个例子是方程

$$y = x \text{ 或 } f(x) = x$$

这个方程的图像(图 17.4)指出,每一个数都映到它自己.

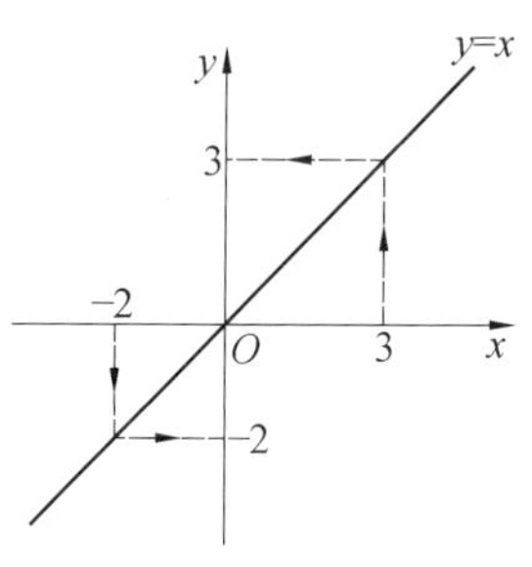

图 17.4

作为群元素的映射　一个映射能作为一个映射集合中的一个元素来考虑. 进一步,有一个恒等映射 I,而且我们将看到,两个映射的相继是一个映射. 因此,可以断言,映射能作为一个群的元素. 事实上,我们将作满足群公理的映射的某个集合. 我们的讨论将限于集合到它自己上的映射.

为了证明映射集合构成一群,除验证是否符合群公理外,别无他法. 以前我们已这样做过多次,所以其一般程序我们是非常熟悉的. 然而映射能用复杂的方式重新组合集合元素,我们应用有限经验着手验证时,应小心仔细点.

我们将首先证明"跟随"(或相继)是任意给定的集合 S 到它自己上的映射的集合上的二元运算.

(1) 二元运算:我们必须证明,若 M_1 和 M_2 是集合 S 到它自己上的两个映射,则乘积 M_1M_2 也是这样的映射. 我们可将 M_1 和 M_2 简略地表示成

$$M_1=\begin{pmatrix}a\cdots\cdots\\ b\cdots\cdots\end{pmatrix},M_2=\begin{pmatrix}\cdots b\cdots\\ \cdots c\cdots\end{pmatrix}$$

其中$a,b,c,\cdots$是给定集合S的元素.这第一个映射M_1将元素a映到元素b,即$a\rightarrow b$,这第二个映射M_2又将b映到c,即$b\rightarrow c$.所以M_1M_2的净效果是$a\rightarrow c$,因而M_1M_2是S的一个映射.读者可用如下方法证明M_1M_2是映上的:若y是S的任意元素,则在映射M_1M_2下,存在S的一个元素x使得$x\rightarrow y$.

(2) 结合性:初看起来,似乎我们的二元运算相继一定是可结合的.然而因为在每次映射下,原来的集合都是重新改组的,在这样的条件下,映射的相继的可结合性不是显然的.因此我们在这一点上应小心进行.

我们想要证明,对集合S到它自己上的任意3个映射M_1,M_2和M_3都有

$$(M_1M_2)M_3=M_1(M_2M_3)$$

若x是S的任意元素,则M_1将x映到S的某个元素y.因为映射M_2和M_3也把S的每一个元素分别映到S的某一个元素,所以在S中存在元素z和w,使得

$$M_1:x\rightarrow y,M_2:y\rightarrow z,M_3:z\rightarrow w$$

所以$(M_1M_2)M_3$的意义是$x\rightarrow z$后再$z\rightarrow w$,即$x\rightarrow w$;而$M_1(M_2M_3)$的意义是$x\rightarrow y$后再$y\rightarrow w$,即$x\rightarrow w$.所以$(M_1M_2)M_3$及$M_1(M_2M_3)$都是将x映到S的同一个元素上.这就证明了可结合性.

(3) 单位元素:在恒等映射下,我们集合中的每一个元素都对应于它自己;即

$$I=\begin{pmatrix}a & b & c & \cdots\\ a & b & c & \cdots\end{pmatrix}$$

显然，对于"接着"这种二元运算，这个映射是单位元素

$$MI = IM = M$$

(4) 逆元素：考虑映射

$$M = \begin{pmatrix} u & v & w \\ r & s & t \end{pmatrix}$$

它的逆映射(记为 M^{-1}) 必须将 M 的值域的每一个元素返回到 M 的定义域中的元素上；换句话说，M^{-1} 必须将每一个象遣送到原来的元素上，设

$$M^{-1} = \begin{pmatrix} r & s & t \\ u & v & w \end{pmatrix}$$

(注意，M^{-1} 的行与 M 的行对换了)，则

$$MM^{-1} = \begin{pmatrix} u & v & w \\ r & s & t \end{pmatrix} \begin{pmatrix} r & s & t \\ u & v & w \end{pmatrix} = \begin{pmatrix} u & v & w \\ u & v & w \end{pmatrix} = I$$

类似地有 $M^{-1}M = I$，所以 M^{-1} 是 M 的逆元素.

现在我们将指出，并不是每一个映射都有逆映射. 例如，考虑映射

$$N = \begin{pmatrix} u & v & w \\ r & s & t \end{pmatrix}$$

若它有一个逆映射(例如 X)，则 X 应将 $r \to u$，$s \to v$，$r \to w$，并使 $XN = NX = I$. 但这不是一个映射，因为一个映射将定义域中的每一个元素只能对应于值域中的一个元素，但这里的 X 却将元素 r 对应于两个元 u 和 w. 因此映射 N 没有逆映射.

是什么原因造成映射 M 与映射 N 之间有这种差别：M 有逆映射，而 N 没有？这是因为 M 将不同的元素映到不同的象上，而 N 的定义域中的两个不同的元

素 u 和 v 却映到同一个象 r 上. 一个映射有逆映射的充要条件,是它将不同的元素映到不同的象上,即它的值域的每一个元素仅对应于定义域中的一个元素. 具有这种性质的映射叫一一映射或一对一映射,可简记为 $1-1$.

我们指出,一个集合到它自己上的所有的 $1-1$ 映射的集合(关于相继或"接着"这种二元运算)将满足群公理(因而是一个群). 我们将在以下的置换群(或对称群)中遇到这种群的具体表示法.

关于逆映射的进一步注释 让我们考察由

$$y=2x+1 \text{ 或 } f(x)=2x+1$$

定义的映射 $M: x \rightarrow y$. $y=2x+1$ 的图像如图 9.1 所示. 它是一一映射吗? 假设 x_1 与 x_2 是不同的,象点 $f(x_1)=y_1$ 与 $f(x_2)=y_2$ 也是不同的吗? 若它们的差 y_1-y_2 是 0,则它们是不同的. 因为

$$y_1-y_2=(2x_1+1)-(2x_2+1)=2(x_1-x_2)$$

根据假设,x_1 与 x_2 是不同的,所以上式的右边不是 0,因而上式的左边也不是 0,所以 y_1 与 y_2 也是不同的. 映射 M^{-1} 是存在的,我们断言它是

$$M^{-1}: x=\frac{y-1}{2}$$

为了验证这个断言,我们首先按 M 的意义将 x 映到 $y(=2x+1)$ 上,然后按 M^{-1} 的意义映它的象 y,我们得到

$$MM^{-1}: \frac{(2x+1)-1}{2}=x$$

即 MM^{-1} 映 x 到 x 上,所以 $MM^{-1}=I$. 类似地 $M^{-1}M$ 映 y 到 y 上,这是因为

$$2\frac{y-1}{2}+1=y$$

所以 $M^{-1}M=I$.

现在我们考虑被

$$y=x^2 \text{ 或 } f(x)=x^2$$

定义的映射 $N: x\rightarrow y$,它的图像如图 17.5 所示.这是一一映射吗?假设 x_1 与 x_2 是不同的,即 $x_1-x_2\neq 0$,能推得

$$y_1-y_2=f(x_1)-f(x_2)\neq 0$$

象的差 y_1-y_2 是

$$y_1-y_2=x_1^2-x_2^2=(x_1-x_2)(x_1+x_2)$$

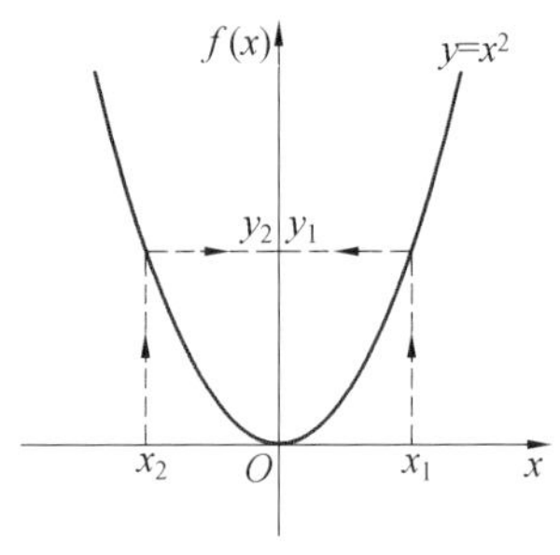

图 17.5

由假设知 $x_1-x_2\neq 0$;但若 $x_1+x_2=0$,则 $y_1-y_2=0$.所以,即使 x_1 与 x_2 是不同的,y_1 与 y_2 也不见得就是不同的;例如,当 $x_1\neq 0$ 时,若 $x_1=-x_2$,则 $y_1=y_2$.所以 N 不是一一映射,因而它没有逆映象.然而,若从 N 的定义域中去掉整个负 x 轴(或整个正 x 轴),则被

$$y=x^2 \quad (x\geqslant 0)$$

定义的新映射 $\hat{N}$ 是一一映射,而且有逆映射(图 17.6).在它的受限制的定义域中,仅当 $x_1=x_2=0$ 时才有 $x_1=-x_2$ 成立,所以不同的元素映到不同的元素

上. 所以 $\hat{N}$ 是所有非负实数的集合到它自己上的一一映射. 它的逆映射是

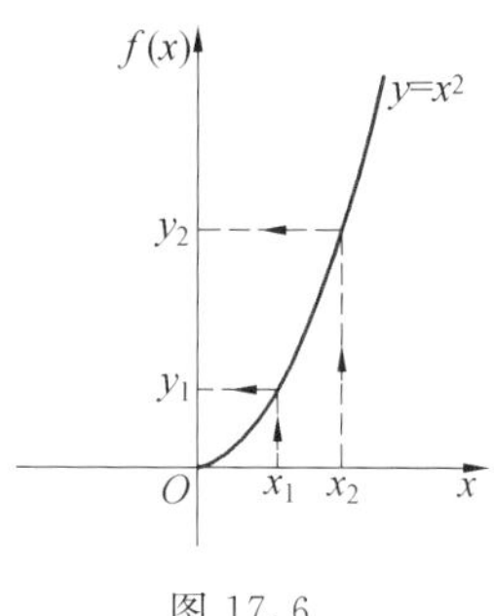

图 17.6

$$\hat{N}^{-1}: x = \sqrt{y} \quad (y \geqslant 0)$$

为了看出 $\hat{N}\hat{N}^{-1} = \hat{N}^{-1}\hat{N} = I$,我们注意 $\hat{N}\hat{N}^{-1}$ 是被

$$F(x) = \sqrt{x^2} = x \quad (x \geqslant 0)$$

给出的;而 $\hat{N}^{-1}\hat{N}$ 是被

$$G(x) = (\sqrt{y})^2 = y \quad (y \geqslant 0)$$

给出的.

同态　现在我们回来考虑一个特殊类型的映射,它在群论的发展中有巨大的重要性. 我们的兴趣将在叫作同态的一类映射以及它的特例——同构. 与映射有关的这个概念不仅对研究群的性质有巨大价值,而且对研究其他的代数结构也是重要的,“同态”(homomorphism) 及“同构”(isomorphism) 这两个词都与结构有关, 在英文中这一点是用词根“morph” 显示的.

在给出同态的定义之前,我们先来看一个由整数加法群 N 到偶数加法群 E 上的同态映射的例子. 我们来考虑将 N 中的每个元素 n 与 E 中的元素 $2n$ 对应的

映射 M

$$M=\begin{pmatrix}\cdots,-2,-1,0,1,2,\cdots\\ \cdots,-4,-2,0,2,4,\cdots\end{pmatrix}$$

我们看到，对 N 的任意两个元素 n_1 和 n_2，$n_1\to 2n_1$，$n_2\to 2n_2$，从而$(n_1+n_2)\to 2(n_1+n_2)$；所以 n_1 与 n_2 的和的象 $2(n_1+n_2)$ 是 $2n_1+2n_2$，是 n_1 与 n_2 的象的和. 读者应记住这个映射 M，作为一个群到另一个群上的同态的具体例子.

现在我们假设有两个群 G 和 H 及一个 G 到 H 上的映射 f. 这也就是说，H 的每一个元素是 G 中的某个元素的象. 群 G 的元素 a 及 b 的象分别用 $f(a)$ 及 $f(b)$ 表示；当然，$f(a)$ 及 $f(b)$ 都是 H 的元素. 因为 G 和 H 是群，所以 ab 在 G 中，而 $f(a)f(b)$ 在 H 中.

群 G 到群 H 上的同态映射的特征性质是，若 a 及 b 是 G 的元素，则群乘积 ab 映射到 H 中的元素 $f(a)f(b)$ 上；也就是说，两个元素的乘积的象是它们的象的乘积，用符号表示即

$$f(ab)=f(a)f(b)$$

在上面的例子中，群 N 是同态地映到群 E 上，每一个群的群运算都是加法

$$f(n_1+n_2)=f(n_1)+f(n_2)$$

必须清楚地理解，一般地说，群 G 和 H 都有各自的特定的单位元、二元运算等. 所以

$$f(ab)=f(a)f(b)$$

只是下面的细致的表示方法的一种简略写法：若 $\otimes$ 表示群 G 的二元运算，$\boxtimes$ 表示群 H 的二元运算，而 f 是 G 到 H 上的同态映射，则对群 G 的任意两个元素 a 和

b 有

$$f(a \otimes b) = f(a) \boxed{\times} f(b)$$

但是，今后除非需要澄清，否则我们将不用这种精确表示法，而只简记为 $f(ab)=f(a)f(b)$. 虽然群映射都是建立两个集合的个别元素之间的对应性，而一个群到其他群上的同态映射则特别考虑两个群所含的二元运算，并建立群乘积之间的以及个别元素之间的对应性.

作为同态映射的另一个例子，让我们考察一下 C_4 到 C_2 的下列映射 $f: C_4 \rightarrow C_2$

$$\begin{pmatrix} I & a & a^2 & a^3 \\ I^* & b & I^* & b \end{pmatrix}$$

注意，我们在 C_2 的单位元素上加了一个星号，星号在这里用来表示两个不同群的单位元素的区别（至于两个群的二元运算之间的不同，我们已经在上面指出过）. 今后，读者应记住这种区别的存在，即使标记，也不会如此精细.

从 C_4 的乘法表能验证，f 将 C_4 元素的每一个群乘积映到这些元素的 C_2 中的象的乘积上，即

$$f(rs) = f(r)f(s)$$

其中 r 和 s 是 C_4 的两个任意元素. 在 C_4 的乘法表17.1中显示了每一个群乘积，而在这些群乘积下面的（等式）则是它们在 C_2 中的象. 注意，C_4 中的所有这些乘积的象是 4 个 C_2 的群乘法表（这在表 17.1 中已用双线分隔出来）.

表 17.1

	I	a	a^2	a^3
I	I $f(I)=I$	a $f(a)=b$	a^2 $f(a^2)=I$	a^3 $f(a^3)=b$
a	a $f(a)=b$	a^2 $f(a^2)=I$	a^3 $f(a^3)=b$	I $f(I)=I$
a^2	a^2 $f(a^2)=I$	a^3 $f(a^3)=b$	I $f(I)=I$	a $f(a)=b$
a^3	a^3 $f(a^3)=b$	I $f(I)=I$	a $f(a)=b$	a^2 $f(a^2)=I$

同态映射 f 显露出 C_4 与 C_2 在结构上的“相似性”，事实上，这样的映射的存在确实是因为有这样的“相似性”. 如果我们试图构造 C_3 到 C_2 上的同构，我们将遇到无法克服的困难，因为这两个群缺乏结构上（允许有同态映射）所必须的“相似性”.

同构 上面给出的 C_4 到 C_2 上的同态映射不是一一映射；C_4 的两个不同元素 a 及 a^3 都映到 C_2 的 b 上（除非两个有限群有相同的阶，否则一个到另一个有限群上的映射不能是一一的.）当一个群到另一群上的同态映射也是一一映射时，则称之为同构映射或同构. 所以，群同构是一群到另一群上的、满足如下两个条件的映射：

(1) 对所有的 a 和 b，$f(ab)=f(a)f(b)$（同态）；

(2) 当且仅当 $a=b$ 时，才有 $f(a)=f(b)$（一一）.

我们将用两个例子（一个是有限群，另一个为无限群）来说明同构映射. 读者将看到，一群到另一群上的同构映射揭示这两个群的结构上的“同一性”；确实因为有结构“相同”的群，才存在一个到另一个群上的同

构映射.

考虑元素是 $x^4-1=0$ 的 4 个根的群 H

$$H:1,\mathrm{i},-1,-\mathrm{i}(\text{其中 } \mathrm{i}=\sqrt{-1})$$

设 f 表示 C_4 到 H 上的如下的映射

$$\begin{pmatrix}1 & a & a^2 & a^3\\ 1 & \mathrm{i} & -1 & -\mathrm{i}\end{pmatrix}$$

我们直接看到 f 是一一映射;但 f 是同态映射吗?为了回答这个问题,我们来考虑 C_4 的乘法表 17.2(在这个表中我们仍将乘积 r 的象 $f(r)$ 记在 r 的下面),并将 r 与它的在 H 中的象 $f(r)$ 相比较.

表 17.2

	I	a	a^2	a^3
I	I	a	a^2	a^3
	a	a^2	a^3	I
a	a	a^2	a^3	I
	i	-1	$-\mathrm{i}$	1
a^2	a^2	a^3	I	a
	-1	$-\mathrm{i}$	1	i
a^3	a^3	I	a	a^2
	$-\mathrm{i}$	1	i	-1

$\dfrac{r}{f(r)}$

当记住 $\mathrm{i}^2=-1$ 时,读者容易验证,象元素 $f(r)$ 作成群 H 的乘法表,所以有

$$f(rs)=f(r)f(s)$$

从而映射 f 除一一外,还是同态映象,所以 f 是同构映象.我们说群 C_4 与群 H 是同构的.如果从一个群到另一个群上有一个同构映象,则说这两个群是同构的.从

这个观点看，同构是两个群含有同样多的(结构)性质，这种情况我们称为“有相同结构”.

这两个同构群的图像如图 17.7 所示. 显然，除顶点及生成元的名称外，这两个同构群的图像是相同的.

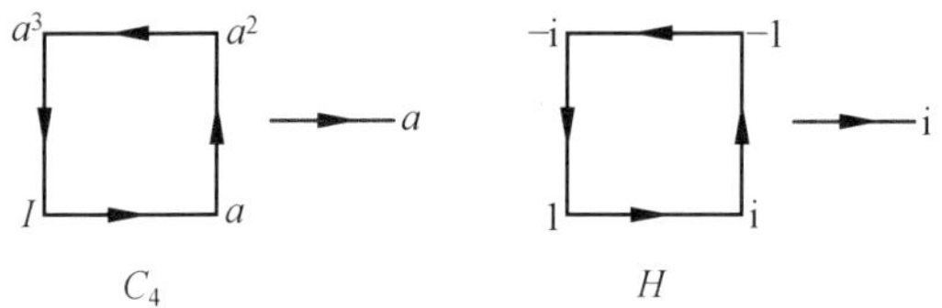

图 17.7

作为同构群的第二个例子，让我们考虑正实数集 P 和它的对数集 L(对数的特定的底并不重要，但为了确定起见，假设我们考虑的底是 10). 首先，我们指出，这两个集合都是群，它是二元运算等如表 17.3 所示：

表 17.3

	群 P	群 L
元素	正实数	正实数的对称(所有实数)
二元运算	普通乘法($x>0$ 及 $y>0$ 推得 $xy>0$)	普通加法[$\lg x+\lg y=\lg(xy)$]
单位元素	1	1
逆元素	倒数	负数

我们断言，这两个群是同构的，被

$$f(x)=\lg x$$

给定的映射 $f:P\to L$ 是一个同构映射. 在这个映射下 L 的每一个元素是 P 的某个元素的象，所以，所有正实

数集是这个映射的定义域，而所有实数集是它的值域(图 17.8). 尚须验证

(1) $f(xy)=f(x)f(y)$，对 P 的所有的 x 和 y；

(2) 这个映射是一一的.

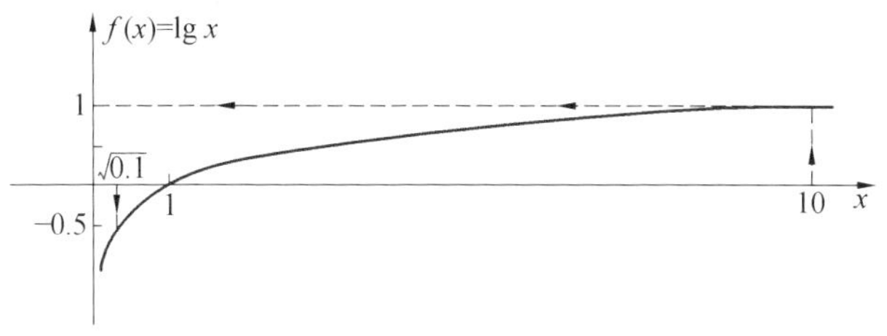

图 17.8

我们应小心区分群 P 与 L 的运算. 设 $\otimes$ 表示群 P 的二元运算，设 $\boxtimes$ 表示群 L 的二元运算，则对 P 的任意二元素 x 及 y，有

$$x \otimes y = xy \quad (\text{二个正实数的乘法})$$

而对 L 中的 x 与 y 的象 $f(x)$ 及 $f(y)$，则有

$$f(x) \boxtimes f(y) = \lg x + \lg y \quad (\text{二实数的加法})$$

因此，满足命题(1) 的同态，需要对 P 的所有的元素 x 和 y 有

$$f(x \otimes y) = f(x) \boxtimes f(y)$$

即

$$\lg(xy) = \lg(x) + \lg(y)$$

但这个关系式是(关于乘积的对数的) 熟知的定律；所以这个映射是所有正实数群到实数群的同态.

为了看出这个映射是一一的，我们仅需注意 $f(x)=\lg x$ 的图像. 我们也能用指出两个不同元素总是映到两个不同元素来证明这个映射是一一的. 假设

$f(x)=f(y)$，即假设 $\ln x=\lg y$，则

$$\lg x-\lg y=0$$

即

$$\lg\frac{x}{y}=0$$

但 $\ln\frac{x}{y}=0$ 推得 $\frac{x}{y}=1$，即 $x=y$. 所以这个映射是一一的，因而是同构.

抽象群 我们将说，两个同构的群是“抽象地相等”，也说所有抽象相等的群是同一个抽象群. 所以今后我们可以说 6 阶二面体群，或 6 阶循环群.“两个同构的群是抽象地相等”这个命题，并不意味着这两个同构的群的各个具体细节都相同，而仅仅是说，这两个群有相同的结构上的群性质. 一个群与它的一个真子群同构是可能的. 一个群与它的一个真子群确实是不同的，但仍可能有相同的结构.

可以指出，对给定的阶 n，仅存在有限个“抽象不同的”群. 含有 n 个不同符号的同一集合，除元素的标记外，仅存在有限个乘法表(表中共有 n^2 个值). 注意，6 阶二面体群与 6 阶循环群是不同构的(因而是抽象不同的)，这是因为它们中的一个是不可交换的，而另一个是可交换的. 除这两个群外，不存在其他的抽象的 6 阶群. 类似地，若 p 是任意素数，则仅存在一个 p 阶循环群，当然，它是循环群 C_p.

假设不从这些例子出发，读者也容易列举给定阶的不同的抽象群. 64 阶的不同的抽象群有 267 个，但 256 阶的不同的抽象群一个也没有.

同构群的抽象识别，类似于从特殊表示法中抽象

出基数概念.容易想到,数5是5个元素(5个手指,5美元,5个海洋,5个元音字母等)组成的特殊集合的一种抽象.同样地,一个抽象群也能用各种特殊的表示法表示出来.例如,抽象的4阶循环群只有1个,但却有许多具体表示法.

同构群(或抽象相等的群)的概念是重要的,这是因为我们有时发现,用某个具体表示法来证明群的定理不如用其他(同构的)表示来得容易.因为同构群有相同的群结构,所以只要证明了一个群,定理就可推广到所有与它同构的其他群.

置换群

第18章

许多群论的文献中都讨论一类群，即所谓置换群或代换群. 置换群特别有用是因为它给我们提供了所有的有限群的具体表示. 在本章中，我们将看到：每个有限群都同构于某个置换群.

前面我们已经看到许多映射的例子中，把映射写成两行，定义域中的元素写在上面一行，而像元素写在下面一行. 并且，我们已经证明，一个 n 个元素的集合到自己的一对一映射的全体所成的集合组成一个映射群. 这种映射称为置换，而以置换为元素所构成的群就叫作置换群.

假设把三个元素的集合排成某个任意的但是确定的序列 a_1, a_2, a_3. 为了方便，我们只要注意下标，即把序列当成 1,2,3；这样一来，例如第三个元素 a_3，就可以简单地记作 3.

现在，设 M 是这个集合映到它自身上的某个一对一映射

$$M:\begin{pmatrix} a_1, a_2, a_3 \\ a_2, a_3, a_1 \end{pmatrix} \text{或} \begin{pmatrix} 1 & 2 & 3 \\ 2 & 3 & 1 \end{pmatrix} \text{或} \begin{matrix} 1 \to 2 \\ 2 \to 3 \\ 3 \to 1 \end{matrix}$$

让我们把这个映射 M 解释为把序列 1,2,3 经过重排或置换而形成序列 2,3,1. 这个解释就是把一个有限集合映到自身上的映射群称为置换群的根据. 我们还可以把 M 看成把这个集合中的每一个元素代换成这个集合中的某个元素，在上面的例子中，1 换成 2，2 换成 3，3 换成 1. 因此，把一个有限集合映到自身上的映射群在老的文献中常常叫作代换群.

置换表为循环映射，或者置换 M 表示对应这个循环图

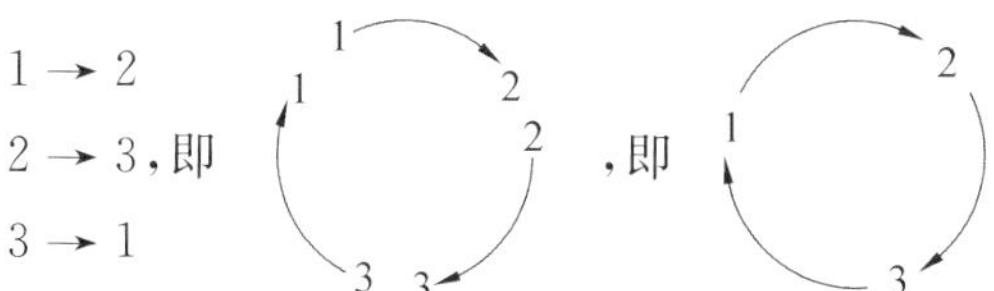

这提示我们把 M 写成为单行的括号

$$M:(1\ 2\ 3)$$

把这个记号解释为 M 把每个数字映到它右边的紧相邻的数字，这样到最后，把最右边的数字映到头一个数字，就完成了整个一个循环. M 可以用三种方式写成循环

$$(1\ 2\ 3),(2\ 3\ 1),(3\ 1\ 2)$$

因为在上面圆圈里面，把那一个元素写成头一个关系不大.

假如我们有一个四个元素 a_1,a_2,a_3,a_4 的集合的映射 N

$$N:\begin{pmatrix}1 & 2 & 3 & 4\\ 2 & 3 & 1 & 4\end{pmatrix}$$

我们能否把这个映射表示成循环？因为4映到4，我们可以把 N 表示为

$$(1\ 2\ 3)$$

而把循环中不出现的任何元素理解为映到自身. 同样

$$\begin{pmatrix}1 & 2 & 3 & 4\\ 1 & 4 & 2 & 3\end{pmatrix}=(2\ 4)$$

因为左边的映射可以完全用二项的循环来表示，而它可以读作 $2\rightarrow4,4\rightarrow2,1\rightarrow1,3\rightarrow3$.

有限集合映到自身上的任何映射是否都能写成循环的形式？例如，我们怎样写映射

$$A:\begin{pmatrix}1 & 2 & 3 & 4 & 5\\ 2 & 4 & 5 & 1 & 3\end{pmatrix}$$

它与上面的映射 N 不同，个别对应的集合不构成单一的循环图. 让我们从 1 开始，把它的象 2 写在 1 的右边

$$(1\ 2)$$

为了进一步扩大这个循环，我们看一下映射 A 中的对应就发现 2 的象是 4. 这样，扩大的循环就成为

$$(1\ 2\ 4)$$

如果我们想进一步扩大这个循环，我们看到，A 到 4 映到 1，于是完整的循环就是

$$(1\ 2\ 4)$$

但是,这个循环并不是映射 A,因为它没有表达出来 A 所要求的把 3 映到 5 和把 5 映到 3. 而循环(3,5) 表示这件事,但它把其他元素都映到它们自己. 因此,假如我们先作映射

$$(1\ 2\ 4)=\begin{pmatrix}1 & 2 & 3 & 4 & 5\\ 2 & 4 & 3 & 1 & 5\end{pmatrix}$$

接着作映射

$$(3\ 5)=\begin{pmatrix}1 & 2 & 3 & 4 & 5\\ 1 & 2 & 5 & 4 & 3\end{pmatrix}$$

显然其乘积就是 A,即

$$\begin{aligned}(1\ 2\ 4)(3\ 5)&=\begin{pmatrix}1 & 2 & 3 & 4 & 5\\ 2 & 4 & 3 & 1 & 5\end{pmatrix}\begin{pmatrix}1 & 2 & 3 & 4 & 5\\ 1 & 2 & 5 & 4 & 3\end{pmatrix}\\ &=\begin{pmatrix}1 & 2 & 3 & 4 & 5\\ 2 & 4 & 5 & 1 & 3\end{pmatrix}\end{aligned}$$

注意,因为这两个循环并没有公共的数字,所以谁也不影响谁. 因此

$$(1\ 2\ 4)(3\ 5)=(3\ 5)(1\ 2\ 4)$$

我们把 A 表示为循环形式的办法可以用到有限集合映到自身上的任何映射,因此,有限集合的任何置换可以写成无公共数字的循环的乘积.

让我们考虑映射

$$(1\ 2)(2\ 3)\text{ 及}(2\ 3)(1\ 2)$$

考察一下有公共数字 2 的两个循环(1 2) 及(2 3) 是否可交换. (1 2)(2 3) 表示

$$1\to 2\text{ 接着 }2\to 3\text{,总结果是 }1\to 3$$

$$3\to 3\text{ 接着 }3\to 2\text{,总结果是 }3\to 2$$

$$2 \to 1 \text{ 接着 } 1 \to 1\text{,总结果是 } 2 \to 1$$

因此

$$(1\ 2)(2\ 3) = (1\ 3\ 2)$$

另一方面,(2 3)(1 2) 表示

$$1 \to 1 \text{ 接着 } 1 \to 2\text{,总结果是 } 1 \to 2$$

$$2 \to 3 \text{ 接着 } 3 \to 3\text{,总结果是 } 2 \to 3$$

$$3 \to 2 \text{ 接着 } 2 \to 1\text{,总结果是 } 3 \to 1$$

因此

$$(2\ 3)(3\ 1) = (1\ 2\ 3)$$

所以,这两个循环不可交换.当循环没有公共数字时,它们的确可交换,但是,如果它们有公共数字时,它们可能不交换.

每一有限群都同构于一个置换群 上面几节提供了关于有限群表示的基本定理的背景.在第 17 章中,我们指出任何特定的群都可以看成某个抽象群的许许多多可能的具体的表示中的一个,而这个抽象群同构于每一个表示.下面陈述的定理保证任何抽象有限群可具体表示为一个置换群(回想 n 个元素的置换是 n 个元素的集合映到它自身上的一个一对一映射).

定理 18.1 给定任意 n 阶有限群,则存在 n 个元素的置换群同构于这个群.

在有限群论的标准著作中都有这个定理的证明.在这里我们重复经典的证明还不如把这个定理应用于一个特殊群更使读者的认识深化.我们这里要用的方法可以推广成定理的一个正式的证明.

我们来求四阶循环群 C_4 的置换群表示.首先我们构造 C_4 的乘法表,把元素 I,a,a^2,a^3 也分别表为 g_1,

g_2, g_3, g_4.

表 18.1　C_4 的乘法表

	I	a	a^2	a^3	
	g_1	g_2	g_3	g_4	
I	I	a	a^2	a^3	$\begin{pmatrix}1 & 2 & 3 & 4\\1 & 2 & 3 & 4\end{pmatrix}=m_1$
g_1	g_1	g_2	g_3	g_4	
a	a	a^2	a^3	I	$\begin{pmatrix}1 & 2 & 3 & 4\\2 & 3 & 4 & 1\end{pmatrix}=m_2$
g_2	g_2	g_3	g_4	g_1	
a^2	a^2	a^3	I	a	$\begin{pmatrix}1 & 2 & 3 & 4\\3 & 4 & 1 & 2\end{pmatrix}=m_3$
g_3	g_3	g_4	g_1	g_2	
a^3	a^3	I	a	a^2	$\begin{pmatrix}1 & 2 & 3 & 4\\4 & 1 & 2 & 3\end{pmatrix}=m_4$
g_4	g_4	g_1	g_2	g_3	

表 18.1 中的每一行是第一行的置换(定理 12.1)；例如,第二行的序列 g_2, g_3, g_4, g_1(或简化为 2,3,4,1)是第一行序列 1,2,3,4 的置换. 表的右方表示这四个置换或一对一映射. 它们可用循环写成

$$m_1=(1)(2)(3)(4)=I$$

$$m_2=(1\ 2\ 3\ 4)$$

$$m_3=(1\ 3)(2\ 4)$$

$$m_4=(1\ 4\ 3\ 2)$$

(为了把 $m_1=I$ 写成循环之乘积,我们引入一个数字的循环.)

读者可能想研究一下为什么表 18.1 中的映射构成一个与原来的群同构的群. 下面我们简要地叙述一下背景的想法. 四个映射 m_j($j=1,2,3,4$) 可以写成

$$m_j:\begin{pmatrix} g_1 & g_2 & g_3 & g_4 \\ g_jg_1 & g_jg_2 & g_jg_3 & g_jg_4 \end{pmatrix}$$

也就是说，m_j 是映射

$$g_i \to g_jg_i \quad (i=1,2,3,4)$$

映射 m_jm_k 表示映射 m_j 接着映射 m_k，因此 m_jm_k 是映射

$$g_i \to g_jg_i \text{ 接着 } g_i \to g_kg_i$$

因此，m_jm_k 是映射

$$g_i \to g_j(g_kg_i)=(g_jg_k)g_i$$

所以，置换群中的乘积 m_jm_k 与群 C_4 中的乘积 g_jg_k 的一对一对应(与定理 12.1 比较一下)．

下面我们求四群 D_2 的置换群表示．见图 18.1 及表 18.2．

I	a	b	ab
g_1	g_2	g_3	g_4

图 18.1

置换群 M 的元素表为双行－圆括号．用循环表示就成

$$m_1=(1)(2)(3)(4)$$

$$m_2=(1\ 2)(3\ 4)$$

$$m_3=(1\ 3)(2\ 4)$$

$$m_4=(1\ 4)(2\ 3)$$

表 18.2　D_2 的乘法表

	I g_1	a g_2	b g_3	ab g_4	
I g_1	I g_1	a g_2	b g_3	ab g_4	$\begin{pmatrix}1&2&3&4\\1&2&3&4\end{pmatrix}=m_1$
a g_2	a g_2	I g_1	ab g_4	b g_3	$\begin{pmatrix}1&2&3&4\\2&1&4&3\end{pmatrix}=m_2$
b g_3	b g_3	ab g_4	I g_1	a g_2	$\begin{pmatrix}1&2&3&4\\3&4&1&2\end{pmatrix}=m_3$
ab g_4	ab g_4	b g_3	a g_2	I g_1	$\begin{pmatrix}1&2&3&4\\4&3&2&1\end{pmatrix}=m_4$

具有元素 I,a,b,ab 及定义关系 $a^2=b^2=(ab)^2=I$.

正如上面的例子 C_4 的情形一样,用置换来表示四群也提供了一种基于四个对象的重排的具体解释.这一回,这四个对象是正四面体的四个顶点(图 18.2).置换 m_1 是单位元素,它把顶点保持在原来的位置上.置换 $m_2=(1\ 2)(3\ 4)$ 的作用是把顶点 1 和 2 互换,顶点 3 和 4 互换,见图18.3.正面体在映射 m_2 的作用结果就相当环绕如图 18.3 中的 AB 轴旋转 $180°$,AB 轴通过两"对"边 1—2 及 3—4 的中点.我们把 AB 称为四面体的中线.同样 m_3 及 m_4 可以分别解释为环绕中线 CD 及 EF 旋转 $180°$,见图 18.4.

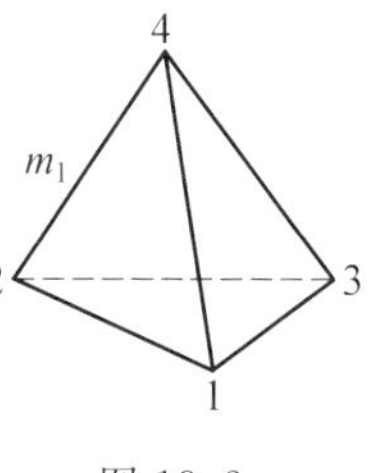

图 18.2

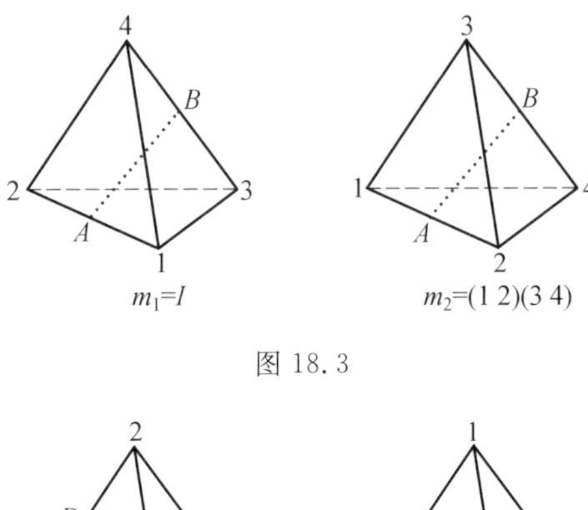

$m_1=I$　　$m_2=(1\ 2)(3\ 4)$

图 18.3

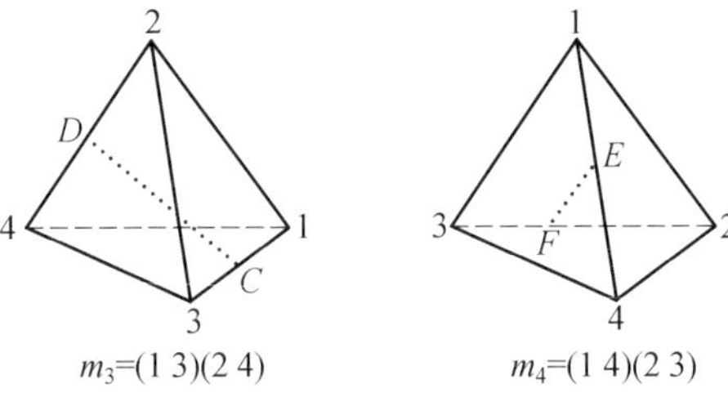

$m_3=(1\ 3)(2\ 4)$　　$m_4=(1\ 4)(2\ 3)$

图 18.4

因此,四群的一种表示是一组特殊的运动,这运动是围绕中线旋转 180° 使得正四面体和自身重合. 能够证明:正四面体的三条中线交于一点并且互相垂直,因此四群也可以看成是把一组互相垂直的轴变到自身的一组转动所构成.

下一章我们将考察所有使正四面体叠合的运动所构成的四面体群,我们将会看到四群是四面体群的子群.

四面体群　一组有趣而重要的群是与五种正多面体的重合运动群有关的群. 这五种正多面体是正四面体,立方体(正六面体),正八面体,正十二面体及正二十面体. 要详细地讨论所有这些群就超出了本书的范围. 我们只限于简单地讨论(正) 四面体群.

必须记住，正如所有的运动群一样，群的二元运算是相继或接着（读者最好利用一个四面体的物理模型来帮助想象下面所讲的运动）.

在讨论正四面体的重合运动群时，我们先数一下群的不同的元素数目，然后再挑出来生成整个群的基本运动.我们的办法是推广我们早先研究等边三角形的重合运动的二面体群 D_3 的办法.

我们选取从顶点 4 到顶点 1，2，3 的三角形的顶垂线为一旋转轴，其方向如图 18.5 所示.我们把轴的箭头看成是右手螺旋拧进的方向，而用 r 表示在拧紧螺丝的方向上转 120°.假如围绕这个轴旋转四面体，在顶上的顶点 4 保持不动，我们可以得到三个不同的位置，在图 18.6 中标记为 I,r,r^2.为了达到其他的位置使四面体同自身重合，我们需要考虑把顶点 4 换成其余的三个顶点的运动.因为对于四个顶点不管哪个在顶上，四面体都有三个位置，所以正四面体共有十二个不同的重合运动.四面体群的阶数为 12.

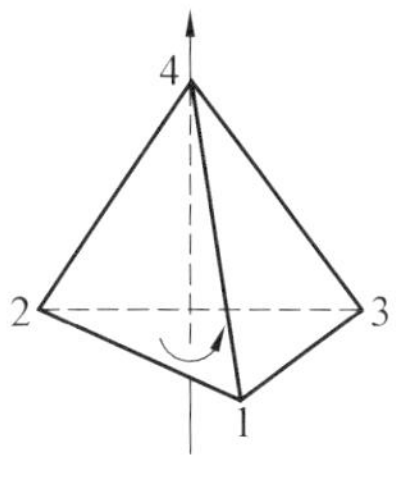

图 18.5

把顶上的一个顶点换成另一顶点的运动是围绕四面体的中线旋转 180°.让我们用 f 表示围绕中线 AB 的翻转（或旋转 180°），通过这个运动，我们就到达图 18.7 所表示的新位置（注意 f 把顶点对 2，4 和 1，3 互换）.图 18.8 表示运动 r 接着运动 f 的结果所到达的位置，而图 18.9 表示 f 接着 r.

读者可以验证四面体的所有的重合运动都可以通

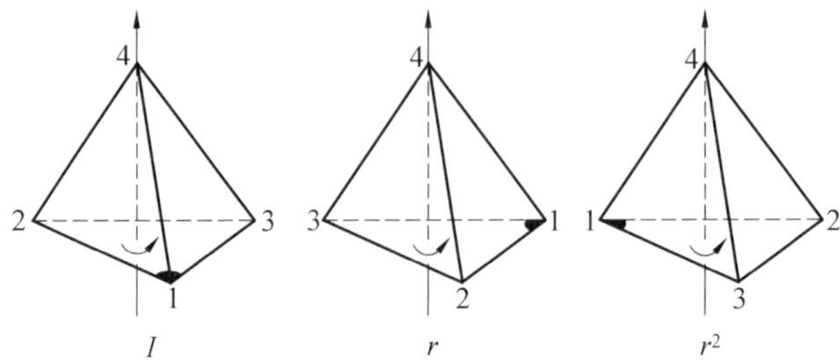

图 18.6

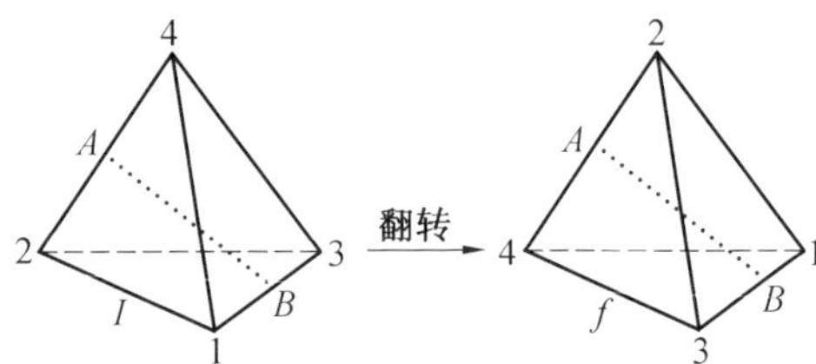

图 18.7

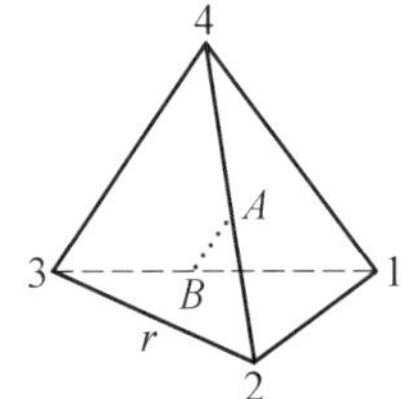

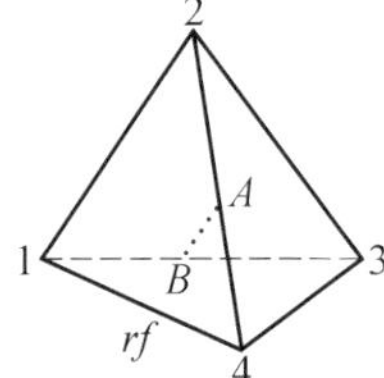

图 18.8

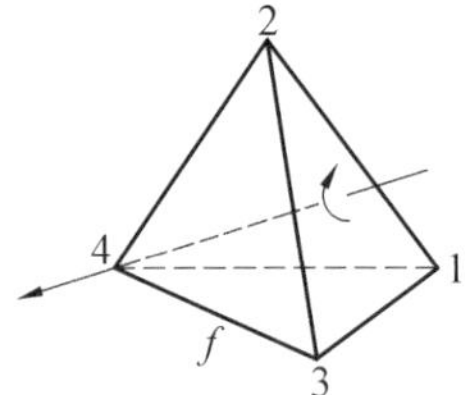

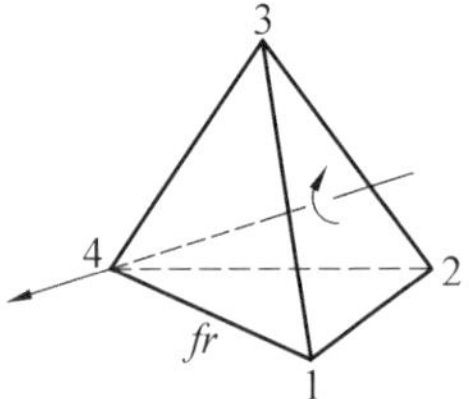

图 18.9

过把 r 及 f 结合起来而得到,也就是说,r 及 f 生成四面体群. 特别绕三条中线任何一条的翻转所到的位置可用 r 及 f 拼成的字表示. 但是,我们刚才已经看到这些运动组成四群的一个具体表示. 所以,四群是四面体群的一个子群.

生成元 r 及 f 可以表示为四个顶点到自身上的映射

$$r=\begin{pmatrix}1&2&3&4\\2&3&1&4\end{pmatrix}=(123)=(12)(13)$$

$$f=\begin{pmatrix}1&2&3&4\\3&4&1&2\end{pmatrix}=(13)(24)$$

可以观察到,r 与 f 都是两个循环的乘积,其中每个循环只有两个符号. 现在我们还不能指出这个观察的全部意义,在后面讨论对称群及交代群的章节,我们要谈到这句话蕴含什么结果. 现在我们提一下,四面体群常叫作 A_4,A_4 表示四个符号的交代群.

四面体群 A_4 的图像 我们用类似于画二面体群的图像的办法来造 A_4 的图像.

考虑图 18.10(a) 中所示的截断四面体. 在每个顶点处的三角形可解释为代表周期为 3 的旋转. 在图 18.10(b) 中,我们把三角形的边用箭头标记来表示围绕四面体的某一固定顶点的转动. 当我们看到如何从重合运动的这种表示得出图像来时,就能验证三角形边所指定的特殊方向是正确的. 联结两个三角形的线段可以看成表示围绕中线的周期为 2 的翻转. 我们记得在群的图像中,周期为 2 的生成元用没有箭头的单线段表示,所以在图 18.10(b) 中,这些棱没有标上箭头.

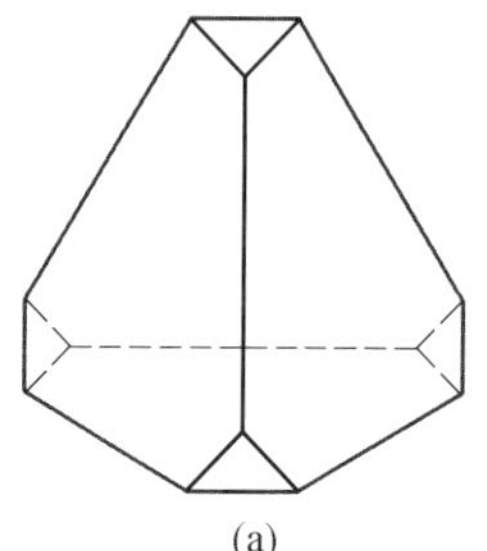
(a)

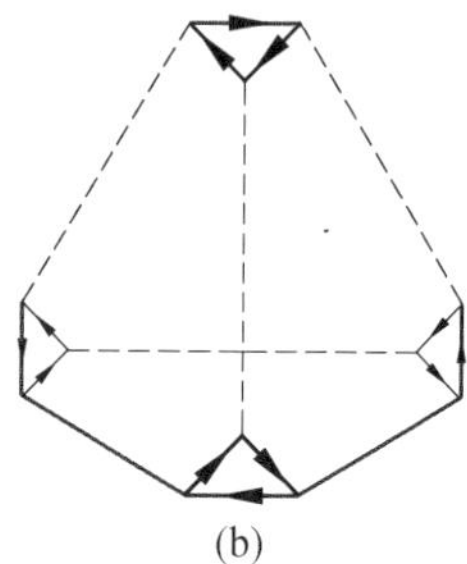
(b)

图 18.10

我们看到截断四面体的面是三角形及六边形. 为了得到一个二维表示,我们把四面体加以变形,使得其中心在一个三角形或一个六角形中,见图 18.11. 在这些变形中,我们把对应于 120° 的旋转 r 的每个定向线段表为实线,而对应于周期为 2 的翻转 f 表为虚线. 结果得出的网络是拓扑不变的.

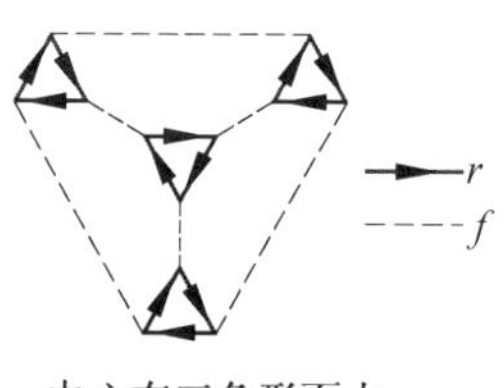

中心在三角形面上

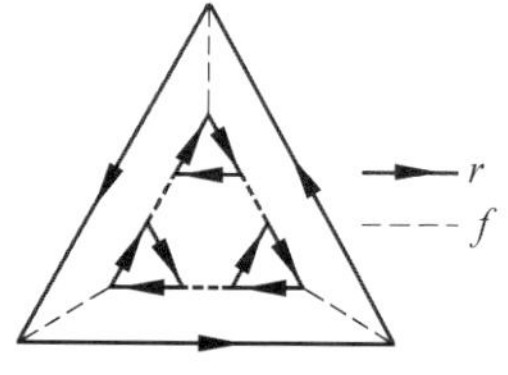

中心在六角形面上

图 18.11

我们断言,这些网络就是四面体群 A_4 的图像. 对于读者来说,重要的是我们不能总是通过造出一个物理模型来表示重合运动来得出群的图像,因此,我们不能自动地假定,这样得出的网络就是群的图像. 在每一种情形下,我们必须检查这个网络来验证以前对于群

的图像证明过的性质的确成立.

四面体群 A_4 的定义关系　第 15 章中,我们详细地讨论过二面体群 D_3 的定义关系,类似的论证说明:群 A_4 完全由下面的依据决定:

(1)A_4 由两个元素 r 及 f 生成;

(2) 这两个生成元满足三个定义关系

$$r^3=I,f^2=I,rfrfrf=I[\text{或}(rf)^3=I]$$

这样就结束关于正四面体重合运动的讨论.

正规子群

第19章

现在我们来研究一个群到另一个群上的同态映射，特别注意这映射在群的子群上的作用. 在群论的发展及应用上，某些子群起着重要的作用. 1830 年伽罗华在研究代数方程的根的性质的过程中，发现了这些特殊的群 —— 所谓正规(或自共轭，或不变)子群. 伽罗华证明，对于每个代数方程，都对应一个有限阶群，方程的根的性质就依赖于方程的群的正规子群的特征，也就是说，正规子群提供了决定其相关的代数方程的解的特征的基础.

现在，我们从两个观点来考察正规子群：(1) 同态映射，(2) 关于正规子群把群分解为陪集. 我们将会看到这两种方法反映了同样的基本结构性质的不同方面. 用第(1) 个方法在于通过“计算”作出符合群的公理的群元素之间细致的关系.

我们已经作过这种计算,例如,解群方程并得出群的定义关系.

正规子群及同态映射

我们研究正规子群前先考察某些群同态.我们要求这些同态把某些特殊的子群映到象群的单位元素上,再看这种要求得到什么结果.

我们特别考虑 6 阶二面体群 D_3,见图 19.1.这群有一个子群 H:I,b.假设 f 是 D_3 到 G 上的同态映射,使得 H 的所有元素都映到象集的 I 上

$$f(I)=I \text{ 且 } f(b)=I$$

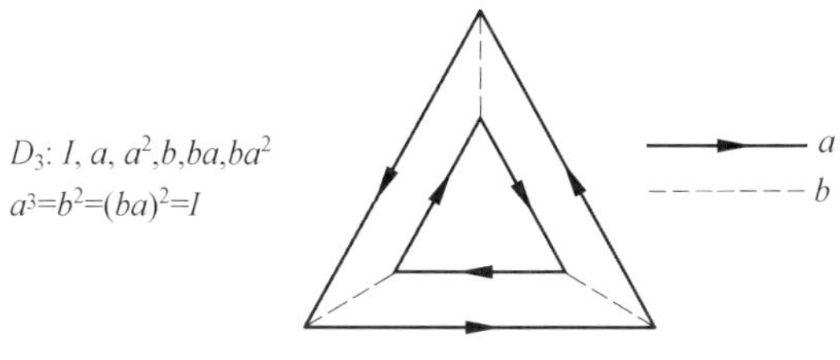

图 19.1

让我们考察一下 f 把 D_3 中不在 H 里的元素映到那里.我们断言

$$f(a)=I$$

为证明这点,我们写

$$a=Ia=(ba)^2a=babaa \text{ 或 } a=(ba)(ba^2)$$

因为 f 是同态,对于任何群的元素 r 及 s

$$f(rs)=f(r)f(s)$$

所以

$$\begin{aligned}f(a)&=f(ba\cdot ba^2)=f(ba)f(ba^2)\\&=f(b)f(a)f(b)f(a^2)\end{aligned}$$

$$= f(a)f(a^2)(\text{因 } f(b)=I)$$
$$= f(a^3) = f(I) = I$$

这就是我们所断言的. 由此

$$f(a^2) = f(a)f(a) = I$$
$$f(ba) = f(b)f(a) = f(a) = I$$
$$f(ba^2) = f(b)f(a^2) = f(a^2) = I$$

所以 D_3 中每个元素都映到 I 上. 这就证明了,D_3 的任何同态映射,如把子群 H 映到 I 上,则把整个群 D_3 映到 I 上.

假设我们试另一个 D_3 到 G 上的映射 f,f 把另一个子群,比如说 K:I,a,a^2,映到 I 上. 由

$$f(I) = f(a) = f(a^2) = I$$

得出

$$f(ba) = f(b)f(a) = f(b)$$
$$f(ba^2) = f(b)f(a^2) = f(b)$$

于是,我们可以用

$$\begin{pmatrix} I & a & a^2 & b & ba & ba^2 \\ I & I & I & c & c & c \end{pmatrix}$$

来表示这个同态映射,其中 $c = f(b)$. 因为

$$c^2 = f(b)f(b) = f(b^2) = f(I) = I$$

由元素 I 及 c 所成的集构成一个 2 阶循环群.[①]因此,D_3 的同态映射如把子群 K 映到 I 上不非得把整个的 D_3 映到 I 上,而可能把群 D_3 映到 2 阶循环群上.

上述结果表明,D_3 的子群 H 及 K 之间有着本质

---

① 这里我们默认这样的假定:$c = f(b) \neq I$. 还存在(平凡的)映射 f,使得 $f(b) = I$;但是 $f(b) = I$ 不是 $f(a) = I$ 的必然推论.

的差别. 我们将会看到,事实上有某种与子群 K 有关的性质不改变,与子群 H 相应的性质就发生改变. 我们称 K 为正规或不变子群. 发现一个正规(或不变)子群的本质属性的关键在于考察关于这个子群的陪集.

在第 16 章中,我们考察过一个群关于一个子群的陪集,并且列出 6 阶二面体群关于子群 H 的所有左陪集和右陪集. 我们观察出陪集 aH 及 Ha 并不是相同的集,左陪集 aH 是集合

$$\{aI, ab\} = \{a, ba^2\}$$

而右陪集 Ha 是

$$\{Ia, ba\} = \{a, ba\}$$

那么 D_3 关于 3 阶子群 K 的左、右陪集怎么样呢? 它们是

左陪集

$$K = \{I, a, a^2\}$$

$$bK = \{b, ba, ba^2\}$$

右陪集

$$K = \{I, a, a^2\}$$

$$Kb = \{b, ab, a^2b\} = \{b, ba^2, ba\}$$

关于 K 的左、右陪集完全一样,也就是 $bK = Kb$.

D_3 到 2 阶循环群上的同态映射有如下结果

陪集 $K \to I$,陪集 $bK =$ 陪集 $Kb \to f(b)$

在图 19.2 中,二面体群 D_3 中的某个元素如果属于陪集 K,则表成 ○,如果属于陪集 bK,则表成 □. 在图 19.3 中,D_3 关于子群 H 的左、右陪集也标记出来.

从这个例子可以看出 D_3 表为关于 K 的陪集的并的表示,不管是表为左陪集还是右陪集,是不变的.

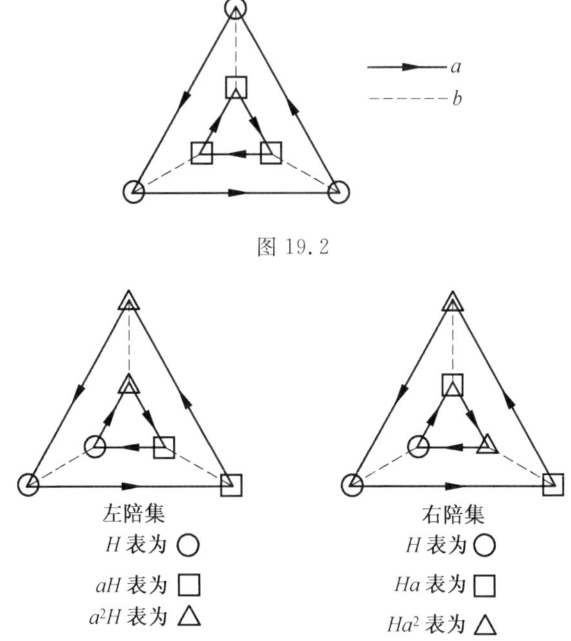

图 19.2

图 19.3

一般我们把群 G 的子群 K 称为不变子群或正规子群，如果它具有性质：G 关于 K 的左陪集与右陪集相同. 注意，特别当 K 是只包含一个元素 I 的子群是正规子群，因为对于 G 中任何元素 g，陪集 gI 与 Ig 相同，每个都含有一个元素 g. 整个群 G 也是它自身的正规子群，这是因为任何左陪集包括 G 的所有元素，右陪集 Gg 也是一样.

下述定理表示不变子群与同态映射之间的本质关系.

定理 19.1 设 f 为由群 G 到群 H 上的同态映射，则 G 中满足 $f(x)=I$（其中 I 是 H 的单位元素）的所有

元素 x 的集合 K 是 G 的正规子群.

在证明定理之前,我们要提一下,它为我们提供一种方法来检验群 G 的元素 x 不可能是与整个群 G 不同的正规子群的元素. 我们只需研究一下假定存在同态映射 f 使得 $f(x)=I$ 能得出什么推论. 假如由 $f(x)=I$ 推出 f 把所有元素映到 I 上,那么 x 就不是一个真正规子群的元素.

定理 19.1 的证明 首先,我们证明 K 是 G 的子群. 这只要证明子群的两个试验条件成立;然后证明 K 是正规子群.

(1) 封闭性. 为了证明,假如 x_1 及 x_2 是 K 中任何两个元素,则 x_1x_2 也属于 K,我们来证明,由 $f(x_1)=I$ 及 $f(x_2)=I$ 可推出 $f(x_1x_2)=I$. 因为 f 是同态,所以

$$f(x_1x_2)=f(x_1)f(x_2)=I\cdot I=I$$

这就证明 K 的封闭性.

(2) 逆元素. 我们证明,如 x 属于 K,则其逆元素 x^{-1} 也属于 K,即如 $f(x)=I$,则 $f(x^{-1})=I$. 因为 f 是同态, $f(I)=I$,且

$$\begin{aligned}f(x^{-1})&=I\cdot f(x^{-1})=f(x)f(x^{-1})=f(xx^{-1})\\&=f(I)=I\end{aligned}$$

从而逆元素的条件满足.

现在,为了证明子群 K 是 G 的正规子群,我们必须证明,如 y 是 G 的任何元素,则 $yK=Ky$(记住我们的群 G 的正规子群的定义要求左陪集等于右陪集).

令 x_1 为 K 的任意确定的元素,则 x_1y 是陪集

$$Ky=\{x_1y,x_2y,x_3y,\cdots\}$$

中的元素. 为了证明 x_1y 是陪集

$$yK=\{yx_1, yx_2, yx_3, \cdots\}$$

中的元素,我们解方程

$$yz=x_1y$$

求出 y 并证明 z 是 K 的元素. 这个方程的解是

$$z=y^{-1}x_1y$$

且如果 $f(z)=I$,则 z 属于 K. 但是

$$\begin{aligned} f(z) &= f(y^{-1}x_1y) \\ &= f(y^{-1})f(x_1)f(y) && \text{(同态)} \\ &= f(y^{-1})f(y) && \text{(因 } x_1 \text{ 属于 } K\text{)} \\ &= f(y^{-1}y) && \text{(同态)} \\ &= f(I)=I \end{aligned}$$

从而 $z=y^{-1}x_1y$ 是 K 的元素. 因为 x_1y 是陪集 Ky 的任意元素,所以我们已经证明 Ky 的每个元素都属于陪集 yK.

同样,如 yx_1 是陪集 yK 的任意元素,我们能够证明 yx_1 是 Ky 的元素. 我们只需要解方程 $zy=yx_1$ 求出 z,然后证明 $z=yx_1y^{-1}$ 是 K 的元素. 这就推出 yK 的每个元素都在陪集 Ky 中. 于是 $yK=Ky$.

阿贝尔群的子群是正规子群 设 K 是群 G 的正规子群. $yK=Ky$ 这种关系的外表就提示我们是讨论某种形式的交换性质. 事实上,我们所说的性质是,对于 K 的任何元素 x_1,我们可以求出 K 的元素 x_2 使得

$$yx_2=x_1y \text{ 或 } x_2=y^{-1}x_1y \text{ 且 } x_1=yx_2y^{-1}$$

其中 y 是 G 的任意元素. 由这个性质,我们推出阿贝尔群或交换群的任意子群都是正规子群,因为在阿贝尔群中,对于群中任意两个元素,有

$$yx_1 = x_1 y$$

从而有 $yK = Ky$.

定理 19.1 的逆定理(商群)　当一个数学家完全证明了一个定理,他自然而然面对着一个新问题:这个定理的逆定理也对吗? 对于定理 19.1 来说,这个问题的答案还带来没有想到的奖赏,因为它"创造出"一种新型的群叫作商群. 我们现在表述定理 19.1 的逆定理.

定理 19.2　任给群 G 的正规子群 K,存在一个群 H 及一个从 G 到 H 上的同态映射 f,使得 K 的元素恰好是 G 映到 H 的单位元素上的那些元素.

下一小节中,我们通过真正构造一群证明群 H 的"存在",它与 G 和 K 的关系正如定理 19.2 所表述的一样. 我们把这个群称为 G 关于 K 的商群(或因子群),并用 G/K 表示. 我们将看到 G/K 的元素是元素的集合,即 K 在 G 中的陪集.

商　群

伽罗华首次证明:群 G 关于 G 的正规子群 K 的陪集构成一个群. 这个群叫作商群 G/K. 在我们研究这个群的过程中,我们必须适应这个新的事实,即我们这个群的元素本身是另外的群的元素的集合.

在我们证明伽罗华这个著名结果之前,我们必须在 G 关于其正规子群 K 的陪集的集合中定义一个二元运算. 我们定义两个陪集 R 及 S(以这个顺序)的乘积为所有形如 rs(以这个顺序)的群乘积的集合,其中 r 是集合 R 中的元素, s 是集合 S 中的元素. 从而,两陪

集的乘积 $R \cdot S$ 就是包含在乘法表中的所有这种乘积的集合，其第一个因子取作 R 的元素，第二个因子取作 S 的元素. 读者应该能证明，如 R 及 S 是 G 关于正规子群 K 的陪集，则 $R \cdot S$ 也是 G 关于 K 的陪集，也就是说，这种构成陪集的乘积的作法在 G 关于 K 的陪集的集合上定义一个二元运算.

现在我们利用我们所熟悉的二面体群 D_3 关于不变子群 K（三阶循环群）的陪集来阐明这个定义. K 的陪集是

$$K: I, a, a^2 \text{ 及 } bK: b, ba, ba^2$$

假如我们根据定义来做乘积 $K \cdot K$，结果就得到出现在乘法表 19.1 中的所有元素的集合. 乘积的集合显然是陪集 K；因此 $K \cdot K = K$. 假如我们作乘积 $K \cdot bK$，我们就得到出现在乘法表 19.2 中所有元素的集合. 读者用群 D_3 的图像作为乘法表的方便办法能够验证，这九个乘积的集合与陪集 bK 重合，即 $K \cdot bK = bK$. 同样，读者能够验证 $bK \cdot K = bK$，以及 $bK \cdot bK = K$. 因此，任何两个陪集的乘积还是一个陪集，且 K 是单位元素.

表 19.1

	I	a	a^2
I	I	a	a^2
a	a	a^2	I
a^2	a^2	I	a

表 19.2

	b	ba	ba^2
I	b	ba	ba^2
a	ab	aba	aba^2
a^2	a^2ba	a^2b	a^2ba^2

陪集 K 及 bK 的乘法表 19.3 总结了我们的结果. 它表明,这两个陪集构成一个二阶循环群,而陪集 K 是单位元素. 这个陪集的群 D_3/K 称为 D_3 关于 K 的商群(或因子群). 读者可以验证,由

$$x \to xK$$

表 19.3

	K	bK
K	K	bK
bK	bK	K

定义的 $D_3 \to D_3/K$ 的映射是 D_3 到 D_3/K 上的同态映射(证明 $xy \to xyK = xK \cdot yK$).

"因子群"这个名称及 D_3/K 的记法来自把 D_3 唯一表示为关于 K 的陪集的并集

$$D_3 = K \cup bK$$

类似于因式分解."仿佛"我们有

$$D_3 = (I + b)K = IK + bK = K + bK$$

一般来说,如果一个群 L 表示为关于正规子群 J 的陪集的并集

$$L = J \cup rJ \cup sJ \cup \cdots \cup vJ$$

则这些陪集构成商群,记为 L/J. 这个商群由这两个群

L 及 J 唯一决定.

群的关系及商群

我们现在用群的关系及群的图像来表示这些关于正规子群、同态映射及商群的结果.

图 19.4 表明二面体群 D_3 的图像. 商群 D_3/K 只有两个元素

$$K:\{I,a,a^2\} \text{ 及 } bK:\{b,ba,ba^2\}$$

而 D_3 有六个元素在群的图像中表为顶点. 假如我们把关系

$$a=I$$

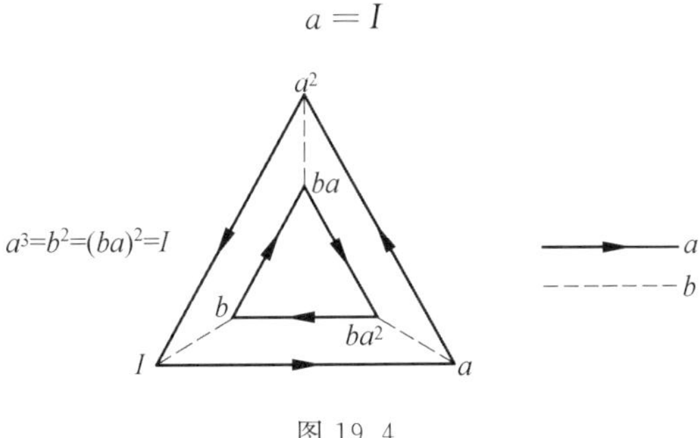

图 19.4

加到 D_3 的定义关系中去,K 及 bK 中的元素就成了

$$\{I,a=I,a^2=I\} \text{ 及 } \{b,bI=b,bI=b\}$$

因此,我们不仅得出子群 K 的所有元素成为元素 I,而且得出陪集 bK 的所有元素成为元素 b. 换句话说,附加的关系 $a=I$ 的效果就是把 K 中所有元素都团成一个元素 I,把 bK 中的所有元素都团成一个元素 b. 因为 $b^2=I$,附加的关系就得出一个 2 阶循环群,即同构于 D_3/K 的群. 因此,我们可以把引进关系 $a=I$ 看成等价于 D_3 到 D_3/K 上的同态映射,使得 K 的元素恰巧映到

商群的单位元素上.

引进关系 $a=I$ 可表示为群网络的一种变形，它使对应于 K 的元素的顶点真正吸收在对应 I 的顶点上. 这个过程可以想象成把生成元 a“缩”成一点，假如我们先把图像的形状改变成三维形式，然后把 a 一线段“缩”成一点就更容易看清楚. 图 11.5 表示由左到右一个接一个地变形. 我们看到，加进关系 $a=I$(也即把正规子群映到 D_3/K 的单位元素上)，群 D_3 的图像成为 2 阶循环群的三重图像，其中一个顶点对应于陪集 K，另一个顶点对应于陪集 bK. 这样我们就通过 D_3 的图像的变形得出商群 D_3/K 的图像表示，如图 19.6 所示.

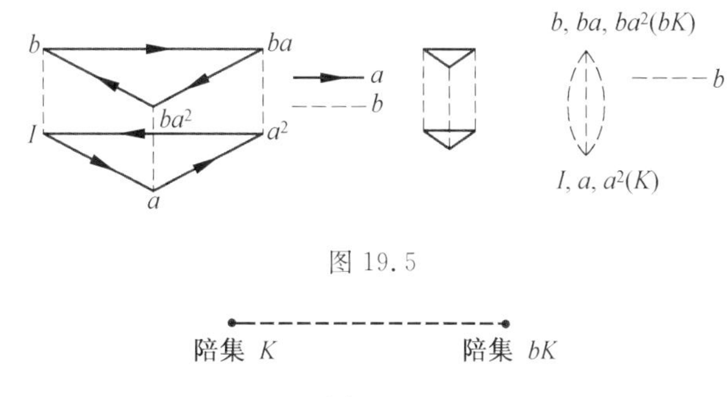

图 19.5

图 19.6

让我们看一看，对于无限群这些结果在多大程度上也对. 我们考察一下所有整数的加法循环群 N，而把所有偶数的集合 E 作为它的正规子群. 我们已经把 N 表为关于正规子群 E 的陪集的并集，即

$$N=E\cup aE(a\text{ 不是 }E\text{ 中的元素})$$

(注意，我们能够肯定 E 是 N 的正规子群，因为一个阿贝尔群或交换群的任何子群都是正规子群). 陪集 aE 是所有奇数的集合 O，所以我们能够写成

$$N = E \cup O$$

陪集 E 与 O 构成群吗？我们必须确认

$$E \cdot E, E \cdot O, O \cdot E, O \cdot O$$

这四个乘积中的每一个或是陪集 E 或是陪集 O，并且群的公理成立. 记住群 N 的二元运算是加法，我们得出：

$E \cdot E = E$，因为 $E \cdot E$ 是两个偶数的所有和数的集合；

$E \cdot O = O$，因为 $E \cdot O$ 是一个偶数和一个奇数的所有和数的集合；

$O \cdot E = O$，因为 $O \cdot E$ 是一个奇数和一个偶数的所有和数的集合；

$O \cdot O = E$，因为 $O \cdot O$ 是两个奇数的所有和数的集合.

表 19.4 是陪集 E 与 O 的乘法表. 因此，商群 N/E 的乘法表就是以 E 为单位元素的 2 阶循环群的乘法表. 第 16 章中，我们已看到无限循环群没有有限群为其子群；我们现在看到一个有限群可以是无限循环群的商群.

表 19.4

	P	Q
P	P	Q
Q	Q	P

下面我们仿照上面的例子的格式来造商群 N/E，也就是利用 N 的图(图 19.7) 并加进一个关系等价于把正规子群 E 映到 I 上.

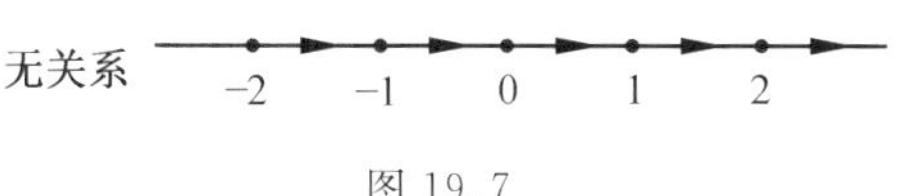

图 19.7

如果我们用 a 表示群的生成元，并添加关系

$$a^2=I$$

则

$$a^{-2}=I, a^4=I, a^{-4}=I, a^6=I, \text{等等}$$

这个添加的关系所起的作用就是把所有 a 的偶次幂映到 I 上；换句话说，加法循环群 E 映到 I 上. 由这组扩大的关系定义的群正好就是 2 阶循环群，这就是商群 N/E(我们刚才谈到把一个关系加到"原来"一组关系上，这是为了保持上面 D_3 的例子的格式. 但是，现在这个"原来"一组关系是空的；C_∞ 是自由群).

把 E 中所有元素映到 I 上对于 N 的图像有什么影响呢？为了回答这个问题，我们把图像加以变形，把对应于 E 中元素的顶点吸收到对应于 I 的顶点中去，其余对应于陪集 O 中的元素的顶点也吸收到一点中去(图 19.8). 经过这种作法之后，N 的图像就成为 2 阶循环群的无限重的图像，其中一个顶点对应于陪集 E，另一个顶点对应于陪集 O. 图 19.9 表示商群 N/E 的图像.

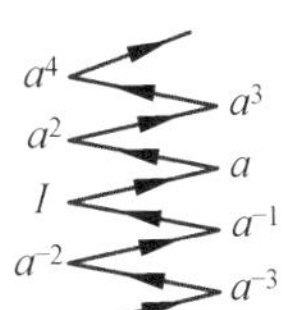

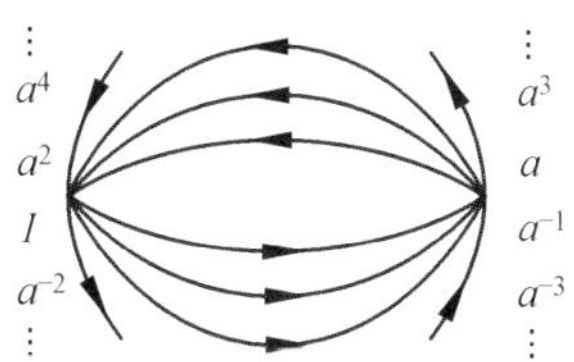

图 19.8

陪集 E　　陪集 O

图 19.9

假如，我们不添加关系 $a^2=I$，而添加关系 $a^3=I$，其结果将是把所有 3 的倍数的子群映到 I 上. 图 19.10 表示已变形的图像以及对应于 T 的顶点最后吸收进对应 I 的顶点中去. 结果得到的是商群 N/T 的图像.

从我们对 D_3 及 N 的讨论可得出下面的格式：

(1) 我们考虑一个群 G 有已知的生成元及定义关系.

(2) 引入一个新关系，也就是令由 G 的生成元所成的某一个字等于 I.

(3) 这个新关系现在使 G 的另外一些元素也等于 I. 由新关系及群的公理知所有等于 I 的元素的集合构成 G 的一个正规子群 K.

(4) 结合(1) 与(2) 的关系定义商群 G/K.

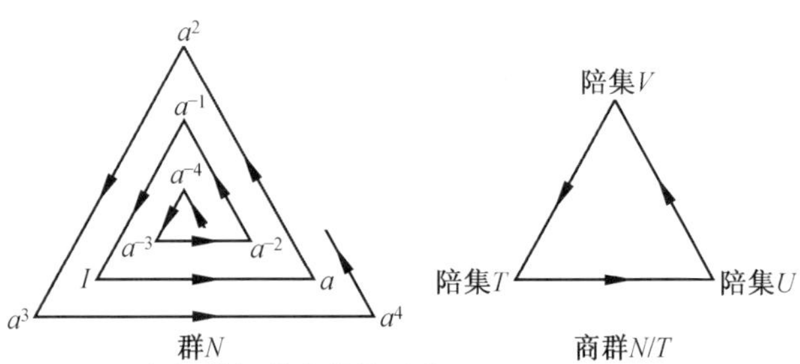

T:包括所有3的倍数的子群
U:陪集aT, a 是具有$3n+1$的形式的数
V:陪集bT, b 是具有$3n+2$的形式的数

图 19.10

这是我们通过同态映射变通我们处理商群 G/K 的办法，因为(2) 及(3) 一起等价于G到商群G/K上的

同态映射使得正规子群 K 的元素正好都映到 I 上.

我们可以推广这个格式如下:

(1) 考虑一个群具有已知生成元及 n 个定义关系

$$R_1=I, R_2=I, \cdots, R_n=I$$

(2) 通过由 G 的生成元构成的字等于 I,引进 s 个附加的关系

$$R_{n+1}=I, R_{n+2}=I, \cdots, R_{n+s}=I$$

(3) 由新关系及群公理得出的群 G 中等于 I 的所有元素形成 G 的一个正规子群 K.

(4) 这 $n+s$ 个关系

$$R_1=I, R_2=I, \cdots, R_{n+s}=I$$

定义商群 G/K.

我们不准备给出这些断言的全部证明. 我们仅仅指出,为什么添加新关系等价于定义 G 的正规子群 K. 我们首先考察一下添加一个新关系(比如说 $R_{n+1}=I$)的直接结果而产生的等于 I 的 G 中的元素. 因为 R_{n+1} 是 G 的生成元的一个字,所以 R_{n+1} 对应 G 中某个元素 x. 由于我们的新关系,$x=I$;因此,$x^{-1}=I$,$yxy^{-1}=I$,$yx^{-1}y^{-1}=I$,其中 y 是 G 中任何元素. 所以

$$J: y_1xy_1^{-1}, y_1x^{-1}y_1^{-1}, y_2xy_2^{-1}, y_2x^{-1}y_2^{-1}, \cdots$$

作为关系 $R_{n+1}=I$ 的直接推论是 G 中等于 I 的元素集合. 集合 J 中的这些元素的任何两个的乘积当然也等于 I,这些乘积的乘积也等于 I,等等;也就是说,如 K 是 G 中由 J 中的元素所生成的元素集合,则根据 $R_{n+1}=I$,K 的每个元素都等于 I,我们留给读者证明,K 是 G 的子群.

K 是 G 的正规子群吗? K 是正规子群当且仅当

$$yK = Ky \text{ 或 } yKy^{-1} = K$$

其中 y 是 G 的任意元素.我们证明对 K 中某特殊元素 k_1 证明 yk_1y^{-1} 是 K 的元素.我们的方法也可以应用于 K 的任何元素,它根据这样一个事实,即 K 中的任何元素是集合 J 中的元素的字,假设我们取这特殊的字

$$k_1 = (y_1xy_1^{-1})(y_2xy_2^{-1})(y_3xy_3^{-1})$$

则

$$yk_1y^{-1} = y(y_1xy_1^{-1})(y^{-1}y)(y_2xy_2^{-1})(y^{-1}y)(y_3xy_3^{-1})y^{-1}$$

因为 $y^{-1}y = I$.所以,由于$(yy_1)^{-1} = y_1^{-1}y$,我们有

$$\begin{aligned} yk_1y^{-1} &= (yy_1)x(yy_1)^{-1}(yy_2)x(yy_2)^{-1}(yy_3)x(yy_3)^{-1} \\ &= \text{集合 } J \text{ 中元素的字} \\ &= \text{子群 } K \text{ 的元素} \end{aligned}$$

我们用来证明 yk_1y^{-1} 属于 K 的办法也可用于任何元素 yky^{-1},其中 k 属于 K.因此,我们得出结论 yKy^{-1} 的每个元素都属于 K.并且,这个办法对于 G 中所有元素 y 也对;特别假如 k 是 K 中任何元素,则 $y^{-1}k(y^{-1})^{-1}$ 属于 K.因此,对于 K 中每个 k,存在 K 中的元素 k,使得

$$\hat{k} = y^{-1}k(y^{-1})^{-1} = y^{-1}ky \text{ 或 } k = y\hat{k}y^{-1}$$

这就证明:K 中每个元素都属于集合 yKy^{-1}.所以 $K = yKy^{-1}$,K 是 G 的正规子群.

为了说明我们通过添加关系定义商群的一般的命题,我们提出这个例子:

(1) 我们取群 G 为"城市街道"群,它有生成元 r 及 s,以及定义关系 $rsr^{-1}s^{-1} = I$(图 19.11).

(2) 我们添加关系

$$r^2 = I, s^2 = I$$

(3) 由这个新关系以及群的公理直接推出的 G 中

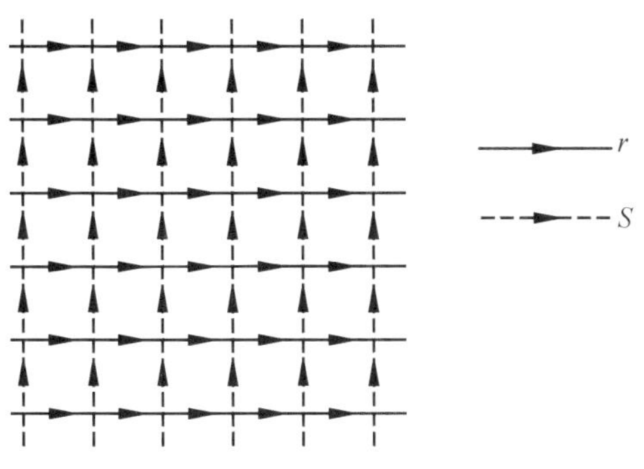

图 19.11

等于 I 的元素就是由 r^2 及 s^2 所生成的元素，即所有 G 中形如 $r^{2m}s^{2n}$ 的元素，其中 m 及 n 可取值 0，± 1，± 2，…（即所有 r 及 s 偶数幂生成的字）. 这些元素形成正规子群 K. 它们在图 19.12 中表成带○的顶点（我们省略掉箭头，因为，它们对于表示陪集的分布不太重要）.

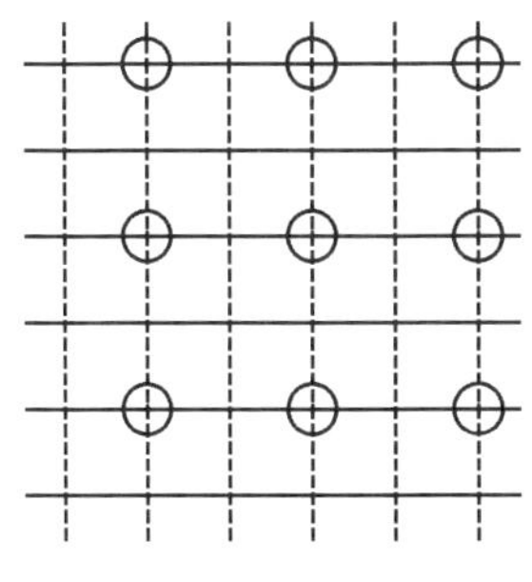

图 19.12

（4）商群 G/K 由扩大关系组

$$r^2 = I, s^2 - I, rsr^{-1}s^{-1} - I$$

定义. 由前两个关系可推出 $r=r^{-1}$，$s=s^{-1}$，所以最后一个关系可写作 $rsrs=(rs)^2=I$. 读者可能已经看出这正是四群的定义关系.

图 19.13 表示商群 G/K 的陪集的分布图.

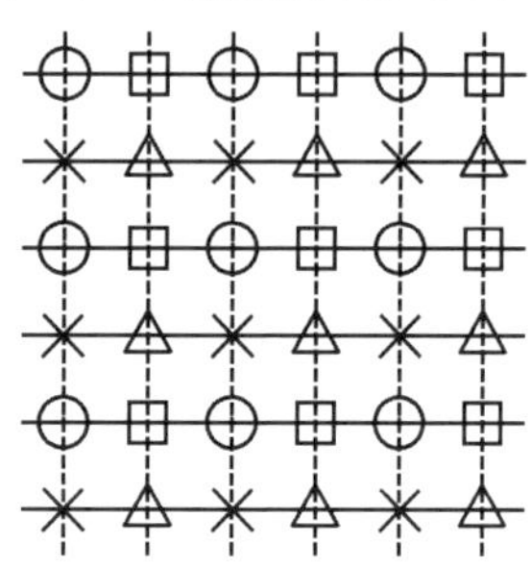

图 19.13

第20章 四元数群

交换群的每一个子群都是正规子群.有没有非阿贝尔群,它的所有子群都是正规子群?有没有非阿贝尔群,它的真子群都不是正规子群?在这两个极端情形下,都有群存在.最小的非阿贝尔群其所有子群是正规子群就是所谓哈密尔顿[①]四元数群,其阶数为8,而最小的非阿贝尔群它不具有真正规子群的就是阶数为60的二十面体群.

二十一面体群在数学发展史上非常有名是因为它在伽罗华研究一般的五次方程的可解性上起着重要作用.伽罗华证明,任何代数方程解的性质

① 威廉·罗文·哈密尔顿(William Rowan Hamilton 1805—1865).

依赖于与这方程相关的一个置换群，可解性的关键就在于由其正规子群所得到的商群.对于一般的五次方程，方程的群的有关性质就依赖于二十面体群没有正规子群这个事实.

8 阶四元数群的基本性质是 19 世纪 40 年代由哈密尔顿发现的.哈密尔顿在物理光学及动力学方面作出重要发现之后，把他的注意力转向探索，如何把复数加以推广，所谓复数就是形如 $a+\mathrm{i}b$ 的数(其中 $\mathrm{i}=\sqrt{-1}$).他希望这种广义复数可以用来表示三维空间中的旋转，像通常的复数能用来表示平面的旋转一样.为此目的，哈密尔顿发现必须引进两个新"单位"j 及 k.因为通常的复数是基于两个"单位"1 及 i 之上，哈密尔顿的推广了的超复数就基于四个"单位"1，i，j，k；所以叫作"四元数".四元数就是这四个单位的线性组合，即形如下式的组合

$$q=\alpha+\mathrm{i}\beta+j\gamma+k\delta$$

其中 α，β，γ，δ 是实数.这些新复数的确可以表示三维空间中的旋转(也可以表示四维空间中的旋转).

根据定义，四元数单位之间满足的基本关系是

$$\mathrm{i}^2=j^2=k^2=\mathrm{i}jk=-1$$

由此，我们可以推出

$$\mathrm{i}j=k,jk=\mathrm{i},k\mathrm{i}=j$$

并且

$$j\mathrm{i}=-k,kj=-\mathrm{i},\mathrm{i}k=-j$$

这就表明，四元数单位是非交换的，因而四元数也是非交换的.因为三维空间中的旋转是非交换的.这个结果并不出人意料.

四元数群 Q 的八个元素是

$$1,-1,\mathrm{i},-\mathrm{i},j,-j,k,-k$$

为了方便起见,让我们令

$$\mathrm{i}=a,j=b,1=I$$

于是 $ab=\mathrm{i}j=k$,且群 Q 的定义关系是

$$a^2=b^2=(ab)^2$$

其八个元素是

$$I,a,b,ab,ba,a^2,a^3,b^3$$

为了得出四元数群的图像,注意下面的式子是有帮助的

$$a^4=b^4=(ab)^4=I$$

这些关系可以由基本的群的关系导出来. 从关系 $a^4=b^4=I$,我们可以想象到群的图中包含两个互相连锁的四边形. 四元数群 Q 的图像如图 20.1 所示. 注意 b 线段彼此跨越但不相交. 这个图像实质上是一个嵌入在三维空间中的网络,把它表示在平面上就在于表出图像的网络的线段的投影的交.

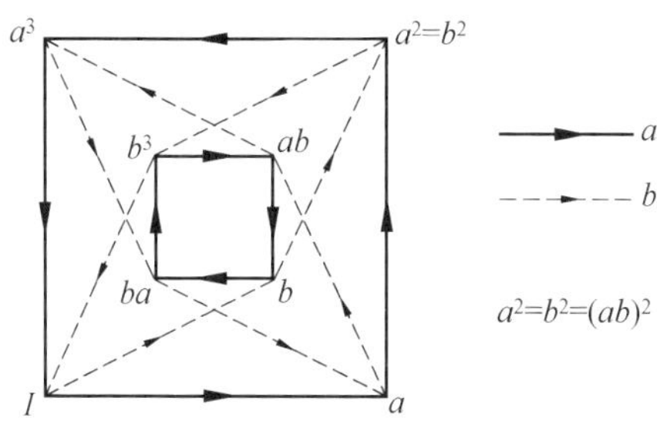

图 20.1

拉格朗日定理告诉我们,Q 的任何真子群必是 2 阶或 4 阶的. 唯一的 2 阶抽象群是循环群 C_2,而 4 阶抽

象群只有循环群 C_4 及四群;所以决定出 Q 中所有元素的周期有助于求出它的子群来. 用 Q 的图像当作压缩了的乘法表,我们发现 a^2 是 Q 中周期为 2 的唯一的元素,I 的周期当然等于 1,其他 6 个元素的周期都是 4. 因此我们得出结论,Q 包含一个同构于循环群 C_2 的子群,以及六个同构于 C_4 的子群.

剩下的问题是,Q 中有没有同构于四群的子群呢? 这种可能性必须排除掉,因为我们可以回忆一下,四群中有三个周期为 2 的不同元素.

我们断言:非交换群 Q 的所有子群都是正规子群. 首先,我们考察唯一的 2 阶子群

$$H = \{I, a^2\}$$

决定它是否是正规子群. 我们的方法就是把 Q 同态映到群 Q^* 上,使得 H 映到 Q^* 的单位元素上. 正如第 19 章的例子中我们所采用的办法,我们添加一个关系就等价于把一个子群映到 I 上. 我们添加关系 $a^2 = I$,从而把 H 映到 I 上. 这一组扩大的关系

$$I = a^2 = b^2 = (ab)^2$$

定义某个商群 Q^*. H 是 Q 的正规子群当且仅当 Q^* 是 4 阶群,也即,当且仅当 Q^* 的元素是 Q 关于 2 阶子群 H 的陪集. 事实上,我们确认出的这组扩大的关系就是四群的一组定义关系. 因此,H 是 Q 的正规子群. 六个 4 阶循环群也是正规子群,因为 Q 的阶数为 2×4. 因

此非阿贝尔群 Q 的所有子群是正规子群[①].

任何非阿贝尔群如其所有子群都是正规子群就称为哈密尔顿群.四元数群是阶数最小(8 阶)的哈密尔顿群.能够证明,任何有限的哈密尔顿群可以由四元数群及阿贝尔群通过作直积得出来.

① 由这个讨论不能够得出:如果 H 是 G 的正规子群,则 G 中同构于 H 的任何其他子群也是正规子群.在第 21 章中将要讨论的群 S_4 有四个子群同构于四群,但其中只有一个是 S_4 的正规子群.

对称群与交代群

第21章

现在我们来更仔细地考察一已知有限集合到自身上的所有映射所构成的群.这种群称为对称群,如果已知集合有 n 个元素,其相应的对称群就用 S_n 表示.

假设已知集合只含两个元素,那么组成相应的对称群 S_2 的映射或置换是什么呢?这个群只有两个映射

$$\begin{pmatrix}1 & 2\\1 & 2\end{pmatrix} \text{及} \begin{pmatrix}1 & 2\\2 & 1\end{pmatrix}$$

这两个映射可以几何地解释为一个线段到其自身的重合运动,见图 21.1.这个重合运动群是循环群 C_2,因此 S_2 同构于 C_2.

图 21.1

其次,我们来考虑 S_3. 假如我们把一集合 $\{a_1,a_2,a_3\}$ 映到其自身上,对于 a_1 的像我们有三种选法:即 a_1,a_2 或 a_3. 当选定任何其中一个之后,我们由剩下的两个元素中选取 a_2 的像(因为映射是一对一的,所以 a_2 的像只有两种可能). 最后,对于 a_3 的像元素,只有一种可能的选择. 因此,三元素集合到自身上的不同映射共有六种,它们是

$$\begin{pmatrix}1&2&3\\1&2&3\end{pmatrix},\begin{pmatrix}1&2&3\\2&3&1\end{pmatrix},\begin{pmatrix}1&2&3\\3&1&2\end{pmatrix}$$

$$\begin{pmatrix}1&2&3\\3&2&1\end{pmatrix},\begin{pmatrix}1&2&3\\2&1&3\end{pmatrix},\begin{pmatrix}1&2&3\\1&3&2\end{pmatrix}$$

这些映射可以几何地解释为等边三角形的重合运动(图 21.2). 我们认识这个群就是二面体群 D_3. 因此,S_3 同构于 D_3.

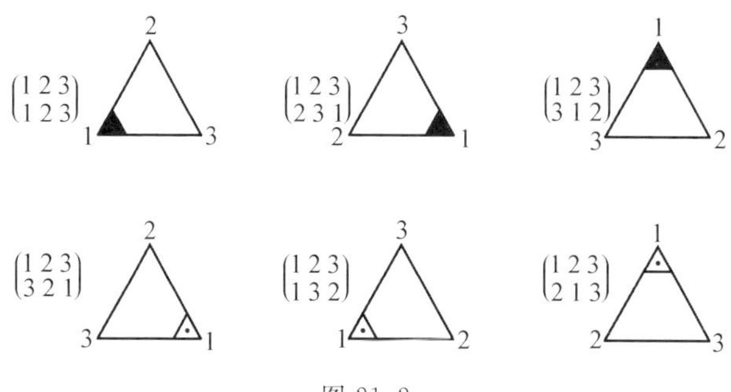

图 21.2

关于 S_4，我们提出下列的命题，但是不给证明也不进一步说明.

(1) 一个立方体的所有重合运动的集合是同构于 S_4 的群.

(2) 一个正八面体的所有重合运动的集合是同构于 S_4 的群.

(3) 这两个多面体群都同构于 S_4 这个事实与下面的事实有关：立方体及正八面体是对偶图形[①].

一般来讲，已知一个集合 $\{a_1, a_2, \cdots, a_n\}$ 把它映到自身上，a_1 的像元素有 n 种选法，a_2 的像元素有 $n-1$ 种选法，……，最后，a_n 的像元素只有唯一一种可能的选取，因为 $n-1$ 个元素已经被指定为像了. 所以，对称群包含有

$$n(n-1)(n-2)\cdots 3\cdot 2\cdot 1$$

种不同的映射或者置换. 假如我们引入记号

$$n(n-1)(n-2)\cdots 3\cdot 2\cdot 1=n!$$

其中 $n!$ 读作"n 的阶乘"，则我们就可以说 S_n 的阶是 $n!$.

对称多项式

对称群与对称多项式密切相关. 作为两变量对称

① 立方体的六个面是正方形，这些正方形的中心构成一个正八面体，即一个有八个面(全等的等边三角形)及六个顶点的多面体. 反之，一个正八面体的八个面的中心构成一个立方体的顶点. 我们就说这两个多面体互相对偶；某个多面体的重合运动也是另一个多面体的重合运动. 一个四面体是自对偶多面体. (见新数学丛书(NML)中第十卷，O. 奥尔(Ore)所著《图及其用途》(Graphs and Their Uses 的 100～106 页.))

多项式的例子,考虑

$$d_2=(x_1-x_2)^2$$

d_2 的值依赖于 x_1 及 x_2 的值.然而,x_1 与 x_2 对换使得 d_2 的值不改变.在 d_2 中使 x_1 与 x_2 对换实际上意味着,先把集合$\{x_1,x_2\}$映到自身上使得 $x_1\to x_2,x_2\to x_1$,然后,把 d_2 的多项式表达式中的每个元素换成其像元素.因为$\{x_1,x_2\}$到其自身上的映射只有两个

$$\begin{pmatrix}x_1 & x_2\\ x_1 & x_2\end{pmatrix} \text{及} \begin{pmatrix}x_1 & x_2\\ x_2 & x_1\end{pmatrix}$$

所以,当把元素替换成对称群 S_2 中任何映射下的像时,d_2 保持不变.

三变量对称多项式的例子可举

$$d_3=(x_1-x_2)^2(x_1-x_3)^2(x_2-x_3)^2$$

容易证明:当 x_1,x_2,x_3 替换成对称群 S_3 中的任何映射下的像时,d_3 的值保持不变.

一般来说,n 变量对称多项式是一个多项式,当 n 个变量替换成对称群 S_n 中的任何映射(或置换)的像时,其值保持不变.

对　换

如果我们用一种特殊的循环——所谓对换来表示对称群的元素,那么对称群的结构的有趣的特性就变得十分明显,我们在第 18 章中证明,有限集合到自身上的任何映射可以表示为不同元素的循环的相继;例如

$$\begin{pmatrix}1 & 2 & 3 & 4 & 5\\ 2 & 4 & 5 & 1 & 3\end{pmatrix}=(124)(35)$$

循环(124)含有三个不同的记号,而(35)只含两个不同的记号.只含两个不同的记号的循环称为对称.我们将证明每个循环可以表示为一串对换.因为对称群中的每个映射均可表为循环的乘积,由此可推出对称群中的每个元素可表为一串对换.

作为说明,我们断言(124)=(12)(14).为验证它,我们回到记号1,2,4的映射

(12)		(14)	(12)(14)
$1\to 2$	跟着	$2\to 2$,	总结果是 $1\to 2$
$2\to 1$	跟着	$1\to 4$,	总结果是 $2\to 4$
$4\to 4$	跟着	$4\to 1$,	总结果是 $4\to 1$

因此(12)(14)的总结果是$1\to 2$,$2\to 4$,$4\to 1$,也就是循环(124),这就是我们的断言.

任何三个不同记号的循环都可以表示为两个对换相继

$$(abc)=(ab)(ac)$$

同样,四个记号的循环可以表为三个对换

$$(abcd)=(ab)(ac)(ad)$$

一般来说,n个记号的循环可以表为$n-1$个对换相继

$$(a_1a_2\cdots a_n)=(a_1a_2)(a_1a_3)\cdots(a_1a_n)$$

注意:一个映射或置换表示成对换相继的方式并不唯一.例如,映射

$$\begin{pmatrix}1 & 2 & 3\\ 2 & 3 & 1\end{pmatrix}$$

可以表示为

$$(123)=(12)(13)\text{ 或 }(231)=(23)(21)$$

$$\text{或 }(312)=(31)(32)$$

我们注意到这些表示法中对换的数目都相同.因此,我们可以猜想:对换的数目是一个映射或置换的特征.但是,可以举出例子证明对换的数目不是一个置换的固定特征.考虑

$$(12)(13)(23)=(13)$$

事实上,有无穷多种方式把一个置换表成对换之乘积.我们只须考虑下列恒等式

$$(ab)(ab)=I\text{ 及}(ab)=(ca)(cb)(ca)$$

下面我们证明:一个已知置换表示成对换的乘积的无穷多种表法中或者包含偶数个对换,或者包括奇数个对换.考虑变量 x_1,x_2,x_3 的多项式

$$g_3=(x_1-x_2)(x_1-x_3)(x_2-x_3)$$

(我们只限于讨论三个变量的情形,但是这个推理的方式可马上推广到 n 个变量的情形.)注意 g_3 是怎么造出来的:它是所有差 $x_j-x_k(j<k)$ 的乘积.显然,变数的偶数个对换使 g_3 保持不变,而任何奇数个对换使 g_3 变成 $-g_3$.现在考虑三个变量 x_1,x_2,x_3 的任何置换,或者说,三个指标 1,2,3 的任何置换.这种置换每个都是 S_3 的元素,故可以是对换的相继.假如,一个特殊的置换 p 使得 g_3 不变,则 p 表示成任何对换时,必定由偶数个对换构成.假如 p 把 g_3 变成 $-g_3$,则 p 表示成对换时,必定由奇数个对换构成.假如 p 把 g_3 变成 $-g_3$,则 p 表示成对换时,必定由奇数个对换构成.于是,我们得出结论,一个置换不能表示为偶数个对换,同时又能表示为奇数个对换.

一个置换称为偶置换,如果它表为对换的任何一个表示的对换数是偶数,反之称为奇置换.恒等置换被考虑为偶置换,因为它不包含对换.一个置换的奇偶性与表成对换的特殊表示法无关.

交代群

特别有趣的是 n 个记号的集合的所有偶置换所成的集合 A_n. 显然,A_n 是 S_n 的一个子群. 为了证明这个命题,我们来验证 A_n 满足子群的两个试验条件.

(1) 封闭性:如果 p_1 及 p_2 是 A_n 的置换,它们分别可以表示成 n_1 个及 n_2 个对换,则它们的乘积 p_1p_2 可以表示成 n_1+n_2 个对换. 如果 n_1 及 n_2 均为偶数,则 n_1+n_2 也是偶数,因此我们得出 p_1p_2 是偶置换,所以属于 A_n 中.

(2) 逆元素:如果一置换(在 S_n 中)有逆元素 p^{-1},则 $pp^{-1}=I$ 只能够表为偶数个对换,因为 I 是偶置换. 因此,如 p 是偶置换,则 p^{-1} 必然也是偶置换;也就是说,A_n 的每个元素在 A_n 中有一个逆元素.

S_n 的子群 A_n 称为交代群. 当我们讨论交代多项式时,这样叫的理由将很快就清楚了.

S_n 的阶是 $n!$. 我们断言 A_n 的阶是 $\frac{1}{2}n!$,也就是说,S_n 包含 $\frac{1}{2}n!$ 个偶置换及 $\frac{1}{2}n!$ 个奇置换.

证明:令 a 为对称群 $S_n(n>1)$ 的任何对换,比如说 $a=(12)=(12)(3)(4)\cdots(n)$. 把 S_n 中的每个元素左边乘上 $a=(12)$. 结果得到的 $n!$ 个元素的集合包含 S_n 中所有元素而没有重复(根据定理 12.1,我们知道这是对的). 但是,S_n 中的每个偶置换与元素(12) 的乘积是个奇置换,而奇置换与(12) 的乘积是个偶置换. 因

此，奇置换的集合与偶置换的集合相互之间有一个一对一的映射. 而这只当偶置换与奇置换的数目相等时才有可能. 因此，A_n 的阶为 $1/2n!$，这就是我们的断言.

已经证明，如果 G 是 $2n$ 阶群，H 是 n 阶子群，则 H 是 G 的正规子群. 因为 A_n 的阶是 $1/2n!$，S_n 的阶是 $n!$，我们得出结论：交代群 A_n 是对称群 S_n 的正规子群. 我们曾经指出，对称群及正规子群在关于代数方程的可解性的伽罗华理论中起着基本的作用. 交代群 A_n 也是该理论的基本组成部分.

A_3 的几何表示

对称群 S_3 同构于二面体群 D_3. 所以 S_3 可以几何地表为等边三角形的对称或重合运动；A_3 是 $\frac{1}{2}3! =3$ 阶子群，包含所有 S_3 的偶置换. 图 21.3 中的第一行三角形的位置对应于偶置换，或者三角形的顶点的偶数个对换. 读者可以把顶点的对换解释为关于某一高线的翻转. 图中第一行的三角形的位置都是经过偶数个翻转得到的，第二行的三角形的位置都是经过奇数个翻转得到的.

交代多项式

交代群和交代多项式之间有着密切关系. 在我们以前讨论奇置换及偶置换时，我们引入过交代多项式 g_3. 作为两变量交代多项式的例子，考虑

$$g_2 - x_1 - x_2$$

如把 x_1 与 x_2 互换或者对换奇数次，则 g_2 变成 $-g_2$；但如把 x_1 与 x_2 对换偶数次，则 g_2 不变. 两个变量 x_1 与

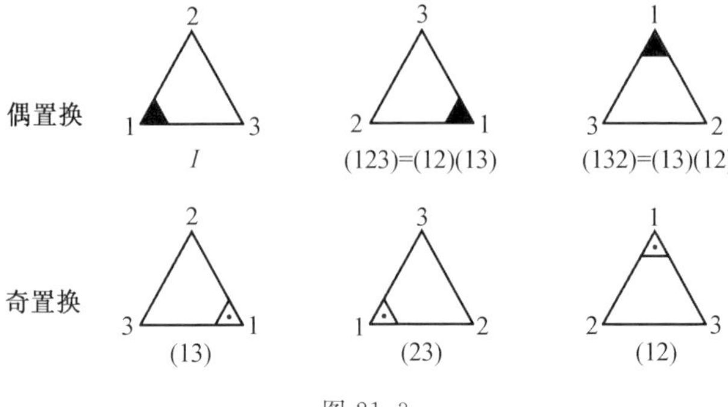

图 21.3

x_2 的所有置换的集合是对称群 S_2，所以我们可以把关于 $g_2=x_1-x_2$ 的观察改述如下：在交代群 A_2 的置换之下，g_2 不变，而 S_2 的奇置换把 g_2 变为 $-g_2$.

这个结果可以推广到 n 个变量的交代多项式 g_n 上，其中

$$\begin{aligned}g_n=(x_1-x_2)(x_1-x_3)(x_1-x_4)\cdots(x_1-x_n)\\(x_2-x_3)(x_2-x_4)\cdots(x_2-x_n)\\(x_3-x_4)\cdots(x_3-x_n)\\\cdots(x_{n-1}-x_n)\end{aligned}$$

在交代群 A_n 中的置换之下，多项式 g_n 不变，而 S_n 的奇置换把 g_n 变成 $-g_n$.

我们简单地讨论一下四面体群 A_4 的有趣性质来结束我们这节交代群的讨论. 我们所要讨论的主题是关于拉格朗日定理的逆定理. 我们曾问这样的问题：如果群 G 的阶为 g，h 是 g 的因子，那么 G 中是否存在 h 的子群呢？A_4 可以用来证明，这个逆定理并不成立. A_4 是 12 阶群，但它没有 6 阶子群. 因此，拉格朗日定理的逆定理不成立.

但是，g 阶群 G 有 h 阶子群(其中 h 是 g 的因子) 的

充分条件由下面的西洛[①](Sylow) 定理给出：

假设G是g阶群，h是g的因子，$h=p^n$，其中p是素数，n是正整数，则G有一个h阶子群.

A_4是12阶群，12的素因子是2及3，所以由西洛定理可以推出A_4有阶数为2，2^2及3的子群，但不能推出A_4有6阶子群.

我们列出A_4没有6阶子群的证明步骤的大要，请读者补出证明的细节.

(1)A_4的所有元素(除了I)周期或者为2或者为3.(提示：考虑把A_4的任何元素考虑为循环表式.)

(2)A_4的正规子群中没有周期为3的元素.(提示：证明任何把A_4中周期为3的元素映到I的同态必定把整个群A_4映到I上.)

(3)A_4中的周期为2的元素的集合组成四群(阶数为4).

(4)因为A_4的任意真正规子群只包含周期为2的元素，所以这种正规子群的最大可能阶数得4.

(5)A_4没有6阶子群.

在代数方程的可解性理论中，一个重要的交代群是A_5，即五个记号的交代群.这群是二十面体群，它是不具有真正规子群的最小的非阿贝尔群.读者在第24章中可以找到关于群A_5及其图像的一些论述.

---

① L.西洛是挪威数学家，他在1872年发表了这个定理.在这之前，柯西曾证这个定理的特殊情形$n=1$.

道路群

第22章

空间中的道路

我们在本章将讨论道路群，我们的目的是阐明拓扑问题如何自然地得出由生成元及关系表示的群的定义. 与道路群相连系的概念的提出很大程度上依赖于读者的空间直觉.

我们来考虑闭道路，其始点及终点都是空间中的某个固定点 P（“原点”）. 注意，我们用“道路”而不用“曲线”这词是为了强调我们也要考虑沿着道路的一定的方向. 这与我们讨论群的图像中沿定向线段的道路是协调一致的. 我们不管道路的形状. 相反，我们对改变一条道路的形状的可能后果却感兴趣. 我们把过点 P 的两条道

路 a_1 及 a_2 称为“相等”或“相同的道路”，假如我们可以通过连续的变化把 a_1 变形为 a_2. 我们已经把这种道路描述为“拓扑等价”. 表示这种相等的另一个词是“同伦”；“相等的”道路 a_1 及 a_2 称为同伦.

乍一看，好像通过 P 的所有闭道路都相等，或同伦. 如我们在“空的”空间中取一点 P，则通过 P 的任何闭道路可以连续地缩为点 P. 但是，如果我们的空间含有“障碍”，这就不成立了. 例如，我们限于讨论平面的情形，假设我们要求道路不许通过平面中已给的某个固定圆盘，则任何闭道路 a_1 能够连续地缩成原点 P，只要道路 a_1 不包围这个固定圆盘. 可是，包围这个圆盘的道路 a_2 不能连续地收缩到原点 P 而不通过禁区，同时它也不能变形成 a_1（图 22.1）.

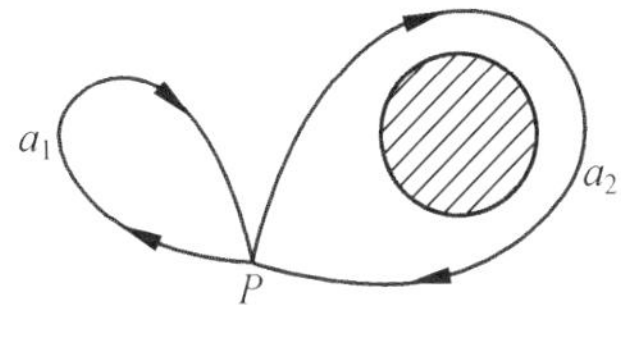

图 22.1

空间中的道路的二元运算

现在我们考虑三维空间中的闭道路，我们定义始于固定点 P 的任意两条闭道路 a_1 及 a_2（图 22.2）的二元运算如下：

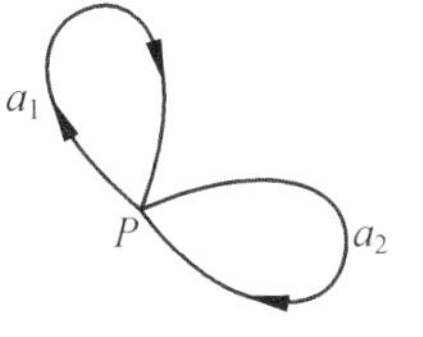

图 22.2

（1）把道路 a_1 的终点从 P 挪开（图 22.3(a)）；

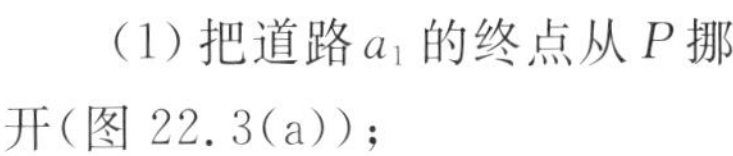

（2）把道路 a_2 的始点从 P 挪开（图 22.3(b)）；

(3) 把 a_1 的终点粘到 a_2 的始点上;结果是闭道路 b(图 22.3(c)).

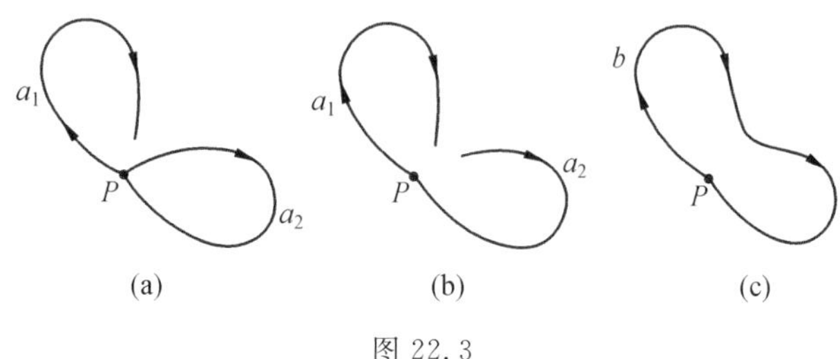

图 22.3

我们把 b 称为 a_1 及 a_2 的乘积,写作 $a_1a_2=b$. 不难验证,这个运算是结合的.

我们的目的是造一个群,其元素是同伦道路的集或类,因此,我们需要道路类之间的二元运算(两个闭道路属于同一类当且仅当它们可以连续地相互变形). 在讨论道路类时,我们用一类中的某一个元素作为整个类的代表(这个办法类似于我们过去处理同样情况时所采用的办法;例如,我们用一个旋转代表旋转的集合 A,以及我们用一个字代表一类等价的字). 于是,我们定义两个同伦道路类的乘积如下:假如 a_1 是第一类的任意道路,a_2 是第二类的任意道路,且 $b=a_1a_2$ 是这两条道路的乘积,则所有同伦于 $b=a_1a_2$ 的所有道路所成的类是两个类的乘积.

我们应该检查一下这个定义的确是确切明白的,也就是说,两类的乘积不依赖于两类中代表的道路的特殊选取. 假设 a_1 及 a_2 是任意两个道路,且 $b=a_1a_2$. 设 a_1^* 为 a_1 同一类中的任意道路(a_1^* 可连续变形成 a_1),a_2^* 为 a_2 同一类中的任意道路,则我们的空间直觉

告诉我们：积道路 $b^* = a_1^* a_2^*$ 同伦于道路 $b = a_1 a_2$. 因此，两类的乘积不依赖于代表该类的特殊道路 a_1 及 a_2 的选取.

现在，我们在空间中引入“障碍”：假设我们的道路可以穿过三维空间中的所有点，除了一个特殊闭曲线上的点外（为了确定起见，可以把 A 想象为一个圆周）. 如果把 A 想象为由不可穿透的物质构成的，对于我们所讨论的东西的直觉掌握会有帮助. 去掉 A 的点后剩下的三维空间的点集称为流形. 让我们考察以流形上一点 P 为始点及终点的闭道路，并决定它们的同伦类. 我们只考虑穿过流形的道路，把 A 当作不可穿透的障碍. 至少有两个本质上不同的情况，由图 22.4 中的道路 a_1 及 a_2 所代表（A 的图中的缺口表示道路 a_2 由 A 上面通过，a_2 的图中的缺口表示 a_2 由 A 下面通过）：

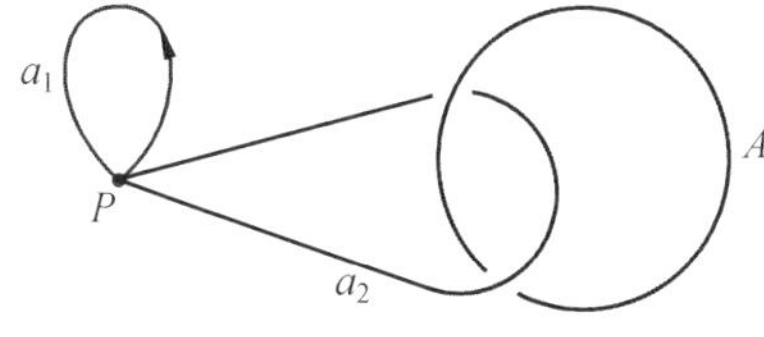

图 22.4

(1) 道路 a_1 可由连续变形缩成 P.

(2) 道路 a_2 不能连续变形成 P 而不穿过这不可穿透的障碍.

因此，至少存在两个过点 P 的闭道路的同伦类，一类包含可缩到 P 的道路，表示为 $[I]$；第二类包含可连续变形成 a_2 但是不能缩成 P 的道路，表示为 $[a]$. 类 $[a]$ 中的道路绕 A 一次.

我们已经用记号 $[a]$ 表示同伦于 a_2 的所有道路的

集合，也即所有道路具有环绕圆 A 一次的性质，如图 22.4 所示. 这个集合或类中任意一条道路可以取作整个类的代表，我们以后用 a 表示这个代表（不必把我们限制于任何特殊的道路上）. 一般来说，如果 p 是任何道路，$[p]$ 将表示同伦于 p 的道路类.

道路的逆元素

我们来证明，对于流形中每个同伦道路类，存在一个类 $[b]^{-1}$，$[b]$ 的逆元素，使得 $[b]$ 中任何道路与 $[b]^{-1}$ 中的任何道路的乘积产生出 $[I]$ 中的道路. 换句话说，$[I]$ 可以作为以同伦道路类为元素的群的单位元素.

我们首先描述个别道路的逆元素，然后证明逆元素的类不依赖于代表. 如 b 是通过 P 的任何道路，我们用 b^{-1} 表示道路 b 仅仅改变一下方向. 我们证明，对于任意道路 b，bb^{-1} 及 $b^{-1}b$ 是 $[I]$ 中的道路.

考虑，例如图 22.5 中的道路 a. 我们已经划出一条虚线为其逆元素（实际上，虚线及实线应该重合但方向相反；我们把它们稍稍分开一点点为的是能够把每条线都看清楚）. 我们用以前描述的方法造乘积 aa^{-1} 及 $a^{-1}a$. 结果得到的道路如图 22.6(a) 及 22.6(b)（同样，其中每一条实际上是由一条由 P 出发的道路和相重的回到 P 的道路构成，但是，我们把这两部分分开）. 我们

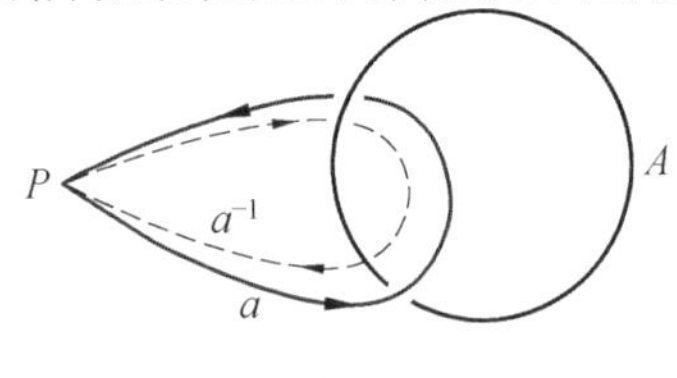

图 22.5

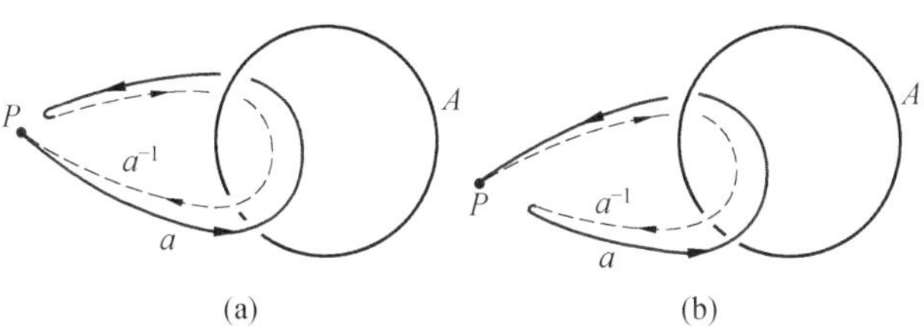

图 22.6

现在看出,不管道路 p 怎么绕出和绕进这个障碍,pp^{-1} 及 $p^{-1}p$ 都能缩成一点.同样显然,乘积 pp^{-1}(或 $p^{-1}p$)中的每个因子可以换成任何等价于它的道路;因此,假如 b 同伦于 p,c 同伦于 p^{-1},bc 可缩成 P,bc 属于$[I]$.所以,同伦道路$[p]$的类的逆元素是所有同伦于 p^{-1} 的道路的集合.于是,如前所定义的,任何类及其逆元素的乘积肯定是类$[I]$.我们留给读者证明$[I]$是单位元素,即$[I][b]=[b][I]=[b]$,其中$[b]$是任何同伦道路类.

现在,让我们考察一下由 aa 或 a^2 所代表的道路类.因为类的乘积$[a]\cdot[a]$不依赖于特殊代表的选取,我们造类$[a]$中两个不同道路的乘积;这些道路在我们的图中(图 22.7)记作 a 及 a^*.我们记得乘积 a^*a 是通过把 a^* 的终点与 a 的始点粘起来而得到的,见图 22.8.我们观察到按照下面的顺序从 A 上面或下面通过(按照箭头的方向):由 P 开始,从 A 上面通过,从 A 下面通过,从 A 上面通过,从 A 下面通过,回到 P.因此,道路 a^*a 或 a^2,环绕 A 转二圈.它可以变形成如图 22.9 所示的道路,显然,它不能变形成类$[I]$的道路或类$[a]$的道路.道路 a^2 属于一个新的类,我们记作$[a^2]$或$[a]^2$.这个类的逆元素$[a^{-2}]=[a]^{-2}$可以用沿着道路 a^2 相反的方向环绕 A 转二圈的道路来代表.

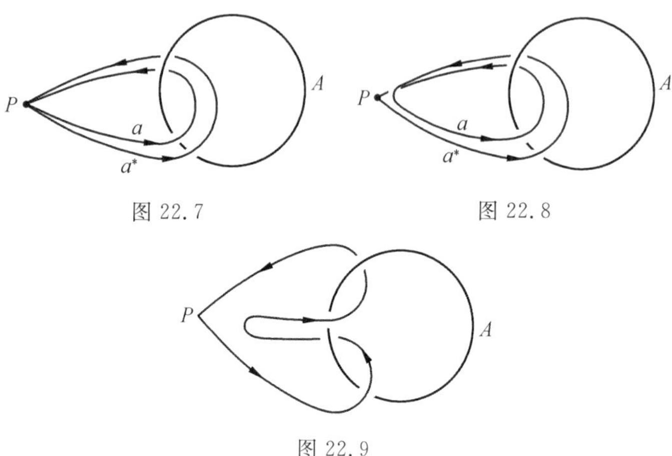

图 22.7　　图 22.8

图 22.9

换句话说，道路 a^{-2} 离开 P 后，首先从 A 下面通过，然后从 A 上面通过，然后再从 A 下面通过，最后从 A 上面通过再回到 P.

我们用$[a]^3$ 表示同伦于$[a^2]$中的一条道路与$[a]$中的一条道路的乘积的道路类. 不难看出$[a]^3$ 中的道路环绕 A 转三次，$[a]^{-3}$ 是沿着相反的方向环绕 A 转三次. 同样，我们可以造出类

$$[a]^4,[a]^{-4},[a]^5,[a]^{-5},\cdots$$

我们的流形中的道路的所有同伦类的集合按下列方式构成群.

群的元素　能够连续互相变形的闭道路的类，这些道路全部在由 A 所决定的流形内，并且全都以 P 为其始点及终点.

结合的二元运算　通过把前面一条代表道路的终点粘到后面一条代表道路的始点，把群的元素相继的连接起来.

单位元素　可以连续变形成 P 的闭道路类$[I]$.

逆元素　对应于每个道路类,存在唯一的逆元素类,使得这两类中任何代表元素的乘积属于$[I]$.

这个群中的元素是

$$\cdots,[a]^{-3},[a]^{-2},[a]^{-1},[I],[a],[a]^2,[a]^3,\cdots$$

显然,这个群由类$[a]$生成,并同构于无限循环群 C_∞.

由两个圆周所诱导的流形

我们考察由两个互不相交也互不环连的圆周所诱导出的流形中的道路,见图 22.10. 我们的流形现在包含空间中除去两个圆周 A 与 B 以外所有的点. 同前面一样,我们考虑这个流形之内的,以流形中某一固定点 P 为始点及终点的所有闭道路. 只环绕一个圆周的闭道路的类型我们已经讨论过. 我们把只环绕 A 的闭道路类记作$[a]$,$[a]^2$,…,把只环绕 B 的闭道路类记作$[b]$,$[b]^2$,…. 一种新型的道路是既环绕 A 也环绕 B 的道路. 我们来求道路 ab 及 ba,然后研究这些道路是否可以连续变形成另外一些道路. 这就等价于决定与我们新流形相关的道路群是否可交换.

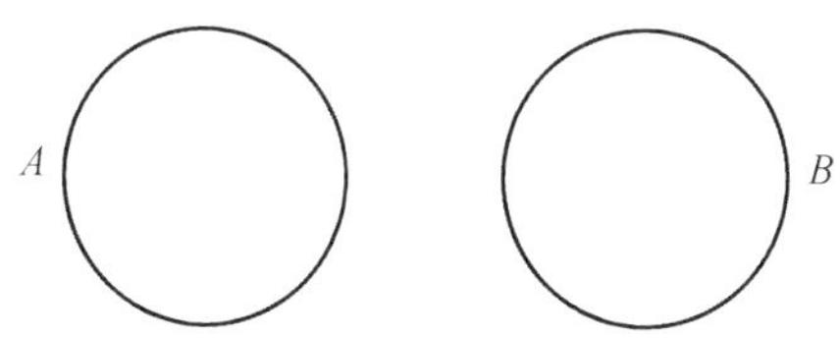

图 22.10

为了求出道路 ab,我们把$[a]$中的一条道路 a 的终点粘到$[b]$中的一条道路 b 的始点上,见图 22.11. 注

意序列

$$\underbrace{\text{从}\ A\ \text{上面,从}\ A\ \text{下面}}_{a}\ \underbrace{\text{从}\ B\ \text{上面,从}\ B\ \text{下面}}_{b}$$

类似,我们可造出道路 ba,见图 22.12.

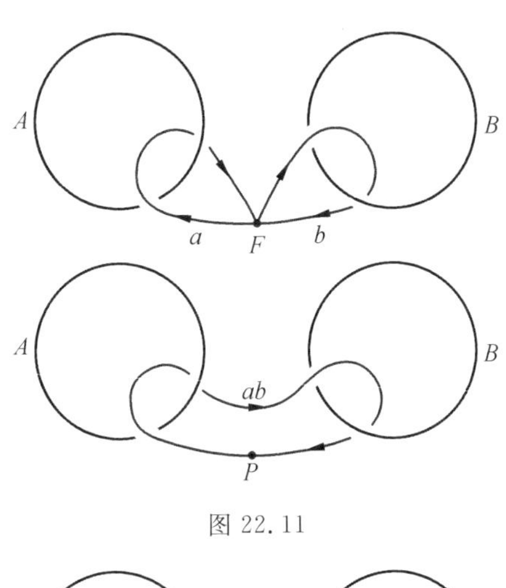

图 22.11

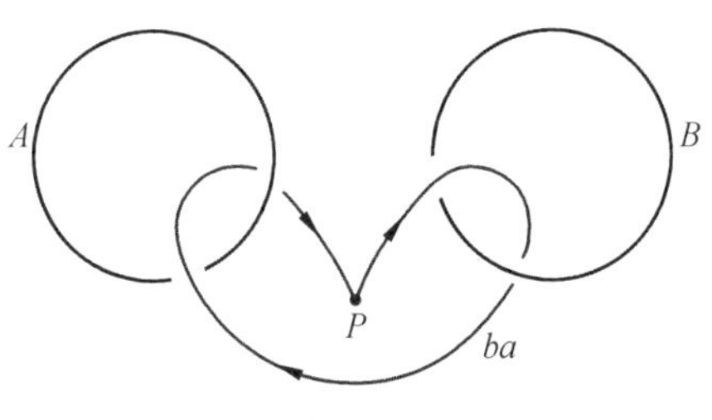

图 22.12

我们把逆道路的观念推广到我们的新流形上.我们把沿着与箭头方向相反的通过 ba 的道路称为 ba 的逆道路,记作$(ba)^{-1}$.我们留给读者去想象

$$(ba)(ba)^{-1}\ \text{及}\ (ba)^{-1}(ba)$$

这两条道路都收缩到 P;它们都在类$[I]$中.读者还可以由图 22.13 来验证

$$(ba)^{-1}=a^{-1}b^{-1}$$

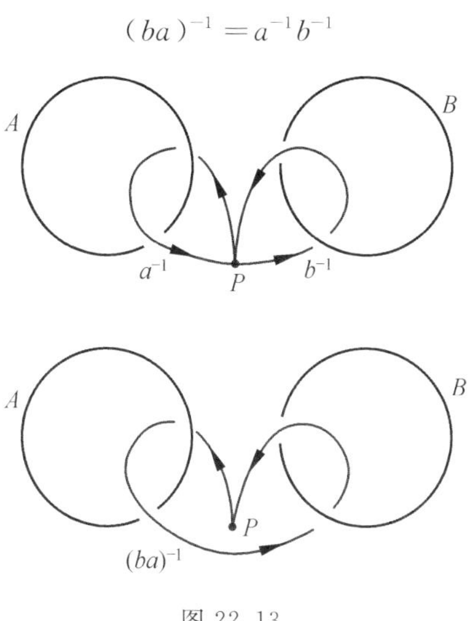

图 22.13

现在,我们来考虑可交换性问题:ab 是否与 ba 相等;即道路 ab 能够连续变形成道路 ba 吗? 利用我们关于逆道路的知识,我们可以把问题以下面形式重述一下:在我们的流形中,关系

$$(ab)(ba)^{-1}=I \text{ 或 } aba^{-1}b^{-1}=I$$

是否成立?

我们通过直接检查道路 $aba^{-1}b^{-1}$ 来回答这个问题.图 22.14 中的道路 $aba^{-1}b^{-1}$ 是把道路 ab 的终点粘在道路 $a^{-1}b^{-1}=(ba)^{-1}$ 的始点上得到的.我们诉诸读者的几何直觉 —— 借助于由一条绳子及两个环所造成的物理模型 —— 使他能够看出这条道路的确可以变形成图 22.15 所示的道路.这种道路称为在由两个互不环连的圆周所诱导出的流形中打结.因此,道路 $aba^{-1}b^{-1}$ 不能够收缩成 P,于是我们可以说 $ab\neq ba$.

所以与我们的流形相关连的道路群是不可交换的.

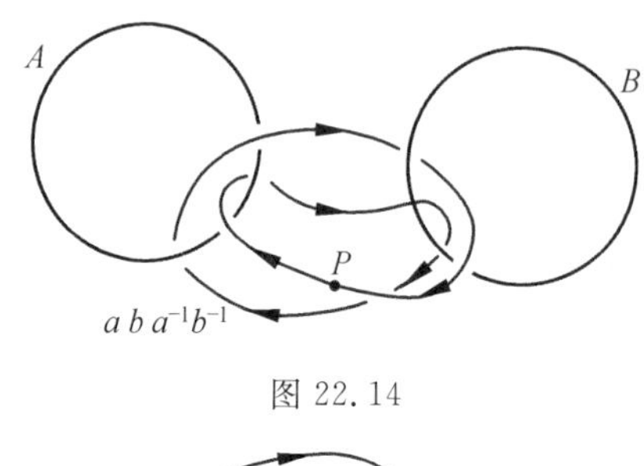

图 22.14

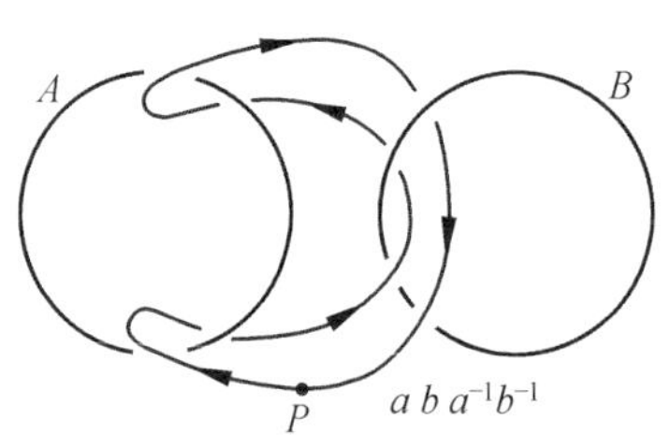

图 22.15

有两个环连圆周的新流形

考虑由两个环连的圆周 A 及 B 诱导的流形，见图 22.16. 现在我们不能把一个圆周缩成一点而不穿过另一个圆周. 同以前一样，我们的类是除了 A 及 B 以外的空间中所有的点所构成的流形中的道路. 它们仍然是以我们流形中某一固定点 P 为始点及终点的闭道路.

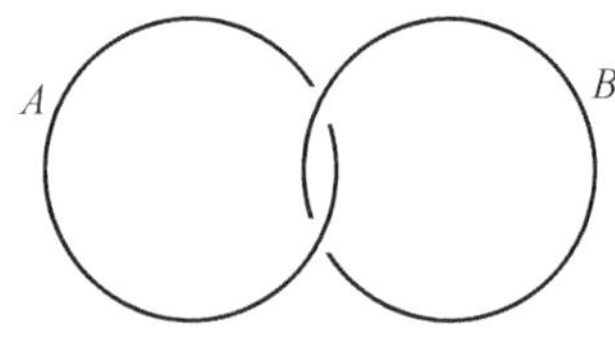

图 22.16

我们造道路 ab 及 ba 决定是否在新流形中 $ab =$

ba. 我们用和以前同样的方法造道路 $aba^{-1}b^{-1}$ 并且注意到，在我们这个新的"环连"流形中，同以前"不环连的"流形中的道路一样通过相同的点集(比较图 22.15 及图 22.17). 我们断言，道路 $aba^{-1}b^{-1}$ 能够连续变形使之收缩成点 P；或者说，道路 $aba^{-1}b^{-1}$ 属于类$[I]$.

看出道路 $aba^{-1}b^{-1}$ 能够变形成为类$[I]$中的道路的最简易的办法是求助于物理模型. 如果道路 $aba^{-1}b^{-1}$ 具体按照图 22.17 那样作成环(共二个环连的环 A 及 B 的闭线圈)，那么可以把线圈从两个环解下来而不撕裂或折断两个环. 为了看出来这点，想象把在 X 处的线圈按照逆时针方向沿着 A 滑向 Y，先从圆周 B 上面通过，然后从圆周 B 的下边通过. 这样线圈到达 Y 时，我们看出，这条道路与圆周 B 已不环连. 对于圆周 A 这条道路简单来说是这样：由 P 开始；在 A 上，在 A 下；在 A 下；在 A 上. 这序列表明，这条道路与圆周 A 不相环连. 因此，这道路 $aba^{-1}b^{-1}$ 属于类$[I]$，或$[ab]=[a]\cdot[b]=[b][a]=[ba]$.

由两个环连的圆周诱导出来的流形所对应的道路群的生成元是两条道路 a 及 b(更确切地说道路类$[a]$及$[b]$). 这两个生成元满足关系 $aba^{-1}b^{-1}=I$. 我们以前见过这个群；它是 C_{∞}^{2}，"城市街道"群.

流形中的打结道路

我们已经看到由两个不环连的圆圈诱导出的流形中，道路 $aba^{-1}b^{-1}$ 是打结的，但是在由两个环连的圆圈所诱导的流形中同样的点集所成的道路却是不打结的. 因此，一个特殊闭道路是否打结不仅依赖于道路，而且还依赖于它存在于其内的流形[1].

---

① 图22.15及图22.17给魔术师的把戏提供一个基础,取两个可以开闭的环(例如,活页笔记本的环),按照图22.15的构图用一根线穿过这两个环,最后打上结成一个闭线圈.这个线圈在这两个环上打结.只需把一个环,比如说B打开,然后同环A适当地环连起来,原图形就变成正好是图22.17所示的图形.在这个新流形中,闭线圈并不打结,因此能够从环中滑脱出来,这就会使观众目瞪口呆.

第23章 群与糊墙纸设计

因为群的研究主要涉及结构及关系，所以在“装饰艺术”中出现群的具体显示并不奇怪.事实上，在平面上无限铺开的每种重复的设计总是重复同一个基本图案，就对应一个群.在糊墙纸，纺织品，建筑物装饰等处所用的设计常常属于这种类型，所以，我们无时无刻不在群的表现的包围之中.这种群的表示最终的实现是在格兰那达的阿拉罕布拉官；摩尔人在13世纪建成阿拉罕布拉宫之后，在装饰中，把与扩展到整个平面的所有“糊墙纸”群相对应的图案都用上了.

必须注意，存在有二十四个“糊墙纸”群，其中七个的图像只在一个无限带上重复,十七个扩张到整个平面.这些群有时也称作“平面结晶群”,因为结晶体的面上的分子是按照“糊墙纸”类型的重复图案来排列的.

这节中,我们只限于讨论充满整个平面的图案.造出这种图案的一种办法是用全等的正多边形来覆盖平面.可以证明只有三种可能性,如图 23.1 中所画中的.注意,前两种图案是互相对偶的,也即联结一种图案的中心产生另一种图案的基本要素;第三种是自对偶的.

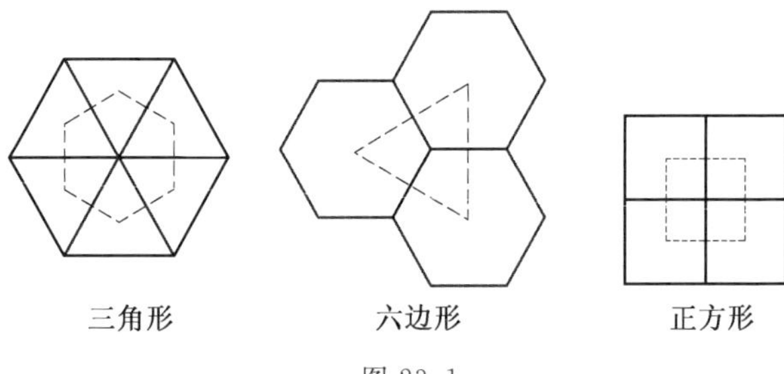

图 23.1

我们对像这些图案的兴趣比起我们对于相应的群的兴趣来说还是第二位的.我们将会看到,图案与运动群相对应,通过运动群移动基本区域使得它能够覆盖全平面,就好像用某一种基本形状的花砖来铺地面一样.

假设我们的基本区域是一个正方形区域 C,考虑两个基本的运动.

r:把正方形 C 向右平移一边的长度(图 23.2);

s:把正方形 C 向上平移一边的长度(图 23.3).

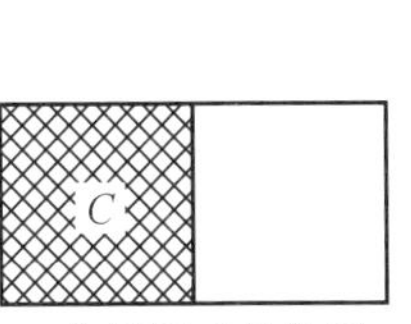

r 作用后 C 的位置

图 23.2

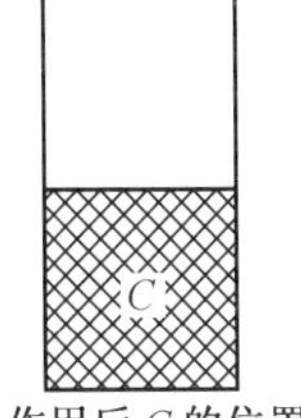

s 作用后 C 的位置

图 23.3

我们能用两个生成运动的所有可能的乘积把平面用全等于 C 的区域来覆盖(注意:我们的“乘积”是由相继这二元运算所构成.因为我们只有一个基本区域,但是要覆盖整个平面,我们可想象 S 在它所占据的每个位置复制自己的象).图 23.4(a) 表明平面上一块区域正在被运动的生成元 r 及 s 逐步覆盖.这图表示基本区域的中心的象.注意这些中心的象点对应于把基本区域覆盖到整个平面的相应运动群的图的顶点(图 23.4(b)).读者会认出这个群是“城市街道”群 C_{∞}^{2}.

我们必须明确地区别开这两个图:图 23.4(a) 基本上是用基本区域 C 的管制品构成的图案画,而图 23.4(b) 是运动群的图,特别是 C 的平移构成象棋盘的图案.这两个图之间的相似之点反映出多边形与中心相互变换相应的对偶性(回忆立方体及八面体).

除了平移以外我们也能够通过其他运动使基本的正方形在无限的棋盘平面上移动.这就导出对应于正方形覆盖平面的相同图案的不同的群.例如,设 a 表示 C 关于其边 c_1 的一个翻转,如图 23.5.则运动 $aa^2=a^2$ 使 C 回到原来的位置,因此 $a^2=I$.同样,如果 b 表示 C 关于其边 c_2 的一个翻转(图 23.6).图 23.7 表示相继进

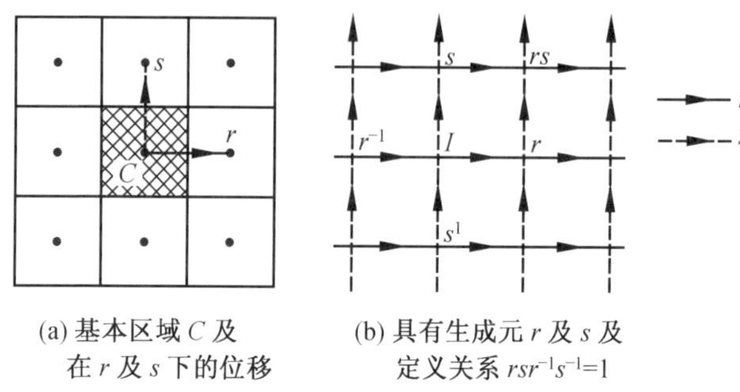

(a) 基本区域 C 及在 r 及 s 下的位移　　(b) 具有生成元 r 及 s 及定义关系 $rsr^{-1}s^{-1}=1$

图 23.4

行运动 a 和 b 的结果. 显然 a 和 b 是不可交换的.

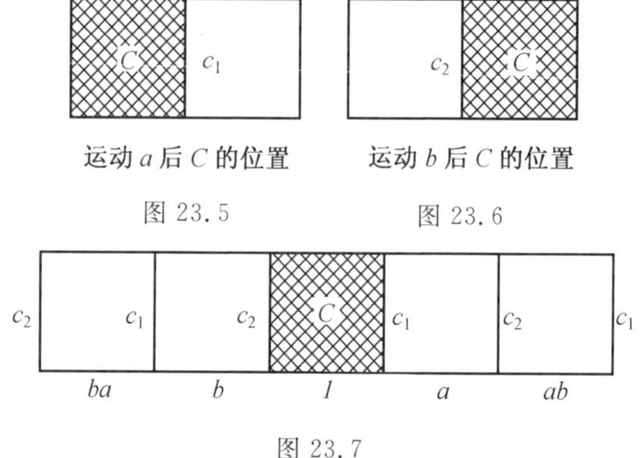

运动 a 后 C 的位置　　运动 b 后 C 的位置

图 23.5　　图 23.6

图 23.7

现在假定我们取第三个基本运动为 c:把正方形 C 向上平移一个边的长度. 这三个运动 a,b,c 同两个平移 r 及 s 一样,构成相同的整个棋盘图案,但是,相应的两个群是不一样的. 由 a,b,c 生成的群的图像如图 23.8 所示.

让我们现在开始讨论一种新的基本区域 —— 半正方形或等腰直角三角形 —— 并取生成运动为

r:围绕直角顶点(沿逆时针方向)旋转 90°(图

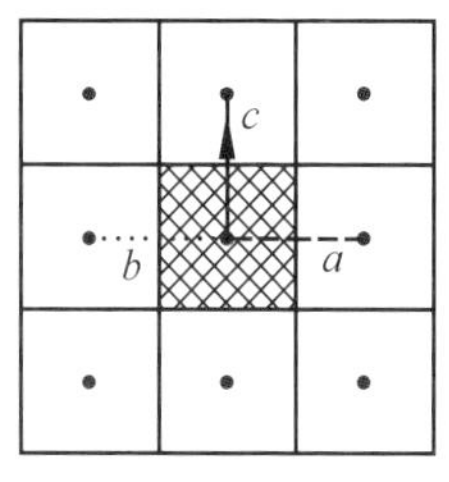

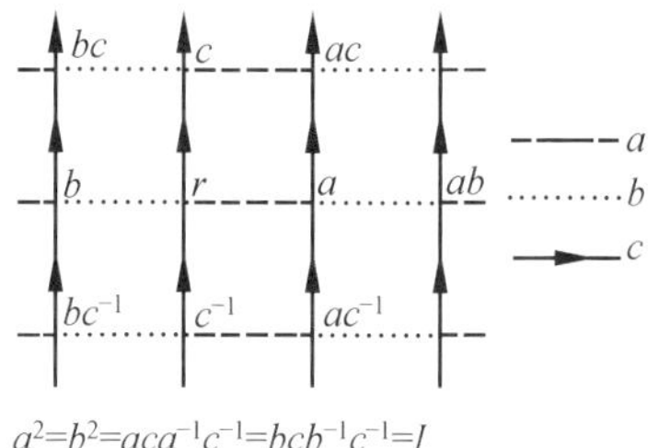

图 23.8

23.9)；

s:围绕弦的中点旋转 180°(图 23.10).

显然 r 的周期为 4,s 的周期为 2.

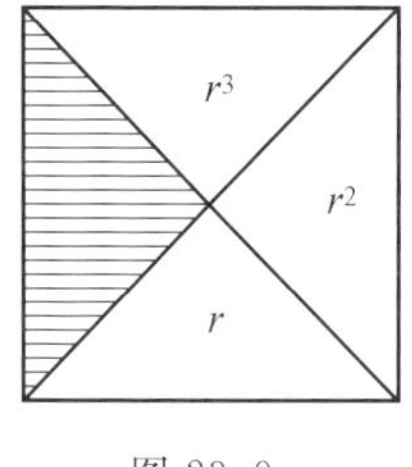

图 23.9

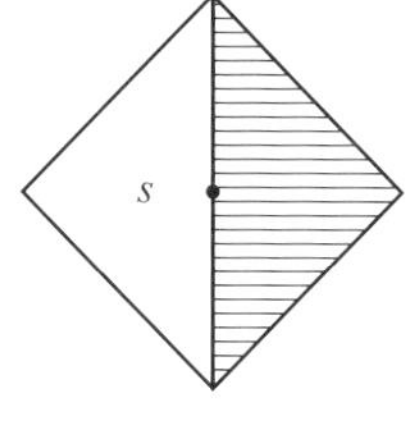

图 23.10

我们的基本的等腰直角三角形通过运动 r 及 s 产生覆盖平面的图案.这个图案及相应运动群的图像由图 23.11 表示.注意后一个图像表示不单用一种,而用两种不同类型的正多边形来覆盖平面的另外一种图样.在这种图样中,在每个顶点处都有一个正方形与两个正八边形相接.

什么是我们所期望的"糊墙纸"的图案呢?它们就是由运动群的图像所展示的图案,而该运动群能够通过一个基本区域来覆盖平面.图 23.11 的图像所展示的糊墙纸图案如图 23.12 所示.

为了得到其他的用不止一种的正多面体来覆盖平

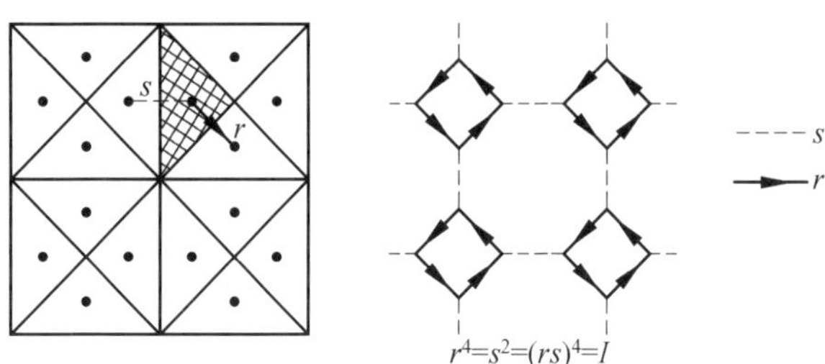

图 23.11

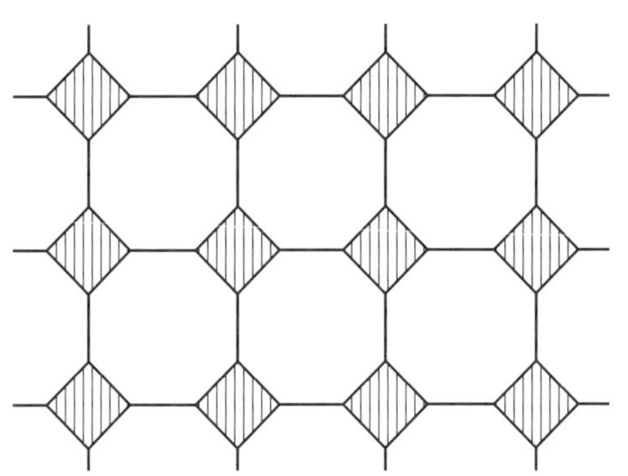

17 种基本不同的糊墙纸图案之一

图 23.12

面的糊墙纸图案,我们取基本区域为菱形,其中一个角为 60°,取运动的生成元为

r:围绕某个 120° 角的顶点(沿逆时针方向)旋转 120°;

s:围绕另外一个 120° 角的顶点(沿逆时针方向)旋转 120°.

注意 $r^3=s^3=I$,见图 23.13.

图 23.14 表明用菱形覆盖平面,及由 r 及 s 生成的运动群的图像.

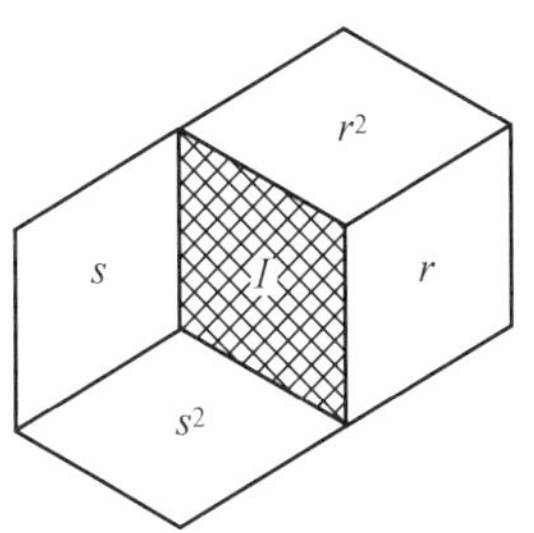

图 23.13

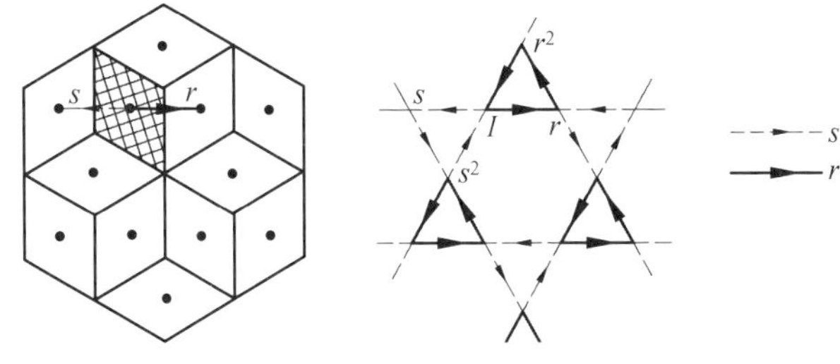

图 23.14

图 23.14 表明我们的糊墙纸设计在每个顶点处有两个不同的三角形(一个由 r 线段构成,另一个由 s 线段构成)及两个六边形.图 23.15 表示这个图案扩展到更大的区域上.

我们现在提供结晶群最后的一个例子.这一次是在图的每一个顶点处,有三种类型多边形.我们的基本区域取作角度为 30°,60°,90° 的三角形,运动的生成元是关于三角形的三个边的翻转.图 23.16 表明这个图用重复的图案覆盖整个平面,在这个图案中,在每个顶点处,一个正方形、一个正六边形、一个正十二边形相接.图 23.17 表示这个图在装饰构图中的扩展.

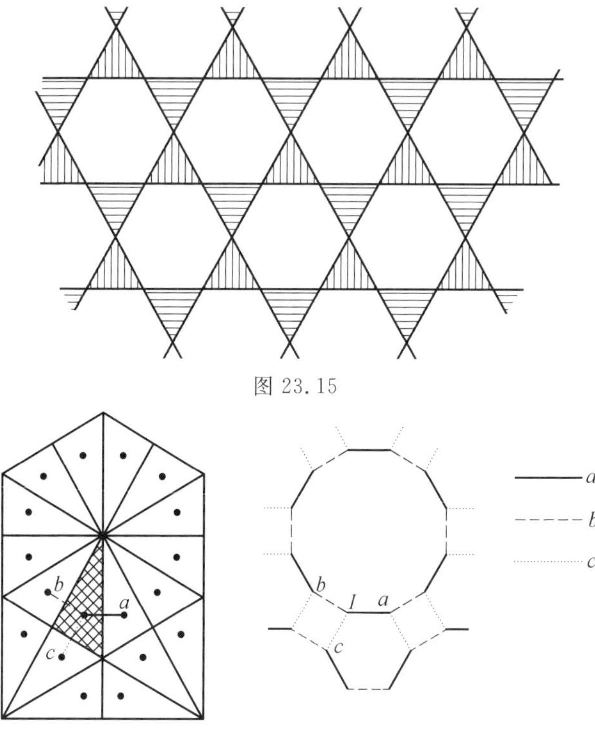

图 23.15

图 23.16

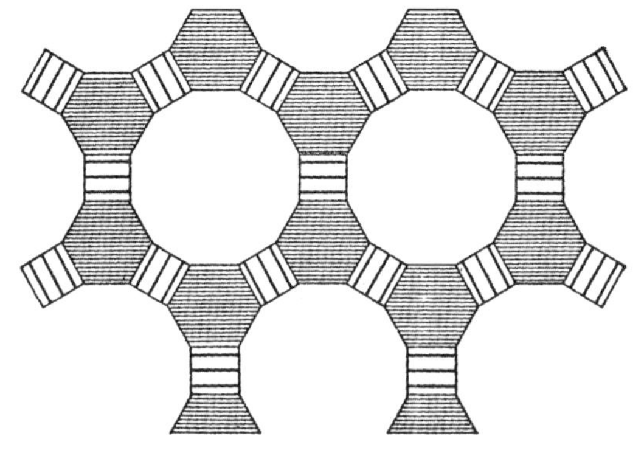

图 23.17

60 阶交代群 A_5

第24章

相应于十二面体及二十面体的群的结构与我们迄今为止所讨论过的群根本不同.伽罗华在研究代数方程的可解性的过程中,发现正二十面体的重合运动群有许多真子群,但是其中没有任何一个是正规子群.一个没有真正规子群的群称为单群.

十二面体及二十面体有同构的重合运动群因为这两个图形是对偶图形:构成十二面体的面的十二个正五边形的"中心"是二十面体的顶点;而构成二十面体的面的二十个等边三角形的中心就是十二面体的顶点.一个图形的叠合运动群与另一个图形的重合运动群完全"相同".

我们现在数一下二十面体群的元素.假如二十面体的一个顶点固定在“顶上”的位置,则周期为 5 的逆时针旋转 72° 就生成所有使“顶上”的顶点不动的所有重合运动,见图 24.1.因为十二个顶点中的每一个都可以送到“顶上”位置,二十面体群的阶为 60.

A_5 的阶是$\frac{1}{2}5!\ =60$,事实上,二十面体群同构于 A_5.下面概要地叙述一下步骤,读者可以按照这种办法证明这个断言是真的.

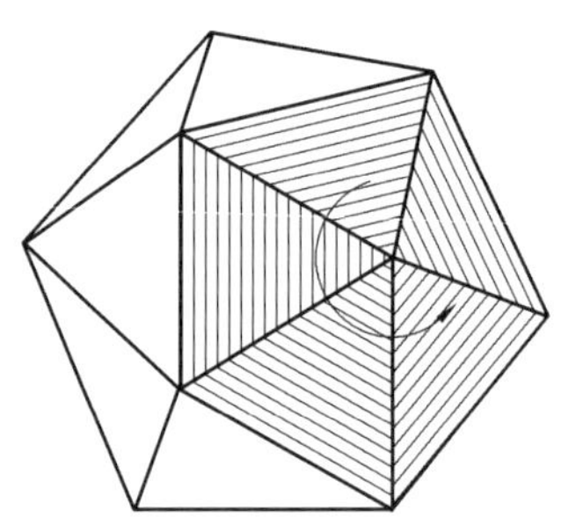

图 24.1

下面我们描述五个几何对象的集合,这五个几何对象有这个性质:它使二十面体的每个重合运动都导致这五个对象的一个偶置换一个二十面体有三十条棱及十五条中线 —— 联结一对对边中点的线段.在正二十面体中,这十五条中线组成五个组,每组由三条互相垂直的中线组成,或者说组成五个正交三元组.二十面体的重合运动对应于这五个三元组的偶置换;因为,每一重合运动是下列三种类型之一:

(1) 重合运动:围绕联结两个对顶点的对角线的旋转;

偶置换：五个三元组的循环互换，例如$(abcde)=(ab)(ac)(ad)(ae)$；

(2) 重合运动：围绕连接两个中心的线段的旋转；

偶置换：五个三元组中的三个循环互换，例如，$(abc)=(ab)(ac)$；

(3) 重合运动：围绕一个中线的旋转.

偶置换：三元组中两对互换，例如$(ab)(cd)$.

类型(1) 的运动有 24 个，每个周期均为 5；类型(2) 的运动有 20 个，每个周期均为 3；类型(3) 的运动有 15 个，每个周期均为 2.

为了求出二十面体群的图，我们首先造一重合运动的图像表示(见对四面体群的同样处理).由此，我们从截断的二十面体出发，也就是把二十面体的每个顶点换成一个对应周期为5的旋转r的五边形.联结这十二个五边形的顶点的连线对应于一个周期为 2 的翻转，它使进一步旋转中保持不动的顶点更换.把这个构图变形成平面网络，我们可以以一个五边形为中心，最后得到图 24.2 的网络.

我们请读者来发掘这个群的内部结构；这图作为一个压缩了的乘法表非常有帮助.为了激起对于这个结构的一些猜想，我们把图 24.2 中的图的每个顶点都标上数目，它表示对应群的元素的周期(I 已经任意选取).我们可以利用A_5这个图证明：二十面体群由两个元素r及f生成，由下面三个关系来定义

$$r^5=I, f^2=I, (rf)^3=I$$

为了证明A_5是单群，首先证明，如g是A_5的任何同态映射，则$g(r)=I$就蕴涵所有A_5都映到I上，并且

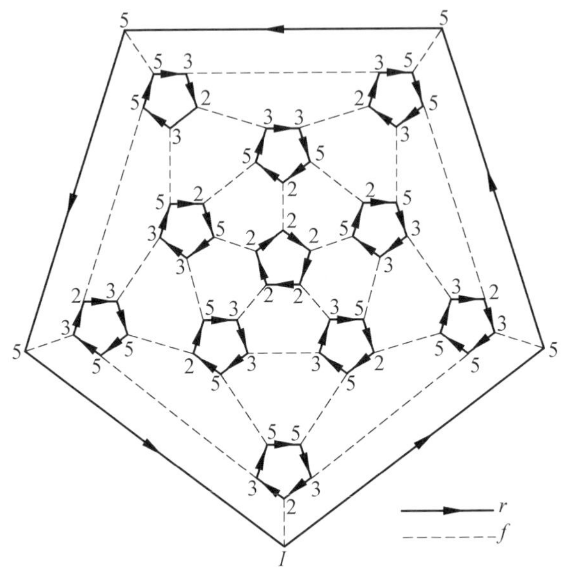

图 24.2

$g(f)=I$ 也蕴涵所有 A_5 都映到 I 上;然后证明,对于 A 的任何元素 $x\neq I$,$g(x)=I$ 蕴涵 $g(r)=I$ 或者 $g(f)=I$.

第25章 彭罗斯瓷砖[①]

铺瓷砖

这章将介绍彭罗斯(R. Penrose)铺瓷砖,首先对一般的铺瓷砖进行说明.

在浴室或者温泉的地面及墙上,都铺设了图 25.1 那样的瓷砖.我们想象瓷砖是按上下左右依次排列,全部铺满,没有重叠,也没有缝隙(当然这在现实生活中是不可能的.这是一种"理想化",而"理想化"在数学上经常用到).称此为平面铺瓷砖.

取任意三角形、任意四边形的瓷砖,平面铺瓷砖是可能的(请读者考虑其理由).

① 原题:ベンローズのタイル.陈治中译自:数学セシナー,No. 3(2000),P. 9－15.

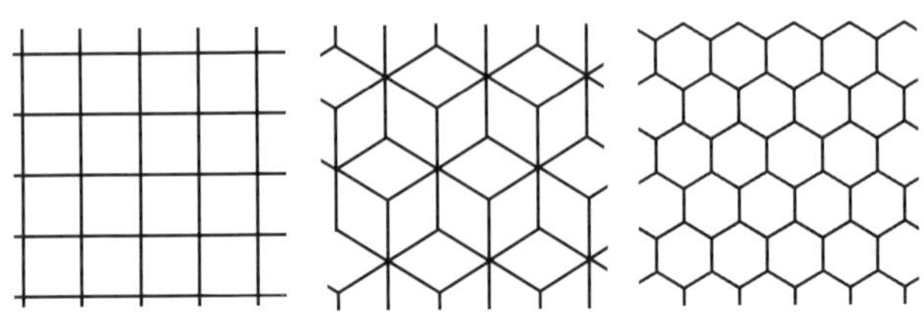

图 25.1

但用五边形铺瓷砖，现在还是个未解决问题：

“在由凸五边形作的平面铺瓷砖中，会有哪几种情况呢？”

可以使用的凸五边形的瓷砖，现在找到了 14 种. 其他有没有还不清楚. 图 25.2 是它的两个例子.

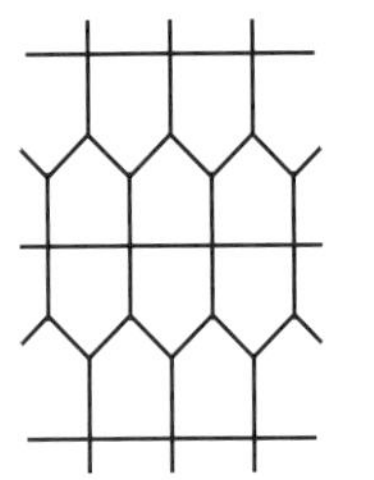

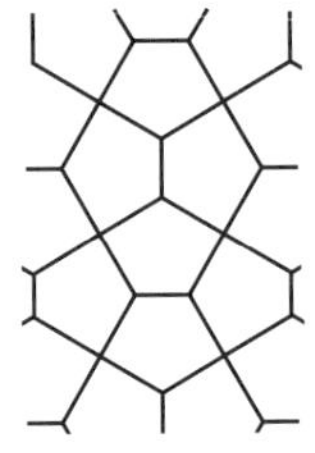

图 25.2

而当 $n \geqslant 7$ 时，凸 n 边形的平面铺瓷砖不存在(请读者考虑其理由). 如果不是凸的，则有各种各样的图形存在(图 25.3).

重复图案与二维结晶体群

将用于铺瓷砖的瓷砖限于一种类型，是太过分的限制. 另外，若不限于多边形，可考虑各种图形的瓷砖(图 25.4). 考虑到图形的复杂性，与其称它为铺瓷砖，不如称为图案.

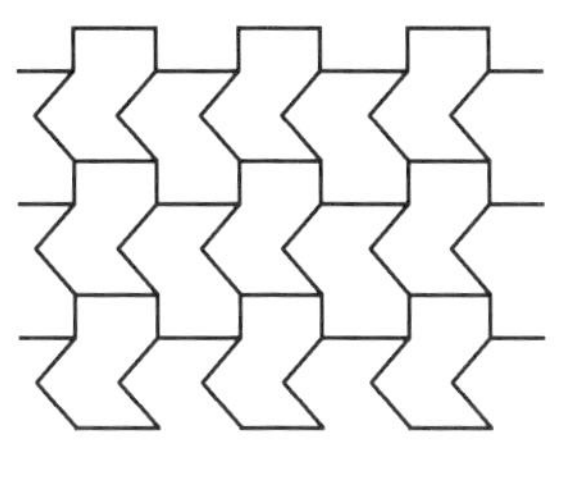
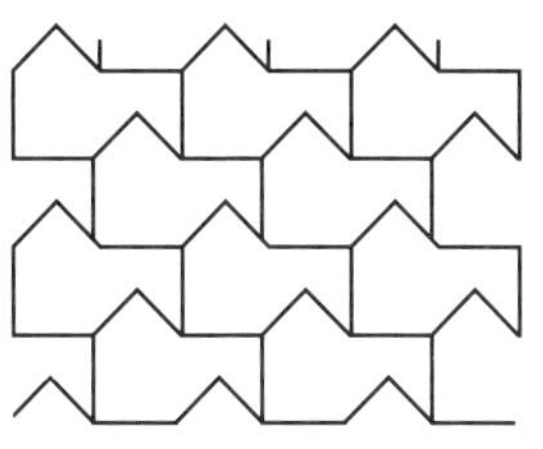

图 25.3

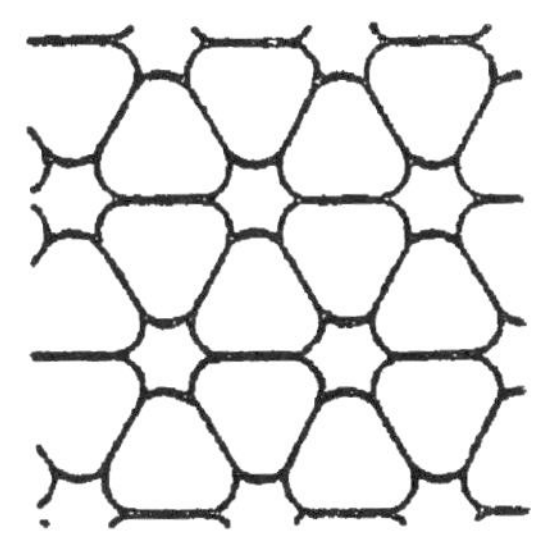
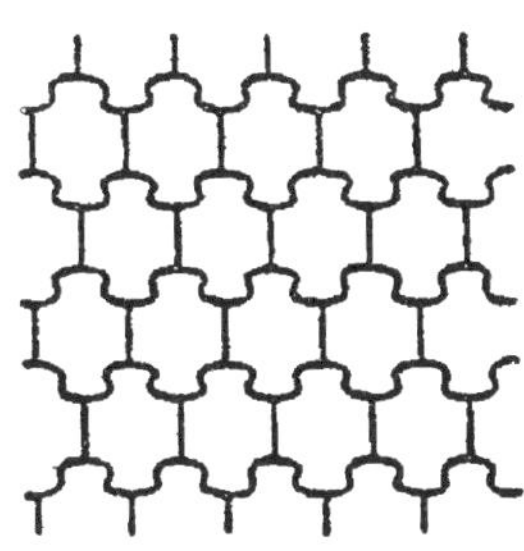

图 25.4

一般地,把在独立的两个方向上平行移动不变的图案称为重复图案.图 25.3 与图 25.4 的铺瓷砖都是重复图案.这是因为具有平移对称性,即若将整个图上下或左右只作平行移动某个距离,就能与原来的图形完全重合.

一般地,由平面到其自身的一一变换保持距离不变时,称为合同变换(等距变换).

实际上,平面的合同变换只有下面 5 种:(1) 恒等变换;(2) 平移;(3) 旋转;(4) 反射(以某条直线为轴的对称变换);(5) 滑动反射(反射后,沿对称轴的直线方向平行移动).

定义一下数学用语：平面合同变换的集合满足下面两个条件时称为(合同变换）群：(1) 属于 G 的两个合同变换的合成还属于G；(2) 属于G的合同变换的逆变换还属于 G.

这样的群 G 若再满足下面两个条件，则称为二维结晶体群：(1)G 包含独立的 2 个方向的平行移动；(2) 属于 G 的平移的移动距离中存在最小正值.

设 M 是重复图案. 定义 M 的群(正确地说是 M 的对称性群) 为 $G(M)=\{F \mid F$ 是将M 移到M 的合同变换$\}$，这是个二维结晶体群.

反之若设G是二维结晶体群，则存在重复图案M，使得 $G=G(M)$.

Fedorow 定理(1891) 证明，二维结晶体群有且仅有 17 种(所谓同样种类意思是作为群是同构的). 令人惊讶的是，重复图案虽然有无限多种，但其实际上统一起来的群却只有 17 种.

作为二维结晶体群的重要性质，有下面的定理：

定理 25.1 设 G 是二维结晶体群，则 G 只包含：(1)$60°$ 旋转；(2)$90°$ 旋转；(3)$120°$ 旋转；(4)$180°$ 旋转，以及它们的倍数(有时根本不旋转).

用重复图案的话来说，平面的重复图案中只有 6 次旋转对称性、4 次旋转对称性、3 次旋转对称性和 2 次旋转对称性. 特别指出，不存在具有 5 次旋转对称性的重复图案.

以上这些事实在三维时也是同样的. 三维的重复花纹无非就是结晶. 包含独立的 3 个方向的平行移动、存在移动距离的最小正值的三维合同变换的群称为三

维结晶体群(或空间群). 也是由 Fedorow(1885) 证明了三维结晶体群存在且只存在 219 种.

对于三维结晶体群,与上述定理同样的结论也成立. 这是因为三维空间的旋转是以某条直线为轴的旋转,若考虑与该直线正交的平面,就导出该平面的旋转,定理的证明在这种情形可完全照样进行.

彭罗斯铺瓷砖

图 25.5,图 25.6,图 25.7 是彭罗斯铺瓷砖(的例子). 1974 年当彭罗斯发表这些的时候,据说人们(特别是这方面的专家)大为吃惊.

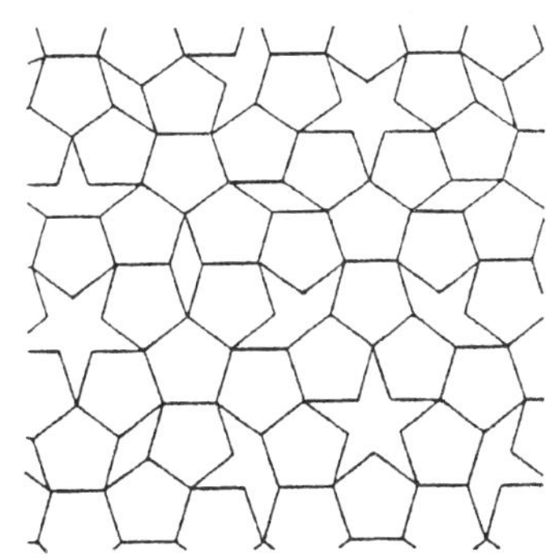

图 25.5

仔细观察这些图,可看出它们具有下面的特征:(1) 使用 2 种以上的瓷砖;(2)(似乎可看出)不具有平行移动的不变性(平移对称性),也就是说,(似乎)不是重复图案;(3) 与正五边形有关系.

图 25.5 的铺瓷砖是由图 25.8 的 4 种瓷砖(正五边形、菱形、星形、王冠形)做成的. 记这 4 种瓷砖为 P1(意指彭罗斯瓷砖 1).

图 25.6

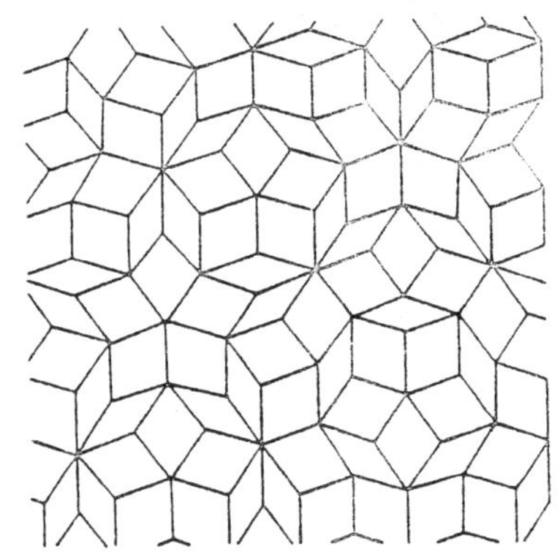

图 25.7

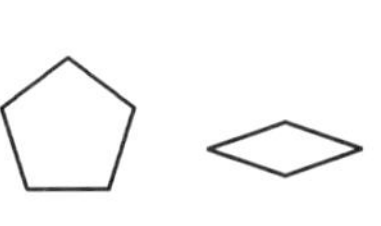  

图 25.8

图 25.6 的铺瓷砖是由图 25.9 的 2 种瓷砖(军士用具包与梭镖形)做成的. 记这 2 种瓷砖为 P2.

图 25.7 的铺瓷砖是由图 25.10 的 2 种瓷砖(宽菱

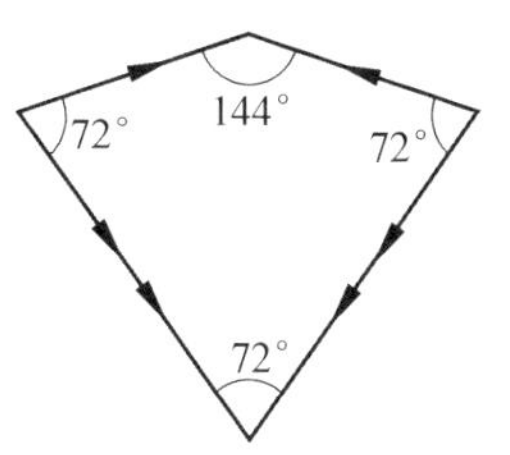

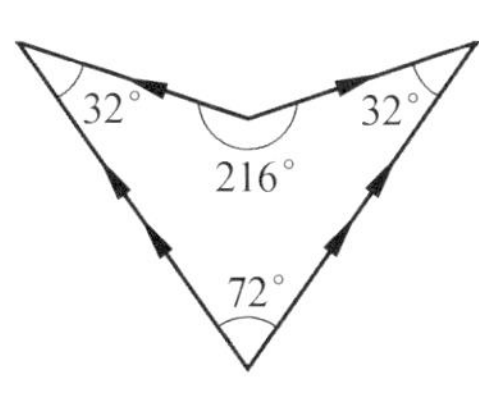

图 25.9

形与窄菱形）做成的，记这 2 种瓷砖为 P3.

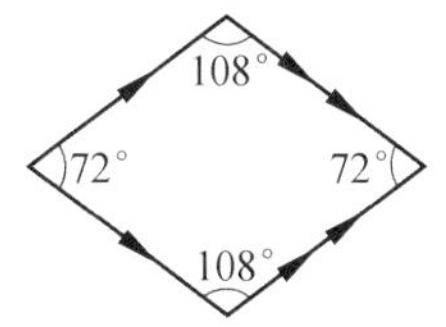

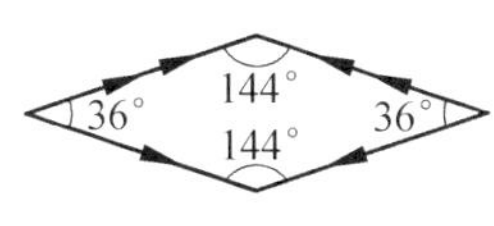

图 25.10

称 P1,P2,P3 为彭罗斯瓷砖.

所有这些瓷砖都与正五边形有关系. 108° 是正五边形的内角，72° 是外角. 36° 是 72° 的一半，144° 是 72° 的 2 倍，216° 是 72° 的 3 倍.

P2 的军士包形和梭镖形可以像图 25.11 那样，连接正五边形的对角线来分割平行四边形而作成.

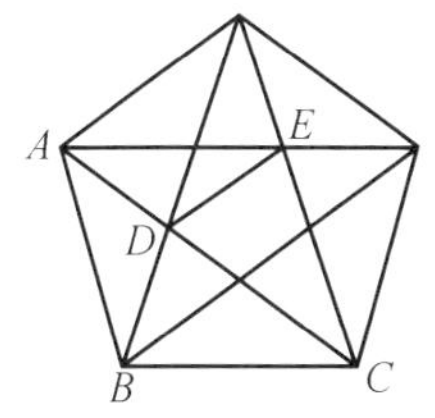

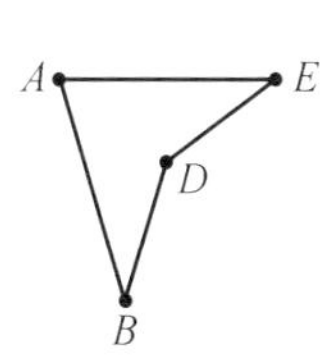

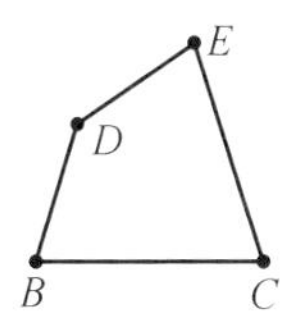

图 25.11

P3 的两个菱形的边长相同，而宽菱形的面积是窄

菱形面积的

$$\frac{1+\sqrt{5}}{2} \quad (\text{黄金比})$$

倍.

我们将按照彭罗斯的论文来说明按图 25.5 的 P1 铺瓷砖是如何做成的:

第 1 阶段:如图 25.12,将正五边形分成 6 个小的正五边形,多余出 5 个小三角形(注意:将这些多余的小三角形剪掉再折叠起来,就作成碟子.2 个碟子一合,作成正十二面体).

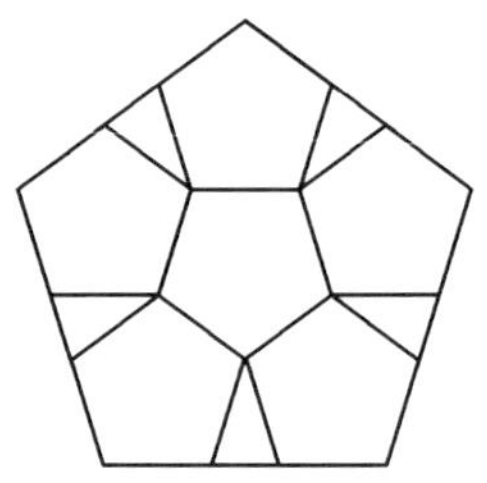

图 25.12

第 2 阶段:接着与第 1 阶段同样,将这些小的正五边形再分成更小的正五边形,这时多余的部分就表现为菱形(图 25.13).

第 3 阶段:再进行分割,就出现了带尖的菱形.将其分为正五边形、星形与王冠形(图 25.14).

第 4 阶段:再进行分割,就出现(带尖的菱形)、带尖的星形与带尖的王冠形.将它们分成若干个正五边形、星形与王冠形(图 25.14).

无论再怎么分割,也不会再出现新的形状.设想这种分割行为无限地进行.

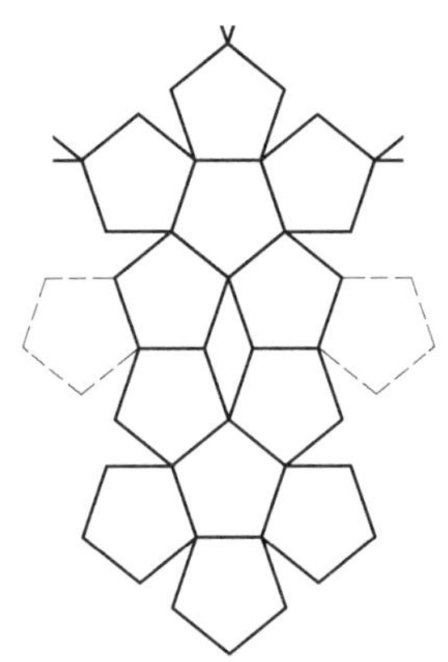

图 25.13

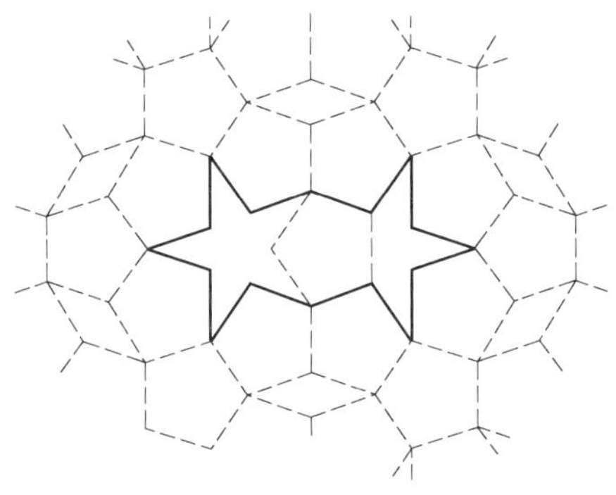

图 25.14

而在各阶段上新产生的正五边形整体(向外)放大作相似变换,就与前一阶段的正五边形尺寸相同.也就是进行扩大再生产(就是彭罗斯铺瓷砖的根本原理).用彭罗斯瓷砖 P1 铺瓷砖就是这样作成的.

但是在这个构成的过程中,需要注意的是:当把带尖的菱形分成正五边形、星形与王冠形时,如果不采用将周边一同进行分割,那么下一阶段进行时就会产生矛盾. 图 25.16 的左边是好的分法,而右边则是不好的分法. 只能按好的分法去进行 —— 为使整体能如此准确无误地进行,最好用图 25.17 那样的 6 种瓷砖,而不是原来的 4 种瓷砖,在无限次进行拼七巧板后,将突出的部分与凹进的部分消除. 也就是说,用图 25.5 的 P1 铺瓷砖,瓷砖可以遵循图 25.17 的适当的规则经组合而成.

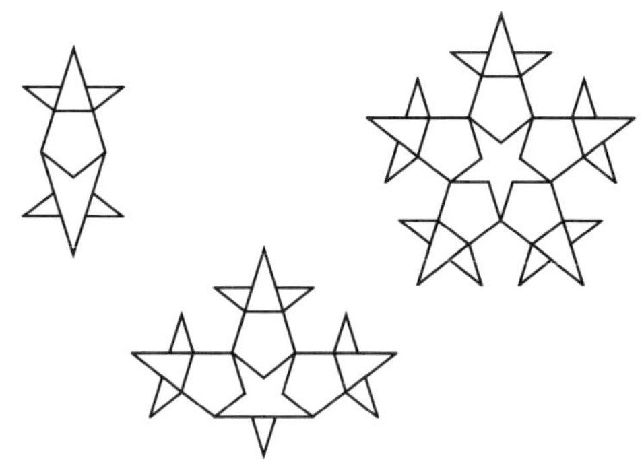

图 25.15

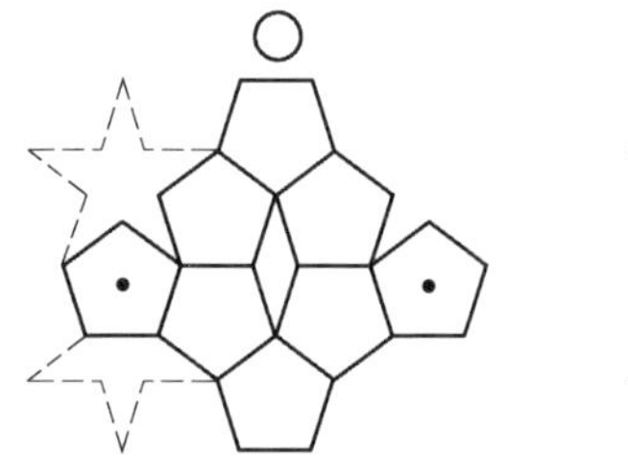

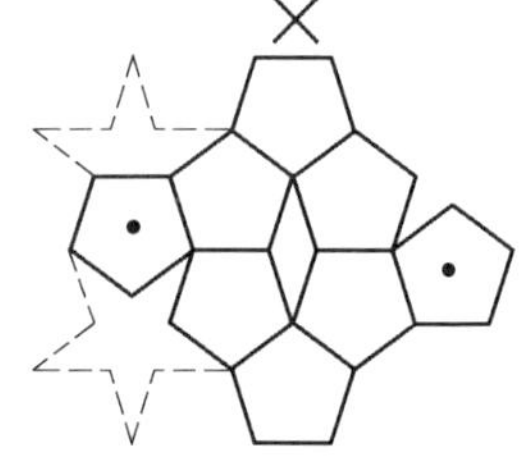

图 25.16

反之,若遵循这一适当的规则组合 P1 的瓷砖,就可以(按 P1) 进行"扩大再生产型" 的彭罗斯铺瓷砖. (按 P1) 做彭罗斯铺瓷砖有各种各样的方式(实际上是无限的). 但无论何种方式都绝不会是重复图案. 按 P1

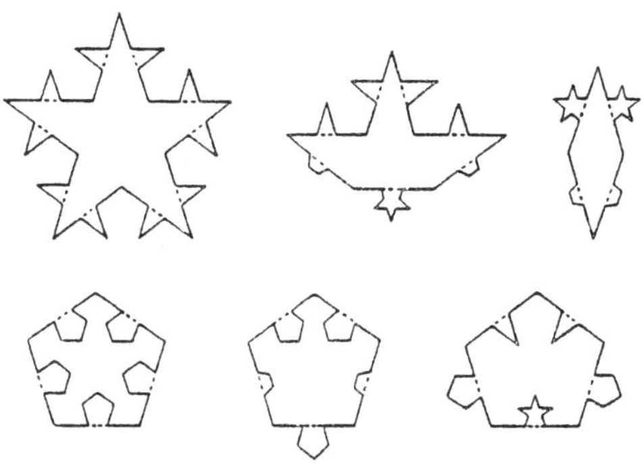

图 25.17

做彭罗斯铺瓷砖(图 25.18)存在各种漂亮的性质.正如由图 25.19 所示那样,正十边形的周围被 12 个正五边形象花瓣一样包围着.由图 25.19 还可以看清彭罗斯铺瓷砖的扩大再生产型.

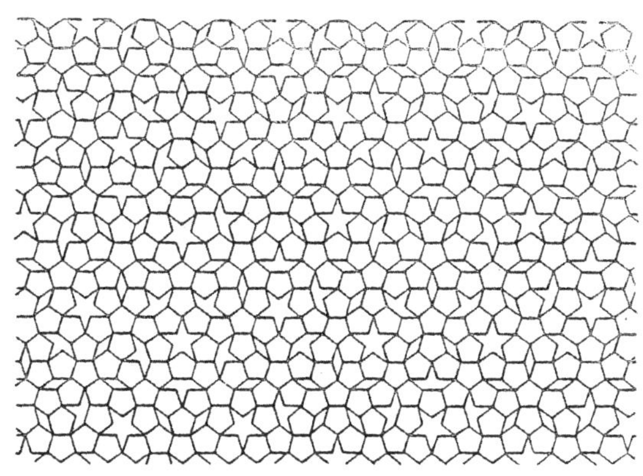

图 25.18

下面说明按彭罗斯瓷砖 P2 铺瓷砖的情形.

基本上与 P1 的铺瓷砖方法是一样的.在这种场合关键之点也是军士包与梭镖图形采取适当的规则,那

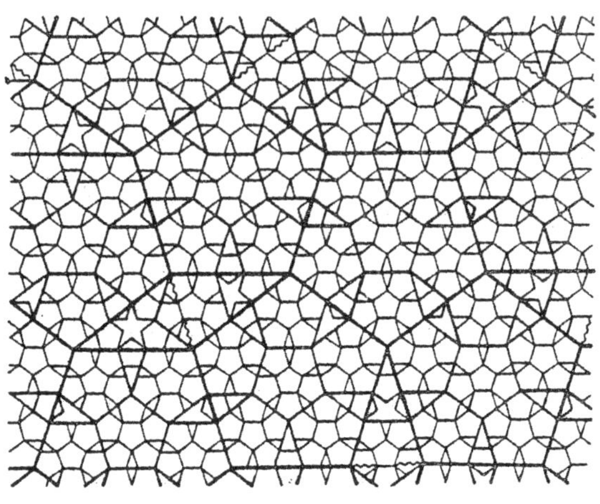

图 25.19

就是:如图 25.9 那样,角的白色部分与白色部分连接,黑色部分与黑色部分连接,边上的箭头与箭头重合,双箭头与双箭头重合(包括方向在内).

如图 25.20 那样,把大的军士包分成 2 个小的军士包与 2 个半梭镖(把梭镖切成两半). 又把大的梭镖分成 1 个小军士包与 2 个半梭镖. 按 P2 铺瓷砖基本上就是对这种分法进行扩大再生产.

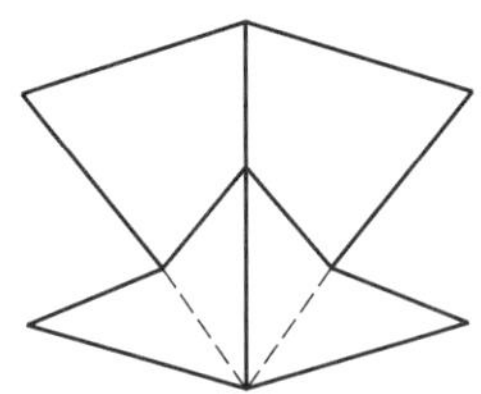

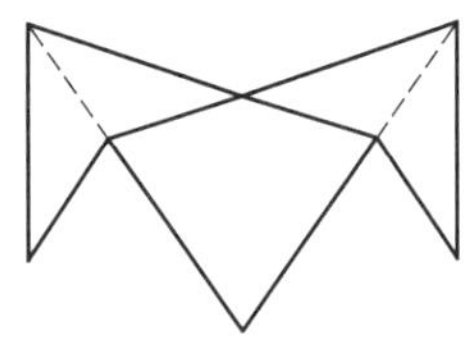

图 25.20

按 P2 的铺瓷砖方式也有各种各样(无限) 形式,但是无论哪个也绝不是重复图案.

要证明这点对 P1 的情形稍微困难些，而 P2 则较简单，这里给出说明：取 1 种 P2 的铺瓷砖.考虑非常大的领域，假设它包含 d 个梭镖与 k 个军士包.按上述扩大再生产原理，一旦领域变得非常大，则比 $x=k/d$ 就几乎等于 $(1+2x)/(1+x)$.故取极限就是

$$x \to \frac{1+\sqrt{5}}{2} \quad (\text{黄金比})$$

而假如这个铺瓷砖为重复图案，则 x 就应收敛于有理数.因此 P2 的铺瓷砖不能是重复图案.

注意：该证明的里面有着军士包与梭镖的适当的规则.实际上若将军士包与梭镖如图 25.11 那样组合，就成了平行四边形，将它们并排就可以作成重复图案.

下面对按彭罗斯瓷砖 P3 铺瓷砖进行说明.

这种情形基本上与用 P1 铺瓷砖是一样的.这种情形的关键之处也是宽菱形与窄菱形采取适当的规则：如图 25.10 那样，使边的箭头与箭头、双箭头与双箭头（包括方向）相一致.

将两个菱形如图 25.21 那样涂黑一部分，再引线，就把菱形分成白的与黑的小部分.

把这些分法扩大再生产得到的基本上就是按 P3 铺瓷砖（图 25.22）.

按 P3 的铺瓷砖方法也有各种各样（无限）形式.图 25.23 就是一例.但不管哪种都绝不是重复图案.证明与 P2 的情形相同.

作为结论，彭罗斯铺瓷砖具有下面的特征：

(1) 不是重复图案.

(2) 扩大再生产型（自相似性 —— 与分形有联系）.

(3) BOO(bond orientational order)，也就是说各

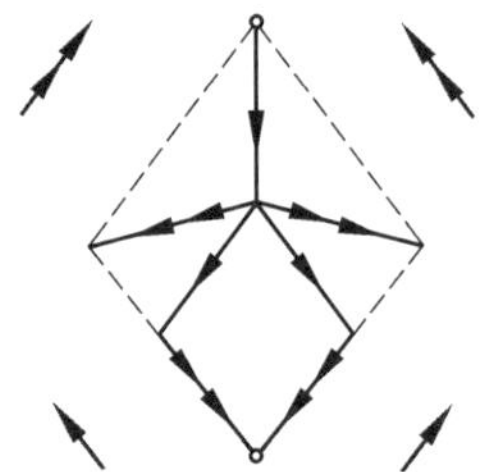
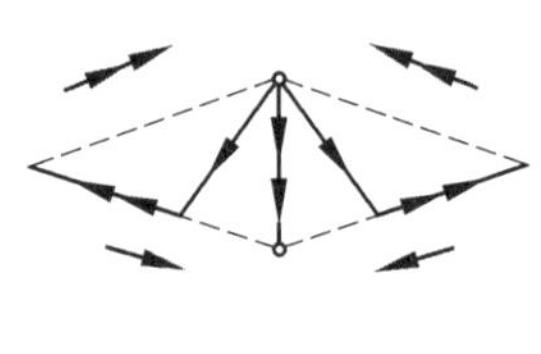

图 25.21

图 25.22

个瓷砖的边向着 5 个方向中的某一个.

(4) 正五边形对称性(即整体旋转 72° 和原来的构造大体相同).

(5) 准周期的平移对称性(省略这点的说明).

彭罗斯发现了 P1 方法之后,就考虑能否减少瓷砖的数目,于是就发现了由 2 种瓷砖组成的 P2 和 P3 方法. 他提出了下面的问题:

“具有上述性质而只有 1 种瓷砖的情形是否存在?”

这个问题现在似乎还是个未解决问题.

然而在双曲平面(非欧几里得平面)上已经找到

图 25.23

了绝不会是重复的图案(只在一个方向上是周期的)瓷砖(图 25.24).这个图是在彭罗斯的解说性论文的最后给出来的.在双曲平面上像这样的铺瓷砖的研究,恐怕还是今后的工作.

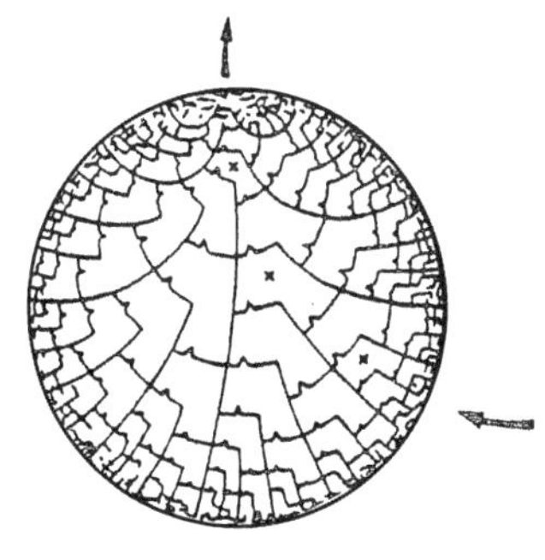

图 25.24

准 结 晶

正如前文所说明的，三维结晶体群（空间群）不具有5次旋转对称性.因此，“在结晶中不存在5次旋转对称轴”，这是结晶学的常识.

1984年，当D. Schechtman，I. Blech，D. Gratias和J. W. Cahn根据Al_6Mn的电子衍射像发现了不具有5次旋转对称轴的明晰的Laue图形时，使世界受到了冲击（图25.25）.以至《纽约时报》也作了介绍.

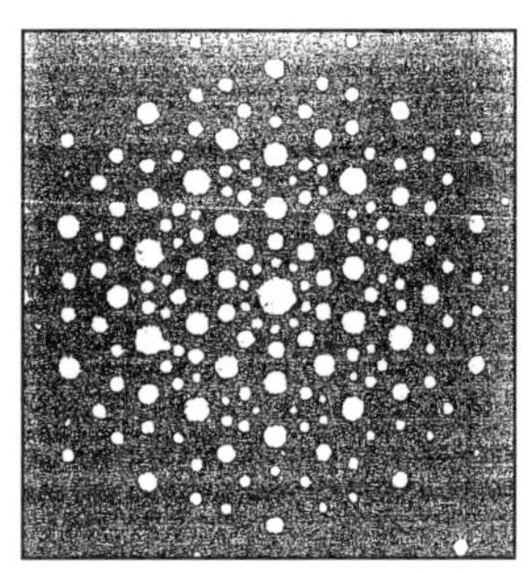

图25.25

在改变入射角的同时，进一步观测可知，该“结晶”是具有正二十面体的“结晶”.从“具有准周期对称性的结晶”这一意义上讲，称之为准结晶.

后来又发现了铝和过渡金属的合金等准结晶.

准结晶可以看作是彭罗斯铺瓷砖的三维版（反之彭罗斯铺瓷砖则可看作是准结晶的二维版）.

特别不可思议的是，大家知道，将六维空间$\mathbf{R}^6$内的超立方格子的一部分投影到$\mathbf{R}^3$上，也能得到准结晶.这种“投影法”是数学上作成准结晶的一个有力的方法.

提高篇

第26章 有限群的基础知识[①]

本章主要讲述群的一般理论. 字母 G 表示一个群.

群 作 用

设 X 为非空集合.

定义 26.1 群 G 在集合 X 上的一个左作用,是一个映射

$$\begin{cases} G \times X \to X \\ (g,x) \mapsto g \cdot x \end{cases}$$

满足下面的条件:

(1) 对所有 $x \in X$ 及所有 $(g,g') \in G \times G$,有 $g \cdot (g' \cdot x) = (gg') \cdot x$;

(2) 对所有 $x \in X$,有 $1 \cdot x = x$,其中 1 是 G 的单位元.

---

① 第 26 ~ 33 章为塞尔(J. P. Serre) 于 1928—1979 年在法国 ENSJF(女子高等师范学院) 一个群论初等课程讲义的整理稿,赵曼菲译.

注 记 S_X 为 X 的置换群，则给定 G 在 X 上的一个左作用等价于给定从 G 到 S_X 的一个同态 τ：对所有 $g \in G, x \in X$，τ 的定义为 $\tau(g)(x) = g \cdot x$.

右作用可以类似定义.

若群 G 作用在 X 上，则 X 就分解为一些轨道：X 中两个元素 x 与 y 属于同一个轨道，当且仅当存在 $g \in G$ 使 $x = g \cdot y$. 所有轨道的集合就是 X 对 G 的商集合. 对于左作用这个集合记为 $G\backslash X$（对右作用记为 X/G）.

定义 26.2 如果 $G\backslash X$ 只有一个元素，则称 G 可迁地作用在 X 上.

特别，G 可迁地作用在每条轨道上.

定义 26.3 设 $x \in X$. 所有使 x 保持不动的元素 $g \in G$（即使得 $g \cdot x = x$）组成了 G 的一个子群，称它为 x 的稳定子群（或 x 的不动子群），记为 G_x. ①

注 若 G 可迁地作用于 X 上且 $x \in X$，令 G/G_x 为 G 模 G_x 的左陪集的集合，则 $gG_x \mapsto g \cdot x$ 给出了 G/G_x 与 X 之间的一个双射. 若 $x' \in X$，则有 $g \in G$，使 $x' = g \cdot x$，从而 $G_{x'} = gG_xg^{-1}$. 因此，改变基点时，x 的稳定子群就换成了它的一个共轭子群. 反过来，若 H 是 G 的子群，则 G 可迁地左平移作用于 G/H 上，并且 H 恰好是 1 的陪集的稳定子群. 因此，给定一个 G 在 X 上的可迁作用，也就给定了 G 的一个子群，这个子群除了相差一个共轭之外是唯一确定的. ②

---

① x 的稳定子群原文记为 H_x，译文改为国内通行的记号 G_x. ——译注

② 也可以说，X 唯一决定了 G 中子群的一个共轭类. ——译注

例 26.1 设 X 为域 K 上定义的仿射直线，G 为相似变换群

$$G=\{x\mapsto ax+b, a\in K^*, b\in K\}$$

群 G 可迁地作用在 X 上. 若 $x\in X$，则 x 的稳定子群是以 x 为中心的伸缩变换群.

应用 设 G 为有限群，以 $|G|$ 记它的阶. 若 G 作用在集合 X 上，则有 $X=\coprod_{i\in I}Gx_i$，其中 x_i 是 $G\backslash X$ 中元素的一组代表元，而 Gx_i 就是 G 作用下两两不相交的轨道. 由于 Gx_i 与 G/G_{x_i} 是一一对应的，因而 $|Gx_i|=|G|\cdot|G_{x_i}|^{-1}$. 由此推出 $|X|=\sum_{i\in I}|G|\cdot|G_{x_i}|^{-1}$，从而 $|X|\cdot|G|^{-1}=\sum_{i\in I}|G_{x_i}|^{-1}$.

特例 群 G 通过内自同构作用在自身上，即有以下的同态

$$\begin{cases}G\to S_G\\ x\mapsto \mathrm{int}_x\end{cases}$$

其中 $\mathrm{int}_x(y)=xyx^{-1}={}^xy$. 这个作用的轨道就是共轭类. G 中元素 x 的稳定子群是 G 中所有与 x 交换的元素的集合，称为 x 的中心化子，记为 $C_G(x)$. 若 $(x_i)_{i\in I}$ 为共轭类的一组代表元，则有 $1=\sum_{i\in I}|C_G(x_i)|^{-1}$. 对 $x_i=1$ 有 $C_G(x_i)=G$，从而 $\sup_{i\in I}|C_G(x_i)|=|G|$.

正规子群；特征子群；单群

定义 26.4 G 的子群 H 称为正规子群（或不变子群），如果对所有 $x\in G$ 及 $h\in H$ 都有 $xhx^{-1}\in H$.

也就是说 H 在所有内自同构作用下是稳定的. 这

种情况可以用一个正合序列来描述

$$\{1\} \to H \to G \to G/H \to \{1\}$$

注 若 H 为 G 的子群,则 G 中有一个更大的子群,使 H 成为它的正规子群. 这就是使 $gHg^{-1}=H$ 的所有元素 $g\in G$ 的集合,它称为 H 在 G 中的正规化子,记为 $N_G(H)$. G 的一个子集若包含在 $H_G(H)$ 之中,就说它正规化 H.

定义 26.5 G 的子群 H 称为特征子群,如果它在 G 的所有自同构作用之下稳定.

这样的子群都是正规子群.

例 26.2 G 的中心(与 G 中所有元素都交换的元素的集合)是一个特征子群. G 的导群也是,导群就是在第 28 章要定义的 D^nG, C^iG 以及 $\Phi(G)$.

定义 26.6 群 G 称为单群,如果它仅有两个正规子群:$\{1\}$ 与 G.

例 26.3 (1) 仅有的交换单群为素数阶循环群,即群 $\mathbf{Z}/p\mathbf{Z}$, p 为素数.

(2) 当 $n\geqslant 5$ 时,交替群 A_n 是单群.

(3) 当 $n\geqslant 2$ 时,除了两个例外情形,群 $PSL_n(F_q)$ 都是单群;两个例外情形是 $n=2$ 而 $q=2$ 或 3. ①

次正规群列与若尔当 - 赫尔德定理

定义 26.7 群 G 的一个次正规群列是子群的一个有限序列 $(G_i)_{0\leqslant i\leqslant n}$,使得

---

① 例(3) 可参考 Alperin & Bell, Groups and Representations (Springer, 1995 年版),第 6 节,定理 8. —— 译注

$$G_0=\{1\}\subset G_1\subset\cdots\subset G_i\subset\cdots\subset G_n=G$$

且对 $0\leqslant i\leqslant n-1$,$G_i$ 是 G_{i+1} 是正规子群. 对 $1\leqslant i\leqslant n$,令 $gr_i(G)=G_i/G_{i-1}$,则 $\mathrm{gr}(G)=(\mathrm{gr}_i(G))_{1\leqslant i\leqslant n}$ 称为 G(对于次正规群列$(G_i)_{0\leqslant i\leqslant n}$)的因子群列. ①

定义 26.8 G 的次正规群列$(G_i)_{0\leqslant i\leqslant n}$ 称为若尔当一赫尔德群列,如果对所有 $1\leqslant i\leqslant n$,G_i/G_{i-1} 都是单群.

命题 若 G 为有限群,则 G 有若尔当一赫尔德群列.

若 $G=\{1\}$,则得到平凡的若尔当一赫尔德群列($n=0$). 若 G 为单群,则取 $n=1$. 若 G 不是单群,则可对 G 的阶数作数学归纳法. 设 $N\subset G$ 是 G 中阶数最大的正规子群,那么 G/N 是单群,因为否则就存在 G 的正规子群 M,它严格包含 N 而又不等于 G. 既然 $|N|<|G|$ 就可用归纳假设. 而假若$(N_i)_{0\leqslant i\leqslant n}$ 是 N 的若尔当一赫尔德群列,则$(N_0,\cdots,N_{n-1},N,G)$ 就是 G 的若尔当一赫尔德群列.

注 若 G 为无限群,则可能没有若尔当一赫尔德群列. 例如群 $\mathbf{Z}$ 就没有. ②

定理 26.1(若尔当一赫尔德) 设 G 为有限群,$(G_i)_{0\leqslant i\leqslant n}$ 是 G 的若尔当一赫尔德群列. 那么,G 的因子群列,除了指标的一个置换外,不依赖于所选取的若尔当一赫尔德群列.

---

① "次正规群列"与"因子群列"原文为 filtration 与 gradué,直译或当作"滤链"与"分次链",译文改用国内通行的术语. —— 译注

② 注意一个若尔当一赫尔德群列中的第一个非平凡项 G_1 必须是单群,而 $\mathbf{Z}$ 的任何子群都不是单群. —— 译注

若 S 是一个固定的单群,$n(G,(G_i),S)$ 是诸 G_j/G_{j-1} 中同构于 S 的那些 j 的数目,那么只要证明 $n(G,(G_i),S)$ 不依赖于群列(G_i) 就可以了.

首先注意:若 H 是G 的子群,则 G 的次正规群列(G_i) 诱导了 H 的次正规群列(H_i),其中 $H_i=G_i\cap H$. 同样,若 N 是正规子群,定义$(G/N)_i=G_i/(G_i\cap N)$,[①]就得到 G/N 的一个次正规群列. 正合列

$$\{1\}\to N\to G\to G/N\to\{1\}$$

导出因子群的正合列

$$\{1\}\to N_i/N_{i-1}\to G_i/G_{i-1}\to(G/N)_i/(G/N)_{i-1}\to\{1\}$$

也就是正合列

$$\{1\}\to \mathrm{gr}_i(N)\to \mathrm{gr}_i(G)\to \mathrm{gr}_i(G/N)\to\{1\}$$

如果最初的次正规群列(G_i) 就是若尔当-赫尔德群列,则对每个 i,$\mathrm{gr}_i(G)$ 都是单群. 因此,$\mathrm{gr}_i(N)$ 或者同构于$\{1\}$,或者同构于 $\mathrm{gr}_i(G)$. 调整一下下标,就可得到 N 的一个若尔当-赫尔德群列. 同样可得 G/N 的一个若尔当-赫尔德群列.

上面的讨论就可以导出定理的证明. 只有两种可能的情况:一种是 $\mathrm{gr}_i(N)=\{1\}$ 而 $\mathrm{gr}_i(G/N)=\mathrm{gr}_i(G)$;另一种是 $\mathrm{gr}_i(N)=\mathrm{gr}_i(G)$ 而 $\mathrm{gr}_i(G/N)=\{1\}$. 于是,可以将 $I=\{0,\cdots,n\}$ 分成两个子集:$I_1=\{i,\mathrm{gr}_i(N)=\{1\}\}$ 与 $I_2=\{i,\mathrm{gr}_i(N)=\mathrm{gr}_i(G)\}$.

然后对 G 的阶用数学归纳法. 若 $G=\{1\}$,当然没有问题. 否则,就可以假定 G 不是单群. 那么,设 N 是

---

① 应取$(G/N)_i=G_iN/N$,当然它与 $G_i/(G_i\cap N)$ 是同构的. ——译注

正规子群满足 $|N|<|G|$ 且 $|G/N|<|G|$. 对 N 与 G/N 应用归纳假设，可以知道 $n(N,(N_i)_{i\in I_2},S)$ 与 $n(G/N,((G/N)_i)_{i\in I_1},S)$ 都与群列无关. 但是

$$n(G,(G_i)_{i\in I},S)=n(N,(N_i)_{i\in I_2},S)+n(G/N,((G/N)_i)_{i\in I_1},S)$$

所以 $n(G,(G_i)_{i\in I},S)$ 与选取的群列无关.

应用 由此可以得到整数分解为素因子乘积的唯一性.[①]事实上，若 $n=p_1^{h_1}\cdots p_k^{h_k}$，则 $\mathbf{Z}/n\mathbf{Z}$ 有如下的若尔当－赫尔德数列

$$\mathbf{Z}/n\mathbf{Z}\supset p_1\mathbf{Z}/n\mathbf{Z}\supset p_1^2\mathbf{Z}/n\mathbf{Z}\supset\cdots\supset p_1^{h_1}\mathbf{Z}/n\mathbf{Z}\supset\cdots$$

因此 $\mathbf{Z}/p_i\mathbf{Z}$ 在因子群列中出现了 h_i 次，由此得出唯一性.

例 26.4 (1)S_3 的数列：A_3 在 S_3 中正规，并且是3阶循环群. 故有若尔当－赫尔德群列

$$\{1\}\subset A_3\subset S_3$$

(2)S_4 的群列：A_4 在 S_4 中正规，且$(S_4:A_4)=2$. 在 A_4 中有一个(2,2)型的正规子群 D：$D=\{1,\sigma_1,\sigma_2,\sigma_3\}$，[②]其中

$$\sigma_1=(a,b)(c,d),\sigma_2=(a,c)(b,d),\sigma_3=(a,d)(b,c)$$

故有若尔当－赫尔德群列

$$\{1\}\subset\{1,\sigma_i\}\subset D\subset A_4\subset S_4$$

商群的阶依次是 2,2,3,2. 上面 i 的选取是任意的，所以群列并不是唯一的.

(3)$n\geqslant 5$ 时 S_n 的群列：群 A_n 是单群，故有若尔当

① 即所谓“算术基本定理”—— 译注

② D 就是克莱因(Klein)四元群 —— 译注

一赫尔德群列

$$\{1\} \subset A_n \subset S_n$$

西洛定理

第27章

设 p 为素数,G 为有限群.

定 义

定义 27.1 若 G 的阶是 p 的方幂,则称 G 为 p 一群. 若 G 的阶为 $p^n m$ 而 m 与 p 互素,则 G 的子群 H 称为 G 的西洛 p 一子群,当且仅当 H 的阶为 p^n.

注 (1) 设 S 是 G 的子群. 那么,S 是 G 的西洛 p 一子群,当且仅当 S 是一个 p 一群且 $(G:S)$ 与 p 互素.

(2) G 的西洛 p 一子群的共轭子群还是西洛 p 一子群.

例 27.1 设 K 是特征为 p 的有限域,有 $q=p^f$ 个元素. 设 $G=GL_n(K)$

是 K 上的 $n\times n$ 可逆矩阵群. 这个群与 $GL(V)$ 同构,这里 V 是 K 上的 n 维向量空间. 注意 G 的阶等于 K 上 n 维向量空间中基底的个数,即

$$\begin{aligned}|G| &= (q^n-1)(q^n-q)\cdots(q^n-q^{n-1})\\ &= q^{n(n-1)/2}\prod_{i=1}^{n}(q^i-1) = p^{fn(n-1)/2}m\end{aligned}$$

其中 $m=\prod_{i=1}^{n}(q^i-1)$ 与 q 互素,因而与 p 互素.

另外,考虑对角线元素都等于 1 的上三角矩阵群 P. 它是 G 的子群,阶为 $|P|=q^{n(n-1)/2}=p^{fn(n-1)/2}$. 因此,$P$ 是 G 的西洛 $p-$子群.

西洛 p - 子群的存在性

本节的目的是证明西洛第一定理.

定理 27.1 任何有限群都有西洛 $p-$子群.

第一个证明 它基于下述命题:

命题 27.1 设 H 是 G 的子群,S 是 G 的西洛 $p-$子群. 那么,存在 $g\in G$ 使 $H\cap gSg^{-1}$ 是 H 的西洛 $p-$子群.

设 X 是 G 模 S 的左陪集的集合. 群 G 与 H 通过平移分别作用在 X 上. X 中的点在 G 作用下的稳定子群是 S 的共轭子群,在 H 作用下的稳定子群则是 $H\cap gSg^{-1}$. 因为 S 是 G 的西洛 $p-$子群,故 $|X|\not\equiv 0 \pmod p$. 因此,X 在 H 作用下的轨道中,有一个轨道 O 所含元素个数与 p 互素(否则 $|X|$ 被 p 整除). 设 $x\in O$, 而 H_x 是 x 在 H 中的稳定子群. 群 H_x 形如 $H\cap gSg^{-1}$(对某个 g),从而是 $p-$群. 又 $(H:H_x)=|O|$ 与 p 互素. 因此,H_x 是 H 的西洛 $p-$子群,并具有

形式 $H \cap gSg^{-1}$.

推论 27.1 若G有西洛p－子群，H是G的子群，则 H 也有西洛 p － 子群.

应用(定理27.1的第一个证明) 设G为有限群，阶为 n. G 可以嵌到对称群 S_n 中. 另一方面，S_n 可以嵌入到$GL_n(K)$ 中(这里 K 是特征为 p 的有限域)，按如下方式：设$(e_i)_{1\leqslant i\leqslant n}$ 是 K^n 的一组基，给定 $\sigma \in S_n$，用$f(e_i)=e_{\sigma(i)}$ 定义一个线性变换 f，然后将σ 对应到 f. 因此，G可以嵌入到$GL_n(K)$中. 根据例27.1，$GL_n(K)$有西洛 p－子群. 于是，由上述推论即可导出结论.

第二个证明(Miller－Wielandt) 假设 $|G|=p^n m$，m与p互素. 记X为G的有p^n个元素的子集全体所组成的集合，记 s 为 G 的西洛 p － 子群的个数.

引理 27.1 $|X|\equiv sm(\bmod p)$.

群 G 通过平移左作用在 X 上. 设 $X=\coprod\limits_i X_i$ 是 X 在 G 作用下的轨道分解. 若 $A_i \in X_i$，则有 $X=\coprod\limits_i GA_i$. 记 G_i 为 A_i 的稳定子群. 回忆一下有$|GA_i|=|G|/|G_i|$.

注意有$|G_i|\leqslant p^n$. 实际上，设 $x\in A_i$，那么若 $g\in G_i$，则 gx 属于 A_i，因此它只能取 p^n 个值. 因而 g 也至多有 p^n 种选择. 由此得到两种情况：

(1) 若 $|G_i|< p^n$，则 $|GA_i|$ 被 p 整除.

(2) 若 $|G_i|=p^n$，则 G_i 是 G 的西洛 p － 子群.

注意，若 P 为 G 的西洛 p － 子群，则对所有的 $g\in G$ 都有 $Pg\in X$，并且 Pg 的稳定子群就是 P. 反之，若 X 中集合 A 在 P 作用下稳定，即 $PA\subset A$，那么

对每个 $a \in A$ 都有 $Pa \subset A$，因此 $A = Pa$（这两个集合基数相同）. 因此，X 中以 P 为稳定子群的集合恰好是 P 在 G 作用下的轨道，[①]这个轨道的基数为 $|G/P| = m$. 最后，由于

$$|X| = \sum_{i:|G_i| < p^n} |GA_i| + \sum_{i:|G_i| = p^n} |GA_i|$$

也就是

$$|X| \equiv 0 + sm \pmod p$$

这就是要证的结果.

我们用此引理来证明定理 27.1. 实际上，由此引理知，s 模 p 的同余类仅依赖于 G 的阶. 然而 $G' = \mathbf{Z}/|G|\mathbf{Z}$ 只有唯一一个西洛 p - 子群（它同构于 $\mathbf{Z}/p^n\mathbf{Z}$）. 因此 $s \equiv 1 \pmod p$，特别 s 不等于零. [②]

注 事实上，已经证明了群 G 的西洛 p - 子群的个数模 p 同余于 1. 以后会再次证明这一性质.

推论 27.2（柯西） 若 p 整除 G 的阶，则 G 含有一个 p 阶元.

实际上，设 S 为 G 的西洛 p - 子群（定理 27.1 说明它存在）. 因为 p 整除 G 的阶，S 不是平凡群 $\{1\}$. 取 $x \in S$，$x \neq 1$，则 x 的阶是 p 的幂，比如说 p^m（$m \geqslant 1$）. 那么 $x^{p^{m-1}}$ 的阶就是 p.

---

① 这里指 G 在 X 上的右平移作用，即恰好为 P 的所有右陪集. —— 译注

② 用 Miller－Wielandt 的方法实际上可以证明更为一般的结果：若 p 为素数，$|G| = p^k m$（m 与 p 不一定互素），则 G 的 p^k 阶子群的个数模 p 与 1 同余. 这只要在上述证明中，取 X 为 G 的 p^k 个元素的子集的全体，并稍作修改即可. 参考 Jacobson, Basic Algebra I, § 1.13，练习 12－15. —— 译注

西洛 p - 子群的性质

定理 27.2(西洛第二定理) (1)G 的每个 p — 子群都包含在 G 的某个西洛 p — 子群内.

(2)G 的西洛 p — 子群相互共轭.

(3) 西洛 p — 子群的个数模 p 同余于 1.

引理 27.2 设 p—群 P 作用在有限集合 X 上,而 X^P 为 X 中在 P 作用下不动的元素的集合. 那么 $|X| \equiv |X^P| \pmod p$.

在 P 作用下,X 中仅由单点组成的轨道恰好就是 X^P 中的点. 因而集合 $X - X^P$ 就是非平凡轨道的并集,每个非平凡轨道的基数都被 p 整除.

现在可以证明定理27.2的(1)与(2)了. 设 P 为G 的一个 p — 子群. 任取 G 的一个西洛 p — 子群 S,设 X 是 G 模 S 的左陪集的集合. 将引理 27.2 用到集合 X 上:由于 $|X| \not\equiv 0 \pmod p$,因此 $|X^P| \not\equiv 0 \pmod p$. 特别,某个 $x \in X$ 在P 的作用下保持不动. 从而 x 的稳定子群包含 P,并且与 S共轭. 因此,P 包含在S 的一个共轭子群内,也即包含在 G 的某个西洛 p — 子群内.

对于(2),将(1)用于 $P=S'$,这里 S' 是G 的一个西洛 p — 子群. 那么,存在 $g \in G$ 使 $S' \subset gSg^{-1}$,因而 $S' = gSg^{-1}$.

对于(3),基于下面引理可得到一个新的证明.

引理 27.3 设 S 与 S' 是G 的两个西洛 p —子群. 如果 S' 正规化 S,则 $S = S'$.

设 H 为 S 与 S' 在G 中生成的子群. 群 H 正规化 S,而 S 是 H 的西洛 p — 子群. 因此 S 是 H 唯一的西洛

p－子群(H 的西洛 p－子群相互共轭). 由于 S' 是 H 的西洛 p－子群，故 $S=S'$.[①]

我们来证明(3)，设 X 为 G 的西洛 p－子群的集合，那么 S 共轭作用在 X 上. 根据引理 27.3，S 是 X 中唯一一个在 S 作用下不动的元素，再用一下引理 27.2(取 $P=S$) 即得 $|X|\equiv 1(\mathrm{mod}\ p)$.

推论 27.3 设 S 是 G 的西洛 p－子群，则 $(G:N_G(S))\equiv 1(\mathrm{mod}\ p)$.

从 $G/N_G(S)$ 到 G 的西洛 p－子群的集合按如下方式定义一个映射：$f(\bar{g})=gSg^{-1}$(其中 g 是 $\bar{g}$ 的任意一个代表元)，那么 f 是一个双射.

已经看到，对于 G 的任一子群 H，都有 G 的西洛 p－子群，其与 H 的交是 H 的西洛 p－子群. 但这并非对 G 的所有西洛 p－子群都对. 然而，若 H 是正规子群，则有：

命题 27.3 设 H 是 G 的正规子群，S 是 G 的西洛 p－子群，那么

(1)$S\cap H$ 是 H 的西洛 p－子群.

(2)S 在 G/H 中的像是 G/H 的西洛 p－子群(用这种方式可得到 G/H 的所有西洛 p－子群).

(3)(弗拉蒂尼) 若 Q 是 H 的西洛 p－子群，则有 $H\cdot H_G(Q)=G$.

证明 (1) 显然.

(2)S 在 G/H 中的像同构于 $S/(H\cap S)$. 若 p^a 是

① 在这个证明中，也可取 $H=N_G(S)$，即将 S' 看作 $N_G(S)$ 的子群，那么 S 与 S' 在 H 中共轭. —— 译注

除尽 H 的阶的 p 的最高幂次，p^b 为除尽 G/H 的阶的最高幂次，则 p^{a+b} 就是除尽G 的阶的最高幂次. 因而，S 有 p^{a+b} 个元素. 此外，$H\cap S$ 至多有 p^a 个元素，因此，$S/(H\cap S)$ 至少有 p^b 个元素，从而正好有 p^b 个元素. 由此推出$S/(H\cap S)$是G/H的西洛p一子群. ①另外，所有的西洛 p 一子群都可通过取共轭得到，这就得到(2).

(3) 设 $g\in G$，则有 $gQg^{-1}\subset gHg^{-1}=H$（$H$ 是正规子群). 由于 gQg^{-1} 是 H 的西洛 p 一子群，故存在 $h\in H$ 使$gQg^{-1}=hQh^{-1}$，因而$h^{-1}g\in H_G(Q)$，从而有 $g\in H\cdot N_G(Q)$. 于是 $G\subset H\cdot N_G(Q)$，故 $H\cdot N_G(Q)=G$.

推论 27.4 设S是G的西洛p一子群，H是G的包含 $N_G(S)$ 的子群. 那么 $N_G(H)=H$.

H 是$H_G(H)$ 的正规子群并包含S，于是S是H 的西洛p一子群. 应用上面命题的(3)得到：$H\cdot H_G(S)=N_G(H)$. ②特别，若 S 是 G 的西洛 p 一子群，则有 $N_G(N_G(S))=N_G(S)$. ③故 $N_G(H)\subset H$，由此得到结果.

Fusion④

设S为G的西洛p一子群，N为S在G中的正规

---

① $S/(H\cap S)$ 应为 SH/H. —— 译注

② 令 $K=N_G(H)$，则由上面命题(3)得到 $K=H\cdot N_K(S)$. 故 $N_G(H)=K=H\cdot N_K(S)\subset H\cdot N_G(S)\subset H$. —— 译注

③ 就是说，$N_G(S)$是G的一个自正规化子群. 参阅下面定理27.5证明中的译注. —— 译注

④ 设 H 为G 的子群. H 中元素的 fusion 是 H 中元素在G 的共轭类中的分布方式，参考 Suzuki，Group Theory Ⅱ，第 5 章 §2. —— 译注

化子. 可以提出如下的问题:S 的两个在 G 中共轭的元素在 N 中也共轭吗? 有如下的命题.

命题 27.4(伯恩赛德) 设 X 与 Y 是 S 的中心的两个子集,它们在 G 中共轭. 设 $g\in G$ 使 $gXg^{-1}=Y$. 那么,存在 $n\in N$ 使得对所有 $x\in X$ 都有 $nxn^{-1}=gxg^{-1}$. 特别有 $nXn^{-1}=Y$.

想找 $n\in N$ 使对每个 $x\in X$ 都有 $nxn^{-1}=gxg^{-1}$,即对每个 $x\in X$ 都有 $g^{-1}nxn^{-1}g=x$. 因此,要找 $n\in N$ 使 $g^{-1}n\in A=C_G(X)$(X 的中心化子). 由于 X 含于 S 的中心,因而 A 包含 S. 同样地,由于 $Y=gXg^{-1}$,故 $g^{-1}Sg$ 含于 A. ①群 S 与 $g^{-1}Sg$ 是 A 的西洛 p 一子群(考虑它们的阶就可知),从而在 A 中共轭,所以存在 $a\in A$ 使 $ag^{-1}Sga^{-1}=S$. 因此 $n=ga^{-1}$ 属于 N 而 $g^{-1}n$ 属于 A.

推论 27.5 设 x 与 y 是 S 中心的两个元素. 如果它们在 G 中共轭,则它们在 N 中共轭.

注 "x 与 y 属于 S 的中心"这一假设不能去掉. 例如,取 $G=GL_3(\mathbf{Z}/p\mathbf{Z})$ 以及

$$S=\left\{\begin{pmatrix}1&\times&\times\\0&1&\times\\0&0&1\end{pmatrix}\right\}$$

那么

$$N=\left\{\begin{pmatrix}\times&\times&\times\\0&\times&\times\\0&0&\times\end{pmatrix}\right\}$$

① $S\subset C_G(Y)=gC_G(X)g^{-1}=gAg^{-1}$,故 $g^{-1}Sg\subset A$. —— 译注

两个元素

$$x=\begin{pmatrix}1&1&0\\0&1&0\\0&0&1\end{pmatrix} \text{与} y=\begin{pmatrix}1&0&0\\0&1&1\\0&0&1\end{pmatrix}$$

在 G 中共轭,但不在 N 中共轭.①

S 的两个元素 x,y 称为局部共轭的,如果存在 S 的子群 U,它包含 x 与 y,并且 x 与 y 在 $N_G(U)$ 中是共轭的.

定理 27.3(Alperin) S 中的关系"x 与 y 局部共轭"在 S 上生成一个等价关系,它就是关系"x 与 y 在 G 中共轭."

另一种说法是

定理 27.4 若 $x,y\in S$ 在 G 中共轭,则存在 S 中的一列元素 $a_0,\cdots,a_n$,使得

(1) $a_0=x$ 且 $a_n=y$.

(2) 对 $0\leqslant i\leqslant n-1$,$a_i$ 与 a_{i+1} 局部共轭.

这可由下述更强的定理得出:

定理 27.5 设 A 是 S 的子集,而 $g\in G$ 使 $A^g\subset S$.②那么存在整数 $n\geqslant 1$,S 的子群 $U_1,\cdots,U_n$ 以及 G 的元素 $g_1,\cdots,g_n$,它们具有如下性质:

(1) $g=g_1\cdots g_n$.

(2) 对 $1\leqslant i\leqslant n$,有 $g_i\in N_G(U_i)$.

(3) 对 $1\leqslant i\leqslant n$,有 $A^{g_1\cdots g_{i-1}}\subset U_i$.

---

① x 与 y 有相同的若尔当块,因而在 G 中共轭.又假设 $z\in N$ 使 $zx=yz$,则可推出 z 对角线上有零元素.从而 $\det z=0$.矛盾.——译注

② $A^g=\{g^{-1}ag;a\in A\}$.——译注

注　对 $i=1$，(3) 表示 $A\subset U_1$，又注意对 $1\leqslant i\leqslant n$ 都有 $A^{g_1\cdots g_i}\subset U_i$，这一点由(2)与(3)就可看出. 特别有 $A^g\subset U_n$.

上面的定理是此定理的推论(取 A 为单个元素).

证明　设 T 为由 A 生成的 S 的子群. 对 T 在 S 中的指标 $(S:T)$ 作数学归纳法来证明此定理. 若此指标等于 1，即 $T=S$. 因此 $S^g=S$ 而 $g\in N_G(S)$. 于是可取 $n=1, g_1=g, U_1=S$.

故可设 $(S:T)>1$，即 $T\neq S$. 那么群 $T_1=N_S(T)$ 不等于 T，[①]它是 $N_G(T)$ 的一个 p－子群. 选取 $N_G(T)$ 的一个西洛 p－子群 Σ 使之包含 T_1. 由定理 27.2，存在 $u\in G$ 使 $\Sigma^u\subset S$. 此外，令 $V=T^g$，则根据假设有 $V\subset S$. 群 Σ^g 是 $N_G(V)=(N_G(T))^g$ 的西洛 p－子群. 而 $N_S(V)$ 是 $N_G(V)$ 的 p－子群，故有 $w\in N_G(V)$ 使 $(N_S(V))^w\subset\Sigma^g$. 令 $v=u^{-1}gw^{-1}$，则有 $g=uvw$.

现在来分解 u 与 v：

(1) 我们有 $T_1^u\subset\Sigma^u\subset S$. 由于 T_1 在 S 中的指标严格小于 T 在 S 中的指标，归纳假设说明存在 S 的子群 $U_1,\cdots,U_m$ 以及元素 $u_1\in N_G(U_1)\cdots,u_m\in N_G(U_m)$ 满足 $u=u_1\cdots u_m$，并且对 $1\leqslant i\leqslant m$ 有 $T_1^{u_1\cdots u_{i-1}}\subset U_i$.

(2) 令 $T_2=N_S(V)$，$T_3=T_2^{v^{-1}}=T_2^{wg^{-1}u}$. 由于 T_2^w 含在 Σ^g 内，故有 $T_3\subset\Sigma^{gg^{-1}u}=\Sigma^u$. 群 T_3 含在 S 内，

① 群 G 的子群 H 称为自正规化(self－normalizing)子群，如果有 $N_G(H)=H$. 已知一个有限 p－群一定没有自正规化的真子群(参考 Alperin & Bell, Groups and Representations, Springer1995 年版，第 11 节，定理 15)，将此结果应用于这里的 S 和 T，可知 $T_1=N_S(T)\neq T$. ——译注

$T_3^v=T_2$ 也是. 由于 T_3 的指标严格小于 T 的指标,①如上面一样可以导出存在 S 的子群 $V_1,\cdots,V_r$ 以及元素 $v_j\in N_G(V_j)$ 满足 $v=v_1\cdots v_r$, 并且对 $1\leqslant j\leqslant r$ 有 $T_3^{v_1\cdots v_{j-1}}\subset V_j$.

余下的就是验证 S 的子群 $U_1,\cdots,U_m,V_1,\cdots,V_r,V$ 以及 g 的分解 $g=u_1\cdots u_m v_1\cdots v_r w$ 满足定理中的条件. 根据构造, 有

$$u_i\in N_G(U_i), v_j\in N_G(V_j), w\in N_G(V)$$

而由于 T 含于 T_1 中, 从而有 $T^{u_1\cdots u_{i-1}}\subset U_i(1\leqslant i\leqslant m)$. 余下还要验证, 对 $1\leqslant j\leqslant r$ 有

$$T^{u_1\cdots u_m v_1\cdots v_{j-1}}\subset V_j$$

然而, $T^{u_1\cdots u_m}=T^u$ 含于 $T_3=T_2^{wg^{-1}u}$ 之内. 事实上, w^{-1} 正规化 $V=T^g$, 故有 $T^{gw^{-1}}=V\subset N_S(V)=T_2$, 因而 $T\subset T_2^{wg^{-1}}$, $T^u\subset T_2^{wg^{-1}u}$. 由此导出

$$T^{u_1\cdots u_m v_1\cdots v_{j-1}}=T_3^{uv_1\cdots v_{j-1}}\subset V_j$$

这就完成了证明.②

① T_3(与 T_2) 在 S 中的指标都等于 T_1 在 S 中的指标. —— 译注

② 最后还要验证 $T^g=T^{u_1\cdots u_m v_1\cdots v_r w}\subset V$, 但由于 $T^g=V$, 这是显然的. —— 译注

可解群与幂零群

第28章

可解群

设G为群,x,y是G的两个元素.元素$x^{-1}y^{-1}xy$称为x与y的换位子,记作(x,y),[①]则有

$$xy=yx(x,y)$$

设A与B为G的两个子群,记(A,B)为所有换位子(x,y),其中$x\in A$而$y\in B$,生成的子群.[②]群(G,G)称作G的换位子群,也叫作G的导群并记作$D(G)$.它是G的特征子群.由定义立刻推出:

命题28.1　设H为G的子群,则下述两个性质等价:

① 很多书上把换位子定义为$xyx^{-1}y^{-1}$,记为$[x,y]$.——译注

② 注意$(x,y)^{-1}=(y,x)$,所以有$(A,B)=(B,A)$.——译注

(1)H 包含 $D(G)$.

(2)H 为正规子群且 G/H 为交换群.

从这个意义说来,$G/D(G)$ 就是由 G 所能得到的最大的交换商群,有时也将其记为 G^{ab}. 重复上面的步骤,就可定义 G 的导子群列

$$D^0G=G$$

$$D^nG=(D^{n-1}G,D^{n-1}G),\text{对 } n\geqslant 1$$

那么有 $G\supset D^1G\supset D^2G\supset\cdots$.

定义 28.1 群 G 称为可解群,如果存在整数 $n\geqslant 0$ 使 $D^nG=\{1\}$. 此时,使 $D^nG=\{1\}$ 的最小非负整数 n 就称为 G 的可解次数,[①]记作 $cl(G)$.

因此,$cl(G)=0$ 等价于 $G=\{1\}$,而 $cl(G)\leqslant 1$ 等价于 G 是交换群.

命题 28.2 设 G 为群,整数 $n\geqslant 1$,那么下述性质等价:

(1)G 的可解次数小于等于 n.

(2) 存在 G 的正规子群列 $G=G_0\supset G_1\supset\cdots\supset G_n=\{1\}$, 使对于 $0\leqslant i\leqslant n-1$,$G_i/G_{i+1}$ 都是交换群.

(2′) 存在 G 的子群列 $G=G_0\supset G_1\supset\cdots\supset G_n=\{1\}$,使对于 $1\leqslant i\leqslant n$,G_i 都是 G_{i-1} 的正规子群并且 G_{i-1}/G_i 为交换群.

(3)G 有一个正规交换子群 A,使 G/A 的可解次数小于等于 $n-1$.

(1)⇒(2) 对 $i\geqslant 0$ 令 $G_i=D^iG$. 由于 $D(G)$ 在 G 的所有自同构(包括内自同构) 下是稳定的,所以对所有

① “可解次数”原文是 classe de résolubilité. —— 译注

i,D^iG 都是 G 的正规子群.[①]这样定义的群列$(G_i)_{i\geqslant 0}$就满足(2)的条件.

(2)⇒(2′)显然.

(2′)⇒(1)对 k 作数学归纳法可知对所有 k 均有 $D^kG\subset G_k$,因此 $D^nG=\{1\}$.

(1)⇒(3)取 $A=D^{n-1}G$.

(3)⇒(1)对 G/A 与 $n-1$ 应用上面的结论(1)⇒(2)得到 G 的正规子群列

$$A_0=G\supset A_1\supset\cdots\supset A_{n-1}=A$$

使得商群列

$$G/A\supset A_1/A\supset\cdots\supset A_{n-1}/A=\{1\}$$

满足(2)中的条件.因此,群列

$$G\supset A_1\supset\cdots\supset A_{n-1}\supset\{1\}$$

也满足(2)中的条件,对 G 与 n 应用关系(2)⇒(1)即得结论.

注　若一个群的可解次数小于等于 n,则它所有子群(及所有商群)的可解次数都小于等于 n.

命题 28.3　设 G 为有限群,而 $G=G_0\supset G_1\supset\cdots\supset G_n=\{1\}$ 是 G 的若尔当－赫尔德群列.G 为可解群的充要条件是对每个 $0\leqslant i\leqslant n-1$,$G_i/G_{i+1}$ 都是素数阶循环群.

首先注意若一个单群为可解的,那么它的导群因为是正规子群,从而必等于$\{1\}$.因此这个群是交换群,同时又是单群,因此必为素数阶循环群.本定理即可由此导出.

---

① 若 H 为 G 的特征子群,K 为 H 的特征子群,则 K 也是 G 的特征子群.因此,每个 D^iG 都是 G 的特征子群,当然是正规子群.——译注

例 28.1 (1) 当且仅当 $n\leqslant 4$ 时,群 S_n 是可解群.

(2) 非交换单群一定不是可解群.

(3) 设 V 是域 K 上的 n 维向量空间,而

$$V=V_0\supset V_1\supset\cdots\supset V_n=0$$

是一个完全旗[①](即 V 的一个递降子空间序列使得 $\operatorname{codim}(V_i)=i$). 令

$$G=\{s\in GL(V)\mid sV_i=V_i,0\leqslant i\leqslant n\}$$

(若在 V 中取一个与此完全旗相容的基底,则 G 可等同于上三角矩阵群.[②])

定义 G 的一个子群列 $(B_i)_{0\leqslant i\leqslant n}$ 如下

$$B_i=\{s\in G\mid (s-1)V_j\subset V_{i+j},0\leqslant j\leqslant n-i\}$$

特别,$B_0=G$.

我们来证明对 $0\leqslant j\leqslant n,0\leqslant k\leqslant n$ 且 $0\leqslant j+k\leqslant n$ 总有 $(B_j,B_k)\subset B_{j+k}$. 实际上,设 $s\in B_j,t\in B_k$ 及 $x\in V_i$. 于是,存在 $v_{i+k}\in V_{i+k}$ 使

$$tx=x+v_{i+k}$$

从而

$$stx=sx+sv_{i+k}=x+w_{i+j}+v_{i+k}+t_{i+j+k}$$

(其中 $w_{i+j}\in V_{i+j}$ 而 $t_{i+j+k}\in V_{i+j+k}$). 同样有

$$tsx=t(x+w_{i+j})=x+v_{i+k}+w_{i+j}+t'_{i+j+k}$$

(其中 $t'_{i+j+k}\in V_{i+j+k}$). 因此

$$stx\equiv tsx\ (\operatorname{mod} V_{i+j+k})$$

---

① "完全旗"原文为 drapeau complet,英文是 complete flag. —— 译注

② 取 V 的基底 $\{e_1,\cdots,e_n\}$,使对 $1\leqslant i\leqslant n$,$\{e_1,\cdots,e_i\}$ 张成子空间 V_{n-i}. 那么,在这个基底下,G 中元素的矩阵表示恰好就是非奇异上三角阵. —— 译注

从而有

$$s^{-1}t^{-1}stx \equiv x \pmod{V_{i+j+k}}$$

这就证明了结论. 特别有

• 对 $0 \leqslant i \leqslant n$,$(B_0, B_i) \subset B_i$,因此 B_i 是 $B_0 = G$ 的正规子群.

• 对 $1 \leqslant i \leqslant n$ 有 $(B_i, B_i) = D(B_i) \subset B_{2i} \subset B_{i+1}$,因此对于 $1 \leqslant i \leqslant n-1$ 商群 B_i / B_{i+1} 是交换群.

• 最后,$B_0 / B_1 = G / B_1$ 可以等同于对角矩阵群.[①]由于 K 交换,它是一个交换群. 因此,群列 $B_0 = G \supset B_1 \supset \cdots \supset B_n = \{1\}$ 满足条件(2),从而 G 是可解群.

(4) 伯恩赛德(Burnside) 定理说,若 p 与 q 为素数,则所有阶为 $p^a q^b$ 的群都是可解群. 我们以后会证明这一结果.[②]

(5) 我们也提一下(很难的)Fiet－Thompson 定理:所有奇数阶群都是可解群.[③]这个结果说明,所有非交换单群一定是偶数阶的.

(6) 可解群来源于域论. 设 K 为特征 0 的域,$\overline{K}$ 是 K 的代数闭包. 记 K_{rad} 为 $\overline{K}$ 中包含 K 并且有下述性质的最小子域:对所有 $x \in K_{rad}$ 及所有整数 $n \geqslant 1$ 都有 $x^{1/n} \in K_{rad}$.[④]可以证明,K 的一个有限伽罗华扩张包

---

① 用矩阵表示,G 是所有非奇异上三角矩阵群,则 B_1 恰好是对角线元素全为 1 的上三角矩阵群. 因此 G/B_1 同构于对角矩阵群. —— 译注

② 见第 33 章. —— 译注

③ 参考 W. Feit 与 J. G. Thompson:Solvability of groups of odd order, Pacific J. Math. 13(1963), p. 775 ~ 1026. —— 原注

④ 这个性质是说,对任何 $x \in K_{rad}$,关于 t 的方程 $t^n = x$ 在 $\overline{K}$ 中的根全部落在 K_{rad} 内. —— 译注

含在 K_{rad} 内的充要条件是它的伽罗华群为可解群.这等价于说,一个方程是根式可解的,当且仅当它的伽罗华群是可解群.[①]这就是"可解"这一名词的来历.

下中心群列

设 G 是群.归纳地定义 G 的一个子群列 $(C^nG)_{n\geqslant 1}$ 如下

$$C^1G=G$$
$$C^{n+1}G=(G,C^nG),\quad 若\ n\geqslant 1$$

这个群列就称为 G 的下中心群列.对每个 $n\geqslant 1$,C^nG 都是 G 的特征子群.[②]

命题 28.4 对所有 $i\geqslant 1,j\geqslant 1$ 都有 $(C^iG,C^jG)\subset C^{i+j}G$.

对 i 作数学归纳法来证明本命题.若 $i=1$ 而 $j\geqslant 1$,结论是显然的.设 $j\geqslant 1$ 则有 $(C^{i+1}G,C^jG)=((G,C^iG),C^jG)$.由归纳假设 $((C^iG,C^jG),G)\subset(C^{i+j}G,G)$,因此 $((C^iG,C^jG),G)\subset C^{i+j+1}G$.同理,$((C^jG,G),C^iG)$ 也含在 $C^{i+j+1}G$ 中,从而命题结论可由下面的引理推出.

引理 28.1 设 X,Y,Z 为 G 的正规子群.若 G 的子群 H 包含 $((Y,Z),X)$ 与 $((Z,X),Y)$,那么 H 包含 $((X,Y),Z)$.

证明要用到下面的霍尔(Hall)恒等式

---

① 这里提到的事实可以参考任何一本伽罗华理论的书籍.例如 E.阿丁(E. Artin)(或按数学名词审定委员会,《数学名词》,科学出版社,1994 年,北京,亦称为阿廷)的《伽罗华理论》(中译本).—— 译注

② 对 n 作数学归纳法可知.—— 译注

$$(x^y,(y,z))(y^z,(z,x))(z^x,(x,y))=1$$

(其中 $x^y=y^{-1}xy$). 这个恒等式可以通过将左边展开成为 42 项而得到. ①

注 群论中的霍尔恒等式类似于李代数中的雅可比恒等式

$$[x,[y,z]]+[y,[z,x]]+[z,[x,y]]=0$$

如果群 G 有一个次正规群列 (G_i) 满足 $(G_i,G_j)\subset G_{i+j}$, 则可用此恒等式为 G 配上一个李代数 $gr(G)$, 即

$$gr(G)=\bigoplus_i G_i/G_{i+1}$$

若 $\xi\in G_i/G_{i+1}$, $\eta\in G_j/G_{j+1}$, 则李括号

$$[\xi,\eta]\in G_{i+j}/G_{i+j+1}$$

定义为换位子 (x,y) 的象, 其中 x 是 ξ 在 G_i 中的代表元, y 是 η 在 G_j 中的代表元. 特别, 这可以用于 $G_i=C^iG$ 的情形.

幂零群

定义 28.2 群 G 称为幂零群, 如果存在正整数 n 使得 $C^{n+1}G=\{1\}$. 满足此条件的最小整数 n 称为 G 的幂零次数. ②

特别有

— 群 G 为交换群, 当且仅当其幂零次数不大于 1.

— 有限个幂零群的直积还是幂零群, 且其幂零次

① 这个引理等价于"若 X,Y,Z 为 G 的 3 个正规子群, 则 $((X,Y),Z)\subset((Y,Z),X)((Z,X),Y)$." 证明思路可参考 Jacobson, Basic Algebra Ⅰ, § 4.6 的练习 3 ~ 5(Freeman, 1974 年版, p. 242). —— 译注

② 幂零次数原文是 classe de nilpotence. —— 译注

数为各因子群幂零次数之最大者.

— 幂零群的子群与商群仍为幂零群.

命题 28.5 幂零群一定是可解群.

事实上,对 $n \geqslant 0$ 总有 $D^nG \subset C^{2^n}G$.

此命题的逆命题不成立. 例如,S_3 的可解次数为 2. 考虑 S_3 的下中心列,则有:$C^1S_3 = S_3$,$C^2S_3 = C_3$(3 阶循环群),接着是 $C^3S_3 = C_3$,等等. 因此,下中心群列稳定于 C_3,故不会取到$\{1\}$. 所以,S_3 不是幂零群.

可以按下面方式来构造幂零群:

命题 28.6 群 G 为幂零群且幂零次数小于等于 $n+1$,当且仅当存在幂零群 Γ,其幂零次数小于或等于 n,使得 G 为 Γ 的中心扩张(即存在正合列$\{1\} \to A \to G \to \Gamma \to \{1\}$,且 A 含于 G 的中心).

若 G 的幂零次数为 $n+1$,则 $C^{n+2}G = \{1\}$,因此 $C^{n+1}G$ 含于 G 的中心. 令 $\Gamma = G/C^{n+1}G$,则有 $C^{n+1}\Gamma = \{1\}$,因此 Γ 的幂零次数小于或等于 n. 反过来,如果存在所说的那样一个正合列,且 $C^{n+1}\Gamma = \{1\}$,则 $C^{n+1}G \subset A$,因而 $C^{n+1}G$ 含于 G 的中心,故 $C^{n+2}G = \{1\}$.

推论 28.2 设 G 为幂零群,H 为 G 的真子群. 那么 $N_G(H)$ 不等于 H. ①

对 G 的幂零次数 n 作数学归纳法来证明. 若 $n=1$,则 G 为交换群,故 $N_G(H) = G \neq H$.

若 $n \geqslant 2$,选取 G 的中心子群 A,使 G/A 的幂零次

---

① 就是说,G 的任何真子群都不是自正规化子群. 对有限群来说,这个条件与 G 为幂零群的条件是等价的. 参阅 Alperin & Bell, Groups and Representations,第 11 节,定理 15(Springer,1995 年版,103 页). —— 译注

数不大于 $n-1$. 那么 $N_G(H)$ 包含 A. 如果 H 不包含 A，当然 $N_G(H)\neq H$. 但如果 H 包含 A，则 H/A 是 G/A 的真子群. 归纳假设说明 $H/A\neq N_{G/A}(H/A)$. 因为 $N_G(H)/A=N_{G/A}(H/A)$，由此推出 $N_G(H)$ 不等于 H.

下面的命题给出幂零群的另一种刻画方式.

命题 28.7　群 G 为幂零群的充要条件是存在一个子群列 $(G_i)_{1\leqslant i\leqslant n+1}$，使 $G_1=G\supset G_2\supset\cdots\supset G_{n+1}=\{1\}$，并且对 $1\leqslant i\leqslant n$ 都有 $(G,G_i)\subset G_{i+1}$.

注　更强的条件是 $(G_i,G_j)\subset G_{i+j}$.

证明　如果存在这样的群列，则对所有 $k\geqslant 1$ 都有 $C^kG\subset G_k$，因而 G 是幂零群. 反过来，若 G 为幂零群，则可取 $G_k=C^kG$.

例 28.2　设 V 是域 K 上的 n 维向量空间，又设

$$V=V_0\supset V_1\supset\cdots\supset V_n=0$$

是 V 的一个完全旗. 用例 28.1，令

$$B_j=\{g\in GL(V)\mid (g-1)V_i\subset V_{i+j},i\geqslant 0\}$$

那么 B_1 是幂零群. 事实上，群列 $(B_i)_{i\geqslant 1}$ 使得 $B_1\supset B_2\supset\cdots\supset B_n=\{1\}$，而前面已经看到有 $(B_i,B_j)\subset B_{i+j}$.

作为应用，有下面的

定理 28.1(柯尔钦)　设 V 为域 K 上的有限维向量空间，G 为 $GL(V)$ 的子群. 假定 G 的每个元素 g 都只有唯一一个特征值 1(即 $g-1$ 是幂零的). [①]那么，存在

---

① 在有些书上，使 $g-1$ 为幂零的元素 g 被称为 unipotent(幂幺)元，相应的群 G 称为 $GL(V)$ 的 unipotent 子群. —— 译注

V 的一个完全旗，使得 G 含于与该完全旗相应的群 B_1 内（参见上面的例子）. 特别，G 是幂零群.

对 V 的维数 n 作数学归纳法来证明. $n=0$ 的情况是平凡的. 故可设 $n\geqslant 1$，来证明存在非零的 $x\in V$ 使对所有 $g\in G$ 都有 $gx=x$. 这是一个线性问题，故可过渡到扩域上从而假定 K 是代数闭的. 设 A_G 为 G 在 $\mathrm{End}(V)$ 中生成的向量子空间，它是 $\mathrm{End}(V)$ 的子代数. 分别讨论两种情况：

(1) V 作为 A_G 模是可约的，即存在不等于 0 与 V 的子空间 $V'\subset V$，它在 G 作用下稳定. 将归纳假设用到 V' 上，就得到 V' 中一个非零的 x，使对所有 $g\in G$ 都有 $gx=x$.

(2) 若 V 作为 A_G 模是不可约的，则由伯恩赛德定理推知 $A_G=\mathrm{End}(V)$（参见 Bourbaki, Algebra, 第 Ⅷ 章，§4, n°3）.[①]然而，若 $a, a'\in A_G$ 就有 $n\mathrm{Tr}(aa')=\mathrm{Tr}(a)\mathrm{Tr}(a')$. 实际上，若 $a, a'\in G$，则由于 $\mathrm{Tr}(aa')=\mathrm{Tr}(a)=\mathrm{Tr}(a')=n$，这个等式显然成立. 从而由线性性它对整个 A_G 都成立. 若 $n>1$，则在 $\mathrm{End}(V)=A_G$ 中取矩阵分别为

$$\begin{pmatrix}1 & 0\\ 0 & 0\end{pmatrix} \text{与} \begin{pmatrix}0 & 0\\ 0 & 1\end{pmatrix}$$

的元素 a 与 a'.[②]然而 $\mathrm{Tr}(a)=\mathrm{Tr}(a')=1$ 但 $\mathrm{Tr}(aa')=$

---

① 伯恩赛德定理也可参看 Jacobson, Basic Algebraa Ⅱ, p. 213 (Freeman, 1980 年版) 或者 Lang, Algebra, p. 648 (Springer, 2002 年版). —— 译注

② 这里 a, a' 的矩阵表示中，只有一个对角线元素为 1，其余元素都是 0. 由此可导出与上面等式矛盾的结果，所以必须 $n=1$. —— 译注

0,因此必有 $\dim(V)=1$,从而 V 中任何非零 x 都满足条件.

既然证明了 x 的存在性,就可将 x 生成的直线记作 V_{n-1}. 将归纳假设用到 V/V_{n-1} 上,就得到 V/V_{n-1} 的一个完全旗,在 G 的作用下稳定. 由此立得 V 的一个完全旗,在 G 的作用下稳定. 显然,G 含于相应的子群 B_1 中.[①]

有限幂零群

设 p 为素数.

命题 28.8 p 一群都是幂零群.

我们给两个证明:

证法 1 设 P 为 p 一群,则对某个充分大的整数 n,P 可以嵌入到 $GL_n(\mathbf{Z}/p\mathbf{Z})$ 中.[②] 因此,P 含在 $GL_n(\mathbf{Z}/p\mathbf{Z})$ 的某个西洛 p一子群内. 已经看到,这个西洛 p一子群共轭于 B_1,即对角线元素全为 1 的上三角矩阵的集合. 由例 28.2 知道 B_1 为幂零群,故 P 也是幂零群.

证法 2 可设 $P\neq\{1\}$. 让 P 通过内自同构作用在自身上. 这个作用的不动点集就是 P 的中心 $C(P)$. 由于 P 是 p 一群,由引理 27.2 得到

$$|P|\equiv|C(P)|\pmod p$$

故 $C(P)\neq\{1\}$. 因此,$P/C(P)$ 的阶严格小于 P 的阶,

---

① 在与这个完全旗相容的基底下,G 的元素 g 都表示为三角阵,既然 g 只有唯一的特征值 1,故该三角阵对角线上的元素全为 1,从而在 B_1 中.—— 译注

② 参考定理 27.1 的第一个证明.—— 译注

用数学归纳法就导出结论.①

推论 3 设 G 的阶为 p^n(p 为素数,$n\geqslant 1$),则

(1)G 的 p^{n-1} 阶子群都是正规子群.

(2) 如果 H 为 G 的子群,则存在子群列$(H_i)_{1\leqslant i\leqslant m}$使 $H=H_1\subset H_2\subset\cdots\subset H_m=G$,并且对 $2\leqslant i\leqslant m$ 总有$(H_i:H_{i-1})=p$.

(3)G 的真子群一定含在某个 p^{n-1} 阶子群内.

证明 (1) 设 H 为 G 的 p^{n-1} 阶子群. 由于 G 是幂零群,故 $N_G(H)$ 不等于 H.②因而 $N_G(H)$ 的阶为 p^n,即 H 是 G 的正规子群.

(2) 对 G 的阶作数学归纳法来证明. 因此,设 H 是 G 的子群,并设 H 不等于 G. 设 H' 是包含 H 的 G 的真子群中阶为最大者. 那么,H' 不等于 $N_G(H')$,因而 $N_G(H')=G$,即 H' 是 G 的正规子群. 特别,G/H' 是 p^k 阶的 $p-$群,其中整数 $k\geqslant 1$. 若 $k>1$,则存在 G/H' 的某个子群,不等于$\{1\}$,也不等于 G/H'.③从而,有 G 的某个真子群严格包含 H',这当然不对. 因此,$k=1$ 而$(G:H')=p$. 将归纳假设用到 H' 上就得到结果.

(3) 由(2) 立得.

推论 28.4 有限个 $p-$群的直积是幂零群.

下面证明一个逆命题.

定理 28.2 若 G 为有限群,则下述断言等价:

---

① 数学归纳法再加命题 28.6.—— 译注

② 推论 28.2.—— 译注

③ 设群 P 的阶为 p^k,$k>1$. 由命题 28.8 的第 2 个证明,中心 $C(P)\neq\{1\}$. 若 $C(P)\neq P$,则 $C(P)$ 就是$\{1\}$ 与 P 之间的中间群. 但若 $C(P)=P$,则 P 为交换群,也不难导出中间群的存在. —— 译注

(1)G 为幂零群.

(2)G 是 p 一群的直积.

(3) 对每个素数 p,G 只有唯一一个西洛 p 一子群.

(4) 设 p 与 q 是两个不同的素数,S_p 为 G 的西洛 p 一子群,S_q 为 G 的西洛 q 一子群. 那么,S_p 与 S_q 互相中心化(即 S_p 中每个元素与 S_q 中每个元素交换).

(5)G 中阶为互素的两个元素总是交换的.

证明 (2)⇒(1) 就是上面的推论 28.4.

(1)⇒(3) 设 S 为 G 的西洛 p 一子群,N 是它的正规化子. 那么,N 是它自己的正规化子(参见推论 27.4). 由于已设 G 为幂零群,推论 28.2 导出 $N=G$,因此 S 为正规子群. 由于 G 的西洛 p 一子群彼此共轭,故 G 只有唯一一个西洛 p 一子群.

(3)⇒(4) 对每个素数 p,记 G 中唯一的西洛 p 一子群为 S_p,那么它是 G 的正规子群. 若 p 与 q 为两个不同的素数,则 $S_p \cap S_q$ 既是 p 一群又是 q 一群,从而必等于$\{1\}$. 然而,若 $x \in S_p$ 而 $y \in S_q$,则 $x^{-1}y^{-1}xy \in S_p \cap S_q$,从而 $x^{-1}y^{-1}xy=1$. 因而 S_p 与 S_q 互相中心化.

(4)⇒(2) 对每个素数 p,选取 G 的一个西洛 p 一子群 S_p. 所有这些 S_p(p 取遍所有素数)生成的群就是 G(因为这个群的阶被 G 的阶整除). 那么,定义一个映射

$$\varphi:\begin{cases}\prod\limits_p S_p \to G\\ (s_p)_p \mapsto \prod\limits_p s_p\end{cases}$$

由假设,各个 S_p 互相中心化,因此 φ 为同态. 另外,由

于 G 由这些 S_p 生成，故 φ 为满同态. 最后，G 与 $\prod_p S_p$ 的基数相同，故 φ 为同构. 这就证明了(2).

(2)⇒(5) 假定 G 是一些 p－群 G_p 的直积. 设 G 中元素 x 与 y 的阶互素. 于是，$x=(x_p)_p$ 与 $y=(y_p)_p$ 使得对每个 p 或者 $x_p=1$ 或者 $y_p=1$. 实际上，$x_p=1$ 当且仅当 p 不整除 x 的阶. 因此 $x^{-1}y^{-1}xy=(x_p^{-1}y_p^{-1}x_py_p)_p=(1)$，故 $xy=yx$.

(5)⇒(4) 显然.

总结一下，已证明了下述的推断关系

$$\begin{array}{ccccc} (1) & \Leftarrow & (2) & \Rightarrow & (5) \\ \Downarrow & & \Uparrow & & \Downarrow \\ (3) & & \Rightarrow & & (4) \end{array}$$

由此即得定理.

交换群的情形

交换群一定是幂零群. 由前文知道，所有交换群都是交换 p－群的直积. 用下面的定理，这个漂亮的分解还可以更进一层.

定理 28.3 交换 p－群都是循环群的直积.

注 若 G 为有限交换 p－群，则存在整数 n 使对所有 $x\in G$ 都有 $p^nx=0$. 因此，可将 G 看作为 $\mathbf{Z}/p^n\mathbf{Z}$ 上的模(n 充分大). 于是，证明下面的定理就行了.

定理 28.4 所有 $\mathbf{Z}/p^n\mathbf{Z}$ 上的模(不一定有限)都是循环模的直和，且每个循环模同构于 $\mathbf{Z}/p^i\mathbf{Z}$(对某个

$i \leqslant n$).[①]

设 G 为 $\mathbf{Z}/p^n\mathbf{Z}$ 上的模，V 为商模 G/pG. V 是 $\mathbf{Z}/p\mathbf{Z}$ 上的向量空间. 记 G_i 为集合 $\{x \in G \mid p^i x = 0\}$. 这些 G_i 定义了 G 的一个子模列

$$G_0 = 0 \subset G_1 \subset \cdots \subset G_n = G$$

设 G_i 在 V 中的象集为 V_i，那么

$$V_0 = 0 \subset V_1 \subset \cdots \subset V_n = V$$

可以选取 V 的一组基 S 使之与这个分解相容，即使 $S_i = S \cap V_i$ 是 V_i 的一组基.[②]

若 $s \in S$，使 $s \in S_i$ 的最小整数 i 记为 $i(s)$. 又在 $G_{i(s)}$ 中选取 s 的一个代表元 $\bar{s}$，则有 $p^{i(s)}\bar{s} = 0$. 令 $G' = \bigoplus_{s \in S} \mathbf{Z}/p^{i(s)}\mathbf{Z}$，定义一个从 G' 到 G 的同态如下：若 $(n_s)_{s \in S} \in G'$，则定义 $\varphi((n_s)) = \sum_{s \in S} n_s \bar{s}$.[③]下面来证明 φ 是同构.

(1) φ 为满同态：设所有 $\bar{s}$ 在 G 中生成的子群为 H，只须证明 H 就是整个的 G. 根据定义，$\bar{s}$ 投影成为 s，而 s 取遍 V 的一组基，因此，H 在 V 中的投影为满射. 因此有 $H + pG = G$，或者说，$G = pG + H$. 重复利用这一等式即得

$$G = p(pG + H) + H = p^2 G + H = \cdots = p^n G + H = H$$

(2) φ 为单同态：设 $(n_s) \in G'$ 使在 G 中有 $\sum_{s \in S} n_s \bar{s} =$

---

① “循环模”原文为 module monogènes，意为单个元素生成的模. 英文对应的术语是 cyclic module. —— 译注

② 若 G 为无限集，则 S 也是无限集. —— 译注

③ 这里 n_s 都是 mod $p^{i(s)}$ 的整数，即 $n_s \in \mathbf{Z}/p^{i(s)}\mathbf{Z}$. 但由于 $p^{i(s)}\bar{s} = 0$，故 $n_s\bar{s}$ 是有确切的定义的. —— 译注

0，我们来证明 n_s 被每个 p^i 整除，[1]从而 $n_s=0$. 实际上，对 i 作数学归纳法可以证明 $n_s \in p^i(\mathbf{Z}/p^{i(s)}\mathbf{Z})$. $i=0$ 的情形当然不需要证明. 假设这一事实在 k 阶成立，即有 $n_s \in p^k(\mathbf{Z}/p^{i(s)}\mathbf{Z})$. 特别，这意味着若 $i(s)\leqslant k$ 则有 $n_s=0$. 因此，只要考虑使 $i(s)\geqslant k+1$ 的那些 s. 由假设

$$\sum_{i(s)\geqslant k+1} n_s\bar{s}=0$$

令 $n_s=p^k m_s$，其中 $m_s\in \mathbf{Z}/p^{i(s)}\mathbf{Z}$，则得

$$p^k\sum_{i(s)\geqslant k+1} m_s\bar{s}=0$$

换句话说

$$\sum_{i(s)\geqslant k+1} m_s\bar{s}\in G_k$$

投影之后就得

$$\sum_{i(s)\geqslant k+1} m_s s\in V_k$$

考虑到 S 的取法，这就导出 $m_s\equiv 0 \pmod p$. 因此 p^{k+1} 整除 n_s，由此导出 n_s 属于 $p^{k+1}(\mathbf{Z}/p^{i(s)}\mathbf{Z})$.

练习 若 G 是 $\mathbf{Z}/p^n\mathbf{Z}$ 上的模，则 G 中同构于 $\mathbf{Z}/p^n\mathbf{Z}$ 的子模都是 G 的直和因子.

2－群的应用：尺规作图 设 K 是任意特征的域，L 是 K 的伽罗华扩张，并且其伽罗华群是一个 2－群.[2]根据推论 28.3，G 有指标为 2 的正规子群 G'. 因此，G' 的不动点所组成的中间域 L' 是 K 的二次扩张. 重复这一论证，L/K 就可表成一个二次扩张的塔.

反过来，如果 L/K 是一个二次扩张的塔，则所产

---

① 这里整除的意义是在环 $\mathbf{Z}/p^i\mathbf{Z}$ 中而言的，即有 $m_s\in\mathbf{Z}/p^{i(s)}\mathbf{Z}$ 使得 $n_s=p^i m_s$，亦即 $n_s\in p^i(\mathbf{Z}/p^{i(s)}\mathbf{Z})$. —— 译注

② 即伽罗华群的阶为 2 的方幂. —— 译注

生的伽罗华扩张的伽罗华群就是一个 2－群. 这样,就得到伽罗华群为 2－群的伽罗华扩张的一种刻画方式. 若 K 的特征不等于 2,则二次扩张形如 $K[\sqrt{a}] \simeq K[X]/(X^2-a)$,其中 $a \in K^* - K^{*2}$①(如果 K 的特征等于 2,则要将 X^2-a 换成 X^2+X+a).

这与哪些数是可以用圆规和直尺来构造的问题联系如下:这些可用尺规构造的数恰好是那些含在 $\mathbf{Q}$ 的某个伽罗华群为 2－群的伽罗华扩张中的数(这些数在 $\mathbf{Q}$ 上都是代数的).②

例 28.3 $\sqrt[3]{2}$ 不能用尺规构造,因为 X^3-2 是不可约多项式,因而包含 $\sqrt[3]{2}$ 的最小扩张的伽罗华群为 S_3,而它的阶不是 2 的方幂.③

弗拉蒂尼子群

设 G 为有限群. G 中所有极大子群④的交称为 G 的弗拉蒂尼(Frattini)子群,记作 $\Phi(G)$. 它是 G 的特征子群.

了解在什么条件下,G 的一个子群 S 能生成整个集 G,是一个有趣的问题. 有下述命题:

---

① 即不存在 $b \in K$ 使 $a=b^2$,或者说 a 不是 K 中的完全平方. —— 译注

② 尺规作图问题的详细介绍,可以参看 Jacobson, Basic Algebra Ⅰ,第 4 章,第 2 节. —— 译注

③ 这里 S_3 是 3 个元素的对称群,阶为 6. 又,此例即古希腊时代之"倍立方问题". —— 译注

④ G 的子群 H 称为极大子群,如果它是真子群,并且是所有真子群中的极大元. 这时,G 在 G/H 上的作用称为本原作用. —— 原注

命题 28.9 设 S 为 G 的子集且 S 生成的子群为 H. 那么, $H=G$ 当且仅当 $H\cdot\Phi(G)=G$, 也即当且仅当 S 生成 $G/\Phi(G)$.

实际上, 若 $H\cdot\Phi(G)=G$ 而 $H\neq G$, 则存在极大子群 H', 它包含 H 但不等于 G. 由定义 $\Phi(G)$ 也含在 H' 中. 因而 $G=H\cdot\Phi(G)$ 含在 H' 中, 这是不对的.

定理 28.5 $\Phi(G)$ 是幂零群.

用定理 28.2 中的断言(3) 来证明. 设 p 为任意素数, 而 S 是 $\Phi(G)$ 的西洛 $p-$子群. 研究西洛群时, 已经知道 $G=\Phi(G)\cdot N_G(S)$ (命题 27.3). 根据上面的命题, 则有 $N_G(S)=G$. 因而, S 是 G 的正规子群, 当然是 $\Phi(G)$ 的正规子群. 因此, $\Phi(G)$ 只有唯一的西洛 $p-$子群, 所以是幂零群.

如果 G 为 $p-$群, 则 $\Phi(G)$ 有一简单刻画:

定理 28.6 若 G 为 $p-$群, 则 $\Phi(G)$ 是 G 的换位子与 G 的 p 次幂元所生成的子群, 即 $\Phi(G)=(G,G)\cdot G^p$.[①]

若 G 的阶为 p^n, 则其极大子群 H 的阶为 p^{n-1}, 因此 H 是正规子群, 因此它也是 G 到 $G/H\simeq\mathbf{Z}/p\mathbf{Z}$ 的满同态的核. 反过来, 由 G 到 $\mathbf{Z}/p\mathbf{Z}$ 的一个满同态, 其核也是 G 的一个极大子群. 因而 $\Phi(G)$ 就是 G 到 $\mathbf{Z}/p\mathbf{Z}$ 所有满同态之核的交集. 这样一个满同态在 (G,G) 与 G^p

---

① 这里 G^p 表示由 G 中所有 p 次幂元 $\{x^p\mid x\in G\}$ 生成的子群. G^p 是 G 的特征子群, 所以 $(G,G)\cdot G^p$ 也是 G 的特征子群, 特别是正规子群. —— 译注

上都是平凡的,[①]因而$(G,G).G^p \subset \Phi(G)$.

另外,$V=G/(G,G)\cdot G^p$ 是 $\mathbf{Z}/p\mathbf{Z}$ 上的向量空间.[②]在向量空间中,所有超平面的交集为 0. 然而,超平面都是从 V 到 $\mathbf{Z}/p\mathbf{Z}$ 上满同态的核. 因此,群$(G,G).G^p$ 包含 $\Phi(G)$.[③]最后就有 $\Phi(G)=(G,G)\cdot G^p$.

应用 $G/\Phi(G)$ 是 G 的所有商群中最大的基本交换群(基本交换群就是 p 阶循环群的直积).[④]

推论 28.5 G 的子集 S 生成群 G,当且仅当它在 $G/(G,G)\cdot G^p$ 中的象生成该群.

实际上,有$\langle S\rangle\cdot\Phi(G)=G$,因而$\langle S\rangle=G$.[⑤]

所以,当 G 为 p-群时,一个子集 S 要生成 G,它的基数最小是 $\dim_{F_p}(G/\Phi(G))$.

用两个元素生成的子群来刻画一个群与上面研究思路相同,也可以考虑 G 的某些特殊子群的性质是否可以推出整个群 G 的性质.

命题 28.10 设 G 为群(或有限群). 假定 G 中任

---

① 在(G,G)上平凡,是因为 $\mathbf{Z}/p\mathbf{Z}$ 交换;在 G^p 上平凡,是因为 $\mathbf{Z}/p\mathbf{Z}$ 的阶为 p.—— 译注

② V 是交换群,每个元素 $v\in V$ 都满足 $v^p=1$,即是所谓初等交换群,故可看作 $\mathbf{Z}/p\mathbf{Z}$ 上的向量空间.—— 译注

③ V 的超平面是 V 上某个非零线性形式的核,也就是某个(加法)满同态 $f:V\to\mathbf{Z}/p\mathbf{Z}$ 的核. 这样一个 f 诱导了 G 到 $\mathbf{Z}/p\mathbf{Z}$ 的满同态 πf,其中 π 为 G 到 V 上的投影. 由于所有这样 f 的核之交为 0,故所有这样 πf 的核之交为$(G,G)\cdot G^p$. 它当然包含从 G 到 $\mathbf{Z}/p\mathbf{Z}$ 所有满同态的核之交,即 $\Phi(G)$.—— 译注

④ "最大"指阶数最大. 事实上,若 G 的正规子群 N 使 G/N 为基本交换群,则必有$(G,G)\subset N$,$G^p\subset N$,从而 $\Phi(G)\subset N$.—— 译注

⑤ $\langle S\rangle$ 是 S 在 G 中所生成的子群. 例如,$\langle x,y\rangle$ 就是两个元素 x 与 y 生成的子群.—— 译注

何由两个元素生成的子群都是交换群(或幂零群),那么 G 也是交换群(或幂零群).

设 $x,y\in G$. 群 $\langle x,y\rangle$ 交换,故 $xy=yx$. 对有限幂零群,应用定理 28.2 的断言(5) 即可.

可以考虑对可解群是否也有类似的结果. 首先,来定义极小单群的概念. 设有限群 G 为一非交换单群. 如果 G 的所有真子群都是可解群,就称 G 为极小单群.

引理 28.2 若 G 不是可解群,则存在 G 的子群 H 以及 H 的正规子群 K,使得 H/K 为极小单群.

例 28.4 $G=A_6$ 是单群,但不是极小单群. 可以取 $H=A_5,K=\{1\}$.

证明 设 H 为 G 的不可解子群中的极小元,而 K 是 H 的正规真子群中的极大元. 因为 K 严格含于 H 内,故 K 为可解群. 由于 K 是 H 的极大正规子群,商群 H/K 是单群,而且还是非交换的(否则 H 就是可解群了). H/K 的真子群都形如 H'/K,其中 H' 包含 K 且为 H 的真子群,所以是可解群. 因此,H/K 是极小单群.

现在,对上面的问题可以有部分的答案了.

命题 28.11 下述两个条件等价:

(1) 所有极小单群都能由两个元素生成.

(2) 给定一个群,若其由任意两个元素生成的子群都是可解群,则其本身是可解群.

假定(2) 成立. 给定极小单群 G,如果对每对 $(x,y)\in G\times G$,都有 $\langle x,y\rangle\neq G$,那么 $\langle x,y\rangle$ 是 G 的真子群,从而可解. 又根据(2),G 也可解,而这是不可能的.

假定(1) 成立. 若 G 不是可解群,则存在引理 28.2

所说的 H 与 K. 群 H/K 是极小单群，故由两个元素 $\bar{x}$ 与 $\bar{y}$ 生成. 设 x 与 y 是 $\bar{x}$ 与 $\bar{y}$ 的代表元，且它们生成 H 的子群 H'. 根据假设，H' 是可解群. [①] 然而，H/K 是 H' 在投影映射下的象，所以也是可解群. 这当然不对.

因此，这又导致了下面的问题：找出所有极小单群，然后检查它们是否由两个元素生成. 这个问题已由汤普森(Thompson) 解决，他[②] 证明了极小单群必同构于下列群之一(这些群都由两个元素生成)

$$\mathrm{PSL}_2(F_p), p \geqslant 5, p \not\equiv \pm 1 (\bmod 5)$$

$$\mathrm{PSL}_2(F_{2^p}), p \geqslant 3 \text{ 为素数}$$

$$\mathrm{PSL}_2(F_{3^p}), p \geqslant 3 \text{ 为素数}$$

$$\mathrm{PSL}_2(F_3)$$

$$\text{铃木(Suzuki) 群 } Sz(2^p), p \geqslant 3 \text{ 为素数}$$

注意一个问题：一个非交换单群，如果在自然意义下是极小的(即它的任何真子群都不是非交换单群)，那么它是不是上面所定义的极小单群呢？[③]

---

① 即假设 G 满足(2) 中的条件，H' 由两个元素生成，故可解. —— 译注

② 参考 J. G. Thompson, Non solvable finite groups all of whose local subgroups are solvable, Ⅰ, Ⅱ, …, Ⅵ, Bull. AMS 74(1968), 383 ～ 437; Pac. J. Math. 33(1970), 451 ～ 536; …; Pac. J. Math. 51(1974), 573 ～ 630.

③ 根据单群的分类，答案是肯定. —— 原注

上同调与扩张

第29章

定　义

设 G 为群（群运算写成乘法），而 A 为 G－模（即一个交换群，其群运算写成加法，且 G 作为自同构群作用于其上）. 将元素 $a \in A$ 在元素 $s \in G$ 作用下的象记为 sa，则对 $s, t \in G$ 及 $a, a_1, a_2 \in A$ 有

$$(st)a = s(ta)$$

$$1a = a$$

$$s(a_1 + a_2) = sa_1 + sa_2$$ [①]

下面是群模的一些例子：

① 这 3 个等式其实就是 A（加法交换群）作为 G－模的定义条件. 设对 $(s,a) \in G \times A$ 定义了一个元 $sa \in A$，使它满足这 3 个等式. 前两个等式定义了 G 在 A（作为集合）上的一个群作用. 第 3 个等式说明 $a \mapsto sa$（s 固定）是群同态. 由于这个同态有逆同态 $a \mapsto s^{-1}a$，所以它是同构，故 G 作为自同构群作用在 A 上. —— 译注

(1) 群 G 平凡地作用于交换群 A 上，即对 $s\in G$ 与 $a\in A$ 总有 $sa=a$.

(2) 设 L 为域 K 的伽罗华扩张，其伽罗华群为 G，则 G 作为自同构群作用于加法群 L 或乘法群 L^* 上.

定义 29.1 设 n 为正整数或者零. 一个定义在 G 中而取值在 A 中的 n 元函数

$$f:\begin{cases}G\times G\times\cdots\times G\to A\\(s_1,s_2,\cdots,s_n)\mapsto f(s_1,s_2,\cdots,s_n)\end{cases}$$

称为 G 上的取值于 A 中的 n 次上链，或者 n 维上链.

上链的集合具有一个加法运算，它由 A 中的加法运算诱导. 因此，上链的集合组成了一个交换群，记作 $C^n(G,A)$.

例 29.1 $n=0$：我们约定，取值在 A 中的 0 元函数就是 A 中的一个元素，因此 $C^0(G,A)=A$. 将 $C^0(G,A)$ 中对应于 $a\in A$ 的元素记为 f_a.

$n=1$：$C^1(G,A)=\{f:G\to A\}$.

$n=2$：$C^2(G,A)=\{f:G\times G\to A\}$.

定义 29.2 若 $f\in C^n(G,A)$，用下述公式定义 $C^{n+1}(G,A)$ 中的一个元素 df，并称之为 f 的上边缘

$$df(s_1,\cdots,s_n,s_{n+1})=s_1f(s_2,\cdots,s_{n+1})+\sum_{i=1}^{n}(-1)^if(s_1,\cdots,s_{i-1},s_i,s_{i+1},\cdots)+(-1)^{n+1}f(s_1,\cdots,s_n)$$

我们看对于较小的 n 值 d 到底是什么.

$d:C^0(G,A)\to C^1(G,A)$. 设 $a\in A$，来求 df_a，则有 $df_a(s)=sa-a$. 注意 $df_a=0$.

当且仅当 a 在 G 作用下不动.

$d:C^1(G,A)\to C^2(G,A)$. 设 f 为一维链，则有

$$df(s,t)=sf(t)-f(st)+f(s)$$

$d:C^2(G,A)\to C^3(G,A)$. 设 f 为二维链，则有

$$df(u,v,w)=uf(v,w)-f(uv,w)+f(u,vw)-f(u,v)$$

定理 29.1（基本公式） 总有 $d\circ d=0$，换句话说，下述复合同态是零同态

$$C^n(G,A)\xrightarrow{d}C^{n+1}(G,A)\xrightarrow{d}C^{n+2}(G,A)$$

我们只验证 $n=0$ 与 $n=1$ 的情形，而将一般情形留作练习.

设 $a\in A$，则有 $df_a(s)=sa-a$，因此

$$\begin{aligned}d\circ d(f_a)(s,t)&=sdf_a(t)-df_a(st)+df_a(s)\\&=s(ta-a)-(sta-a)+(sa-a)\\&=0\end{aligned}$$

现在，考虑 $f\in C^1(G,A)$

$$\begin{aligned}d\circ d(f)(u,v,w)&=udf(v,w)-df(uv,w)+\\&\quad df(u,vw)-df(u,v)\\&=u(vf(w)-f(vw)+f(v))-\\&\quad(uvf(w)-f(uvw)+f(uv))+\\&\quad(uf(vw)-f(uvw)+f(u))-\\&\quad(uf(v)-f(uv)+f(u))\\&=0\end{aligned}$$

定义 29.3 f 是一个 n 维上链，如果 $df=0$，则称它为 n 维上闭链；而如果存在一个 $n-1$ 维上链 g 使 $f=dg$，则它就称为 n 维上边缘链.

根据定理 29.1，n 维上边缘链一定是上闭链. 我们将 n 维上闭链群记作 $Z^n(G,A)$，n 维上边缘链群记作 $B^n(G,A)$，又将商群 $Z^n(G,A)/B^n(G,A)$ 记作 $H^n(G,A)$，称它为 G 的取值于 A 中的第 n 个上同调群.

例 29.2 (1) 对 $n=0$，约定 $B^0=\{0\}$. 将 A 中在 G 作用下不动的元素所作成的群记作 A^G，已知

$$df_a=0\Leftrightarrow a\in A^G$$

因此 $H^0(G,A)=A^G$.

(2) 对 $n=1$，$Z^1(G,A)$ 的元素是从 G 到 A 这样的映射 f，它使得所有 $s,t\in G$ 都满足 $df(s,t)=0$，亦即满足

$$f(st)=sf(t)+f(s)$$

这样的 f 称为交叉同态. 若 G 平凡地作用于 A 上，则 $sf(t)=f(t)$，故 f 是从 G 到 A 的同态；又由于 $B^1(G,A)=\{0\}$，[①]故有

$$H^1(G,A)=\mathrm{Hom}(G,A)$$

这里 $\mathrm{Hom}(G,A)$ 是从 G 到 A 的所有群同态组成的群.

(3) 对 $n=2$，二维上链 f 是一个上闭链，如果对所有 $u,v,w\in G$，它都满足

$$uf(v,w)-f(uv,w)+f(u,vw)-f(u,v)=0$$

这样的上链也称为一个因子组.

扩　张

定义 29.4 设 A 与 G 为两个群. 如果有一个正合序列

$$\{1\}\to A\to E\to G\to\{1\}$$

使得 A 是 E 的正规子群，[②]则 E 就称为由 G 用 A 而得

---

① 由于 G 作用是平凡的，故对 $a\in A$，$s\in G$，有 $df_a(s)=sa-a=a-a=0$，所以 $df_a=0$，即任何一维上边缘链都是零. —— 译注

② 指 A 嵌入到 E 中之后为正规子群. —— 译注

的扩张.

注意,在本节中,总假定 A 为交换群.

由 G 用 A 而得的每个扩张 E 都定义了 G 在 A 上的一个作用,其方式如下所述:首先注意,由于 A 为 E 的正规子群,故 E 通过内自同构作用在 A 上,即有一同态

$$\begin{cases} E \to \mathrm{Aut}(A) \\ e \mapsto \mathrm{Int}(e)_{|A} \end{cases}$$ ①

这个同态可以过渡到商群 G 上.实际上,若 $s \in G$,选取 $e \in E$ 来提升 s,②那么 $\mathrm{Int}(e)$ 不依赖于 s 的提升的选取.因为将 e 换成 s 的另一个提升 e',实际上等于乘上 A 中的某个元素 a.然而,由于 A 是交换群,因而 a 在 A 上的内自同构作用是平凡的.因此,G 作用在 A 上③

$$\begin{array}{ccc} E & \longrightarrow & \mathrm{Aut}(A) \\ & \searrow \quad \nearrow & \\ & G & \end{array}$$

所以,下面将 A 看作 G-模,并将群运算都写成乘法,而 G 在 A 上的作用则写作 ${}^{s}a\,(a \in A, s \in G)$.对于由 G 用 A 而得到的每个扩张都将配上 $H^2(G,A)$ 的一个上同调类,④它在相差一个同构之下决定了此扩张,而且 $H^2(G,A)$ 的每个元素都可用此方式得到,见定理 29.3.

设 E 为由 G 用 A 而得的扩张,E 到 G 的满同态记

---

① $\mathrm{Int}(e): E \to E$ 定义为 $\mathrm{Int}(e): x \to exe^{-1}$.—— 译注

② e 提升 s,即是说 e 映为 s,亦即 e 为 s 的原象.—— 译注

③ 在下面的交换图中,同态 $E \to \mathrm{Ant}(A)$ 的核包含 A,故诱导同态 $G \simeq E/A \to \mathrm{Aut}(A)$.上面的讨论就是说的这件事.—— 译注

④ 上同调类即上同调群中的元素.—— 译注

作 π.

定义 29.5 一个映射 $h:G\to E$ 若满足 $\pi\circ h=\mathrm{Id}_G$，则 h 称为 π 的一个截口

$$E \underset{\pi}{\overset{h}{\rightleftarrows}} G$$

截口就是，对每个 $s\in G$，在 s 上方的纤维 $\pi^{-1}(s)$ 中选取一个点. 那么，每个元素 $e\in E$ 都可用唯一的方式写作 $ah(x)$，其中 $a\in A$，$x\in G$（事实上，$x=\pi(e)$）.

来想想如何将元素 $ah(x)bh(y)$ 写成 $ch(z)$ 的形式. 我们有

$$ah(x)bh(y)=ah(x)bh(x)^{-1}h(x)h(y)$$

在 x 的上方选取一个 E 中的元素，例如 $h(x)$，再通过内自同构，就得到了 $x\in G$ 在 A 上的作用. 因此 $h(x)bh(x)^{-1}={}^{x}b$（这是 A 中的元素，因为 A 是正规子群）. 令

$$h(x)h(y)=f_h(x,y)h(xy)$$

则因 $h(x)h(y)$ 与 $h(xy)$ 经 π 映到 G 中时有相同的象，故有 $f_h(x,y)\in A$，最后就得到

$$ah(x)bh(y)=a^{x}bf_h(x,y)h(xy)$$

其中 $a^{x}bf_h(x,y)\in A$.

现在来看 f_h 如何随 h 而变. 设给了 π 的两个截口 h 与 h'（$h,h':G\to E$），那么 $h(s)$ 与 $h'(s)$ 只相差一个 A 中的元素. 令 $h'(s)=l(s)h(s)$，映射 l 是 G 上的取值于 A 中的一维上链. 用 l 与 f_h 来计算 $f_{h'}$. 我们有

$$h'(s)h'(t)=f_{h'}(s,t)h'(st)=f_{h'}(s,t)l(st)h(st)$$

但是

$$\begin{aligned}h'(s)h'(t)&=l(s)h(s)l(t)h(t)\\&=l(s)h(s)l(t)h(s)^{-1}h(s)h(t)\end{aligned}$$

$$=l(s)^{s}l(t)f_h(s,t)h(st)$$

由上面两式及 A 为交换群的事实,就得

$$f_{h'}(s,t)=l(s)^{s}l(t)f_h(s,t)l(st)^{-1}$$
$$=f_h(s,t)^{s}l(t)l(s)l(st)^{-1}$$

然而,在乘法记号下,有

$$dl(s,t)={}^{s}l(t)l(s)l(st)^{-1}$$

由此得到

$$f_{h'}=f_h dl$$

因此,当 h 变化时,f_h 的变化仅仅是乘上一个上边缘链.所以,可以给 E 配上 f_h 在 $H^2(G,A)$ 的上同调类,① 将这个类叫作 e.什么时候有 $e=0$ 呢?这意味着,存在一个截口 h,使得对所有 $s,t\in G$,(在乘法记号下)都有 $f_h(s,t)=1$,②就是说 $h:G\to E$ 是一个群同态.

定义 29.6 由 G 用 A 而得的扩张 E 称为平凡扩张,如果存在同态 $h:G\to E$ 使 $\pi\circ h=\mathrm{Id}_G$,或者等价地

---

① 为了说明 f_h 定义了一个上同调类,先必须说明 f_h 是一个上闭链.下面的定理 29.2 说的就是这个事实.但从严格的逻辑顺序上来说,定理 29.2 应当在现在这句话的前面加以证明.当然,作者将定理 29.2 后置的原因,也许是为了在随后的定理 29.3 中方便地引用它的证明.——译注

② $e=0$ 意味着 $f_h\in B^2(G,A)$,即存在 $m:G\to A$ 使 $f_h=dm$.于是,对所有 $(s,t)\in G\times G$ 就有 $h(s)h(t)h(st)^{-1}=f_h(s,t)=dm(s,t)={}^{s}m(t)m(s)m(s,t)^{-1}=h(s)m(t)h(s)^{-1}m(s)m(s,t)^{-1}$.于是,若令 $h'(s)=m(s)^{-1}h(s)$,则由上式可得 $h'(s)h'(t)=h'(st)$,即截口 $h':G\to E$ 为同态,而 $f_{h'}(s,t)=1$.——译注

说，如果 $e=0$. ①

来考虑一个平凡扩张. E 中每个元素都可用唯一一种方式写作 $ah(s)$，并且 $ah(s)bh(t)a^sbh(st)$. ②因此，一旦知道了 A，G 以及 G 在 A 上的作用也就知道了 E. ③在所有元素对 (a,s)（其中 $a\in A,s\in G$）的集合④上引入下述乘法运算

$$(a,s)(b,t)=(a^sb,st)$$

则它成为一个群，这个群就与 E 同构. 这样的 E 称为 G 与 A 的半直积. 由此看到，$H^2(G,A)$ 的零类对应于由 G 用 A 所得的平凡扩张，也就是通过 G 在 A 上作用所定义的 G 与 A 的半直积.

定理 29.2 映射 f_h 是 G 上取值于 A 中的二维上闭链.

需要验证 f_h 属于上边缘同态 d 的核. 若将群运算写成乘法，则需要验证，对所有 $u,v,w\in G$ 都有

$$df_h(u,v,w)=1$$

由于 df_h 可以写作

$$df_h(u,v,w)={}^uf_h(v,w)f_h(u,vw)f_h(uv,w)^{-1}f_h(u,v)^{-1}$$

我们来利用 E 中群运算的结合群. 用两种不同的方式

---

① $e=0$ 推出存在这样的同态 h 已见前注. 反之，若存在截口 h：$G\to E$ 为一同态，则对所有 $s,t\in G$ 都有 $f_h(s,t)=1$. 若令 $m:G\to A$ 为取值为 1 的常值映射（用乘法记号），则易知 $f_h=dm\in B^2(G,A)$，故 $e=0$. —— 译注

② 因为此时有 $f_h(s,t)=1$. —— 译注

③ 意谓 E 的元素及其乘法规则都由此唯一决定了，下一句话即申说此意. —— 译注

④ 这个集合就是乘积集 $A\times G$. 作者不用这一记号，也许是避免与群的直积混淆. —— 译注

将 $h(u)h(v)h(w)$ 写成 $ah(uvw)$（其中 $a\in A$）的形状. 我们有

$$(h(u)h(v))h(w)=f_h(u,v)f_h(uv,w)h(uvw)$$

与

$$h(u)(h(v)h(w))={}^u f_h(v,w)f_h(u,vw)h(uvw)$$

因此得到

$${}^u f_h(v,w)f_h(u,vw)=f_h(u,v)f_h(uv,w)$$

这恰好就是

$$df_h(u,v,w)=1$$

最后,我们证明

定理 29.3 $H^2(G,A)$ 中的每个上同调类都对应于一个由 G 用 A 所得的扩张.

我们要将前面的步骤反过去构造,故设给定了 $f\in Z^2(G,A)$. E 作为集合取为 $E=A\times G$. 在 E 中定义乘法运算如下

$$(a,s)(b,t)=(a^s b f(s,t),st)$$

首先,E 是一个群:

乘法满足结合律:上面在证明 f_h 是二维上闭链时,从 E 中乘法的结合律出发做了一些计算,现在将这一过程倒过去做一遍就可以了.

若 $\varepsilon=f(1,1)^{-1}$,则元素 $(\varepsilon,1)$ 就是乘法单位元. 实际上

$$(a,s)(\varepsilon,1)=(a^s\varepsilon f(s,1),s)$$

由于 f 是二维上闭链,故 $df=1$,而

$$df(s,1,1)={}^s f(1,1)f(s,1)^{-1}f(s,1)f(s,1)^{-1}$$

因此

$$1=df(s,1,1)={}^s\varepsilon^{-1}f(s,1)^{-1}$$

而$(\varepsilon,1)$就是单位元.

同样可以算出逆元.

显然有 E 到 G 的满同态

$$\begin{cases} E \to G \\ (a,s) \mapsto s \end{cases}$$

并且映射

$$\begin{cases} A \to E \\ a \mapsto (a\varepsilon,1) \end{cases}$$

是一个同态(因为 A 是交换群),并且显然为单射,最后就得到

$$\{1\} \to A \to E \to G \to \{1\}$$

用扩张来解释 $H^1(G,A)$,设 E 是由 G 用 A 得到的平凡扩张.选取一个同态截口 $h:G\to E$(这将 E 与半直积 $G\cdot A$ 等同).设 h' 是另一个截口,那么 h' 可用唯一的方式写作 $h'=l\cdot h$,其中 $l:G\to A$ 是一个一维上链.故有 $f_{h'}=f_h\cdot dl=dl$,因为 $f_h=1$.因此,h' 为同态的充要条件是 $f_{h'}=1$,即 $dl=1$,换句话说 l 是一维上闭链.

另一方面,若取 A 的元素 a 与 h 作共轭,则得到一个同态截口,记这个截口为 h'.这个截口对应于什么样的 l 呢?我们有

$$h'(x)=ah(x)a^{-1}=l(x)h(x)$$

其中 $l(x)=a^x a^{-1}$.因此 $l=df_{a^{-1}}$(这里 f_a 是$C^0(G,A)$中对应于 a 的元素),从而 l 必定是一个上边缘链.由此得到

定理 29.4 E 中同态截口(在 A 或 E 中元素作用下)的共轭类与上同调群 $H^1(G,A)$ 的元素一一对应.

注意这个对应依赖于 h 的选取.用更内涵的方式来叙述这一结果,可以说同态截口的共轭类集合是 $H^1(G,A)$ 作用下的齐性主空间.

推论 29.1 π 的所有同态截口都相互共轭的充要条件是 $H^1(G,A)=\{0\}$.

有限群的零化准则

设 G 为有 m 个元素的群,A 是 G - 模.

定理 29.5 对 $n\geqslant 1$ 及 $x\in H^n(G,A)$,总有 $mx=0$.

设 n 维上闭链 $f\in Z^n(G,A)$ 是 x 的代表元,只要构造一个 $F\in C^{n-1}(G,A)$ 使 $dF=mf$ 就可以了.

令 $F_1(s_1,\cdots,s_{n-1})=\sum\limits_{s\in G}f(s_1,\cdots,s_{n-1},s)$. 由于 $f\in Z^n(G,A)$,故有 $df=0$. 然而

$$\begin{aligned}df(s_1,\cdots,s_{n+1})=s_1f(s_2,\cdots,s_{n+1})-&\\ f(s_1,s_2,s_3,\cdots,s_{n+1})+\cdots+&\\ (-1)^nf(s_1,\cdots,s_ns_{n+1})+&\\ (-1)^{n+1}f(s_1,\cdots,s_n)=0&\end{aligned}$$

因此

$$\begin{aligned}\sum_{s_{n+1}\in G}df(s_1,\cdots,s_{n+1})=s_1F_1(s_2,\cdots,s_n)-&\\ F_1(s_1s_2,\cdots,s_n)+\cdots+&\\ (-1)^nF_1(s_1,\cdots,s_{n-1})+&\\ (-1)^{n+1}mf(s_1,\cdots,s_n)&\end{aligned}$$

其中用到了如下事实:当 s_{n+1} 取遍 G 时,s_ns_{n+1} 也取遍 G(s_n 是固定的元素). 由此就得到

$$(-1)^nmf(s_1,\cdots,s_n)=dF_1(s_1,\cdots,s_n)$$

因此,令 $F = (-1)^n F_1$ 即有 $dF = mf$,这就得到结果.

推论 29.2 设 m 为 G 的阶,如果 $a \mapsto ma$ 是 A 的自同构,则对所有 $n \geqslant 1$ 都有 $H^n(G,A) = \{0\}$.

实际上,$x \mapsto mx$ 是 $C^n(G,A)$ 的自同构,并且与 d 交换,[①]因此过渡到商群就得到 $H^n(G,A)$ 的自同构.此时,这个同构是一个零映射,因而 $H^n(G,A) = \{0\}$.

推论 29.3 若有限群 G 与 A 的阶互素,则对所有 $n \geqslant 1$ 有 $H^n(G,A) = \{0\}$.

实际上,此时 $a \mapsto ma$ 是 A 的自同构.

推论 29.4 若有限群 G 与 A 的阶互素,则

(1) 由 G 用 A 而得到的所有扩张 E 都是平凡扩张.

(2) 任何两个同态截口 $G \to E$ 都可用 A 的元素共轭.

当 $n \geqslant 1$ 时,$H^n(G,A) = \{0\}$.由前文的结果,$n=2$ 的情形给出了(1),而 $n=1$ 的情形给出了(2).

阶为互素的群的扩张

前面群 G 用交换群 A 来扩张的一些结果,现在要推广到 A 为可解群,甚至是任意群的情形.

定理 29.6(扎森豪斯) 设 A 与 G 是两个有限群,它们的阶互素.假定 $\{1\} \to A \to E \to G \to \{1\}$ 是一个扩张,那么:

(1) 存在 E 的一个子群(称为 A 的补子群)在投影

---

① 用同调代数的语言,这句话是说 $x \mapsto mx$ 是上链复形之间的链同构,因此诱导了上同调群之间的同构.—— 译注

映射下与 G 同构(从而 E 是半直积).[①]

(2) 若 A 或 G 是可解群,则两个补子群可以用 A 的元素共轭(或者用 E 的元素共轭,这是一回事).

对 $|E|$ 作数学归纳法来证明,无妨假定 A 与 G 都不等于$\{1\}$.

第一种情况:A 是可解群. 首先来证明

引理 29.1 设 X 是不等于$\{1\}$的可解群. 那么,存在一个素数 p 以及 X 的一个 p - 子群 Y,Y 是不等于$\{1\}$的初等交换群,并且是特征子群.

回想一下,一个交换 p - 群称为初等交换群,是指它的不等于 1 的元素都是 p 阶元. 又,X 的一个子群称为特征子群,是指它在 X 所有自同构的作用之下都是稳定的.

引理的证明 记 $D^i(X)$ 为 X 的第 i 个导子群. 由于 X 是可解群,故存在 i 使 $D^i(X)$ 不等于$\{1\}$但 $D^{i+1}(X)$ 等于$\{1\}$. 那么,$D^i(X)$ 是 X 的不等于$\{1\}$的交换子群,并且是特征子群. 那么,设 p 整除 $D^i(X)$ 的阶,并设 Y 为 $D^i(X)$ 中阶整除 p 的元素所作成的群. 那么,Y 是交换群,不等于$\{1\}$,而且是特征子群(X 的自同构把 p 阶元还变为 p 阶元),[②]从而它是一个初等 p - 群.

回到定理的证明[③] 将引理应用到 $X = A$ 及 $Y =$

---

① 这里,投影映射指同态 $E \to G$. 另外,E 是 A 与其补子群的半直积. —— 译注

② $Y = \{x \in D^i(X) \mid x^p = 1\}$. Y 是 $D^i(X)$ 的特征子群,$D^i(X)$ 是 X 的特征子群,因此 Y 是 X 的特征子群. —— 译注

③ 这里还是第一种情形,即 A 是可解群的情形. —— 译注

A'. [1]注意 A' 是 E 的正规子群：E 的内自同构限制到 A 上得到 A 的自同构(因为 A 是 E 的正规子群)，A' 是 A 的特征子群，因而在此同构下稳定.

如果 $A=A'$，则 A 是交换群，定理已知. 如果 $A\neq A'$，则由于 A' 是 E 的正规子群，过渡到对 A' 的商群上，可得正合列

$$\{1\}\to A/A'\to E/A'\to G\to\{1\}$$

现在的情况可用图 29.1 来描述. 由于 E/A' 的基数严格小于 E 的基数，归纳假设推知 G 可以提升为 E/A' 的子群 G'. 设 G' 在投影 $E\to E/A'$ 之下的逆像为 E'，则有正合列

$$\{1\}\to A'\to E'\to G'\to\{1\}$$

然而 A' 是交换群，因此，G' 可以提升为 E' 的子群. 这样，G 就提升到了 E 中.

图 29.1

下面证明两个这样的提升 G' 与 G'' 可用 A 中的元素共轭. [2]我们有

$$E=A\cdot G' \text{ 与 } E=A\cdot G''$$

将归纳假设用到 E/A' 上，说明存在 $a\in A$ 使得 $aG'a^{-1}$ 与 G'' 在 E/A' 有相同的象集. 因此，若用 $aG'a^{-1}$ 来替代 G'，就可以假定 $A'\cdot G'=A'\cdot G''$. 那么，将有限群的零

① 就是说，假定 A' 是 A 的不等于$\{1\}$的初等交换特征子群. ——译注

② 这段中的 G' 与上段中的 G' 含义不同：这段中 G' 是 G 在 E 中的提升，而上段中是在 E/A' 中的提升. —— 译注

化准则中交换情形下的结论应用到 $A' \cdot G' = A' \cdot G''$ 上,[①]就得出 G' 与 G'' 可用 A 中的元素共轭.

第二种情况:一般情况下的断言(1).设素数 p 除尽 A 的阶,而 S 是 A 的西洛 p — 子群.若 E' 是 S 在 E 中的正规化子,则知 $E = A \cdot E'$.[②]令 $A' = E' \cap A$,则 A' 是 E' 的正规子群,并且有正合列[③]

$$\{1\} \to A' \to E' \to G \to \{1\}$$

区分两种情况:

① 若 $|E'| < |E|$,归纳假设说明 G 可提升到 E' 中,也就是可提升到 E 中.

② 若 $|E'| = |E|$,则 S 是 E 的正规子群,从而也是 A 的正规子群.过渡到商群则有

$$\{1\} \to A/S \to E/S \to G \to \{1\}$$

这里 E/S 的基数严格小于 E 的基数.由归纳假设,G 可提升为 E/S 中的 G_1.设 G_1 在投影 $E \to E/S$ 下的逆象为 E_1,则有正合列

$$\{1\} \to S \to E_1 \to G \to \{1\}$$

由于 S 为 p — 群,故为可解群,而这就回到了第一种情况.

第三种情况:G 为可解群的断言(2).设 G' 与 G'' 是 G 在 E 中的两个提升,则有

---

① 设 $E_1 = A' \cdot G' = A' \cdot G''$,$G_1 = E_1/A'$,那么有正合列 $\{1\} \to A' \to E_1 \to G_1 \to \{1\}$.注意 G',G'' 是 G_1 的两个提升,由推论 29.4,它们可以用 A' 中的元素共轭.—— 译注

② 命题 27.3 之(3).—— 译注

③ $E = A \cdot E'$ 说明投影 $E \to G$ 限制到 E' 上得到满同态 $E' \to G$,它的核为 $E' \cap A = A'$.故 A' 是 E' 的正规子群,并有如下的正合列.—— 译注

$$E=A\cdot G' \text{ 与 } E=A\cdot G''$$

设 p 为素数，而 I 是 G 的不等于 $\{1\}$ 的交换正规 p－子群(参考引理 29.1)，又设在投影 $E\to G$ 之下 I 在 E 中的逆象为 $\tilde{I}$. 令 $I'=\tilde{I}\cap G'$，$I''=\tilde{I}\cap G'''$，则有

$$A\cdot I'=A\cdot I''(=\tilde{I})$$ ①

I' 与 I'' 都是 $\tilde{I}$ 的西洛 p－子群，故存在 $x\in\tilde{I}$ 使得 $I''=xI'x^{-1}$. ②若将 x 写成 ay 的形状，使 $a\in A$ 而 $y\in I'$，则得 $I''=aI'a^{-1}$. 因此，若用 $aI'a^{-1}$ 来替换 I'，则可假定 $I''=I'$. 设 N 为 $I'=I''$ 在 E 中的正规化子，则有 $G'\subset N$，$G''\subset N$. ③如果 N 不等于 E，对 N 用归纳假设即推出 G' 与 G'' 共轭. 如果 $N=E$，换句话说，若 I' 是 E 的正规子群，对 E/I' 应用归纳假设，说明有 $a\in A$ 使 $I'\cdot aG'a^{-1}=I'\cdot G''$. ④ 由于 I' 是正规子群且同时含于 G' 与 G'' 内，这就导出

$$aG'a^{-1}=G''$$ ⑤

这就是所求证的结果.

---

① 我们有正合列 $\{1\}\to A\to\tilde{I}\to I\to\{1\}$，$I'$，$I''$ 都是 I 在 $\tilde{I}$ 中的提升，故有 $A\cdot I'=\tilde{I}=A\cdot I''$. —— 译注

② I'，I'' 与 I 同构，故为 p 群，它们在 $\tilde{I}$ 中的指标等于 $|A|$，与 p 互素(因为 $|A|$ 与 $|G|$ 互素，而 p 是 $|G|$ 的因子)，故 I'，I'' 是 $\tilde{I}$ 的西洛 p－子群. 它们在 $\tilde{I}$ 中共轭，则是定理 27.2 的结论. —— 译注

③ G'，$G''\subset N$ 由 I 为 G 的正规子群导出，此时，有正合列 $\{1\}\to A\cap N\to N\to G\to\{1\}$. —— 译注

④ 此时，考虑正合列 $\{1\}\to\tilde{I}/I'\to E/I'\to G/I\to\{1\}$，则 G'/I' 与 G''/I' 是 G/I 的两个提升. 由归纳假设，它们在 E/I' 中可以用 $\tilde{I}/I'(\simeq A)$ 的元素来共轭. 将这个共轭关系提升到 E 中，即得所述结论. —— 译注

⑤ 由于 I' 含于 G'' 内，故 $I'\cdot G''=G''$. 由于 I' 是正规子群，故 $I'a=aI'$. 又由于 I' 含于 G' 内，故 $I'\cdot aG'a^{-1}=a\cdot I'G'\cdot a^{-1}=aG'a^{-1}$. —— 译注

注　根据费特—汤普森定理,每个奇数阶群都是可解群.因此,(2)中的条件"A 或 G 是可解群"其实是自动满足的.[①]

同态的提升

设有正合列 $\{1\}\to A\to E\xrightarrow{\pi}\Phi\to\{1\}$,$G$ 是群,而 φ 是 G 到 Φ 的同态.φ 能提升为 G 到 E 的同态 ψ 吗?

$$\begin{array}{ccccccccc}\{1\} & \longrightarrow & A & \longrightarrow & E & \longrightarrow & \Phi & \longrightarrow & \{1\}\\ & & & & & \nwarrow^{\psi} & \uparrow{\scriptstyle\varphi} & & \\ & & & & & & G & & \end{array}$$

这个问题与下面一个问题等价.先来定义

$$E_\varphi=\{(g,e)\in G\times E\mid\varphi(g)=\pi(e)\}$$

并赋以通常的按坐标相乘的群运算.那么,用 $a\mapsto(1,a)$ 就将 A 嵌入到 E_φ 中,而用 $(g,e)\mapsto g$ 就得到了 E_φ 到 G 上的投影.

$$\begin{array}{ccc}E_\varphi & \longrightarrow & E\\ \downarrow & & \downarrow{\scriptstyle\pi}\\ G & \xrightarrow{\varphi} & \Phi\end{array}$$

我们有正合列

$$\{1\}\to A\to E_\varphi\to G\to\{1\}$$

于是 E_φ 就是由 G 用 A 而得的一个与 φ 有关的扩张(有时,E_φ 称为扩张 E 在同态 φ 之下的逆象,或者叫"拉回").上面提升 ψ 的存在性就等价于 G 在扩张 E_φ 中提升的存在性.

---

① 因为假定 A 与 G 的阶互素,所以它们中必有一个是奇数阶的,从而是可解的.——译注

让我们看看这两个问题的确是等价的. 设 ψ 是 φ 的提升，那么集合 $G_\psi=\{(g,\psi(g))\mid g\in G\}$ 是 E_φ 的子群，并且是 G 的提升. 又设 G' 是 G 的提升，那么 G' 由一些对 (g,e) 组成，其中 $g\in G$ 而 $e\in E$，每个 $g\in G$ 都出现在唯一一个这样的对 $(g,e)\in G'$ 中. 因此，若定义 $\psi(g)=e$ 就得到一个同态 ψ 提升 φ. 此外，两个提升 ψ' 与 ψ'' 可用 $a\in A$ 来共轭，当且仅当 $G_{\psi'}$ 与 $G_{\psi''}$ 用 $(1,a)\in E_\varphi$ 来共轭. 因此，由上节的结果即给出

定理 29.7 给定正合列 $\{1\}\to A\to E\to\Phi\to\{1\}$ 以及从群 G 到群 Φ 的同态 φ. 假定 G 与 A 是阶为互素的有限群. 那么

(1) 存在 G 到 E 的同态 ψ 提升 φ.

(2) 若 G 或 A 是可解群，则任何两个这样的同态可用 A 中的元素共轭.

应用 给定一个同态 $\varphi:G\to GL_n(\mathbf{Z}/p\mathbf{Z})$，其中 p 不整除 G 的阶. 我们来证明：对每个 $\alpha\geqslant 1$，φ 都可提升为 $\varphi_\alpha:G\to GL_n(\mathbf{Z}/p^\alpha\mathbf{Z})$.

首先，来把 φ 提升为 φ_2. 我们有一个正合列

$$\{1\}\to A\to GL_n(\mathbf{Z}/p^2\mathbf{Z})\to GL_n(\mathbf{Z}/p\mathbf{Z})\to\{1\}$$

这里 A 由形如 $1+pX$ 的矩阵组成，其中 X 是模 p 的 $n\times n$ 矩阵，而从 $GL_n(\mathbf{Z}/p^2\mathbf{Z})$ 到 $GL_n(\mathbf{Z}/p\mathbf{Z})$ 的映射就是模 p 的约化. 于是群 A 同构于交换 p－群 $M_n(\mathbf{Z}/p\mathbf{Z})$.①因此，应用前面的定理就可将 φ 提升为

① $M_n(\mathbf{Z}/p\mathbf{Z})$ 是 $n\times n$ 矩阵的加法群. 因为在 A 中有乘法 $(1+pX)(1+pY)=1+p(X+Y)\pmod{p^2}$，因此 $X\mapsto 1+pX$ 是 $Mn(\mathbf{Z}/p\mathbf{Z})$ 到 A 上的同构. —— 译注

φ_2，而且提升的方式本质上是唯一的. 同样的方法可以将 φ_α 提升为 $\varphi_{\alpha+1}$，就得正合列

$$\begin{array}{ccccccccc}\{1\} & \longrightarrow & A & \longrightarrow & GL_n(\mathbf{Z}/p^{\alpha+1}\mathbf{Z}) & \longrightarrow & GL_n(\mathbf{Z}/p^{\alpha}\mathbf{Z}) & \longrightarrow & \{1\} \\ & & & & \uparrow{\scriptstyle \varphi_{\alpha+1}} & \nearrow{\scriptstyle \varphi_2} & & & \\ & & & & G & & & & \end{array}$$

于是可以过渡到反向极限：因为 $\varprojlim \mathbf{Z}/p^\alpha\mathbf{Z} = \mathbf{Z}_p$，[①]故有表示

$$\varphi_\alpha: G \to GL_n(\mathbf{Z}_p) \to GL_n(\mathbf{Q}_p)$$

由于 $\mathbf{Q}_p$ 的特征为 0，这样，我们从一个特征 p 的表示出发，得到了一个特征 0 的表示.

① 这里 $\mathbf{Z}_p$ 是 p - adic 整数环(模 p 整数环在本书中记作 $\mathbf{Z}/p\mathbf{Z}$)，而 $\mathbf{Q}_p$ 是 p - adic 数域. —— 译注

第 30 章 可解群与霍尔子群

我们来试着推广西洛定理. 问题如下:设群G的阶为$\Pi_p p^{\alpha(p)}$(其中p为素数),是否对每个素数都存在一个G的$p^{\alpha(p)}$阶子群?

更一般地,是否对每个整除G之阶的n都能找到一个G的n阶子群? 若G为幂零群,这个事实是成立的. 但若对G不加限制则结论不成立,甚至"G为可解群"这一条件也不充分,例如,12 阶群A_4可解,但它却没有 6 阶子群. 因此,要对n作更多限制假设.

Π — 子群

设Π为一素数的集合,Π'是它的补集. 若$n\in\mathbf{N}$,则有$n=n_{\Pi}n_{\Pi'}$,其中n_{Π}只能被Π中素数整除,$n_{\Pi'}$只能被Π'中素数整除. 若群G阶的所有素因子都属于Π,则称G为一个Π — 群.

问题就成为：对一个给定的群寻找它的Π－子群以及下面定义的极大Π－子群.

定义 30.1 设G为群而Π为一些素数的集合，若子群H满足$|H|=|G|_{\Pi}$，就称H为G的西洛Π－子群或者霍尔(P. Hall)Π－子群.

注 若$\Pi=\{p\}$，则G的西洛Π－子群就是西洛p－子群.

定理 30.1(霍尔) 设G为可解群，Π是素数集合.那么

(1)G有西洛p－子群.

(2) 设S_{Π}为G的西洛Π－子群，H为G的Π－子群，则H含于S_{Π}的某个共轭子群内.

此定理的证明在后文给出.

推论 30.1 可解群的两个西洛Π－子群相互共轭.

“可解”这一假设是必要的：

定理 30.2 若对每个素数集合Π，G都有西洛Π－子群，则G是可解群.

证明在后文给出.

定理 30.3(伯恩赛德) 设p与q为两个素数，则所有阶为$p^a q^b (a, b \in \mathbf{N})$的群都是可解群.

事实上，若$\Pi=\{p\}$，$\{q\}$或者$\{p, q\}$，则西洛Π－子群总是存在的.西洛定理保证前两种情形的存在性，而G本身就满足第三种情形.从而，定理 30.2 说明G是可解群.

实际上，伯恩赛德定理在第 33 章中是用特征标理

论证明的(见定理 33.1),而且定理 30.2 要用它来证明.[①]

可以互换的子群

先证明关于子群乘积的几个引理.

设A与B为群G的两个子群,将所有乘积ab(其中$a \in A$而$b \in B$)组成的集合记为$A \cdot B$.

引理 30.1 下面两个条件等价:

(1)$A \cdot B = B \cdot A$.

(2)$A \cdot B$是G的子群.

(1)⇒(2) 假定$A \cdot B = B \cdot A$,则有$A \cdot B \cdot A \cdot B \subset A \cdot A \cdot B \cdot B \subset A \cdot B$以及$(A \cdot B)^{-1} \subset B \cdot A = A \cdot B$,故$A \cdot B$为$G$的子群.

(2)⇒(1) 假定$A \cdot B$是G的子群,则有$A \cdot B = (A \cdot B)^{-1} = B \cdot A$.

如果$A \cdot B = B \cdot A$,就说两个子群A与B是可以互换的.

引理 30.2 假设G的子群$A_1, \cdots, A_n$两两可以互换,则$A_1 \cdots A_n$是G的子群.

对n用数学归纳法来证明.引理 30.1 就是$n=2$的情形.由归纳假设$A_1 \cdots A_{n-1}$是一个子群,这个子群与A_n可以互换,因为$A_1 \cdots A_{n-1} \cdot A_n = A_1 \cdots A_n \cdot A_{n-1}$,故经过$n-1$次运算就得到$A_1 \cdots A_{n-1} \cdot A_n = A_n \cdot A_1 \cdots A_{n-1}$.根据引理 30.1,$A_1, \cdots, A_n$是$G$的子群.

① 即,定理 30.2 实际上是伯恩赛德定理的推论,而不是反过来,象定理 30.3 表现的那样.——译注

引理 30.3 下述条件等价：

(1)$A \cdot B = G$.

(1′)$B \cdot A = G$.

(2)G 可迁地作用在 $G/A \times G/B$ 上.

此外，若 G 为有限群，这些性质还与下述条件等价：

(3)$(G:A \cap B) = (G:A) \cdot (G:B)$.

(3′)$(G:A \cap B) \geqslant (G:A) \cdot (G:B)$.

事实上：

(1)⇔(1′) 假设 $A \cdot B = G$，则 $A \cdot B$ 为子群，故由引理 30.1 有 $A \cdot B = B \cdot A$，因此 $B \cdot A = G$.

(1)⇔(2) 要证明的是，对所有 $g_1, g_2 \in G$，都存在 $g \in G$，使 $g \in g_1 A$，且 $g \in g_2 B$. 根据假设，存在 $a \in A$ 与 $b \in B$，使得 $g_1^{-1} g_2 = ab$，故有 $g_1 a = g_2 b^{-1}$，从而元素 $g = g_1 a = g_2 b^{-1}$ 满足条件.

(2)⇒(1) 设群 G 可迁地作用在 $G/A \times G/B$ 上. 那么对任意的 $g_1 \in G$ 取一个元素 $g \in G$ 使 $g \in 1 \cdot A$ 且 $g \in g_1 \cdot B$. 由此推出了 $g_1 \in A \cdot B$，即 $A \cdot B = G$.

现在，设 G 为有限群，来证明(2)⇔(3). 假设 i 是 G 中单位元在 G/A(与 G/B) 中的象. 当 G 作用在 $G/A \times G/B$ 上时，(i, i) 的稳定子群为 $A \cap B$. 因此，(i, i) 的轨道中元素个数 n 就是 $A \cap B$ 在 G 中的指标 $(G:A \cap B)$. 然而

$$
\begin{aligned}
&G \text{ 可迁地作用在 } G/A \times G/B \text{ 上} \Leftrightarrow \\
&n = |G/A| \times |G/B| \Leftrightarrow \\
&n = (G:A)(G:B) \Leftrightarrow \\
&(G:A \cap B) = (G:A)(G:B)
\end{aligned}
$$

这恰好就是(2) 与(3) 的等价性.

$(3')\Leftrightarrow(3)$ 因为$(G:A\cap B)$ 是(i,i) 轨道的基数,它不会超过 $G/A\times G/B$ 的基数,即$(G:A)(G:B)$.

引理 30.4 若 A 与 B 在 G 中的指标互素,则引理 30.3 中的性质成立.

实际上,$(G:A\cap B)$ 可被$(G:A)$ 与$(G:B)$ 整除,因此也被它们的乘积整除,这说明前一引理的$(3')$ 成立.

可以互换的西洛子群组

设 G 是群. 对每个素数 p,选取一个 G 的西洛 $p-$子群 H_p. 如果这些 H_p 在可互换的子群的意义下两两互换,就称$\{H_p\}$ 为可以互换的西洛子群组. 在这种情况下,若 Π 为素数的集合,则 $H_\Pi=\Pi_{p\in\Pi}H_p$ 是 G 的 $\Pi-$子群.

定理 30.3 若 G 为可解群,则 G 有一个可以互换的西洛子群组.

对 G 的阶作数学归纳法来证明定理. 假定 $G\neq\{1\}$. 那么,由引理 29.1,存在素数 p_0 以及 G 的正规 p_0-子群 A,并且 A 不等于$\{1\}$. 由归纳假设,群 G/A 有一个可以互换的西洛 $p-$子群组$\{H'_p\}$. 令 $H'=\Pi_{p\neq p_0}H'_p$. 这是 G/A 的子群,阶为 $\Pi_{p\neq p_0}|H'_p|$. 若 G' 为它在 G 中的逆象,则有正合列

$$\{1\}\to A\to G'\to H'\to\{1\}$$

由于 A 与 H' 的阶互素,H' 可以提升为 G 的子群 H. ①

① 定理 29.6 的(1). —— 译注

若 $p\neq p_0$，令 H_p 为 H 中提升 H'_p 的子群，这些 H_p 是 G 的两两互换的西洛 p — 子群. 对 $p=p_0$，定义 H_{p_0} 为 H'_{p_0} 在 G 中的逆象.[①]这是 G 的西洛 p_0 — 子群，它与 $H_p(p\neq p_0)$ 可以互换.[②]于是 $\{H_p\}$ 就满足定理的条件.

定理 30.1 的证明

关于西洛 Π — 子群存在性的断言(1) 由定理 30.3 与引理 30.2 导出.

对 G 的阶数用数学归纳法来证明断言(2). 象上节中那样，取一个 G 的不等于 $\{1\}$ 的正规 p_0 — 子群 A. 设 H' 与 S'_Π 分别为 H 与 S_Π 在 $G'=G/A$ 中的象. 由归纳假设，H' 含在 S'_Π 的某个共轭子群内. 将 H' 换成它的一个共轭子群后，可以假定 $H'\subset S_{\Pi'}$. 现在，需要考虑两种情况：

(1) $p_0\in\Pi$，那么 $A\subset S_\Pi$，因为 S_Π 含有 G 的某个西洛 p_0 — 子群 S_0 而 A 为正规子群，故 $A\subset S_0$(参见西洛定理).[③]于是包含关系 $H'\subset S_{\Pi'}$ 导出 $H\subset S_\Pi$.[④]

(2) $p_0\notin\Pi$. 那么，A 的阶与 S_Π 的阶互素，并且有 $A\cap H=\{1\}$ 与 $A\cap S_\Pi=\{1\}$. 从而，投影映射 $H\rightarrow H'$

① 注意 A 不一定是西洛 p_0 — 子群，因此 H'_{p_0} 不一定等于 $\{1\}$. —— 译注

② 注意到 $A\subset H_{p_0}$，这一事实由 H'_{p_0} 与 H_p 的互换性推出. —— 译注

③ 由定理 27.2 的(1) 与(2)，可知 A 的某个共轭包含在 S_0 内，既然 A 正规，也就是 $A\subset S_0$. —— 译注

④ 此时，$S_{\Pi'}$ 的逆象就是 S_Π，而 H 含在 H' 的逆象内. —— 译注

与 $S_{\Pi} \to S_{\Pi'}$ 都是同构. 设 S_{Π} 的子群 $\widetilde{H}$ 在投影下映为 H',那么,在 $A \cdot H$ 中群 H 与 $\widetilde{H}$ 都是 H' 的提升,因而它们共轭(见定理 29.6).[①]

可解性判别准则

定理 30.4(维兰特)　设 G 为有限群,H_1, H_2, H_3 是 G 的 3 个子群. 如果这些 H_i 都是可解群,并且它们的指标两两互素,那么 G 是可解群.

对 G 的阶用数学归纳法来证明. 首先注意有 $G = H_1 \cdot H_2$. 事实上,指标$(G:H_1)$与$(G:H_2)$互素,而它们分别整除$(G:H_1 \cap H_2)$,故有$(G:H_1 \cap H_2) \geqslant (G:H_1)(G:H_2)$. 从而由引理 30.3 有 $G = H_1 \cdot H_2$.

不妨假设 $H_1 \neq \{1\}$. 由引理 29.1,存在素数 p 以及 H_1 的不等于$\{1\}$的正规 $p-$子群 A.[②]可以假定这个 p 不整除$(G:H_2)$.[③]那么,H_2 包含一个 G 的西洛 $p-$子群,从而包含一个 A 的共轭子群. 因为 $G = H_1 \cdot H_2$,A 的每个共轭都形如 $h_2^{-1}h_1^{-1}Ah_1h_2$(其中 $h_1 \in H_1$,$h_2 \in H_2$),又由于 A 在 H_1 中正规,且它的某个共轭子群含于 H_2 内,从而它所有共轭子群都含于 H_2 内.

设 $\widetilde{A}$ 是 A 的所有共轭子群在 G 中生成的子群. 那么,$\widetilde{A}$ 是 G 的正规子群并且含于 H_2 内,因此 $\widetilde{A}$ 是可解群. 设 H'_i 为 H_i 在 $G' = G/\widetilde{A}$ 中的象,则指标$(G':H'_i)$两两互素(因为$(G':H'_i)$整除$(G:H_i)$),并且 H'_i 是可

---

① 注意 $A \cdot H$ 是 H' 在 G 中的逆象,故 $\widetilde{H} \subset A \cdot H$. —— 译注

② 注意 A 只在 H_1 中正规,不一定在 G 中正规. —— 译注

③ 若 p 整除$(G:H_2)$,则 p 不整除$(G:H_3)$,因此可以考虑分解 $G = H_1H_3$,在以下的证明中将 H_2 全换成 H_3 即可. —— 译注

解群.那么,归纳假设说明 G' 是可解群,因而 G 也是可解群.

定理 30.2 的证明

设 p 为素数而 G 为群.令 p' 为所有不等于 p 的素数的集合,若 G 的子群 H 是西洛 p' - 子群,则称它为 G 的 p - 补子群.

我们来证明定理 30.2,它在这里的表述看起来要更强一些.

定理 30.5 如果对每个素数 p,群 G 都有一个 p - 补子群,则 G 是可解群.

对 $|G|$ 用数学归纳法来证明.分别考虑两种情况.

(1) $|G|$ 的素因子个数不大于 2,或者说 $|G|$ 形如 $p^a q^b$,其中 p 与 q 为素数.根据伯恩赛德定理(可用特征标理论证明,参见第 33 章),G 为可解群.

(2) $|G|$ 的素因子个数不小于 3.设 $p_i(i=1,2,3)$ 是它的因子,而 $H_i(i=1,2,3)$ 是 G 的 p_i - 补子群.那么,对 $i=1,2,3$,指标 $(G:H_i)$ 是两两互素的.

此外,对每个素数 p,H_i 都有一个 p - 补子群.实际上,若 $p=p_i$,则 H_i 就是它的 p - 补子群;若 $p\neq p_i$,令 H_p 为 G 的 p - 补子群,由于 $(G:H_i)$ 与 $(G:H_p)$ 互素,引理 30.4 说明

$$(G:H_i\cap H_p)=(G:H_i)(G:H_p)$$

由此导出 $(H_i:H_i\cap H_p)$ 等于除尽 $|H_i|$ 的 p 的最高

方幂,[①]因此 $H_i \cap H_p$ 是一个 p' — 子群,故 $H_i \cap H_p$ 是 H_i 的 p — 补子群. 根据归纳假设,H_i 为可解群. 于是,G 就满足定理 30.4 的假定,因此 G 为可解群.

① 从上面的等式导出$(H_i : H_i \cap H_p) = (G : H_p)$,但$(G : H_p)$是除尽$|G|$的最高方幂,当然也就是除尽$|H_i|$的最高方幂. —— 译注

弗罗贝尼乌斯群

第31章

共轭子群的并

定理 31.1(若尔当)　设 G 为有限群,H 为 G 的子群,H 不等于 G,那么 $\bigcup_{g\in G}(gHg^{-1})\neq G$. 更确切一点,有

$$\left|\bigcup_{g\in G}gHg^{-1}\right|\leqslant|G|-\left(\frac{|G|}{|H|}-1\right)$$

显然,对每个 $g\in G$,1 都属于 $H\cap(gHg^{-1})$. 来考虑 $G-\{1\}$,有

$$\bigcup_{g\in G}(gHg^{-1}-\{1\})=\bigcup_{g\in G/H}(gHg^{-1}-\{1\})$$

故

$$\left|\bigcup_{g\in G}(gHg^{-1}-\{1\})\right|\leqslant\frac{|G|}{|H|}(|H|-1)$$

从而

$$\left|\bigcup_{g\in G}gHg^{-1}\right|\leqslant|G|-\frac{|G|}{|H|}+1$$

下面将看到,不必假定G有限,只要$(G:H)<\infty$,这个性质仍然成立.[①]这要用到了一个引理:

引理 31.1 设G为群,H是G的子群,指标为有限数n,那么,存在G的正规子群N,它含于H内,且指标$(G:N)$整除$n!$.

事实上,群G作用在n个元素的集合$X=G/H$上,[②]因此有一个群G到S_X的同态φ,这里S_X是X的置换群,其基数为$n!$.群$N=\ker\varphi$就满足条件.

如果将定理31.1用于G/N与H/N,就可看到,在模N的情况下,H的共轭子群之并不会等于G,从而也就有$\bigcup\limits_{g\in G} gHg^{-1}\neq G$.

注 在$G=SO_3(\mathbf{R})$与$H=S_1$的情形说明假设条件$(G:H)<\infty$是不能去掉的.[③]

下面是定理31.1的两个等价表述:

定理 31.1′ 若G的子群H与G的每个共轭类都相交,则$H=G$.

(这个形式在数论中经常用到,其中G为一个伽罗华群.)

定理 31.1″ 若G可迁地作用在集合X上,且$|X|\geqslant 2$,那么,G中有一个元素的作用是没有不动点的.

---

① "这个性质"指$\bigcup\limits_{g\in G}(gHg^{-1})\neq G$,证明在引理31.1之后.——译注

② X是H的左陪集的集合,G通过左平移作用在X上.——译注

③ 三维空间中的旋转($G=SO_3(\mathbf{R})$的元素)都是绕某个轴的旋转.固定空间中一条直线后,所有以这条直线为轴的旋转就组成了$H=S_1$的一个共轭子群.因为有无穷条直线,因此$(G:H)=\infty$.——译注

事实上,设 H 为 X 中某点的稳定子群,就可选一个元素使之不属于 H 的任何共轭子群.[①]

下面是上述定理的两个应用.

每个有限除环都交换[②](韦德伯恩(Wedderburn)定理):实际上,设 D 为有限除环,F 是它的中心.那么,$(D:F)$ 是一个完全平方 n^2,每个元素 $x\in D$ 都含于某个交换子除环 L 中,这个 L 包含 F 且使 $(L:F)=n$.由于两个这样的子除环同构,Skolem-Noether 定理说明它们是共轭的.若 L 是这样的一个交换子除环,令 $G=D^*$ 及 $H=L^*$,则有 $G=\bigcup gHg^{-1}$,故 $G=H$,从而 $n=1$ 而 D 是交换的.

模 p 方程的根:设 $f=X^n+a_1X^{n-1}+\cdots+a_n$ 是 $\mathbf{Z}$ 系数多项式,在 $\mathbf{Q}$ 上不可约.若 p 为素数,记 f_p 为 f 模 p 的约化,它是 $F_p[X]$ 中的元素.用 p_f 记所有那些素数 p 的集合,它们使得 f_p 在 F_p 中至少有一个根.下面将看到,在 $n\geqslant 2$ 时,P_f 的密度严格小于 1(如果当 $x\to+\infty$ 时

$$\frac{|\{p\leqslant x, p\in P\}|}{|\{p\leqslant x\}|}\to\rho$$

则称 P 的密度等于 ρ).设 $X=\{x_1,\cdots,x_n\}$ 是 f 在 $\mathbf{Q}$ 的某个扩域中的根,G 为 f 的伽罗华群.这个群可迁地作用在 X 上,设 H 为 x_1 的稳定子群,则有 $X\simeq G/H$.可

---

① 这是由定理 31.1 的证明推出定理 30.1″.反过来,假设定理 30.1″来推定理 31.1:可取 X 为 H 的所有共轭子群的集合.若 $|X|=1$,则 H 为正规子群,结论成立;若 $|X|\geqslant 2$,则让 G 共轭作用在 X 上,G 中没有不动点的元素就不属于 H 的共轭子群.—— 译注

② 即每个有限除环都是域.—— 译注

以证明(切博塔廖夫－弗罗贝尼乌斯定理):P_f 的密度存在并且等于

$$\frac{1}{|G|}\left|\bigcup_{g\in G} gHg^{-1}\right|$$

由上面的定理,这个密度小于1.

推论 31.1 若 $n\geqslant 2$,则有无穷多个素数 p 使得 f_p 在 F_p 中没有根.

更多细节可以参看:J. P. Serre, On a thorem of Jordan, Bull. A. M. S. 40(2003),429－440.

弗罗贝尼乌斯群的定义

下面要考虑满足

$$\left|\bigcup_{g\in G} gHg^{-1}\right|=|G|-\left(\frac{|G|}{|H|}-1\right)$$

的群对(G,H). 这说明,若 g 与 h 模 H 不同余,则$(gHg^{-1}-\{1\})$与$(hHh^{-1}-\{1\})$不相交;或者说,若 $g\notin H$,则 H 与 gHg^{-1} 的交等于$\{1\}$. 我们说 H 是“与其共轭子群不交的”.

假定 H 为 G 的真子群,令 $X=G/H$. 一个等价的性质是,当 G 作用在 X 上时,G 的每个(不等于1的)元素在 X 中至多有一个不动点,或者说,G 中有两个不动点的元素必为单位元.

例 31.1 设 a 与 b 属于有限域 F,且 $a\neq 0$,形如 $h(x)=ax+b$ 的所有变换 h 组成群 G. 令 H 为子群 $\{x\mapsto ax\}$. 若 N 是 G 中平移组成的子群,则 N 是 G 的正规子群,而 G 是 H 与 N 的半直积. 那么,(G,H)就是满足前述条件的一个例子.

来考虑一下这个性质能否推广.

定义 31.1 群G称为弗罗贝尼乌斯(Frobenius)群,若它有一个不等于$\{1\}$与G的子群H,使得$\left|\bigcup_{g\in G} gHg^{-1}\right| = |G| - (|G|/|H| - 1)$. 此时,$(G,H)$称为一个弗罗贝尼乌斯群对.

例 31.2 (1) 设N与H为两个有限群,且H作用在N上:对每个$h\in H$,用公式$\sigma_h(n)=hnh^{-1}$定义σ_h: $N\to N$. 则对$h_1, h_2\in H$有$\sigma_{h_1h_2}=\sigma_{h_1}\circ\sigma_{h_2}$,令$G$为相应的半直积.[①]考虑一下$(G,H)$何时是弗罗贝尼乌斯群对. 一个充要条件是:对每个$n\in N-\{1\}$都有$H\cap nHn^{-1}=\{1\}$.[②]事实上,设$h\in H\cap nHn^{-1}$,则$h$可写成$nh'n^{-1}$,其中$h'\in H$. 取模$N$的商,就得到$h=h'$(因为$G/N\cong H$). 因此,$h=nhn^{-1}$,从而$n=h^{-1}nh=\sigma_{h^{-1}}(n)$. 所以,$n$是$\sigma_{h^{-1}}$的不动点. 如果$h\neq 1$,则必须$n=1$. 由此知道,$(G,H)$为弗罗贝尼乌斯群对的一个充要条件是,不存在元素对$(h,n)$,使$h\neq 1, n\neq 1$且$\sigma_h(n)=n$. 也就是要求$H$自由地作用在$N-\{1\}$上. 此时,有$\bigcup_{g\in G} gHg^{-1}=\{1\}\cup(G-N)$(实际上$\bigcup_{g\in G} gHg^{-1}\subset\{1\}\cup(G-N)$,[③]而计算两边元素个数就可得等

---

① 这里叙述的逻辑次序或有颠倒,应该是:H在N上的作用给出了一个同态$\sigma: H\to \mathrm{Aut}(N)$,即对每个$h\in H$,有自同构$\sigma_h: N\to N$. 用$\sigma$来构造半直积$G$. 在$G$中,$\sigma_h$恰好可以表示成公式$\sigma_h=hnh^{-1}$. —— 译注

② 这个充要条件是由于G的每个元素都可写作nh. 以下从这个条件出发导出H必然是自由作用在$N-\{1\}$上的. —— 译注

③ 这个包含关系是说对每个$g\in G$都有gHg^{-1}与$N-\{1\}$不相交,因为假定$ghg^{-1}=n$,则$h=g^{-1}ng\in N$(因为N是G的正规子群). 但$H\cap N=\{1\}$,所以$h=1$,从而$n=1$. —— 译注

式①),从而有 $G-\bigcup_{g\in G} gHg^{-1}=N-\{1\}$.

(2) 设 p 为素数,F 是有限域,它含有一个 p 次单位根 ξ. 设 N 是对角线上元素都等于 1 的 $p\times p$ 上三角矩阵的集合. 这是一个群. 假定 H 是由

$$\begin{pmatrix} 1 & 0 & \cdots & \cdots & 0 \\ 0 & \xi & \ddots & & \vdots \\ \vdots & \ddots & \ddots & \ddots & \vdots \\ \vdots & & \ddots & \xi^{p-2} & 0 \\ 0 & \cdots & \cdots & 0 & \xi^{p-1} \end{pmatrix}$$

生成的循环群,那么 H 正规化 N. 群 $G=N\cdot H$ 是对角线元素为 ξ^k 的上三角矩阵群,可以验证 H 的作用没有不动点. ②

这些例子实际上具有代表性,因为有

定理 31.2(弗罗贝尼乌斯) 设(G,H)为弗罗贝尼乌斯群对. 则 G 中那些不与 H 中元素共轭的元素(以及单位元 1) 的集合 N 是一个正规子群,且有 $G=N\cdot H$.

要点在于证明 N 确实是一个子群,这要用到特征标理论,我们以后再证(参考定理 33.12). 那么,由于群 N 在共轭下不变,所以一定是正规子群. 另一方面,由于

$$\left|\bigcup_{g\in G} gHg^{-1}\right|=|G|-((G:H)-1)$$

故有 $|N|=(G:H)$. 最后,由于 $N\cap H=\{1\}$,故有

---

① 计算元素个数时用到定义 31.1 中的等式,并注意此时有 $|G|=|H|\cdot|N|$. —— 译注

② 指除了单位元(恒等矩阵) 以外没有不动点,即 H 自由地(共轭) 作用在 N 上. —— 译注

$G=N\cdot H$.

可以证明(我们不证),一个群G仅能以"唯一的方式"成为一个弗罗贝尼乌斯群,即,若(G,H_1)与(G,H_2)是弗罗贝尼乌斯群对,则H_1与H_2共轭.特别,正规子群N是唯一决定的.

现在,我们通过研究N与H的结构来将弗罗贝尼乌斯群分类.

N的结构

假设N与H不等于$\{1\}$,并且可以作为一个弗罗贝尼乌斯群G的子群.[①]取$x\in H$使其阶为素数p.元素x定义了N的一个p阶自同构,除1之外它没有不动点.因此,N可以作为一个弗罗贝尼乌斯群的子群,当且仅当N有一个素数阶的自同构σ,它除1之外没有不动点.[②]

命题31.1 设σ是有限域N的p阶自同构(p不必为素数),它除1之外没有不动点.那么

(1)N到N的映射$x\mapsto x^{-1}\sigma(x)$是双射.

(2)对所有$x\in N$,有$x\sigma(x)\sigma^2(x)\cdots\sigma^{p-1}(x)=1$.

(3)如果x与$\sigma(x)$在N中共轭,则$x=1$.

证明 (1)因为N有限,所以证明映射是单的就行了.假定$x,y\in N$使$x^{-1}\sigma(x)=y^{-1}\sigma(y)$,则$yx^{-1}=\sigma(yx^{-1})$,故元素$yx^{-1}$是$\sigma$的不动点,从而等于1.

---

① 这句话的意思是有一个群G,使N,H为其子群,并且它们由定理31.2来描述.—— 译注

② 上面的讨论证明了必要性.充分性可以通过构造N与$\langle\sigma\rangle$的半直积来证明.参看例31.2(1).—— 译注

(3) 设 $x \in N$,并假定有 $a \in N$ 使 $\sigma(x)=axa^{-1}$. 由(1) 知道有 $b \in N$ 使 $a^{-1}=b^{-1}\sigma(b)$, 故 $\sigma(x)=\sigma^{-1}(b)bxb^{-1}\sigma(b)$, 因此 $\sigma(bxb^{-1})=bxb^{-1}$. 这说明 $bxb^{-1}=1$,从而 $x=1$.

(2) 令 $a=x\sigma(x)\sigma^{2}(x)\cdots\sigma^{p-1}(x)$,故有

$$\sigma(a)=\sigma(x)\sigma^{2}(x)\cdots\sigma^{p-1}(x)x=x^{-1}ax$$

因此由(3) 知道 $a=1$.

推论 31.2 若 l 为素数,则存在 N 的西洛 $l-$子群在 σ 作用下稳定.

设 S 是 N 的西洛 $l-$子群,则群 $\sigma(S)$ 也是 N 的西洛 $l-$子群, 故存在 $a \in N$ 使 $aSa^{-1}=\sigma(S)$. 设 $a^{-1}=b^{-1}\sigma(b)$,故 $\sigma(b^{-1})bSb^{-1}\sigma(b)=\sigma(S)$,从而 $bSb^{-1}=\sigma(b)\sigma(S)\sigma(b^{-1})=\sigma(bSb^{-1})$. 所以,$N$ 的西洛 $l-$子群 bSb^{-1} 在 σ 作用下稳定.

推论 31.3 设 $a \in N$,则自同构 $\sigma_a: x \mapsto a\sigma(x)a^{-1}$ 在 $\mathrm{Aut}(G)$ 中与 σ 共轭,特别,σ_a 的阶为 p 且没有(不等于 1 的) 不动点.

根据命题 31.1 之(1),存在 $b \in G$ 使 $a=b^{-1}\sigma(b)$, 故 $\sigma_a(x)=b^{-1}\sigma(bxb^{-1})b$, 从而 $b\sigma_a(x)b^{-1}=\sigma(bxb^{-1})$,①即下交换

$$\begin{array}{ccc} N & \xrightarrow{\sigma_a} & N \\ \text{用}b^{-1}\text{作共轭}\downarrow & & \downarrow\text{用}b^{-1}\text{作共轭} \\ N & \xrightarrow[\sigma]{} & N \end{array}$$

由此即得结果

① 设 $I \in \mathrm{Aut}(N)$ 由公式 $I(x)=bxb^{-1}$ 定义,此式说明 $I\sigma_a=\sigma I$. 故在 $\mathrm{Aut}(N)$ 中有 $\sigma_a=I^{-1}\sigma I$.——译注

例 31.3 (1) 若 $p=2$,则对所有 $x\in N$ 都有 $x\sigma(x)=1$,从而 $\sigma(x)=x^{-1}$. 由于 σ 是自同构,故 N 为交换群.

(2) $p=3$ 的情形(伯恩赛德),令 $\sigma(x)=x'$,$\sigma^2(x)=x''$. 对 σ 与 σ^2 分别应用命题 31.1 之(2),得到 $xx'x''=1$ 与 $xx''x'=1$,因此 x' 与 x'' 交换. 轮换考虑这些元素,显然可以知道 x,x' 与 x'' 是两两交换的. 同理,对所有 a,x 与 $ax'a^{-1}$ 交换,x 与 $ax''a^{-1}$ 也交换,所以 x' 及 x'' 与 x 的所有共轭都交换. 由于 $x=(x'x'')^{-1}$,故 N 有下述性质:两个共轭的元素是交换的,[①]从而 x 与 (x,y) 也交换. 最后得到,对所有 $x,y\in N$ 都有 $(x,(x,y))=1$. 于是,N 的导群含在 N 的中心内,这推出 N 为幂零群且幂零次数至多为 2.

(3) 希格曼(Higman) 处理了 $p=5$ 的情形. 此时群 N 的幂零次数至多为 6(这个界是最佳的).

汤普森(Thompson) 推广了这些结果,有以下的

定理 31.3(汤普森) N 是幂零群.

证明可参看 B. Huppert, Endliche Gruppen I,第 5 章,定理 8.14. 至于 N 的幂零次数,希格曼猜想,若 p 为 G 的阶,则 N 的次数小于或等于 $(p^2-1)/4$.

H 的结构

设 H 为一个群. 若存在群 G,它包含 H 但不等于

---

① 由于 $x=(x'x'')^{-1}$,故 x 与它的所有共轭元交换,从而 $(axa^{-1})(bxb^{-1})=b\cdot(b^{-1}axa^{-1}b)x\cdot b^{-1}=b\cdot x(b^{-1}axa^{-1}b)\cdot b^{-1}=(bxb^{-1})(axa^{-1})$. —— 译注

H，使(G,H)为弗罗贝尼乌斯群对，则称 H 具有性质 F. 根据弗罗贝尼乌斯定理与汤普森定理，这等价于说，存在一个幂零群 $N \neq \{1\}$ 使 H 能够无不动点地作用于其上(即自由地作用在 $N-\{1\}$ 上).

例 31.4 设 F 是特征为 l 的有限域，H 为 $SL_2(F)$ 的子群，其阶与 l 互素. 如果取 N 为 F 上的向量空间 F^2，则容易验证 H 自由作用在 $N-\{0\}$ 上.[①]因此，H 具有性质 $\mathscr{F}$(特别，这一结果可以用在二元(binary)二十面体群上，它是一个 120 阶的非可解群).

定理 31.4 设 H 为有限群，则下列性质等价：

(1) H 具有性质 $\mathscr{F}$(即 H 可以出现在某个弗罗贝尼乌斯群对中).

(2) 存在一个域 K 及线性表示 $\rho: H \to GL_n(K)$，其中 $n \geqslant 1$，使得 ρ"没有不动点"(即 H 自由地作用在 $K^n-\{0\}$ 上).

(3) 对每个特征不整除 $|H|$ 的域 K，都存在一个没有不动点的线性表示 $\rho: H \to GL_n(K)$.

(4) H 可以线性而且自由地作用在一个球面 S_{n-1} 上.

(注意(2)与(3)推出 ρ 是忠实表示.)

首先，如果存在一个没有不动点的线性表示 $H \to GL_n(K)$ $(n \geqslant 1)$，则说域 K 有性质(2_K). 在证明此定理

---

① $SL_2(F)$ 中使 $\begin{pmatrix}1\\0\end{pmatrix}$ 稳定的元素是对角线元素为 1 的上三角阵，它们组成一个 l 阶的循环群. 由此可以推出，若 H 有一个不等于 0 的不动点，则它含有一个 l 阶循环群，这与它的阶与 l 互素的假设矛盾. ——译注

之前,先对这一性质做一些讨论.

(a) 这一性质仅依赖于 K 的特征 p.[①]

实际上,假设 K 有性质(2_K),x 是 K^n 中的非零向量.设 K_0 为素域(即 F_p 或 $\mathbf{Q}$),x 在 H 作用下的轨道在 K_0 上生成一个有限 N 维向量空间,[②]它使得表示 $H \to GL_N(K_0)$ 没有不动点.将系数域扩张,就可推出每个包含 K_0 的域都有一个无不动点的表示.

(b) 若(2_K)成立,则 K 的特征 p 或者为 0,或者为不整除 $|H|$ 的素数.

因为若 H 自由作用在 $F_p^n-\{0\}$ 上,则 H 的阶整除 p^n-1,因此不能被 p 整除.[③]

(c) 若特征 0 时有性质(2_K),则每个不整除 $|H|$ 的特征 p 也有性质(2_K).

实际上,由(a)知道,存在一个 $\mathbf{Q}$ 上的有限维(维数大于或等于1)向量空间 V,而 H 无不动点地作用在 V 上.设 $\boldsymbol{x} \in V$ 为非零向量,$\boldsymbol{x}$ 在 H 作用下的轨道在 $\mathbf{Z}$ 上生成了 V 的一个网格,将它记作 L.[④]群 H 无不动点地作用在 L 上.它也作用于 F_p 上的向量空间 $V_p=L/pL$.我们来证明当 p 不整除 H 的阶时,这个作用是没有不动点的.设 $s \in H$ 阶为 m,s 在 V 上定义的自同

---

① 即,或者每个特征 p 的域 K 都有性质(2_K),或者每个都没有.——译注

② 即$\{hx \mid h \in H\}$在 K_0 上生成的向量空间.——译注

③ 这里 F_p 是 K 的素域,参阅(a).$F_p^n-\{0\}$ 分解成有限条 H 轨道,每条轨道的长度为 $|H|$,从而 $|H|$ 除尽 p^n-1.——译注

④ L 是$\{hx \mid h \in H\}$的所有整系数线性组合的集合.它是一个交换群,故 L/pL 是 F_p 上的向量空间.——译注

构 s_V 不以 1 为特征值，并且满足 $s_V^m = 1$. 从而有

$$1 + s_V + s_V^2 + \cdots + s_V^{m-1} = 0$$

当然，这个方程在 V_p 中也成立. 由于 m 与 p 互素，这导出对每个非零的 $x \in V_p$ 都有 $sx \neq x$. [①]因此，F_p 有性质(2_K).

(d) 若特征 $p \neq 0$ 时有性质(2_K)，则特征 0 时也有性质(2_K).

实际上，设 $\rho_p: H \to GL_n(\mathbf{Z}/p\mathbf{Z})$ 是 H 的无不动点的线性表示，由(b) 知，p 不整除 $|H|$. 在第 29 章已经看到，可以将 ρ_p 提升为同态 $\rho_{p^\infty}: H \to GL_n(\mathbf{Z}_p)$，其中 $\mathbf{Z}_p = \varprojlim \mathbf{Z}/p^\nu\mathbf{Z}$ 是 p 进整数环. 由于 $\mathbf{Z}_p \subset \mathbf{Q}_p$，从而得到一个特征 0 的线性表示 $H \to GL_n(\mathbf{Q}_p)$，这是个没有不动点的表示. 实际上，若非零向量 $\boldsymbol{x} = (x_1, \cdots, x_n)$ 是 H 作用下的不动点，在将 x 乘以一个常数之后，可以假定每个 x_i 都属于 $\mathbf{Z}_p$，并且其中有一个不能被 p 整除. 将 x_i 模 p 约化以后，就可得到 F_p^n 中的一个非零向量，它是 H 作用的不动点，这就与假设矛盾.

作了上述讨论之后，可立得定理的证明. 实际上，由(a)，(b)，(c) 和(d) 推出，性质(2_K) 与 K 无关，[②]由此得到定理中(2)⇔(3) 的等价性.

现在来证明：

(1)⇒(2) 假定 H 没有不动点地作用在幂零群 $N \neq \{1\}$ 上，则 N 的中心 C 不等于$\{1\}$. 设 p 为 $|C|$ 的

① 设 $x \in V_p$ 使 $sx = x$，则上面的方程给出 $mx = x + sx + s^2x + \cdots + s^{m-1}x = 0$. 由于 m 与 p 互素，因此 $x = 0$. —— 译注

② 即仅与 H 有关. —— 译注

素因子，由满足 $x^p=1$ 的所有元素 $x\in C$ 组成的群 C_p 是 F_p 上的非零向量空间，而 H 没有不动点地作用于其上.

(3)⇒(1) 取 K 为有限域，就可得到 H 在某个初等交换群上没有不动点的作用.

(4)⇒(2) 取 $K=\mathbf{R}$ 即可.

(3)⇒(4) 取 $K=\mathbf{R}$，得到一个无不动点的线性表示 $\rho: H\to GL_n(\mathbf{R})$. 由于 H 是有限的，因此 $\mathbf{R}^n$ 上有一个在 H 作用下不变的正定二次型(取标准二次型 $\sum x_i^2$ 在 H 元素作用下之和即可). 因此，在对 ρ 作一共轭之后，可以假定 $\rho(H)$ 包含在正交群 $O_n(\mathbf{R})$ 中，从而由方程

$$\sum_{i=1}^{n} x_i^2=1$$

定义的球面 S_{n-1} 在 H 作用下不变. 这就完成了定理的证明.

注 (1) 具有 $\mathscr{F}$ 性质的群 H 可完全分类，参考 J. Wolf：Spaces of Constant Curvature, McGraw-Hill, 1967.

(2) 在(4)中，H 自由作用在 S_{n-1} 上这个条件是不能去掉的. 例如：$SL_2(F_p)$，$p\geqslant 7$.

第32章 转移

定义

设 G 为群，H 为 G 中具有有限指标的子群，$X=G/H$ 是 H 左陪集的集合. 对每个 $x\in X$，在 G 中选取 x 的代表元 $\bar{x}$. 群 G 作用在 X 上. 若 $s\in G$ 而 $x\in X$，G 中元素 $s\bar{x}$ 在 X 中的象就是 sx. 若 $\overline{sx}$ 表示 sx 的代表元，则有 $h_{s,x}\in H$ 使 $s\bar{x}=\overline{sx}h_{s,x}$，令

$$\mathrm{Ver}(s)=\prod_{x\in X}h_{s,x}(\mathrm{mod}(H,H))$$

其中乘积是在群 $H^{ab}=H/(H,H)$ 中来计算的.

定理 32.1(舒尔)　上面定义的映射 $\mathrm{Ver}:G\to H^{ab}$ 是同态，而且它不依赖于代表元组 $\{\bar{x}\}_{x\in X}$ 的选取.

先来证明映射 Ver 的定义没有歧义. 为此,设 $\{\bar{x}'\}_{x\in X}$ 是另一组代表元,来计算由 $\bar{x}'$ 决定的乘积 $\mathrm{Ver}'(s)$. 元素 $\bar{x}'\in G$ 在 X 中的象为 x,因此存在 $h_x\in H$ 使 $\bar{x}'=\bar{x}h_x$. 由于

$$\begin{aligned} s\bar{x}' &= s\bar{x}h_x=\overline{sx}h_{s,x}h_x \\ &= \overline{sx}h_{sx}h_{sx}^{-1}h_{s,x}h_x \\ &= (\overline{sx})'h_{sx}^{-1}h_{s,x}h_x \end{aligned}$$

又由于 H^{ab} 是交换群,从而

$$\begin{aligned} \mathrm{Ver}'(s) &= \prod h_{sx}^{-1}h_{s,x}h_x(\mathrm{mod}(H,H)) \\ &= (\prod h_{sx})^{-1}\prod h_{s,x}\prod h_x(\mathrm{mod}(H,H)) \end{aligned}$$

然而,当 x 取遍 X 时,sx 也取遍 X,故 $\prod h_{sx}=\prod h_x$,从而

$$\mathrm{Ver}'(s)=\prod h_{s,x}=\mathrm{Ver}(s)(\mathrm{mod}(H,H))$$

所以映射 Ver 的定义没有歧义.

现在来证明它是一个同态. 设 $s,t\in G$,则

$$st\bar{x}=s\overline{tx}h_{t,x}=\overline{stx}h_{s,tx}h_{t,x}$$

由于 H^{ab} 是交换群,从而

$$\begin{aligned} \mathrm{Ver}(st) &= \prod h_{s,tx}h_{t,x}(\mathrm{mod}(H,H)) \\ &= \prod h_{s,tx}\prod h_{t,x}(\mathrm{mod}(H,H)) \end{aligned}$$

然而,当 x 取遍 X 时,tx 也取遍 X,故 $\prod h_{s,tx}=\prod h_{s,x}$. 从而

$$\mathrm{Ver}(st)=\prod h_{s,x}\prod h_{t,x}=\mathrm{Ver}(s)\mathrm{Ver}(t)(\mathrm{mod}(H,H))$$

由于 H^{ab} 是交换群,同态 Ver 诱导了 G^{ab} 到 H^{ab} 的一个同态(还记作 Ver),称为转移.

注 对于同构来说,转移是一个函子,就是说,如果 σ 是群对(G,H) 到群对(G',H') 上的同构,则下交换:

$$\begin{array}{ccc} G^{ab} & \xrightarrow{\sigma} & G'^{ab} \\ \downarrow{\scriptstyle \mathrm{Ver}} & & \downarrow{\scriptstyle \mathrm{Ver}} \\ H^{ab} & \xrightarrow[\sigma]{} & H'^{ab} \end{array}$$

(只需证明,若$\{\bar{x}\}$ 是 G/H 的代表元组,则$\{\sigma(\bar{x})\}$ 是 G'/H' 的代表元组.)

特别,若取 $G=G'$,$H=H'$ 以及 $\sigma(x)=gxg^{-1}$,其中 $g\in N_G(H)$,这证明了同态 $\mathrm{Ver}:G^{ab}\to H^{ab}$ 的象集包含于 H^{ab} 中在 $N_G(H)$ 作用下不变的元素所组成的集合内.

转移的计算

设 H 是G 的有限指标子群,令 $X=G/H$. 元素 $s\in G$ 作用在 X 上,设 C 是 s 在 G 中生成的循环子群,那么 C 将 X 分解成一些轨道 O_α. 设 $f_\alpha=|O_\alpha|$ 而 $x_\alpha=|O_\alpha|$,则有 $s^{f_\alpha}x_\alpha=x_\alpha$. 如果 g_α 是 x_α 的代表元,那么就有

$$s^{f_\alpha}g_\alpha=g_\alpha h_\alpha,\text{其中 } h_\alpha\in H$$

命题 32.1 $\mathrm{Ver}(s)=\prod_\alpha h_\alpha=\prod_\alpha g_\alpha^{-1}s^{f_\alpha}g_\alpha(\mathrm{mod}(H,H))$.①

元素 $s^i g\alpha$,$0\leqslant i<f_\alpha$,可以取为 X 的一个代表元组. 如果 $x\in X$ 的代表元形如 $s^{f_\alpha-1}g_\alpha$,则 H 中相应的元素 $h_{s,x}$ 就等于 h_α,而其余的 $h_{s,x}$ 都等于 1. 由此即得

---

① 注意,如果 s 属于G 的中心,则 $g_\alpha^{-1}s^{f_\alpha}g_\alpha=s^{f_\alpha}$. 于是,这个公式导出 $\mathrm{Ver}(s)=\prod_\alpha s^{f_\alpha}=s^n(\mathrm{mod}(H,H))$,其中,$n=\sum_\alpha f_\alpha=(G:H)$. 下面命题 32.2 的证明要用到这一事实. —— 译注

命题.

推论 32.1 设φ是H^{ab}到A的同态.假定对于H中的两个元素h,h'，只要它们在G中共轭，就有$\varphi(h)=\varphi(h')$.那么,对$h\in H$,有

$$\varphi(\mathrm{Ver}(h))=\varphi(h)^n$$

其中$n=(G:H)$.

实际上,我们有$\varphi(\mathrm{Ver}(h))=\prod_\alpha\varphi(g_\alpha^{-1}h^{f_\alpha}g_\alpha)$.由于元素$g_\alpha^{-1}h^{f_\alpha}g_\alpha$与$h^{f_\alpha}$在$G$中共轭,因此有

$$\varphi(\mathrm{Ver}(h))=\prod_\alpha\varphi(h^{f_\alpha})=\prod_\alpha\varphi(h)^{f_\alpha}$$

于是,可由等式$\sum_\alpha f_\alpha=\sum_\alpha|O_\alpha|=|X|=n$导出结果.

因为$H\subset G$,所以有一个自然的同态$H^{ab}\to G^{ab}$.

推论 32.2 复合同态$G^{ab}\xrightarrow{\mathrm{Ver}}H^{ab}\longrightarrow G^{ab}$就是$s\mapsto s^n$.

这由命题直接推出,因为有

$$g_\alpha^{-1}s^{f_\alpha}g_\alpha=s^{f_\alpha}(\mathrm{mod}(G,G))$$

以及

$$\sum_\alpha f_\alpha=|X|=n$$

推论 32.3 若G为交换群,则$\mathrm{Ver}:G\to H$由$s\mapsto s^n$给出.

使用转移的实例

第一例(高斯)

固定一个素数$p\neq 2$.

设$G=F_p^*$,$H=\{\pm 1\}$.那么,H在G中的指标为

$(p-1)/2$，对 $x \in F_p^*$ 转移公式为 $\mathrm{Ver}(x) = x^{(p-1)/2}$. 由于这就是勒让德(Legendre)符号 $\left(\dfrac{x}{p}\right)$，所以这就提供了计算 $\left(\dfrac{x}{p}\right)$ 的一个方法.

取 $S = \{1, 2, \cdots, (p-1)/2\}$ 为 $X = G/H$ 的代表元组. 设 $x \in G, s \in S$. 如果 $xs \in S$，则 $h_{s,x}$ 取值为 1，否则取值为 -1. 因此，令

$$\varepsilon(x, s) = \begin{cases} 1, & \text{若 } xs \in S \\ -1, & \text{若 } xs \notin S \end{cases}$$

则有 $\mathrm{Ver}(x) = \prod_{s \in S} \varepsilon(x, s)$(高斯引理).

例如，对 $p \neq 2$ 来计算 $\left(\dfrac{2}{p}\right)$. 设 $p = 1 + 2m$，则

$$\left(\frac{2}{p}\right) = (-1)^{m/2} \quad \text{若 } m \text{ 为偶数}$$

$$\left(\frac{2}{p}\right) = (-1)^{(m+1)/2} \quad \text{若 } m \text{ 为奇数}$$

由此得出

$$p \equiv 1 \pmod 8 \Rightarrow \left(\frac{2}{p}\right) = +1$$

$$p \equiv 3 \pmod 8 \Rightarrow \left(\frac{2}{p}\right) = -1$$

$$p \equiv 5 \pmod 8 \Rightarrow \left(\frac{2}{p}\right) = -1$$

$$p \equiv 7 \pmod 8 \Rightarrow \left(\frac{2}{p}\right) = +1$$

这些可以归结为：$\left(\dfrac{2}{p}\right) = +1 \Leftrightarrow p \equiv \pm 1 \pmod 8$.

第二例

命题 32.2 若群 G 没有挠元，并且包含一个与 $\mathbf{Z}$

同构的有限指标子群 H，则 G 本身也与 $\mathbf{Z}$ 同构.

有必要的话，将 H 换成它的共轭子群之交，[①]就可以假设 H 为 G 的正规子群. 群 G 作用在 H 上，[②]因此有同态 $\varepsilon: G \to \mathrm{Aut}(H)=\{\pm 1\}$. 设 ε 的核为 G'. 那么，由于 H 为交换群，故通过内自同构作用于自身时是平凡作用，从而 $H \subset G'$. 因为 G' 平凡作用于 H 上，故 H 还含于 G' 的中心. 因此，转移同态 $\mathrm{Ver}: G'^{ab} \to H^{ab}=\mathbf{Z}$ 就等于 $x \mapsto x^n$，其中 $n=(G':H)$. [③]设 Φ 为 $\mathrm{Ver}: G' \to H^{ab}$ 的核，则由于 H 同构于 $\mathbf{Z}$，因而 $\Phi \cap H=\{1\}$，从而 Φ 是有限子群，既然 G 没有挠元，故有 $\Phi=\{1\}$. 因此，G' 同构于 $\mathbf{Z}$. 如果 G 同构于 G'，那就证完了. [④]

如果不然，则有 $(G:G')=2$，[⑤]$G' \simeq \mathbf{Z}$，并且群 G/G' 通过同态 $y \mapsto y^{\pm 1}$ 作用在 G' 上. 因此，设 $x \in G-G'$ 使得对某个 $y \in G'$ 有 $xyx^{-1}=y^{-1}$. 由于 G' 在 G 中的指

---

① H 的共轭子群之交是 $H \simeq \mathbf{Z}$ 的子群，因此它或者同构于 $\mathbf{Z}$，或者为平凡群. 因为 H 只有有限个共轭子群，因此这个交在 G 中的指标有限，所以不会是平凡群. —— 译注

② 通过内自同构的共轭作用. —— 译注

③ 不清楚为什么转移同态具有这种形式. 但由于 H 含于 G' 的中心，故若 $x \in H$ 时，根据命题 32.1 之脚注，就有 $\mathrm{Ver}(x)=x^n$. 既然 H 为无限循环群，故 $x \neq 1$ 时，有 $x^n \neq 1$. 这就导出下面的事实：$\Phi \cap H=\{1\}$. 这个等式又说明 Φ 中的两个元素不会属于 H 的同一个陪集，因此 Φ 必为有限集. —— 译注

④ 也可直接证明 $G=G'$. 用反证法，如果不然，则有 $x \in G$ 使 $\varepsilon(x)=-1 \in \mathrm{Aut}(H)=\{\pm 1\}$，即 $\varepsilon(x)$ 是由 $y \mapsto y^{-1}$ 给出的 H 的自同构. 对所有 $y \in H$ 都有 $xyx^{-1}=y^{-1}$. 既然 H 为 G 的正规子群，故 $x^m \in H$，其中 $m=(G:H)$. 由 $xx^mx^{-1}=x^{-m}$ 推出 x 是 G 中的挠元，故 $x=1$，矛盾. —— 译注

⑤ 如果不然，则 $G \neq G'$. 故 $\varepsilon: G \to \mathrm{Aut}(G)=\{\pm 1\}$ 为满射，所以 $(G:G')=2$. —— 译注

标为 2,故 $x^2 \in G'$. 那么,取 $y=x^2$ 就得到 $xx^2x^{-1}=x^{-2}$,从而 $x^2=x^{-2}$. 由于 G 没有挠元,故 $x=1$. 因此,G 同构于 $\mathbf{Z}$.

西洛子群中的转移

定理 32.2 设 H 为群 G 的西洛 p 一子群,A 为交换 p 一群,$\varphi: H \to A$ 为同态. 那么

(1) φ 可以扩张为 G 到 A 的同态的充要条件是:若 $h, h' \in H$ 在 G 中共轭,则 $\varphi(h)=\varphi(h')$.

(2) 如果这一条件满足的话,则扩张是唯一决定的,并由公式 $s \mapsto \varphi(\mathrm{Ver}(s))^{1/n}$ 给出,其中 $n=(G:H)$,由于 n 与 p 互素,这个表达式是有意义的.

证明 (1) 必要性:设 $\tilde{\varphi}$ 为 φ 在 G 上的扩张,若 $h \in H, g \in G$ 使 $g^{-1}hg \in H$,则由于 A 交换,故有

$$\varphi(g^{-1}hg)=\tilde{\varphi}(g)^{-1}\varphi(h)\tilde{\varphi}(g)=\varphi(h)$$

充分性:由于 n 与 p 互素,A 为 p 一群,故 $\varphi(\mathrm{Ver}(s))^{1/n}$ 有意义(对每个 $a \in A$,存在唯一一个 $b \in A$ 使 $b^n=a$[①]). 根据推论 32.3,映射 $s \mapsto \varphi(\mathrm{Ver}(s))^{1/n}$ 就满足要求.

(2) 当 $p' \neq p$ 时,φ 在 G 的西洛 p' 一子群上必定等于 1,所以扩张是唯一决定的.

定理 32.3 设 H 为 G 的交换西洛 p 一子群,N 是 H 在 G 中的正规化子. 那么,同态 $\mathrm{Ver}: G^{ab} \to H^{ab}=H$ 的象集由 H 中在 N 作用下不动的元素组成(即,H 中

① 由于 A 为交换 p 一群而 n 与 p 互素,所以 $a \mapsto a^n$ 是 A 的自同构,特别是双射. —— 译注

属于 N 的中心的元素).

由定理32.1的注已经知道,Ver的象集含在 $H^N=\{h\in H\mid nhn^{-1}=h,\forall n\in N\}$ 内.下面证明它们实际上相等.我们有 $N\supset H$,且由于 H 为西洛 p-子群,故 $(N:H)$ 与 p 互素.用公式

$$\varphi(h)=\Big(\prod_{n\in N/H}nhn^{-1}\Big)^{1/(N:H)}$$

定义一个同态 $\varphi:H\to H^N$.注意,我们确实有 $\prod\limits_{n\in N/H}nhn^{-1}\in H^N$,因为若 $n'\in N$,则有

$$n'\Big(\prod_{n\in N/H}nhn^{-1}\Big)n'^{-1}=\prod_{n\in N/H}n'nhn^{-1}n'^{-1}=\prod_{n\in N/H}nhn^{-1}$$

此外,由于 H 交换,所以,若 $h,h'\in H$ 在 G 中共轭,它们就在 N 中共轭[①],从而有 $\varphi(h)=\varphi(h')$.根据推论32.1,对 $h\in H$,有

$$\varphi(\mathrm{Ver}(h))=\varphi(h)^n$$

由于对 $h\in H^N$,有 $\varphi(h)=h$,又由于 $\mathrm{Ver}(h)\in H^N$,故对 $h\in H^N$ 有

$$\mathrm{Ver}(h)=\varphi(\mathrm{Ver}(h))=\varphi(h)^n$$

即,若 $h\in H^N$,则 $\mathrm{Ver}(h)=h^n$.

由于 H^N 是 p-群而 n 与 p 互素,对 H^N 的元素取 n 次幂就可得到 H^N 中所有的元素,因此有 $\mathrm{Im}(\mathrm{Ver})=H^N$.

定理32.4 设 H 为 G 的交换西洛 p-子群,H 不等于$\{1\}$.假定 G 的商群都不是 p 阶循环群.设 N 是 H 在 G 中的正规化子.那么

(1) H 在 N 作用下不动的元素集合 H^N 等于$\{1\}$.

---

① 推论27.5.——译注

(2) 若 r 为 H 的秩(生成元的最少个数),那么存在一个不等于 p 的素数 l,它既整除$(N:H)$,也整除 $\prod_{i=1}^{r}(p^i-1)$.

证明 (1) 如果 $H^N\neq\{1\}$,则有一个非平凡同态 $\mathrm{Ver}:G\to H^N$.[①]因为 H^N 是p-群,由此可以得到G的一个 p 阶循环商群.

(2) 设 H_p 是H 中满足$x^p=1$的元素组成的子群,这是 F_p 上的r 维向量空间(因为 $H=\prod_{i=1}^{r}(\mathbf{Z}/p^{n_i}\mathbf{Z})$).由(1) 知,$N$ 在 H_p 上的作用是非平凡的,这就定义了 $\mathrm{Aut}(H_p)\cong GL_r(\mathbf{Z}/p\mathbf{Z})$ 的一个子群 Φ. 如果 l 是Φ 的阶的一个素因子,则 l 除尽 N/H 的阶,因为Φ是N/H 的商群(实际上,Φ通过N 在 H 上的作用来定义,由于 H 为交换群,它平凡作用于自身,因此 Φ 实际上通过 N/H 的作用来定义[②]). 因为p不整除N/H的阶,故有 $l\neq p$. 又因为 Φ 是 $GL_r(\mathbf{Z}/p\mathbf{Z})$ 的子群,故 l 整除 $GL_r(\mathbf{Z}/p\mathbf{Z})$ 的阶,即 $p^{r(r-1)/2}\prod_{i=1}^{r}(p^i-1)$. 证毕.

推论 32.4 若 $p=2$,那么子群 H 不是循环群.

实际上,定理 32.4 推出 $r\geqslant 2$,[③]但这一结果也可

① 定理 32.3 说明这是一个满同态. —— 译注

② N 共轭作用在 H 上,因此也作用在 H_p 上. 这诱导了一个同态 $N\to\mathrm{Aut}(H_p)$. 既然 H 交换,它在 H_p 上的作用是平凡的,故 H 包含在上述同态的核内. 这就诱导了一个同态 $N/H\to\mathrm{Aut}(H_p)$,而它的象就是 Φ,故 Φ 是 N/H 的商群. —— 译注

③ 此时有 $\prod_{i=1}^{r}(2^i-1)\geqslant l>1$. 故 $r\geqslant 2$. —— 译注

直接证明:假定西洛 2－子群 H 为循环群,设 h 为它的一个生成元. 群 G 通过平移作用在自身上. 那么,元素 h 将 G 分解为 $|G/H|$ 条轨道. 对 $x \in G$,x 在 G 上平移作用的效果相当于 G 上的一个置换,将 x 指派上这个置换的符号,就得到从 G 到 $\{\pm 1\}$ 的同态. 若 $|H|=2^n$,则 h 由奇数个(确切地说,是 $|G/H|$ 个)形如 $(x, hx, \cdots, h^{2^n-1}x)$ 的轮换[①]组成. 每个这样的轮换符号都为－1, 从而 h 的符号为 －1. 于是,这就给出了从 G 到 $\{\pm 1\}$ 的一个非平凡同态,[②]矛盾.

注 定理 32.4 证明了以下结果:设 H 为 G 的交换西洛 p－子群,而 G 没有 p 阶循环商群,则 $N_G(H) \neq H$(否则 $H^N = H \neq \{1\}$).

应用:不超过 2 000 的奇数阶单群

下面来证明不存在群 G 使得 $G=(G,G)$, 并且 $|G|$ 为小于或等于 2 000 的奇数.

根据伯恩赛德定理(参阅第 33 章之定理33.11),[③] $|G|$ 至少有 3 个素因子. 若 p^α 是它的最小素数幂因子,则有 $p^{3\alpha} < 2\,000$. 于是,只有 5 种可能性:$p^\alpha=3,5,7,9$ 或 11.

$p^\alpha = 3$ 的情况

群 G 有一个 3 阶的西洛 3－子群,它是循环群,从而是交换群. 设 N 是它的正规化子. 根据定理 32.4,存

---

① 原文为 cycle,亦译作“循环”,“圈”,等等. —— 译注

② 这说明 $\{\pm 1\}$ 是 G 的 2 阶商群. —— 译注

③ 也可见定理 30.3. —— 译注

在不等于 3 的素数 l,它除尽 $|N|$ 与 $p-1=2$. 由于 $|N|$ 为奇数,这是不可能的.

$p^\alpha=5$ **的情况**

用与上面类似的方法排除.

$p^\alpha=9$ **的情况**

同样地,注意到西洛 3－子群的阶为 3^2,因此是交换群. 在此情形中,$r=1$ 或 2,用类似的论证即可排除这种情形.

$p^\alpha=7$ **的情况**

根据定理 32.4,必有素数 l 除尽奇数 $|N|$ 与 $p-1=6$. 因此,3 整除 $|G|$. 由于前面已排除了 $p^\alpha=3$ 或 9 的情况,故必有 3^3 整除 $|G|$. 根据伯恩赛德定理,有不等于 3 与 7 的素数 q 整除 G 的阶. 因此 $|G|\geqslant 3^3\cdot 7\cdot q^\beta$,并且 $q^\beta\geqslant 11$(因为若 $q=5$,已经考虑过的情况说明必有 $\beta\geqslant 2$). 但由于 $3^3\cdot 7\cdot 11>2\ 000$,这是不可能的.

$p^\alpha=11$ **的情况**

将定理 32.4 应用于西洛 11－子群,知道有素数 l 整除 $|N|$ 与 $p-1=10$. 根据前一种情形,必有 $|G|\geqslant 11\cdot 5^2\cdot q^\beta$,且 $q^\beta\geqslant 13$. 这是不可能的.

应用:阶数不超过 200 的非交换单群

在这里,总假定 $|G|\leqslant 200$.

命题 32.1 (1) 假定 $G=(G,G)$ 且 $G\neq\{1\}$,则 G 的阶为 60,120,168 或者 180. (2) 若 G 为非交换单群,则 G 的阶为 60 或 168,并且 G 同构于 A_5 或 $PSL_2(F_7)$.

(1) 由前节的结果,G 的阶为偶数. 又由于推论 32.4 断言不存在循环的西洛 2-子群,因此 G 的阶还能被 4 整除.

西洛 2-子群 H 阶为 4 的情形

那么,它必是 $\mathbf{Z}/2\mathbf{Z}\times\mathbf{Z}/2\mathbf{Z}$. 设 $N=N_G(H)$,则 N 非平凡地作用在 H 上(由于 $H^N=\{1\}$,见定理 32.4),从而有一个非平凡的同态 $N\to \mathrm{Aut}(\mathbf{Z}/2\mathbf{Z}\times\mathbf{Z}/2\mathbf{Z})$(这个群的阶为 6). 如果 N 映为 $\mathrm{Aut}(H)$ 的一个 2 阶子群,则 $H^N\simeq\mathbf{Z}/2\mathbf{Z}$(要证明这一点,只需考虑 $\mathbf{Z}/2\mathbf{Z}\times\mathbf{Z}/2\mathbf{Z}$ 的自同构). 因此,3 整除 N 的阶,故也整除 G 的阶. 从而,有 4 种可能性.

① $|G|=4\cdot3\cdot13$:设 H 为西洛 13-子群,N 是它的正规化子. 那么,$(G:N)$ 是 G 的西洛 13-子群的个数,故 $(G:N)\equiv1(\mathrm{mod}\ 13)$. 由于 $(G:N)$ 除尽 $4\cdot3=12$,这推出 $(G:N)=1$,故 H 是正规子群,这是不可能的.

② $|G|=4\cdot3\cdot11$:设 H 为西洛 11-子群,N 是它的正规化子. 那么,$(G:N)$ 整除 $4\cdot3=12$,且 $(G:N)\equiv1(\mathrm{mod}\ 11)$. 因此,或者 $(G:N)=1$,或者 $(G:N)=12$. 前一种情况不可能. 后一种情况推出 $N=H$,从而 $H^N=H$(由于 H 为交换群),这也不可能.

③ $|G|=4\cdot3\cdot7$:设 H 为西洛 7-子群,N 是它的正规化子. 那么,$(G:N)$ 整除 12,且 $(G:N)\equiv1(\mathrm{mod}\ 7)$. 因此,$(G:N)=1$,这是不可能的.

④ 还剩下两种情形:$|G|=4\cdot3\cdot5=60$ 或 $|G|=4\cdot3^2\cdot5=180$(其余的情况可排除,因为那时 $|G|>$

200).

西洛 2－子群 H 阶为 8 的情形

有两种可能性：$|G|=8\cdot 3\cdot 5$ 或 $|G|=8\cdot 3\cdot 7$，其他情形给出的 $|G|$ 的阶都太大了. 同理，考虑阶就可将 $|H|>8$ 的情形排除. 这就证明了(1).

(2) 考虑 $|G|=4\cdot 3^2\cdot 5$ 与 $|G|=8\cdot 3\cdot 5$ 的情形：设 H 为西洛 5－子群，N 是它的正规化子. 那么，$(G:N)\equiv 1(\mathrm{mod}\ 5)$，并且$(G:N)$除尽 $4\cdot 3^2$(第一种情况)或者 $8\cdot 3$(后一种情况). 在两种情况中，都只有$(G:N)=6$ 这一种可能性. 设 X 为 G 的西洛 5－子群的集合. 群 G 可嵌入到 X 的置换群内，也就是 S_6 内.①因为 G 是单群，它实际上嵌入到了 A_6 内.②然而 A_6 的阶为 360，G 的阶为 120 或 180. 若 $1<m<6$，则群 A_6 没有指标为 m 的子群(这里是 3 与 2 的情形)，因为否则 A_6 可以嵌入到 S_m 内，由于 $|A_6|>|S_m|$，这是不可能的. 因此，不超过 200 的非交换单群的阶只有可能是 $4\cdot 3\cdot 5=60$ 与 $8\cdot 3\cdot 7=168$.

60 阶与 168 阶单群的结构

60 阶　设 H 为 G 的西洛 2－子群，N 是 H 的正规化子，那么 H 不能是循环群(推论 32.4)，因此 3 整除 $|N|$(定理 32.4)，故 12 整除 $|N|$ 而 $N\neq G$，从而

① 通过共轭，G 作用于 X 上. 这给出了从 G 到 S_6(X 的置换群)的非平凡同态. 既然 G 为单群，这必然是一个单同态，也就是嵌入. —— 译注

② 如果 G 不包含在 A_6 内，则 $G\cap A_6$ 是 G 的指标为 2 的子群，从而为正规子群. —— 译注

$|N|=12$. 由此 G/N 的阶为 5，故有 G 到 S_5 的非平凡同态. 因为 G 是单群，所以这将 G 嵌入到 A_5 中，比较阶数可知 $G=A_5$.

168 **阶**　设 H 为 G 的西洛 7－子群，N 是它的正规化子. 那么 $(G:N)$ 整除 $8\cdot 3$，且 $(G:N)\equiv 1 \pmod 7$. 因为 $N\neq G$，故有 $(G:N)=8$，从而 $|N|=21$. 考虑正合列 $\{1\}\to H\to N\to N/H\to\{1\}$. 由于 H 的阶与 N/H 的阶互素，故群 N 是 H 与 N/H 的半直积. 于是，群 N 有两个生成元：一个是 H 的生成元 $\alpha^7=1$，满足 α^1；另一个是 N/H 的生成元 β，满足 $\beta^3=1$. H 的自同构 $x\mapsto\beta x\beta^{-1}$ 的阶为 3，因此，它或者是 $x\mapsto x^2$，或者是 $x\mapsto x^{-3}$. 如果必要的话，将 β 换成 β^{-1}，总可假定这个自同构为 $x\mapsto x^2$. 因此，有 $\beta\alpha\beta^{-1}=\alpha^2$.

设 X 为 G 的西洛 7－子群的集合. 那么，H 作用在 X 上，而 H 自己在看作 X 的元素时，在这个作用下稳定. 将这个元素记为 ∞，则有 $X=\{\infty\}\cup X_0$，且 $|X_0|=7$. 群 H 自由作用在 X_0 上(因为 H 是 7 阶循环群). ①元素 β 作用在 X 上，且由于 $\beta\in N$，所以 ∞ 在它的作用下稳定. 因为 $\beta^3=1$，故存在 $x_0\in X_0$ 使 $\beta x_0=x_0$. ②那么

$$X=\{x_0,\alpha x_0,\cdots,\alpha^6x_0,\infty\}$$

将 X 等同于 $P_1(F_7)$，并将 $\alpha^i x_0$ 等同于 i.

---

① $\alpha\in H$ 可以看作 X_0 上的一个置换，因为它是 7 阶元，所以它只能是一个长度为 7 的轮换(cycle). 于是，H 中每个非单位元都是长度为 7 的轮换，即在 X_0 上没有不动点. —— 译注

② 由 $\beta^3=1$ 知 β 或者是一个 3 元轮换，或者是两个 3 元轮换之积. 故一定有 $x_0\in X_0$ 不出现在 β 的轮换分解中，即有 $\beta x_0=x_0$. —— 译注

元素α以如下方式作用在$P_1(F_7)$上：若$i<6$，则$\alpha(i)=i+1$，又$\alpha(6)=0$，$\alpha(\infty)=\infty$. 元素β的作用为：$\beta(\infty)=\infty$，$\beta(0)=0$，又由$\beta\alpha=\alpha^2\beta$推知对每个$i$有$\beta(i+1)=\beta(i)+2$及$\beta(i)=2i$. 这样，$\alpha$在$P_1(F_7)$上的作用相当于平移变换，$\beta$的作用相当于伸缩变换. 设$C$为$\beta$在$N$中生成的循环子群，而$M$是它在$G$中的正规化子. 由于$C$是$G$的西洛3－子群，定理32.4说明2整除$|M|$. 群$M$非平凡地作用在$C$上(定理32.4)，故存在$\gamma$使$\gamma C\gamma^{-1}=C$，且$\gamma\beta\gamma^{-1}=\beta^{-1}$. 因为$\gamma\notin C$，且$\gamma\neq\alpha^n$(因为$\alpha\notin M$)，故可选取$\gamma$使其阶为$2^n$.

元素γ将C的轨道变为C的轨道，因此$\gamma(\{0,\infty\})=\{0,\infty\}$. γ在X上的作用是没有不动点的，因为如若不然，则γ属于H的某个共轭子群的正规化子，于是属于N的某个共轭子群，但这与2不整除$|N|$的事实矛盾. 因此必有$\gamma(0)=\infty$，$\gamma(\infty)=0$. 因为∞在γ^2作用下不动，故有$\gamma^2\in N$. 由于γ是偶数阶的，所以$\gamma^2=1$. 因此，γ置换两条轨道$\{1,2,4\}$与$\{3,6,5\}$. 令$\gamma(1)=\lambda$，则λ等于3,6或5. 因为$\gamma\beta=\beta^{-1}\gamma$，故有$\gamma(2i)\equiv\gamma(i)/2(\mathrm{mod}\ 7)$. 因此$\gamma(i)=\lambda/i$，从而$\gamma$是一个射影变换，即$\gamma\in PGL_2(F_7)$. 因为$-\lambda$是完全平方，设$\mu^2=-\lambda$，则有

$$\gamma(i)=\frac{-\mu}{\mu^{-1}i}$$

因此，$\det\gamma=+1$，故$\gamma\in PSL_2(F_7)$.

然而α，β与γ生成了群G. 实际上，设G'是由这些元素生成的G的子群. 那么，G'包含N与偶数阶元素γ. 如果$G'\neq G$，则G'的指标为2或4，这样G就可以嵌入到A_2或A_4中，而这是不可能的. 因此$G=G'$. 我们

有一个单同态 $G \to PSL_2(F_7)$. 由于这两个群的阶数相同,所以它是一个同构.

特征标理论

第33章

表示与特征标

设G为群,K为域.V为K上的有限n维向量空间.从定理33.2起,假定$K=\mathbf{C}$,且G为有限群.

定义33.1 从G到$GL(V)$的一个给定同态ρ就称为G在V中的一个线性表示.V的维数称为表示的次数.

注 (1)这样就可按以下方式定义一个G在V上的作用:对$x\in V$,$s\in G$,令$s\cdot x=\rho(s)(x)$.

(2)对给定的ρ,V称为G的表示空间,或简称为G的表示,常常将ρ写作ρ_V.

如果同态ρ_1与ρ_2相应的G的表示为V_1与V_2,则可定义:

①V_1 与 V_2 的直和 $V_1 \oplus V_2$：相应的表示 $\rho: G \to GL(V_1 \oplus V_2)$ 定义为 $\rho(s) = \rho_1(s) \oplus \rho_2(s)$. 如果在 $V = V_1 \oplus V_2$ 中选取与直和分解相容的基底，则在此基底中 $\rho(s)$ 可用以下矩阵来表示

$$\begin{pmatrix} A_1(s) & 0 \\ 0 & A_2(s) \end{pmatrix}$$

其中 $A_i(s)$ 是 $\rho_i(s)$ 在 V_i 的相应基底下之矩阵表示.

② 张量积 $V_1 \otimes V_2$：对 $x \in V_1$ 与 $y \in V_2$，$\rho(s)(x \otimes y) = \rho_1(s)(x) \otimes \rho_2(s)(y)$.

③V_1 的对偶 V_1^*：对 $l \in V_1^*$，$x \in V_1$，$\rho(s) \cdot l(x) = l(\rho_1(s^{-1}) \cdot x)$.

④$\mathrm{Hom}(V_1, V_2)$，可将它与 $V_1^* \otimes V_2$ 等同：对 $x \in V_1$，$h \in \mathrm{Hom}(V_1, V_2)$，$\rho(s) \cdot h(x) = \rho_2(s) h(\rho_1(s^{-1}) \cdot x)$.

还可定义其他一些对象.

表示的特征标

设 V 是向量空间，给定了一组基 $(\boldsymbol{e}_i)_{1 \leqslant i \leqslant n}$. 设 ρ 是 V 到自身的线性变换，在这组基下的矩阵表示为 $\boldsymbol{a} = (a_{ij})$，用 $\mathrm{Tr}(\rho) = \sum_i a_{ii}$ 来记矩阵 $\boldsymbol{a}$ 的迹（它不依赖于基底的选取）.

现在，如果 V 是有限群 G 的表示，则可在 G 上定义一个取值在 K 中的函数 χ_V 如下

$$\chi_V(s) = \mathrm{Tr}(\rho_V(s))$$

其中 ρ_V 是与表示 V 相应的同态. 函数 χ_V 称为表示 V 的特征标.

注　$\chi_V(1) = \dim V$.

命题 33.1　(1) χ_V 是中心函数，即对 $s, t \in G$，

$\chi_V(sts^{-1})=\chi_V(t)$.

(2) $\chi_{V_1\oplus V_2}=\chi_{V_1}+\chi_{V_2}$;

(3) $\chi_{V_1\otimes V_2}=\chi_{V_1}\chi_{V_2}$;

(4) $\chi_{V^*}(s)=\chi_V(s^{-1})$,对 $s\in G$,

(5) $\chi_{\mathrm{Hom}(V_1,V_2)}(s)=\chi_{V_1}(s^{-1})\chi_{V_2}(s)$,对 $s\in G$.

下面总假定 $K=\mathbf{C}$,且 G 为有限群. 设 V 是 G 的表示. 令

$$V^G=\{x\in V\mid s\cdot x=x,\forall s\in G\}$$

又,对 $x\in V$,令

$$\pi(x)=\frac{1}{|G|}\sum_{s\in G}s\cdot x$$

那么,$\pi(x)\in V^G$,且若 $x\in V^G$,则 $\pi(x)=x$. 这证明了 π 是 V 到 V^G 上的投影算子. 映射 π 与 G 的元素是交换的,即对 $s\in G$ 有 $\pi(s\cdot x)=s\cdot\pi(x)$,因此有

$$V=V^G\oplus\ker\pi$$

取一个与此分解相容的基底,则 π 的矩阵表示是

$$\begin{pmatrix}1&0&\cdots&\cdots&\cdots&0\\0&\ddots&\ddots&&&\vdots\\\vdots&\ddots&1&\ddots&&\vdots\\\vdots&&\ddots&0&\ddots&\vdots\\\vdots&&&\ddots&\ddots&0\\0&\cdots&\cdots&\cdots&0&0\end{pmatrix}$$

由此得到:

定理 33.2 $\dim V^G=\mathrm{Tr}(\pi)=\dfrac{1}{|G|}\sum_{s\in G}\chi_V(s)$.

推论 33.1 设 $0\to V'\to V\xrightarrow{f}V''\to 0$ 是 G 的表

示组成的正合列，[①]那么，V''^G 中的每个元素都是某个 V^G 中元素的象.

若 $x''\in V''^G$，由正合性，f 为满射，故存在 $x\in V$ 使 $f(x)=x''$. 那么，$\pi(x)\in V^G$，且 $f(\pi(x))=\pi(f(x))=\pi(x'')=x''$.

推论 33.2[②] 若 V' 是 V 的向量子空间，它在 G 的作用下稳定. 那么，存在 V' 在 V 中的补子空间，它在 G 的作用下也稳定.

设 $V''=V/V'$. 考虑正合列

$$0\to \mathrm{Hom}(V'',V')\to \mathrm{Hom}(V'',V)\to \mathrm{Hom}(V'',V'')\to 0$$

设 $x\in \mathrm{Id}_{V''}\in \mathrm{Hom}(V'',V'')$，则 x 在 G 作用下不变. 因此，由推论 33.1，存在 $\varphi:V''\to V$，它在 G 作用下不变并且映为 x. 因此，若 $v\in V''$，$s\in G$，则有

$$(s^{-1}\cdot\varphi)(v)=\varphi(v)=s^{-1}\cdot\varphi(sv)$$

故有 $s\cdot\varphi(v)=\varphi(s\cdot v)$，从而 φ 为 G 交换.

若 $p:V\to V''$ 为投影同态，则由 $p\circ\varphi=x=\mathrm{Id}''_V$ 知 φ 是 p 的截口，故有 $V=V'\oplus \mathrm{Im}\,\varphi$，且 $\mathrm{Im}\,\varphi$ 在 G 的作用下稳定.

定义 33.2 设 $\rho:G\to GL(V)$ 是 G 的线性表示. 如果 $V\neq 0$，并且除了 0 与 V 之外，没有其他的向量子空间在 G 的作用下稳定，就称 ρ 为不可约表示.

那么，有下面的

定理 33.3 每个表示都是不可约表示的直和.

对表示 V 的维数作数学归纳法来证明.

---

① 表示的正合列是向量空间的正合列，其中的线性映射与 G 的每个元素都交换. —— 译注

② 这个推论有时称作 Machke 定理. —— 译注

若 $\dim V \leqslant 1$，结论显然成立. 如若不然，则或者 V 不可约，或者它有一个不为 0 与 V 的真子空间在 G 作用下稳定. 在后一种情形，根据推论 33.2，存在一个直和分解 $V = V' \oplus V''$，使得 $\dim V' < \dim V$，$\dim V'' < \dim V$，且 V' 与 V'' 都在 G 作用下稳定. 对 V' 与 V'' 应用归纳假设，知道它们都是不可约表示的直和，所以 V 也是.

注 上面的直和分解并不是唯一的. 例如，若 G 平凡作用于 V 上，只要将 V 写成一些直线的直和就将 V 分解成了不可约表示的直和. 如果 $\dim V \geqslant 2$，这样的分解当然是很多的.

正交关系

定理 33.4（舒尔） 设 $\rho_1 : G \to GL(V_1)$ 与 $\rho_2 : G \to GL(V_2)$ 是 G 的两个不可约表示，f 是 V_1 到 V_2 的同态，使得对每个 $s \in G$ 都有 $\rho_2(s) \circ f = f \circ \rho_1(s)$. 那么：

(1) 若 V_1 与 V_2 不同构，则 $f = 0$.

(2) 若 $V_1 = V_2$，$\rho_1 = \rho_2$，则 f 是伸缩变换.

证明 (1) 若 $x \in \ker f$，则对每个 $s \in G$ 都有 $(f \circ \rho_1(s)) \cdot x = (\rho_2(s) \circ f) \cdot x = 0$. 因此，$\ker f$ 在 G 作用下稳定. 由于 V_1 不可约，故或者 $\ker f = 0$，或者 $\ker f = V_1$. 在前一种情形 f 为单射，后一种情形 f 为零映射. 同理，$\mathrm{Im}\, f$ 在 G 作用下稳定，故 $\mathrm{Im}\, f = 0$ 或者 V_2. 因此，若 $f \neq 0$，则 $\ker f = 0$，且 $\mathrm{Im}\, f = V_2$，于是 f 是 V_1 到 V_2 上的同构. 这就证明了(1).

(2) 现在，设 $V_1 = V_2$ 且 $\rho = \rho_1 = \rho_2$，又设 $\lambda \in \mathbf{C}$ 是 f 的一个特征值. 令 $f' = f - \lambda$，则 f' 不是单射. 此外又

有 $\rho(s)\circ f'=\rho(s)\circ(f-\lambda)=f'\circ\rho(s)$,故由第一部分的证明知道 $f'=0$,故 f' 为伸缩变换.

特征标的正交性

设 f 与 g 是定义在 G 上的函数.①令

$$\langle f,g\rangle=\frac{1}{|G|}\sum_{s\in G}f(s)g(s^{-1})$$

这是一个标量积.

注 如果 g 是特征标,则有 $g(s^{-1})=\overline{g(s)}$.②因此 $\langle f,g\rangle$ 可以写成一个埃尔米特(Hermite)内积

$$\langle f,g\rangle=\frac{1}{|G|}\sum_{s\in G}f(s)\overline{g(s)}$$

定理 33.5**(特征标的正交性)** 设 V 与 V' 是两个不可约表示,χ 与 χ' 为相应的特征标.那么

$$\langle\chi,\chi'\rangle=\begin{cases}1, & \text{若 } V=V' \text{ 且} \chi=\chi' \\ 0, & \text{若 } V \text{ 与 } V' \text{ 不同构}\end{cases}$$

考虑 $W=\mathrm{Hom}(V,V)$,这是 G 的一个表示.设 $\varphi\in W$,则 φ 在 G 作用下稳定,当且仅当对每个 $s\in G$ 有 $\varphi\circ s=s\circ\varphi$.设 W^G 是 V 的 G 不变自同态(即在 G 作用下稳定)的集合.由舒尔(Schur)引理知道 $\dim W^G=1$,因此由定理 33.2 有

$$1=\frac{1}{|G|}\sum_{s\in G}\chi_W(s)$$

① 取值在 $\mathbf{C}$ 中.—— 译注

② 设 g 是表示 ρ 的特征标,即 $g(s)=\mathrm{Tr}(\rho(s))$.如果 $\lambda_1,\cdots,\lambda_n$ 是 $\rho(s)$ 的特征值,则 $\lambda_1^{-1},\cdots,\lambda_n^{-1}$ 是 $\rho(s^{-1})$ 的特征值.注意到 $\rho(s)$ 是有限阶矩阵,因此 $\lambda_1,\cdots,\lambda_n$ 都是单位根,故有 $\lambda_i^{-1}=\bar{\lambda}_i,1\leqslant i\leqslant n$.从而 $g(s^{-1})=\sum_i\lambda_i^{-1}=\sum_i\overline{\lambda_i}=\overline{g(s)}$.—— 译注

然而$\chi_W(s)=\chi(s)\chi(s^{-1})$，因此$\langle\chi,\chi\rangle=1$.

如果V与V'不同构，令$W=\mathrm{Hom}(V,V')$，又令W^G为V到V'的G不变同态的集合. 舒尔引理说明$\dim W^G=0$，从而$\langle\chi,\chi'\rangle=0$.

推论 33.5 G的互不相同的不可约表示的特征标在$\mathbf{C}$上是线性无关的(它们称为G的不可约特征标).

这个定理也使我们能够证明G的特征标"刻画了"它的表示.

定理 33.6 设V是G的表示，特征标为χ_V. 设$V=\bigoplus_{i=1}^{p}V_i$是将V分解为不可约表示V_i的直和，V_i相应的特征标为χ_{V_i}. 那么，如果W是不可约表示，特征标为χ_W，则与W同构的V_i的数目为$\langle\chi_V,\chi_W\rangle$.

我们有

$$\chi_V=\sum_{i=1}^{p}\chi_{V_i}$$

$$\langle\chi_V,\chi_W\rangle=\sum_{i=1}^{p}\langle\chi_{V_i},\chi_W\rangle$$

然而，由前一定理，根据V_i是否与W同构，$\langle\chi_{V_i},\chi_W\rangle$的取值为1或0，由此得到结论.

推论 33.6 与W同构的V_i之数目与特定的分解无关(在这种意义下，分解是唯一的).

具有相同特征标的两个表示相互同构.

若$(W_i)_{1\leqslant i\leqslant m}$是$G$的全部不可约表示，则$G$的每个表示$V$都同构于一个直和$\bigoplus n_iW_i$，其中$n_i=\langle\chi_V,\chi_{W_i}\rangle$，而$n_iW_i=W_i\oplus\cdots\oplus W_i$($n_i$个因子).

特征标与中心函数

现在,来求不可约表示的数目 h(在相差一个同构的意义下),也就是求不可约特征标的数目.

一个定义在 G 上取值在 $\mathbf{C}$ 中的函数,如果在 G 的每个共轭类上都取常值,则称为中心函数,所有中心函数的集合组成了一个 $\mathbf{C}$ 上的向量空间 $\mathscr{C}$,它的维数就等于 G 的共轭类的个数.

定理 33.7 G 的不可约特征标$(\chi_1,\cdots,\chi_h)$组成了 $\mathscr{C}$ 的一组基(特别,h 就是 G 的共轭类的个数).

证明这个定理要用到下面的引理.

引理 33.1 设 V 是不可约表示,特征标为χ;又设 n 为 V 的维数(即 $n=\chi(1)$). 设 $f\in\mathscr{C}$,用下式定义一个 V 上的自同态 π_f

$$\pi_f=\sum_{s\in G}f(s^{-1})\rho_V(s)$$

那么,π_f 是一个伸缩变换,伸缩系数为

$$\lambda=\frac{1}{n}\sum_{s\in G}f(s^{-1})\,\chi(s)=\frac{|G|}{n}\langle f,\chi\rangle$$

若 $t\in G$,则由于 f 为中心函数,因此有

$$\pi_f\cdot t=\sum_{s\in G}f(s^{-1})\rho_V(st)=\sum_{s\in G}f(u^{-1})\rho_V(tu)$$

其中 $u=t^{-1}st$,从而 $\pi_f\cdot t=t\cdot\pi_f$. 根据定理 33.4,π_f 是伸缩变换,又

$$\mathrm{Tr}(\pi_f)=n\lambda=\sum_{s\in G}f(s^{-1})\,\chi(s)$$

因此 $\lambda=\dfrac{|G|}{n}\langle f,\chi\rangle$.

现在可以来证明定理 33.7 了:假如(χ_i)不组成 $\mathscr{C}$

的基底，则存在一个非零的 $f \in \mathscr{C}$ 与所有χ_i 正交. 因此，上面的引理说明，对每个不可约表示，π_f 都是零，从而，对每个表示（将其分解成直和），π_f 也是零. 现在，对一个特殊的表示来计算 π_f：设 V 是 $|G|$ 维空间，有一组基底 $(\boldsymbol{e}_s)_{s\in G}$. 用下式定义一个 G 在 V 上的作用

$$\rho(s)\cdot \boldsymbol{e}_t=\boldsymbol{e}_{st}$$

这样定义的表示称为 G 的正则表示（它的特征标记为 r_G. 若 $s\neq 1$，则 $r_G(s)=0$，而 $r_G(1)=|G|$）. 对这个表示来计算 π_f，则有 $\pi_f=\sum\limits_{s\in G}f(s^{-1})\rho(s)$，因此 $\pi_f(\boldsymbol{e}_1)=\sum\limits_{s\in G}f(s^{-1})\boldsymbol{e}_s$（因为 $\boldsymbol{e}_{1\cdot s}=\boldsymbol{e}_s$）. 如果 π_f 是零，则对每个 $s\in G$ 有 $f(s^{-1})=0$（因为$(\boldsymbol{e}_s)_{s\in G}$ 组成一组基），从而 f 是零，这与假设矛盾.

注　若 W 是一个不可约表示，那么正则表示中含有 n 个 W（$n=\dim W$）. 实际上，若χ 是 W 的特征标，则

$$\langle r_G,\chi\rangle=\frac{1}{|G|}\sum_{s\in G}r_G(s^{-1})\chi(s)=\chi(1)=\dim W$$

因此 $r_G=\sum\limits_{i=1}^{h}\chi_i(1)\chi_i$，其中$\chi_i$ 都是不可约特征标. 特别

$$r_G(1)=|G|=\sum_{i=1}^{h}\chi_i(1)\chi_i(1)$$

于是，若 $n_i=\chi_i(1)$，则有

$$|G|=\sum_{i=1}^{h}n_i^2$$

特征标的例子

我们来对 $n\leqslant 4$ 决定群 A_n 或者 S_n 的不可约特征

标.

(1) 平凡情形:$S_1=A_1=A_2=\{1\}$,此时只有一个不可约特征标:$\chi=1$.

(2) 在群 $S_2=\{1,s\}$(其中 $s^2=1$) 的情形,每个不可约特征标都是 1 次的(这是因为,例如,$|S_2|=2=\sum n_i^2$,其中 n_i 是不可约特征标χ_i 的次数),所以有两个不可约特征标(表 33.1)

表 33.1

	1	s
χ_1	1	1
χ_2	1	-1

(3) 群 $A_3=\{1,t,t^2 \mid t^3=1\}$ 为 3 阶循环群. 由 $|A_3|=3=\sum n_i^2$ 推出有 3 个 1 次不可约表示,它们的特征标如下(表 33.2)

表 33.2

	1	t	t^2
χ_1	1	1	1
χ_2	1	ρ	ρ^2
χ_3	1	ρ^2	ρ

其中 ρ 是不等于 1 的三次单位根.

(4) 对称群 S_3 就是二面体群 D_3,它有 3 个共轭类 $1,s,t$,满足关系 $s^2=1,t^3=1,sts^{-1}=t^{-1}$. 两个 1 次不可约特征标由 1 与置换的符号给出. 此外,有$\chi_1+\chi_2+n_3\chi_3=rs_3$ 及 $\sum n_i^2=|S_3|=6=2+n_3^2$,因此,$n_3=2$ 而

χ_3 的次数为 2.

然后,由

$$(\chi_1+\chi_2+2\chi_3)(s)=r_{S_3}(s)=0$$

推出$\chi_3(s)=0$,又由

$$(\chi_1+\chi_2+2\chi_3)(t)=r_{S_3}(t)=0$$

推出$\chi_3(t)=-1$.因此,有(表 33.3)

表 33.3

	1	s	t
χ_1	1	1	1
χ_2	1	-1	1
χ_3	2	0	-1

如果将 S_3 看作为等边三角形的对称群,也可直接求出 χ_3.于是,s 可以看作是对于一条直线的对称变换,相应的矩阵为$\begin{pmatrix}1 & 0\\ 0 & -1\end{pmatrix}$,因此它的迹为 0;而 t 可以看作为旋转$\dfrac{2\pi}{3}$角度的变换,因此它的迹为 $2\cos(2\pi/3)=-1$.

(5) 群 A_4 的阶为 12,有 4 个共轭类,代表元分别为 $1,s,t,t'$,其中 s 的阶为 $2(s=(a,b)(c,d))$,t 的阶为 $3(t=(a,b,c))$ 而 $t'=t^2$.已经有了 A_4 的 3 阶商群的 3 个表示.此外,有$\chi_1+\chi_2+\chi_3+n_4\chi_4=r_{A_4}$ 及 $\sum n_i^2=|A_4|=12$.由此得到特征标表(表 33.4)

表 33.4

	1	s	t	t'
χ_1	1	1	1	1
χ_2	1	1	ρ	ρ^2
χ_3	1	1	ρ^2	ρ
χ_4	3	-1	0	0

如果将 A_4 看作正四面体的对称群，也可直接求出χ_4. 于是，s 可以看作相对于联结两对边中点直线的对称变换. 在适当的基底下，它的矩阵表示为

$$\begin{pmatrix} 1 & 0 & 0 \\ 0 & -1 & 0 \\ 0 & 0 & -1 \end{pmatrix}$$

因此，它的迹为 -1. 此外，t 可解释为在一圆周上作轮换置换，因此，它的迹为 0.

这个结果也可用另一种方式得到：如果 W 是一维不可约表示，而 V 是不可约表示，那么 $V\otimes W$ 也是不可约表示. 特别，$\chi_4\ \chi_2$ 是不可约表示，考虑到次数，它必定等于χ_4，由此推出$\chi_4(t)=\chi_4(t')=0$.

整　性

设 G 为有限群，ρ 是 G 的表示，χ 是它的特征标.

命题 33.2　χ 的取值都是代数整数.

（复数 x 称为一个代数整数，是指存在整数 $n>0$ 与 $a_0,\cdots,a_{n-1}\in\mathbf{Z}$，使得

$$x^n+a_{n-1}x^{n-1}+\cdots+a_0=0$$

所有代数整数的集合组成了 $\mathbf{C}$ 的一个子环.)

证明 群 G 为有限群,所以,有整数 $p>0$ 使对所有 $s\in G$ 都有 $s^p=1$,从而对每个 s 都有 $\rho(s^p)=\rho(s)^p=1$. 若 λ 是 $\rho(s)$ 的特征值,则 λ^p 是 $\rho(s)^p$ 的特征值,因此 $\lambda^p=1$. $\rho(s)$ 的每个特征值都是代数整数,而 $\chi(s)$ 是 $\rho(s)$ 的迹,也就是 $\rho(s)$ 的所有特征值之和,所以也是代数整数.

注 对每个 $s\in G$,$\rho(s)$ 都可对角化. 事实上,ρ 是 G 到 $GL_n(\mathbf{C})$ 的映射,对每个 $s\in G$,矩阵 $\rho(s)$ 都相似于一个若尔当矩阵 J_s,它是一个分块对角矩阵,每块都形如

$$\begin{pmatrix} \lambda & 1 & \cdots & \times \\ & \ddots & \ddots & \vdots \\ & & \ddots & 1 \\ & & & \lambda \end{pmatrix}$$

所以,$\rho(s)^p$ 相似于一个分块对角阵,其每块都形如

$$\begin{pmatrix} \lambda^p & p\lambda^{p-1} & \cdots & \times \\ & \ddots & \ddots & \vdots \\ & & \ddots & p\lambda^{p-1} \\ & & & \lambda^p \end{pmatrix}$$

然而 $\rho(s)^p=1$,这只有当 J_s 本身是对角阵时才能成立. 证毕.

(另证:对 s 生成的循环群应用定理 33.3).

下面来说明,如何从群特征标的信息得出关于群本身的信息. 先给出以下的

命题 33.3 设 G 是群,$G\neq\{1\}$. 那么,G 是单群的充要条件是:对每个不等于 1 的不可约特征标 χ 及每个

$s \in G-\{1\}$ 都有

$$\chi(s) \neq \chi(1)$$

设$(\lambda_i)_{1\leqslant i\leqslant n}$为$\rho(s)$的特征值.已经看到$\lambda_i$都是单位根,故$|\lambda_i|=1$.因为$\chi(s)=\lambda_1+\cdots+\lambda_n$,而$\chi(1)=n$,所以$\chi(s)=\chi(1)=n$当且仅当每个$\lambda_i=1$.①因此,$\chi(s)=n$当且仅当$s\in\ker\rho$.

现在,假设G是单群,则$\ker\rho$是G的正规子群,故等于$\{1\}$或G.因此,若对某个$s\in G-\{1\}$有$\chi(s)=\chi(1)$,则$\rho=\mathrm{Id}$,从而$\chi=1$.反过来,若G不是单群,设N为G的一个非平凡正规子群.设χ'为G/N的非平凡特征标,相应的表示为ρ'.那么

$$G\to G/N\xrightarrow{\rho'}GL_n(\mathbf{C})$$

定义了G的一个表示ρ,它的特征标$\chi\neq1$,并且有$s\in G-\{1\}$满足$\chi(s)=\chi(1)$.

现在来推广命题33.3.

定理33.8 设ρ为群G的不可约表示,特征标为χ.若f为G上的中心函数,它取值都是代数整数.令$n=\chi(1)$,则$n^{-1}\sum\limits_{s\in G}f(s)\chi(s)$也是代数整数.

只要对那些在一个共轭类上取值为1,在其余共轭类上取值为0的函数来证明本定理就可以了.若$s\in G$,用$Cl(s)$来记s的共轭类,而$c(s)$表示$Cl(s)$的基数.设G上的函数f_s在$Cl(s)$上取值为1,在其他共轭

① 这用到以下的初等结果.若$\alpha_1,\cdots,\alpha_n\in\mathbf{C}$都是单位模长,而$|\alpha_1+\cdots+\alpha_n|=n$,则$\alpha_1=\cdots=\alpha_n=1$.——原注

类上取值为 0，则由于χ 为中心函数，故有

$$\frac{1}{n}\sum_{t\in G}f_s(t)\,\chi(t)=\frac{1}{n}\sum_{t\in Cl(s)}\chi(t)=\frac{c(s)\,\chi(s)}{n}$$

因此，证明下面的定理就行了：

定理 33.9 在定理 33.8 的假设条件及上述记号下，对每个 $s\in G$，$\frac{c(s)\,\chi(s)}{n}$ 都是代数整数.

设 X 为 G 上取值在 $\mathbf{Z}$ 中的中心函数之集合. 这是由 f_s 生成的 $\mathbf{Z}$ 上的自由模. X 上有一个自然的环结构，其乘法运算为卷积，$(f,g)\mapsto f*g$，定义如下

$$f*g(s)=\sum_{uv=s}f(u)g(v)$$

可以验证，环 X 是结合且交换的，而“Dirac 函数”f_1 是环的单位元.

对 $f\in X$，我们配上一个自同态 $\rho(f)=\sum f(s)\rho(s)$. 根据引理 33.1，$\rho(f)$ 是伸缩变换，即可看作 $\mathbf{C}$ 中的元素. 这样就得到一个映射 $\tilde{\rho}:X\to\mathbf{C}$，它是一个环同态（由公式 $\rho(f*f')=\rho(f)\cdot\rho(f')$ 推出）. 因此，X 的象集 $\tilde{\rho}(X)$ 是 $\mathbf{C}$ 的子环，而作为 $\mathbf{Z}$ 上的模它是有限型的. 用标准的证法即可推出这个环中的元素都是代数整数. 由于$\frac{c(s)\,\chi(s)}{n}$ 等于 $\tilde{\rho}(f_s)$，定理得证.

推论 33.7 表示 ρ 的次数整除群的阶.

实际上，设 $n=\chi(1)$，又用 $f(s)=\chi(s^{-1})$ 定义 G 上的函数 f. 那么，f 满足定理 33.8 的假设条件，因此，$n^{-1}\sum_{s\in G}\chi(s^{-1})\,\chi(s)$ 是代数整数. 然而，$n^{-1}\sum_{s\in G}\chi(s^{-1})\chi(s)=|G|/n$ 是 $\mathbf{Q}$ 中的元素，而 $\mathbf{Q}$ 中在 $\mathbf{Z}$ 上整的元素

只能是 $\mathbf{Z}$ 中的元素，因此，n 整除 $|G|$.

推论 33.8 设 χ 为群 G 的 n 次不可约特征标，$s\in G$. 如果 $c(s)$ 与 n 互素，则 $\frac{\chi(s)}{n}$ 是一个代数整数. 此外，若 $\chi(s)\neq 0$，则与 $\chi(s)$ 相应的 $\rho(s)$ 为伸缩变换.

如果 $c(s)$ 与 n 互素，则根据贝祖(Bézout)定理，存在两个整数 $a,b\in\mathbf{Z}$，使 $ac(s)+bn=1$. 因此

$$\frac{\chi(s)}{n}=\frac{ac(s)\chi(s)}{n}+b\chi(s)$$

根据命题 33.2，$\chi(s)$ 是代数整数，根据定理 33.9，$\frac{c(s)\chi(s)}{n}$ 也是，这就证明了推论中的第 1 个断言. 第 2 个断言则要用到以下的

引理 33.2 若 $\lambda_1,\cdots,\lambda_n$ 都是单位根，并且 $(\lambda_1+\cdots+\lambda_n)/n$ 是代数整数，那么，或者 $\lambda_1+\cdots+\lambda_n=0$，或者所有 λ_i 都相等.

引理的证明 如果 λ 为单位根，则它在 $\mathbf{Z}$ 上的极小方程形如 $x^p-1=0$，因此，λ 的每个共轭数也是单位根(复习一下，若 $z\in\mathbf{C}$ 为代数数，则 z 的极小方程的根就称为 z 的共轭数). 设 $z=(\lambda_1+\cdots+\lambda_n)/n$，则由假设 z 是一个代数数，并且 z 的每个共轭数 z' 都可写为 $(\lambda'_1,\cdots,\lambda'_n)/n$，其中 λ'_i 都是单位根，因此，$|z'|\leqslant 1$. 将所有 z 的共轭数之乘积记作 Z，则 $|Z|\leqslant 1$. 此外，Z 是有理数(除了相差一个符号之外，它是 z 的极小多项式的常数项)，又是代数整数(它是代数整数的乘积)，因而，$Z\in\mathbf{Z}$，如果 $Z=0$，z 有一个共轭数为 0，因此 $z=0$；如果 $|Z|=1$，则 z 的每个共轭数都是单位模长的，因

此 $|z|=1$，故所有 λ_i 之和模长为 n，所以它们必定都相等.

回到推论的第 2 个断言. 设 (λ_i) 为 $\rho(s)$ 的特征值，它们都是单位根，且 $\chi(s)=\mathrm{Tr}(\rho(s))=\sum\lambda_i$，故结论可由引理推出.

应用：伯恩赛德定理

沿用前面的记号：

定理 33.10 设 s 是 $G-\{1\}$ 的元素，p 为素数. 假定 $c(s)$（G 中与 s 共轭的元素个数）是 p 的方幂. 那么，存在 G 的正规子群 N，$N\neq G$，使得 s 在 G/N 中的象属于 G/N 的中心.

设 r_G 为正则表示的特征标，当 $s\neq 1$ 时，$r_G(s)=0$. 此外，$r_G=\sum n_\chi\chi$（对所有不可约特征标求和），其中 $n_\chi=\chi(1)$. 因此有 $\sum\chi(1)\chi(s)=0$，或者写作 $1+\sum\limits_{\chi\neq 1}\chi(1)\chi(s)=0$，从而有 $\sum\limits_{\chi\neq 1}\dfrac{\chi(1)\chi(s)}{p}=-\dfrac{1}{p}$. 由于 $-\dfrac{1}{p}$ 不是代数整数，所以存在不等于 1 的不可约特征标 χ，使得 $\dfrac{\chi(1)\chi(s)}{p}$ 不是代数整数. 特别有，$\chi(s)\neq 0$，且 p 不整除 $\chi(1)$，从而 $c(s)$ 与 $\chi(1)$ 互素. 根据推论 33.8，如果与 χ 相应的 G 的表示是 ρ，则 $\rho(s)$ 是伸缩变换. 那么，若令 $N=\mathrm{Ker}\,\rho$，则群 N 是不等于 G 的正规子群. 另一方面，G/N 可以与 ρ 在 $GL_n(\mathbf{C})$ 中的象等同. 而 s 在 ρ 之下的象则是伸缩变换，因此属于 G/N 的中心.

现在可以推出：

定理 33.11(伯恩赛德)　设 p 与 q 为素数,则每个阶为 $p^{\alpha}q^{\beta}$ 的群都是可解释.

不妨假定 α 与 β 都非零(否则 G 为幂零群),对 $|G|$ 作数学归纳法来证明本定理.

存在 $s \in G-\{1\}$,使 q 不整除 $c(s)$. 实际上,$G=\{1\} \cup \{Cl(s)\}$,其中 $Cl(s)$ 是不同于 1 的共轭类. 因此,$|G|=1+\sum |Cl(s)|=1+\sum c(s)$. 由于 q 整除 $|G|$,故存在 s 使 q 不整除 $c(s)$. 然而,$c(s)$ 整除 $|G|$,故 $c(s)$ 是 p 的方幂. 根据前一定理,存在 G 的正规子群 N,$N \neq G$,使得 s 在 G/N 中的象属于 G/N 的中心. 若 $N \neq \{1\}$,对 N 与 G/N 应用归纳假设,知道它们都是可解群,因此 G 也是可解群. 如果 $N=\{1\}$,则 G 的中心 C 包含 s,因而非平凡. 对 C 与 G/C 应用归纳假设,即可推出 G 是可解群.

弗罗贝尼乌斯定理的证明

设 G 为有限群,H 是 G 的子群. H"不与它的共轭子群相交",就是说,对所有 $g \in G-H$,都有

$$H \cap gHg^{-1}=\{1\}$$

定理 33.12(弗罗贝尼乌斯)　设 $N=\{1\} \cap \{G-\bigcup_{g \in H} gHg^{-1}\}$,则 N 是 G 的正规子群,并且 G 是 H 与 N 的半直积.

证明的要点在于说明 H 的线性表示可以扩张到整个 G 上. 首先证明下面的

引理 33.3　设 f 是 H 上的中心函数,那么,存在唯一一个 G 上的中心函数 $\widetilde{f}$,它满足下面两个条件:

(1)$\widetilde{f}$ 是 f 的扩张,即,若 $h \in H$,则 $\widetilde{f}(h)=f(h)$.

(2) 若 $x \in N$，则 $\widetilde{f}(x)=f(1)$，即 $\widetilde{f}$ 在 N 上取常值.

这个结果是容易的：若 $x \notin N$，则 x 可写成 ghg^{-1}，使 $g \in G, h \in H$，于是可令 $\widetilde{f}(x)=f(h)$. 这个定义不依赖于 g,h 的选取，因为，如果 $g'h'g'^{-1}=ghg^{-1}$，则有 $g'^{-1}ghg^{-1}g'=h'$，因此，或者 $h=h'=1$，或者 $g'^{-1}g \in H$. 在后一情形，h 与 h' 在 H 中是共轭的，而由于 f 为中心函数，故有 $f(h)=f(h')$.

下面，我们用记号 $\langle\alpha,\beta\rangle_G$ 来表示相对于 G 的标量积 $\frac{1}{|G|}\sum\limits_{s\in G}\alpha(s^{-1})\beta(s)$；类似地，用 $\langle\alpha,\beta\rangle_H$ 来表示相对于 H 的标量积. 如果 F 为 G 上的函数，则用 F_H 来表示它在 H 上的限制.

引理 33.4 设 f 与 $\widetilde{f}$ 如前面引理所述，又设 θ 为 G 上的中心函数，则有

$$\langle\widetilde{f},\theta\rangle_G=\langle f,\theta_H\rangle_H+f(1)\langle 1,\theta\rangle_G-f(1)\langle 1,\theta_H\rangle_H \tag{33.1}$$

我们来证明这个等式. 如果 $f=1$，则 $\widetilde{f}=1$，因此等式肯定成立. 因此，由于线性的缘故，只要对满足条件 $f(1)=0$ 的函数 f 来验证式(33.1)就可以了. 那么，若令 R 为 H 左陪集的一个代表元组，则当 r 取遍 R 时，rHr^{-1} 给出 H 的互不相同的共轭子群. 又，H 中每个(不等于 1 的)元素的共轭都可唯一地写作 rhr^{-1}，使 $r\in R, h\in H$. 由于

$$\langle\widetilde{f},\theta\rangle_G=\frac{1}{|G|}\sum_{s\in G}\widetilde{f}(s^{-1})\theta(s)$$

而 $\widetilde{f}$ 在 H 的共轭元素之外取值都是零，所以，上面的讨论说明

$$\langle \widetilde{f},\theta\rangle_G=\frac{1}{|G|}\sum_{(r,h)\in R\times H}\widetilde{f}(h^{-1})\theta(h)=\langle f,\theta\rangle_H$$

后一等式是由于 $|G|=|H|\cdot|R|$.

特殊情形 若 $\theta=1$，则有 $\langle\widetilde{f},1\rangle_G=\langle f,1\rangle_H$. 因此，映射 $f\mapsto\widetilde{f}$ 是等距变换，换句话说，有 $\langle\widetilde{f}_1,\widetilde{f}_2\rangle_G=\langle f_1,f_2\rangle_H$. 实际上，若令 $f_1^*(s)=f_1(s^{-1})$，则有

$$\frac{1}{|G|}\sum_{s\in G}\widetilde{f}_1(s^{-1})\widetilde{f}_2(s)=\langle\widetilde{f}_1\widetilde{f}_2^*,1\rangle_G$$

又因为 $\widetilde{f_1f_2}=\widetilde{f}_1\widetilde{f}_2$，故有

$$\langle\widetilde{f}_1,\widetilde{f}_2\rangle_G=\langle\widetilde{f}_1\widetilde{f}_2^*,1\rangle_G=\langle f_1f_2^*,1\rangle_H=\langle f_1,f_2\rangle_H$$

由此导出

命题 33.3 若 χ 为 H 的特征标，θ 是 G 的特征标，则 $\langle\widetilde{\chi},\theta\rangle_G$ 是整数.

只要证明式(33.1)右边的每一项都是整数，但这是显然的.

设 $\theta_1,\cdots,\theta_n$ 是 G 的全部互不相同的特征标，则有 $\widetilde{\chi}=\sum c_i\theta_i$，并且由前面证明的结果，知道每个 $c_i\in\mathbf{Z}$.

命题 33.4 假设 χ 不可约，则 c_i 中只有一个等于 1，其余等于 0.

(换句话说，$\widetilde{\chi}$ 是 G 的不可约特征标.)

实际上，$\langle\widetilde{\chi},\widetilde{\chi}\rangle_G=\langle\chi,\chi\rangle_H=1=\sum c_i^2$，因此，有某个 c_{i_0} 的平方等于1，其余的 c_i 等于0. 如果 $c_{i_0}=-1$，则有 $\widetilde{\chi}=-\theta_{i_0}$，然而 $\widetilde{\chi}(1)=\chi(1)>0$，又 $\theta_{i_0}(1)>0$，这是不可能的. 因此必有 $c_{i_0}=1$，即 $\widetilde{\chi}=\theta_{i_0}$.

推论 33.9 如果 χ 是 H 的特征标，则 $\widetilde{\chi}$ 是 G 的特征标.

如果将χ分解为不可约特征标之和，结果就可由前面命题导出.

现在来证明定理 33.12. 选取 H 的一个表示 ρ，要求它的核平凡，例如，可取正则表示. 设χ是 ρ 的特征标，由推论 33.9，$\tilde{\chi}$是G的特征标，设$\tilde{\rho}$是相应于$\tilde{\chi}$的G的表示. 如果 s 与 $H-\{1\}$ 中的某个元素共轭，则 $\tilde{\rho}(s)\neq 1$. 另一方面，若 $s\in N$，则有 $\tilde{\chi}(s)=\chi(1)=\tilde{\chi}(1)$，从而，由命题 33.3 证明中的方法，可知$\tilde{\rho}(s)=1$. 因此有 $N=\mathrm{Ker}\,\tilde{\rho}$，这证明了 N 是G的正规子群.

21 世纪的读者阅读伽罗华[①]

第 34 章

近年，纽曼(Peter M. Neumann)的双语出版物《伽罗华的数学著作(The Mathematical Writings of Évariste Galois)》，使广大学习近世代数的大学生能读到伽罗华自己写的东西. 我素来主张要读大数学家的原著. 然而，尽管纽曼作了大量的注释，并且有译文，但对于现代读者而言，仍很难把他们所知道的伽罗华理论跟伽罗华在他著名的"第一论文"(Premier Mémoire)——题为"关于(代数)方程根式可解性的条件"——中的原始表述联系起来.

---

① 译自：Notices of the AMS, Vol. 59(2012), No. 7, p. 912－923, Galois for 21st-Century Readers, Harold M. Edwards, figure number 1. 美国数学会与作者授予译文出版许可. 冯绪宁译，李福安校.

"第一论文"于 1831 年 1 月提交给巴黎科学院，但是被拒绝了．由于这篇论文后来发挥了巨大的作用，人们很容易将这次拒绝谴责为是极端不公正的裁决．然而，任何一位读到伽罗华论文的读者都会觉得这个裁决情有可原，特别是当时的审阅人建议这位年轻作者——那时伽罗华只有 19 岁——把表述弄得更清晰，内容更广泛．他们不会想到，这是他们承认一位非凡天才的工作之价值的最后机会．

本文中，我试图把"第一论文"逐个命题地向当代读者解释．最重要的也是我最想强调的是命题 2；关于它，伽罗华在页边空白处写道："在这个证明中，有些东西需要完善，但我没有时间了"（见下文的命题 2 及"命题 2 的修正版"）．我的解释指出，伽罗华如果有更多时间的话，他可能会怎样去陈述和证明．修正后的命题 2 和命题 1（我也有修正，但只是写出了伽罗华肯定打算这样陈述的东西），包括了现今称为伽罗华理论中的基本定理的等价物．

我并不假定读者已准备去接触那篇"第一论文"且试图给出他们自己的解释；当然，认真的读者无需对我给出的有关伽罗华理论的炒冷饭式的版本感到满意，那是不明智之举．伽罗华的原始证明虽有瑕疵且不完全，它无可辩驳地是数学史上最有价值和最深刻的证明之一．

基　域

在"第一论文"的开头，伽罗华就建立了今天称为基域的概念．他说，可解的多项式（他称之为方程），可

能有非有理数的系数，虽然如此，可解多项式（用今天的话说，即多项式分解为线性多项式）的系数将被称作有理量．他清楚地说："所有可表示为（多项式）系数的有理函数的量，连同某些添加于（多项式）并任意保持和谐一致的量一起将称为是有理的．"

我将用 K 标记这样的域，它是有理数域 $\mathbf{Q}$ 添加有限个无理量——代数的或超越的——所得的域．[①]这个域 K，"保持和谐一致"，将在命题 1 中被认为是有理已知的量组成的域．在求解给定的多项式的过程中，有必要添加一些其他的量．

引理 1

伽罗华的第 1 条引理说："一个不可约多项式不能与无法被它整除的有理（多项式）有相同的根"．他实质上把证明留给了读者，而只是说："一个不可约（多项式）与另一个（多项式）的最大公因子仍是有理的；因此，诸如此类（原文如此）．"

他在这里引用两个多项式的最大公因子的概念，对整个理论有基本的重要性．严格地说，对于系数在 K 中的两个单变量多项式，我们不能说那个最大公因子，这里的意思是指有一个多项式能除得尽那两个多项式，并且具有最高的次数．给出了两个多项式的一个最大公因子，其他所有的最大公因子都可通过乘以非零

① 最初，取基域 K 为 $\mathbf{Q}$ 是最简单，这种情形展示了一般情形的所有特征．伽罗华在证明命题 1 之前的注中提及"代数方程"时，曾表明可能包含超越量．他肯定是意指系数是超越数的多项式，或者通俗地讲，其系数是字母而非数．——原注

常数得到.

我们可以各种方法构造得到系数在 K 中的两个给定多项式的最大公因子. 伽罗华没有提及他如何求得最大公因子,但所有的方法都源于下述简单的想法,它通常被称为多项式的欧几里得(Euclid)算法.

$f(x)$ 和 $g(x)$ 的公因子显然也是 $f(x)$ 和 $r(x)$ 的公因子,只要 $\deg f(x) \leqslant \deg g(x)$ 且 $r(x)$ 是 $g(x)$ 除以 $f(x)$ 所得的余式,[①] 可记为 $g(x)=q(x)f(x)+r(x)$,此时 $\deg r(x)<\deg f(x)$,当然要假定 $f(x)\neq 0$. 反过来,$f(x)$ 和 $r(x)$ 的每个公因子也是 $f(x)$ 和 $g(x)$ 的公因子. 如果 $\deg f(x)>\deg g(x)$,只要 $g(x)\neq 0$,$f(x)$ 和 $g(x)$ 的公因子必是 $r(x)$ 和 $g(x)$ 的公因子,此处 $r(x)$ 是 $f(x)$ 除以 $g(x)$ 所得的余式. 用这种方法求得的 $f(x)$ 和 $g(x)$ 的公因子,与次数总和小于 $\deg f(x)+\deg g(x)$ 的两个多项式的公因子相同,只要 $f(x)$ 和 $g(x)$ 都不为零. 当零多项式被看作是次数为 $-\infty$ 的多项式时,这一方法使我们把求 $f(x)$ 和 $g(x)$ 的公因子的问题约简为求一对总次数被降低的多项式的同样问题,除非总次数是 $-\infty$. 于是,总次数不能大于 $\deg f(x)+\deg g(x)$ 又不能达到 $-\infty$,所以 $f(x)$ 和 $g(x)$ 的公因子与在辗转相除算法

① 除非除数因子是首项系数为 1 的多项式,否则多项式除法可能很麻烦;因为以基域中任何元素 a 乘以 $g(x)$ 都不影响它与 $f(x)$ 的最大公因子. 为了简化除法,我们可以用 $f(x)$ 的首项系数的适当幂次乘以 $g(x)$. 如此,我们无需在基域上作除法,而只需在由 $f(x)$ 和 $g(x)$ 的系数生成的子环上实施算法来计算最大公因子. 例如当 $K=\mathbf{Q}$ 且 $f(x)$ 和 $g(x)$ 的系数皆为整数时,用此法可得出最大公因子也是整系数的. —— 原注

中最后得出的两个多项式的公因子相同 —— 这两个多项式中的一个是零. 令 $d(x)$ 表示那个非零的多项式. 那么 $f(x)$ 和 $g(x)$ 的公因子与 $d(x)$ 的因子相同. 特别地, $d(x)$ 就是 $f(x)$ 和 $g(x)$ 的一个最大公因子.

谈到伽罗华对引理 1 的证明,我们首先注意到伽罗华肯定要把不在基域 K 中的根包括进来,这是因为在 K 上不可约的一个多项式在 K 中没有根,除非它的次数为 1. 这时引理 1 是平凡的. 如果存在 K 的一个扩张,其中 $f(x)$ 和 $g(x)$ 有一个公共根,则存在 K 的一个扩张,在其上 $f(x)$ 和 $g(x)$ 有次数大于零的公因子. 求 $f(x)$ 和 $g(x)$ 最大公因子的算法在 K 的扩张上不能用,故此时 $f(x)$ 和 $g(x)$ 必有次数大于零且系数属于 K 的公因子. 当 $f(x)$ 是不可约多项式时,这个公因子只能是 $f(x)$ 乘以 K 中一个非零元($f(x)$ 的仅有因子是 K 中非零常数和 $f(x)$ 的非零倍数),所以 $f(x)$ 除得尽 $g(x)$,这就是我们要证的.

精致的伽罗华法则

如下面我们要解释的,伽罗华的引理 2 和引理 3 结合起来证明了:对系数在 K 中的任一多项式 $f(x)$,存在系数在 K 中的一个不可约多项式 $G_0(X)$,具有以下性质:将 $G_0(X)$ 的一个根 V 添加到 K 上得到域 $K(V)$,则 $f(x)$ 和 $G_0(X)$ 在 $K(V)$ 上都分解为线性因子. 这样,引理 2 和引理 3 蕴含着 K 的正规扩张的构造,亦即 $f(x)$ 的分裂域.

伽罗华的证明,毋宁说是伽罗华所提示的证明,因为他给出的所有东西就是一个提示 —— 多少有点循环论证的味道；他在分裂域尚未构做出来时，就心照不宣地假定 $f(x)$ 的分裂域的存在！这是高斯指责他的前辈们犯的一样的错误，当时高斯对整系数多项式在复数域上分解为线性因子（通常称为代数基本定理）给出一个新证明（1799 年）的必要性作了解释. 他说，他的前辈是在整系数多项式在某种意义下有根并可进行运算的假设下进行论证的；基于他的这个理由，之前的证明都是站不住脚的.

同样的理由可用于伽罗华的引理 2 和引理 3. 它们的证明都假定了给定的多项式有根，并且可以对这些根施行运算. 但对伽罗华的情形，这样的理由不会造成损伤，因为伽罗华不是先证明能用这些根计算 —— 一开始就假定可以用根进行计算是致命的错误 —— 而是给出了一个构造，它准确地解释了如何计算这些根，亦即，他证明了如果 $f(x)$ 的根可以用一致且严格的方法计算，那么这些根的有理函数域将同构于上述形如 $K(V)$ 的一个域.

之后没过几十年，克罗内克（Kronecker）就证明了给定多项式的分裂域的存在性，证明的途径只要把伽罗华的构造置于可靠的基础上就足够了. 当他这样做的时候，他基于他所谓的精致的伽罗华法则（das köstliche Galois che Princip），他所指的是伽罗华论文引理 2 和引理 3 所蕴含的构造.

伽罗华构造

引理 2 说的是，对任一系数属于 K 且无重根的多项式 $f(x)$，可以找到 $f(x)$ 的根的一个有理函数 V，它

有如下性质:将 V 中含的 $f(x)$ 的根作置换时所得到的 V 的值,没有两个是相同的. 他还说,$f(x)$ 的根 $a,b,c,\cdots$ 的线性函数 $V=Aa+Bb+Cc+\cdots$,其中 $A,B,C,\cdots$ 是整数,当这些整系数适当选取时,V 即具有上述性质.

他全然没有给出证明,但是 —— 假定人们不去问 $f(x)$ 的根是什么或如何对它们作计算 —— 引理可以用如下方法证明. 把将要被确定的整系数 $A,B,C,\cdots$ 看作是变量,于是 $V=Aa+Bb+Cc+\cdots$ 变成以它们为变量、系数为 $f(x)$ 的根的线性多项式. 事实上,有 $m!$ 个这种线性多项式,其中(用伽罗华的记号)m 是 $f(x)$ 的次数,对于 $a,b,c,\cdots$ 的每次置换得到一个线性多项式. 由于假定 $f(x)$ 无重根,这 $m!$ 个线性多项式中任意两个之差都是 $A,B,C,\cdots$ 的一个非零线性多项式. 因此,所有 $m!(m!-1)$ 个差的乘积是非零的,称之为 $\triangle$. $\triangle$ 中的系数是 $f(x)$ 根的多项式,而且是这些根的对称多项式;在伽罗华之前很久,人们已熟知和理解多项式根的任一对称多项式都可表为其系数的多项式. 因此,$\triangle$ 是 m 个变元 $A,B,C,\cdots$ 的一个非零多项式,其系数在 K 中. 现尚需证明的是,可以给系数在 K 中的非零多项式的变元指定整数值,方法是假定该多项式有一个非零值,这是很容易对多项式变元个数进行归纳而证明的,由此引理 2 得证.

接着,引理 3 作了非常重要的陈述,即 $f(x)$ 的每个根可根据 V 有理地表达出来,V 如引理 2 中那样选取(如引理 2 所要求的,$f(x)$ 无重根). 换言之,域 $K(V)$ 是 $f(x)$ 的分裂域. 对此情形,伽罗华说了证明的梗概：

设 X 是一个新变元，令 $G(X)$ 是所有 $m!$ 个形如 $X-V$ 的因子乘积，其中 V 取遍 V 经 $m!$ 个置换而得到的项. 为简化计，假定 V 形如 $Aa+Bb+Cc+\cdots$，其中系数 $A,B,C,\cdots$ 是整数. $G(X)$ 的系数在 K 中，是 $f(x)$ 根的对称函数.

由 V 的构作可知，$G(X)$ 有 $m!$ 个不同的根. $G(X)$ 的因子可以分为 m 个子集，分法是如果两个因子系数为 A 的第1个位置是 $f(x)$ 的同一个根，则把它们置于同一组. 则 $G(X)$ 成为 m 个因子之积，这些因子可表为 $F(X,a),F(X,b),F(X,c),\cdots$，其中 $F(X,Y)$ 是系数在 K 中的两变元多项式，它可用如下方法求出. 首先，设 $G(X)$ 的 $(m-1)!$ 个因子 $X-V$ 的乘积为 $(X-Aa-Bb-Cc-\cdots)(X-Aa-Bc-Cb-\cdots)\cdots$，其中 a 出现在第1个位置上，该乘积被写成 X 和 a 的多项式，利用的事实是 $f(x)$ 的不同于根 a 的根 $b,c,\cdots$ 的所有对称多项式都可有理地[①]用 a 来表示. 那么，如果在所得的多项式中用 Y 代替 a，就求得了 $F(X,Y)$. 于是，$G(X)=F(X,a)F(X,b)F(X,c)\cdots$（右方是系数在 K 中的多项式，因为系数是 $f(x)$ 的根 $a,b,c,\cdots$ 的对称多项式，故属于 K）.

于是，我们可以写出 $F(V,x)$ 和 $f(x)$ 的最大公因

① 关于对称多项式的基本事实来自公式 $(x-b)(x-c)\cdots=\frac{f(x)}{x-a}$，等式左方的系数是 $b,c,\cdots$ 的初等对称多项式，右方的系数根据余数定理是 a 的多项式——$f(x)$ 除以 $x-a$ 的余数是 $f(a)$，它等于零. ——原注

子：一方面它可写成系数在 $K(V)$ 中的多项式，因为 $F(V,x)$ 和 $f(x)$ 都可视为系数在 $K(V)$ 中的 x 的多项式；但另一方面，它确有一个根 a，因为 $F(V,a)=0$（这由以下事实可知：$F(V,a)$ 是 $(m-1)!$ 个因子 $V-V'$ 的乘积，其中 V' 取遍根 a 首先出现的所有 $(m-1)!$ 个 V 的变种，而这些因子中恰有一个是零）；而对于 $f(x)$ 所有其他的根 b，$F(V,b)\neq 0$（因为 V 是 $G(X)=F(X,a)F(X,b)F(X,c)\cdots$ 的单根）. 因此，该最大公因子的次数是 1，形如 $\varphi(V)x+\psi(V)$，其中 $\varphi(V)\neq 0$. 对于 $K(V)$ 中以这种方法找出的量 $\varphi(V)$ 和 $\psi(V)$，有 $\varphi(V)a+\psi(V)=0$，这证明 $a=-\psi(V)/\varphi(V)$ 在 $K(V)$ 中.

类似地，可构作出商 $-\psi_1(V)/\varphi_1(V)$，它可用 V 的有理式表示 $f(x)$ 的根 b，通过对 $G(X)$ 的因子 $X-V$ 的归类且根据该根出现在 V 的第 2 个位置上可知，该根出现在 V 的系数为 B 的第 2 个位置上. 于是，b 在 $K(V)$ 中. 同理，我们发现 $f(x)$ 的所有的根都在 $K(V)$ 中，由此还可知对 $G(X)$ 的任一根 V，$G(X)$ 的所有根也都在 $K(V)$ 中（因为它们都是 $f(x)$ 的根的有理表达式）.

（伽罗华极细心地观察到，这个结论 —— $f(x)$ 的所有的根可用同一个量表示为有理式 —— 在阿贝尔(Abel) 的一篇遗著中未加证明地出现过. 然而，有关该发现的优先权，他在另一处写道："… 对我而言，证明它是容易的；在我把我关于方程论的第一个研究提交给科学院时，我甚至还不知道阿贝尔的名字 …"）.

$K(V)$ 中的计算

设 $G(X)=G_0(X)G_1(X)G_2(X)\cdots$ 是 $G(X)$ 在 K 上的不可约因子分解.[①]每个不可约因子是一个伽罗华多项式 —— 意指添加它的一个根构成的域,在这个域上该多项式分解为线性因子 —— 因为添加任一个根 V 到 K 上,在这个域中 $f(x)$ 有 m 个根 $a,b,c,\cdots$,这意味着可以给出一个域,在其中 $G(X)$ 有 $m!$ 个根 $Aa+Bb+Cc+\cdots$.

特别地,可以通过添加 $G(X)$ 在 K 上的一个不可约因子的一个根 V 来构作 $f(x)$ 的分裂域.看到这个问题的答案不禁要问,我们如何对给定多项式的根作运算呢? —— 倘若首先假定这种计算是可能的 —— 因为在域 $K(V)$ 中作运算是相当简单的.设(用伽罗华的记号)n 是 $G(X)$ 在 K 上不可约因子的次数,则 $K(V)$ 中每个量都可以唯一地写为系数在 K 中的次数小于 n 的 V 的多项式.换言之,将 $K(V)$ 中的一个量写作 V 的次数小于 n,系数在 K 中的一个多项式,就是给这个量一个典范形式,$K(V)$ 中两个量是相等的仅当它们的典范形式相同.典范形式的两个量可以用显然的方式相加,它们可以如多项式那样相乘,然后利用关系式 $G_0(V)=0$ 将其次数降低直至它小于 $n=\deg G_0$,此处 $G_0(X)$ 是 $G(X)$ 的一个不可约因子,V 是它的根.最后,可以找到量 $\varphi(V)$ 的逆的典范形式,只要它不等于

① 当 K 是 $\mathbf{Q}$ 或 $\mathbf{Q}$ 添加一些超越量(变元)而得到的域时,将 $G(X)$ 分解为不可约因子相当容易,但一般的分解问题是比较困难的. —— 原注

零，方法是用求 $\varphi(X)$ 与 $G_0(X)$ 的最大公因子的算法及 $G_0(X)$ 是不可约的事实，去求[1] K 中非零常数 c，它可写为 $\alpha(X)\varphi(X)+\beta(X)G_0(X)$ 的形式，这蕴含着 $\frac{1}{\varphi(V)}=\frac{\alpha(V)}{c}$；$\varphi(V)$ 的逆也是典范形式的，因为我们可以取 $\alpha(X)$ 的次数小于 $n=\deg G_0(X)$.

自同构

域的自同构的现代抽象概念与伽罗华原来的想法相差得太大．但是，将 $f(x)$ 的分裂域视为添加 $G_0(X)$ 的一个根得到的扩域这点倒是提供了现在称之为域扩张的伽罗华群的等价概念，它就是自同构群.

这种联系可简述如下．如上节所述，$f(x)$ 所有根的每个有理函数（系数在 K 中）有唯一表示，即典范形式 $\varphi(V)$，其中 φ 是系数在 K 中且次数小于 $n=\deg G_0(X)$ 的多项式．进而，由于这一表述蕴含了 $G(X)$ 所有的根都能被写成同一个典范形式，所以 $G_0(X)$ 在 $K(V)$ 中恰有 n 个根．伽罗华称它们为 $V,V',V'',\cdots,V^{(n-1)}$．在扩域 $K(V)$ 中，对 $G_0(X)$ 的 n 个根中的每个根 $V^{(i)}$，把量 $\varphi(V^{(i)})$（它是 $K(V)$ 中另一个量）映为 $\varphi(V)$ 的映射是 $K(V)$ 的一个自同构（因为 V 与 $V^{(i)}$ 满足同样的定义关系）；$K(V)$ 的这 n 个自同构，构成了今天被称作 $K(V)$ 在 K 上的伽罗华群.

---

[1] 通过求 $\varphi(X)$ 和 $G_0(X)$ 的最大公因子的算法得到的系数在 K 中的所有多项式都可以表为 $\varphi(X)$ 和 $G_0(X)$ 的线性组合，因此最大公因子可以写出来．在目前的情形，最大公因子是非零常数，这是因为 $G_0(X)$ 不可约，而 $\varphi(X)$ 的次数小于 $n=\deg G_0(X)$．—— 译注

伽罗华只讨论了这些自同构在 $f(x)$ 的根 $a,b,c,\cdots$ 的列表上的作用,并将其用一种很特别的方式表示. 他称之为"方程的群"(在命题 1 的第一个附注前)完全不是现代专业意义下的群,而是一个简单的 $n\times m$ 阵列(图 34.1),其中行数 n 是 $G_0(X)$ 的次数,列数 m 是多项式 $f(x)$ 的次数,该多项式的根是要构作的.(伽罗华加了第 $m+1$ 列,将它放在左边作为每行的标题.)第 1 行包含了 $f(x)$ 在 $K(V)$ 中的根 $a,b,c,\cdots$,它们以某种顺序排列;下面各行是同样的根的排列,其中出现的是在自同构 V 到 $V^{(i)}$ 作用后的根.(伽罗华写第 1 行为 $\varphi(V),\varphi_1(V),\varphi_2(V),\cdots$,并在一开始就说明,这些不是 V 中的多项式,而是 $f(x)$ 的根. 类似地,各行的符号 $\varphi(V^{(i)}),\varphi_1(V^{(i)}),\varphi_2(V^{(i)}),\cdots$ 无疑地也都是 $f(x)$ 的根.)

在命题 1 的叙述中,蕴含了一些接近于分裂域的自同构概念的东西.

命题 1

伽罗华的命题 1 以一个如上所述的 $n\times m$ 阵列刻画"方程的群",具体做法如下:

设给定(多项式)有 m 个根 $a,b,c,\cdots$,则总有[①]字母 $a,b,c,\cdots$ 的一个置换群有下列性质:

1. 每个在群代换下不变的根的函数必是有理式.

2. 反之,每个根的函数如是有理定义的,则它在代

① 伽罗华先写道:"人们将永远能够 …",后又划掉改为"永远有 …". 他接近代数的方法导致了构造性表达和非构造性表达之间的许多争论. —— 译注

换下保持不变.

在 1 和 2 中，手稿显示伽罗华先是写为“置换(permutation)”，后又改为“代换(substitution)”，但他用“置换”代替词组“置换群”，强烈地显示他在陈述命题时心里所想的群，就是简单的由根的不同排列组成的这个 $n\times m$ 阵列，全然不是现代意义下的群.

$$\begin{array}{ccccc}
(V) & \varphi(V) & \varphi_1(V) & \cdots & \varphi_{m-1}(V) \\
(V') & \varphi(V') & \varphi_1(V') & \cdots & \varphi_{m-1}(V') \\
(V'') & \varphi(V'') & \varphi_1(V'') & \cdots & \varphi_{m-1}(V'') \\
\vdots & \vdots & \vdots & & \vdots \\
(V^{(n-1)}) & \varphi(V^{(n-1)}) & \varphi_1(V^{(n-1)}) & \cdots & \varphi_{m-1}(V^{(n-1)})
\end{array}$$

图 34.1　这个 $n\times m$ 阵列(原文此处误写为“$n\times m$ 阵列”.——译注)(左边写上第 $m+1$ 列)是伽罗华用来展示他称之为方程 $f(x)=0$ 的群的格式(然而，伽罗华写那些 φ 的符号时没用括号，而是写成 φV，$\varphi_1 V$ 等，只是在最左边一列和最下一行的上角标处用了括号). 此处，V 是一个具有如下性质的量：$f(x)$ 的所有根 $a,b,,c,\cdots$ 皆可表为 V 的有理式，以及 $V',V'',V^{(n-1)}$ 是以 V 为根的不可约多项式 $G_0(X)$ 的其他根. 阵列 n 行中的每一行都是 $f(x)$ 的 m 个根以某种顺序的排列(例如在“四次(方程)的解”那节中所做的那样). 每个 V 可表为其他任一 V 的有理式. 第1行中根的顺序可如下地确定下面各行的顺序. 将 $f(x)$ 的每个根写为 V 的函数，并把第 1 行中依那种顺序的函数称为 $\varphi_i(V)$. 那么 $\varphi_i(V')$ 也是 $f(x)$ 的根；这是第 2 行中排在 i 列的根，其他行可类似地填充. 然而，必须强调，伽罗华视阵列中的各项为 $f(x)$ 的根，而不是各种不同的 V 的多项式. 用现代术语说，域 $K(V)$ 有 n 个自同构 $V\mapsto V^{(j)}$，这个图显示了这些自同构作用在 $f(x)$ 的根上的方式.

对他而言,这里的"置换群"很像是一种更抽象的根的代换群(按现代意义理解)的概念的构造性表示,即这些代换将阵列中的任意一行变到任意另一行.

命题1的目标是清楚的,但它的陈述多少有点瑕疵.伽罗华已经构作了"方程的群",他想要使群的描述与构作时的选取无关.瑕疵在于他试图在群中描绘代换,他的出发点是这些代换对于根的函数的作用方式.事实上,这个命题本身就蕴含着:根的代换不能作用在根的函数上,除非这些代换构成群(例如,设 a,b,c 是 x^3+x^2-2x-1 的3个根,对根的数值计算可求出 $a^2b+b^2c+c^2a$ 等于3或 -4,等于哪个值依赖于3个根的排列次序.如果选定的一个排列次序得到 $a^2b+b^2c+c^2a=3$,那么当我们将 a 与 b 的次序对调,就改变了左边的这些根的函数的形式,其值从3变为 -4,而右边的形式未变,所以这种对调不能作用在该"函数"上).

刻画由群描述的代换的特征不是通过它们作用于根的有理函数的方式,而是它们确实作用于根的有理函数这一事实.用现代术语说,它们是这样的代换,是分裂域上自同构的限制(restriction),亦即它们是分裂域上保持其结构的变换.用比较接近伽罗华的话来说是这样的:根的一个代换在 $f(x)$ 的群中,当且仅当 $f(x)$ 的根之间的任何关系 $F(a,b,c,\cdots)=0$——这里的 $F(a,b,c,\cdots)$ 是 $f(x)$ 的根的有理函数——在实施了对 $F(a,b,c,\cdots)$ 中的变量 $a,b,c,\cdots$ 进行代换后它仍然成立.

换言之,伽罗华的意思肯定是指:

命题 1(修正版):设给定(一多项式),它有 m 个根 $a,b,c,\cdots$,则总有 $a,b,c,\cdots$ 的一个置换群满足以下性质:

1. 根的每个函数 $F(a,b,c,\cdots)$,如果有一个有理已知值,则在应用了这个群的代换后有同样的有理已知值.

2. 反之,根的每个函数 $F(a,b,c,\cdots)$,若对该群中的一切代换 S 都满足 $F(a,b,c,\cdots)=F(Sa,Sb,Sc,\cdots)$,则它一定有一个有理已知值.

证明:将 $F(a,b,c,\cdots)$ 写为典范形式,即系数在 K 中的 V 的次数小于 n 的多项式,命题变为如下的陈述,即:这样的多项式 $\varphi(V)$ 在所有代换 $V\mapsto V^{(i)}$ 下都是不变的,当且仅当 φ 是零次多项式.显然,零次多项式是不变的.反之,如果它在所有代换之下都是不变的,则它等于 $\frac{1}{n}\sum_{i=1}^{n}\varphi(V^{(i)})\in K$,因为它是 $G_0(X)$ 的根 $V^{(i)}$ 的对称函数,即系数在 K 中的一个多项式.

命题 2

伽罗华的命题 2 说:

如果对一个给定的方程添加一个不可约辅助方程的根 r,则有:(1) 下列两种情形必有一种出现,或是方程的群没有改变,或是它被分拆为 p 个群,每个群分别属于该辅助方程的一个根;(2) 这些群将享有下述值得注意的性质,即通过一种运算将一个群变为另一个,这种运算是以完全同样的字母代换在所有最初的置换上进行的.

这个命题含有一个显然的瑕疵,它是作者对该论文作匆忙修改的后果 —— 也许是他在决斗前的最后几个小时写下的：在(1)中，他提到了 p，却没有说 p 是什么. 他的手稿表明，在原始的叙述中这个 p 记为辅助方程的次数，还曾假定它是素数. 在修改稿中，伽罗华放弃了辅助方程次数是素数的假定，但他没有注意到在(1)之前删除“素数次数 p”这些词时，他也删除了 p 的定义.

当然，在修改时还有一些不太明显的瑕疵. 分拆的“群”与辅助方程的根之间的一一对应不见了. 当 p 被假定为素数时，该方程已处于两种可能性之一(另一种是“方程的群”将不会被改变)，但当 p 不是素数时，该方程也一起失去了 —— 正如在下节将看到的，而“群”的数目是用一种完全不同的方法确定的. 把辅助方程的次数为素数的假定去除. 是该理论的重要拓广，但在伽罗华匆忙给出的叙述中，命题 2 无意地歪曲了由一种添加(adjunction) 分拆 $f(x)$ 的群的方法的描述. 他心里肯定知道得更清楚.

命题 2 还有另两个方面会给现代读者增加麻烦，因为尽管它们不是瑕疵，但看起来却像瑕疵. 首先，(2) 让现代读者觉得伽罗华是在说：对应于那个添加的子群是正规子群，实际完全不是这样. 事实上，(2) 仅仅是说在(1)中分拆的“群”(当然在现代意义下那不是群) 描述了 $f(x)$ 的群的共轭子群(现代意义下). 当用这种方式叙述时，(2) 中描述的性质似乎远非是“值得注意”的，至少对现代读者是如此.

其次，他说在(1)中添加一个根将把 $f(x)$ 的群分拆为 p 个群，且每一个属于该辅助方程不同根的一个

添加，现代读者自然会对此感到困惑. 如果仅添加了一个根，该分拆怎么会涉及其他根的添加？这个问题在下节中回答.

对命题 2 的修改建议

与命题 2 的证明相关联的是伽罗华的一段页边注——“Ily a quelque chose à compléter dans cette démonstration. Je n'ai pas le temps”.（在这个证明中有些东西需要完善. 但我没有时间了.）这段话以及明显是匆忙的笔迹，让这篇论文的编辑们得出结论：命题 2 的修改是在他决斗的前夜做的. 纽曼称该边注是 cri de coeur（心灵的呐喊）；这自然成了伽罗华悲剧故事的主要情节.

如上所释，命题 2 中确有东西是需要完善的. 当辅助方程的次数为素数 p 时，这个命题是对的，并且在后来有关根式解的命题中起了重要作用. 然而，伽罗华匆忙的修改表明，他准备放弃原来的假定，并感到他仅再需少许时间就能正确地做到它.

至于命题 1 的 scholium（今天很少用这个词，其意指所讨论的东西需要详细的补充）说，“代换甚至与根的数目无关”，这句话意味着伽罗华考虑过改变 $f(x)$ 的根的数目. 他这是什么意思呢？

根的数目的改变意味着 $f(x)$ 次数的改变. 的确，我们没有任何理由说命题 1 与 $f(x)$ 的次数无关，所以他不会是这个意思. 另一方面，当代换是这些根的代换时，说这些代换与根的数目无关又是什么意思呢？

在我看来，最令人信服的解释是，伽罗华曾仔细考

虑过在 $n \times m$ 阵列中增加更多的列来描述这个"群"(m 自然是根的数目),这将意味着把 $f(x)$ 改为系数在 K 中能被 $f(x)$ 整除的一个多项式.这使人想到,为了研究多项式 $f(x)$,把一个不可约辅助多项式 $g(x)$ 的一个根加进来,得到 $f(x)g(x)$ 的群以代替 $f(x)$ 的群(除非 $f(x)$ 和 $g(x)$ 有公共根,此时由引理 1 知,$g(x)$ 已是 $f(x)$ 的因子,被添加的量已是 $f(x)$ 的根).如 scholium 所指出的,命题 1 意为"$f(x)$ 的群"中的代换仅依赖于根 $a,b,c,\cdots$ 本身,它们可以从扩张的阵列中读出(阵列也可以含有更多的行,但据命题 1 知,它们表明并无 $f(x)$ 的根的附加代换),当然它们也能从原始的阵列中读出.

简言之,命题 2 要回答的问题是:"当已知量的域 K 添加新的量而得到扩域时,怎样来约简 $f(x)$ 的群?",该问题应在一般情形下回答,而特殊的情形是指添加的量是 $f(x)$ 的一个根.然而在这种情形,答案可以从 $n \times m$ 阵列清楚地看出,正如下面的证明所述,这个 $n \times m$ 阵列描述了 $f(x)$ 的群.我相信伽罗华是用像下面这样的推理"完成"该命题的证明的.

命题 2(修正版):如果添加给定方程的一个根 a,则有:(1) 方程的群被分为 k 个群,其中每个群分别属于一个添加了一个根的方程,它是在添加 a 之后,a 在代换之后的像满足的方程;(2) 这些群将享有下述(值得注意的?)性质,即通过一种运算将一个群变为另一个,这种运算是以完全同样的字母代换在所有最初的置换上进行的.

下面的证明是伽罗华指明为引理 3 的证明(见上

文）用的，也指明用于命题 2. ①

证明：由于 $n\times m$ 阵列的行或列的重新排列不改变它所描述的代换，不失一般性，我们可以假定添加的根 a 在阵列的左上角. 设 k 是出现在第 1 列中的 $f(x)$ 的不同的根的数目，并记这些根为 $a,a',a'',\cdots,a^{(k-1)}$. 又因为行的次序无关紧要，我们可以调整各行以使得出现 k 个区组行，先列出所有以 a 起始的行，然后是所有以 a' 起始的行，以此类推. 为证明命题 2，只需证明每个区组表示添加了相应的 $a^{(i)}$ 的"$f(x)$ 的群".

该命题的(2) 来自简单的观察：一个代换若将以 $a^{(i)}$ 起始的一行换到以 $a^{(j)}$ 起始的一行，它也会把所有以 $a^{(i)}$ 起始的行换到以 $a^{(j)}$ 起始的行. 特别地，k 整除 n，商 —— 记为 n'—— 是每个 k 区组中包含的行数.

在上面引理 3 的证明中，曾构造了 X 和 Y 的一个二元多项式 $F(X,Y)$，它的系数在 K 中，并有如下性质：对于 $G_0(X)$ 的任一根 V，多项式 $F(V,Y)$ 与 $f(Y)$ 仅有一个公共根，亦即 $f(x)$ 的根 a，它在 $V=Aa+Bb+Cc+\cdots$ 中占据第 1 位置. 当把 $G_0(X)$ 和 $F(X,Y)$ 看作 X 的多项式，且把它们的系数看作系数在 K 中的 Y 的有理函数时，设 $H(X,Y)$ 是它们的首一最大公因子(最大公因子是 X 的多项式，其系数是 Y 的有理函数，首一最大公因子是指其首项系数为 1). 对于出现在 $n\times m$ 阵列的第 1 列中的任一 $a^{(i)}$，$H(X,a^{(i)})$ 的根 V 是 $G_0(X)$ 和 $F(X,a^{(i)})$ 的公共根，它们其实就是对

① 当刘维尔(Joseph Liouville) 读伽罗华的论文以确定它的正确性时，命题 2 让他遇到了困难. 他对该命题的证明本质上没有使用伽罗华的说明. —— 原注

应于以 $a^{(i)}$ 出现在第1列的那些行的 $G_0(X)$ 的根. 于是,$G_0(X)$ 可分解为 $H(X,a)H(X,a')H(X,a'')\cdots$,它把 $n\times m$ 阵列按行分为 k 个组,每个为如上的 $n'\times m$ 阵列. 要说明的是,每个因子 $H(X,a^{(i)})$ 在该域中不可约,其系数当然是在 $K(a^{(i)})$ 中,所以它是 $G(X)$ 在 $K(a^{(i)})$ 上的不可约因子,因而它的根 V 决定了"$f(x)$ 的群"那些行,条件是已知量为 $K(a^{(i)})$ 中的那些.

添加 $a^{(i)}$ 给出了 K 的一个 k 次扩张,因为 $a^{(i)}$ 是系数在 K 中的一个 k 次多项式的根(即该多项式为 $\prod_{i=0}^{k-1}(x-a^{(i)})$,由命题1知它的系数属于 K). 这个多项式在 K 上是不可约的(因为由命题1可知,从 $\prod_{i=0}^{k-1}(x-a^{(i)})$ 中拿掉任何因子后,所得的多项式的系数就不属于 K 了). 因此,$K(V)$—— 它是包含 $a^{(i)}$ 的 K 的 n 次扩张 —— 是次数为 $\frac{n}{k}=n'$ 的 $K(a^{(i)})$ 的扩张,此处 n' 即 $H(X,a^{(i)})$ 的次数. 如果 $H(X,a^{(i)})$ 是可约的,那么 V 将是系数在 $K(a^{(i)})$ 中的一个多项式的根,而它的次数小于 n',于是 $K(V)$ 在 K 上的次数就小于 n. 因此,我们证明了 $H(X,a^{(i)})$ 在 $K(a^{(i)})$ 上是不可约的.

有限群的表示一百年①

第35章

引　言

任何一门学科领域里的数学概念的发现和发展常常要经过一段时间，因此通常不可能为一个发现指定特别的日期.但是有几个情形，一个发现可能与具有唯一的或特有性质的事件伴随，使得这个发现本身能够与那个事件等同.这方面的一个众所周知的事例是哈密顿(Hamilton)发现四元数，这总是与他在1843年10月16日沿着都柏林Royal运河的著名的散步联系在一起.他把四元数满足的关系式刻在Brougham桥的一块石头上，这使1843年10月16日作为四元数的诞生日而被永远写进数学史中.50年后另

① 作者T. Y. Lam.原题:Representations of Finite Groups: A Hundred years, Part Ⅰ.译自:Notices of the AMS, Vol.45, No.3(1998).丘维生译，冯绪宁校.

一个事例成了注意中心——有限群表示论的创立. 1896年4月12日,弗罗贝尼乌斯给戴德金(R. Dedekind)写了第一封信,叙述他在分解与一个有限群相联系的某个齐次多项式的新的想法,这个齐次多项式称为"群行列式". 他接着很快又写了两封信(在1896年的4月17日和4月26日). 到那年4月底,弗罗贝尼乌斯有了有限群的特征标理论的雏形. 群表示这一概念的完全发展必须再花一些时间,但是1896年4月著名的弗罗贝尼乌斯-戴德金的短暂交往现在被历史学家兴奋地称为标志有限群表示论诞生的极为重要的事件.

作为代数学的一名学生,我一直被群表示论迷住. 三十年前我写博士学位论文时涉猎了这一学科并且此后我一直是这一学科的使用者和赞赏者. 当我认识到1996年4月是有限群表示论发现的一百周年纪念日时,某种"庆祝"这一时刻的诱惑是强烈的. 完全偶然地在1996年3月我接到我们系的学术讨论会主席A. Weinstein的电话,他要我推荐一个人填补学术讨论会安排中的一个空位. 在我挂断电话之前,我发觉我已经"自愿"做学术讨论会的演讲者作纪念群表示论一百年的报告! 我将永远为提议自己作为学术讨论会的演讲者感到羞愧,但是我得到了一次机会,于1996年4月18日,在弗罗贝尼乌斯给戴德金写第一封著名的群-行列式的信之后差不多正好一百年,讲述与表示论的诞生有联系的迷人的故事. 5月份在俄亥俄州立大学我作了同样的演讲,内容有些变化. 接着同年6月在我的母校香港大学举行的"数学的面貌"学术会议

上也作了这样的演讲.由于我在数学科学研究所的行政职务的关系,这篇文章的写作被推迟了一年多.1997年秋季的休假学期最终使我能够完成这个题目的写作,于是现在我高兴地提交这篇慢慢写成的我的演讲的汇总.带有一些技术性细节的较长的版本将同时发表在香港大学出版的"数学的面貌"会议录上.特别地,这篇文章中删去的一些证明可以在香港会议录上找到.

取舍与参考文献

在我们试图告诉读者这篇文章是什么之前,我们也许应当首先告诉他(她)这篇文章不是什么.有限群表示论的历史本来包括的范围要花不少于完整的一卷来叙述.从Molien,嘉当(Cartan),戴德金,弗罗贝尼乌斯,伯恩赛德的开拓性工作开始,接下去由舒尔,诺特改写一学科的基础,然后是布劳尔(Brauer)关于群的常表示论和模表示论的关键性工作,也许可以说在巨大的有限单群分类项目上达到高潮(如果没有特征标理论的帮助,有限单群的分类肯定是不可能的).这样庞大的任务最好留给专家,而且我很高兴地听说C. Curtis教授正在为美国数学会的数学史丛书准备这一内容的一卷[①].在我的一小时报告里,我的全部时间就是用来给听众一些有关这个大故事的快照,集中在表示论的起源,作为对一百周年的纪念.我们从19世纪

① C. W. Curtis, Frobenius, Burnside, Schur and Brauer. Pioneers of representation theory, Amer, Math. Soc., Providence, RI, to appear.

数学的一些背景出发，综述戴德金，弗罗贝尼乌斯和伯恩赛德的工作，接着讲一点关于舒尔和诺特的工作，在这之后我们简单地宣布自己“被铃声搭救了”．这篇写成的文章是我的演讲的扩充了的版本①，但是它仍然至多是概略的和多轶事的，因此它不是文献中列举的这门学科的更加学术性的论著的代用品．对于后者，我们推荐 Hawkins 的文章②，这是从历史学家的观点写的；还有 Curtis 的著作③以及 Ledermann 的著作④．这些是从数学家的观点写的．对于表示论在调和分析的更宽广的框架里的综述，我们推荐 Mackey 的文章⑤和 Knapp 的文章⑥．最近 K. Conrad 用详细的证明和有趣的计算例子完成的文章对准备自己动手推导一番的人

---

① 为节省篇幅，关于舒尔和诺特的部分不包括在目前这篇文章．

② T, Hawkins, The origins of the theory of group characters, Archive Hist. Exact Sci. 7(1971), 142－170.

—, Hypercomplex Numbers, Lie Groups, and the Creation of Group Representation Theory, Archive Hist. Exact Sci., 8(1971), 243－287.

—, New light on Frobenius' creation of the theory of group characters, Archive Hist., Exact Sei., 12(1974), 217－243.

—, The creation of the theory of group characters, Rice Univ. Stud. 64(1978), 57－71.

③ C. W. Curtis, Representation theory of finite groups: form Frobenius to Brauer, Math. Intelligencer 14(1992), 48－57.

④ W. Ledermann, The origin of group characters, J. Bangladesh Math. Soc. 1(1981), 35－43.

⑤ G. Mackey, Harmonic analysis as exploitation of symmetry, Bull. Amer. Math. Soc. (N. S.) 3(1980), 543－698.

⑥ A. Knapp, Group representations and harmonic analysis from Euler to Langlands, Ⅰ, Ⅱ, Notices Amer, Math. Soc. 43(1996), 410－415, 537－549.

也提供了好的读物.

因为大多数素材取自现存的资料(在上述引文中),所以我们丝毫不假装这篇文章有独创性.我们在这篇文章写成时,的确试图冲击数学和数学界的人之间的平衡;关于数学家和数学事件的一些更多阐述性的评论是我自己的.希望通过混合历史和数学,以及通过学术讨论会演讲的闲话家常般的风格讲述这个故事,我们能够提供使人爱读的和资料丰富的有限群表示论的起源.

我非常感激 C. Curtis,他慷慨地给我提供他的将出版的书[①]的各章,我很高兴地感谢 K. Conrad, H. Lenstra, M. Vazirani 以及《Notices》的编辑部全体人员对这篇文章的评论、建议和修改.

19 世纪后期群论的背景

在我们开始讲故事之前,很快地回顾一下 19 世纪后几十年在欧洲的群论的状况或许是合适的.如果我们把群论看作起源于高斯,柯西和伽罗华的时代,那么这门学科到 19 世纪后几十年已经有半个多世纪了.初露头角的德国数学家克莱因(F. Klein)于 1872 年开创了他的埃尔朗根(Erlangen)纲领,宣告群论是研究各种几何的焦点;同一年,挪威高等学校的教师西洛在(数学年刊)第 5 卷上发表了他的现在很著名的定理的第一个证明.凯莱(A. Cayley)和若尔当(C. Jordan)是

---

① C. Curtis, Frobenius, Burnside, Schur and Brauer. Pioneers of representation theory, Amer, Math. Soc., Providence, RI, to appear.

当时的群论专家.群论的第一批专题论文中有若尔当的“Traité des Substitutions et des Équations Algébriques”(1870) 和内托 (E. Netto) 的“Substitutionentheorie und Ihre Anwendungen auf die Algebra”(1882).这两本书都是关于置换群理论的,它们与群论是同义的.(仅有的值得注意的例外是V. Dyck 在 1882－1883 年用生成元和关系定义群的工作.)当时最受欢迎的代数教科书是 Serret 的“Cours d'Algébre Supérieure”,它的第 2 版(第 3 版,1866)包含了适量的置换群的内容.抽象群只是在后来才被研究,可能首先出现在 Weber 的“Lehrbuch der Algebra”这本教科书里.群论文章的作者并不总是仔细的,事实上有时易出错.赫尔德(O. Hölder)明显地开创了写长篇的群论文章的传统,一种情况一种情况地分析群,但是也会忽略少数情形.甚至连被认为是“彻底精通数学的每个分支里已做的每一件事情”的伟大的凯莱,迟至 1878 年,在《美国数学杂志》第 1 期发表的他的文章中,由于轻率地列举 3 个 6 阶群而把读者弄糊涂了.

显然,当时对于群表示论没有太多涉及.克莱因在 19 世纪 70 年代至 80 年代的工作中肯定使用了矩阵来实现群,但是他仅仅对于少数特殊的群做这件事,并且没有暗示可能的理论.在数论里,勒让德符号 $\left(\frac{a}{p}\right)$(p 是奇素数)也许提供了“特征标”的第一个例子.这个符号取值为$\{\pm 1\}$,并且对于变量 a 是可乘的.高斯使用了类似的符号来论述高斯和与二元二次型,而允许这些符号取值单位根.在狄利克雷的关于算术级数中

的素数的工作中，狄利克雷 L－序列

$$L(s,\chi)=\sum_{n=1}^{\infty}\frac{\chi(n)}{n^s}$$

显著地出现了"模 k 特征标"χ. 它是 n 的可乘函数，并且当 n 与 k 不互素时其值为 0. 我们把(阿贝尔)特征标的抽象定义归功于戴德金. 戴德金在他给狄利克雷的数论讲义的补遗之一[①](1879 年)中，形式地定义一个有限阿贝尔群 G 的特征标是从 G 到非零复数乘法群的同态. 在函数按点相乘的乘法下，G 的特征标形成一个群 $\hat{G}$(称为特征标群). 它的基数等于群 G 的基数 $|G|$. 特征标之间的正交关系被证明，它包含在 Weber 的代数教程的第二卷中. 这一阶段为任意有限群的一般特征标理论的发现作了准备工作.

戴德金和群行列式

对于学习数学的现代学生来说，按照下述方式扩充特征标的定义是完全自然的：取群 G 到 $GL_n(\mathbf{C})$(n 级可逆复矩阵的群)的同态 D，然后定义 $\chi_D(g)=\mathrm{trace}(D(g))(g\in G)$ 便得到特征标. 然而这一步对于 19 世纪的数学家并不是显然的. 因此一般群的特征标的概念的发现必须绕一个相当大的圈子，通过戴德金称之为群行列式的概念.

作为高斯的著名的哥廷根学派的最后一代，戴德

① P. G. Lejeune Dirichlet, Vorlesungen über Zahlentheorie, 3rd ed., published and supplemented by R. Dedekind, Vieweg, Braunschweig, 1879.

金无可争辩地是直到19世纪末的德国的抽象代数的老前辈. 尽管他宁愿在家乡布伦瑞克(Braunschweig)[①]的地方学院里当教师,而不愿要更有声望的大学里的职位,但是他产生的数学影响也许仅次于魏尔斯特拉斯(K. Weierstrass). 戴德金的最大贡献是在数论领域. 他在反复考察具有规范基的正规数域的判别式的形式时,得到了一个类似的群论里的行列式. 给定一个有限群 G,设 $\{x_g : g\in G\}$ 是可交换的不定元的集合,形成一个 $|G|\times|G|$ 矩阵,它的行和列用 G 的元素作为下标,矩阵的 (g,h) 元为 $x_{gh^{-1}}$(我们也可以取矩阵的 (g,h) 元为 x_{gh}(就像戴德金第一次做的那样),但是这两个矩阵的差别仅在于列的置换). 矩阵 $(x_{gh^{-1}})$ 的行列式命名为 G 的"群行列式";我们沿用戴德金的记号,用 $\Theta(G)$ 表示它.

在阿贝尔群 G 的情形,$\Theta(G)$ 通过 G 的特征标完全分解因式成 $\mathbf{C}$ 上的线性型如下

$$\Theta(G)=\prod_{\chi\in\hat{G}}\Big(\sum_{g\in G}\chi(g)x_g\Big) \qquad (35.1)$$

其中 $\hat{G}$ 是 G 的特征标群. 证明是相当容易的,事实上,对于固定的 $\chi\in\hat{G}$,用 $\chi(g)$ 乘行列式的第 g 行,然后把所有行都加起来,在第 h 列上,我们得到

$$\sum_{g\in G}\chi(g)x_{gh^{-1}}=\Big(\sum_{g'\in G}\chi(g')x_{g'}\Big)\chi(h)$$

于是对于每一个特征标 χ,$\Theta(G)$ 都能被 $\sum\limits_{g\in G}\chi(g)x_g$ 整除. 因为有 $|G|$ 个不同的特征标,并且它们产生不同

① 现在的布伦瑞克工业大学.

的线性型，所以我们得到式(35.1). $\Theta(G)$ 的分解因式肯定是有先例. 在循环群的情形，“群矩阵”$(x_{gh^{-1}})$ 恰好是循环矩阵，它的行列式用 $|G|$ 次单位根的术语进行因式分解对于19世纪的数学家是众所周知的.

在一般群 G 的情形，我们能够形成一个“阿贝尔化”的群 $G/[G,G]$，其中 $[G,G]$ 是由 G 里的换位子生成的(正规)子群. 上述证明仍然给出 $\Theta(G)$ 的(至少) $|G/[G,G]|$ 个线性因子，它们对应于 $G/[G,G]$ 的特征标. 然而这些因子不再穷尽群行列式. 例如，如果 $G=[G,G]$，这仅给出平凡的因子 $\sum\limits_{g\in G}x_g$. 像大多数19世纪的数学家一样，戴德金有坚实的计算基础. 他对于第一个非阿贝尔群 S_3 详细计算了 $\Theta(G)$，并且发现除了对应于 $G/[G,G]$ 的平凡特征标和符号特征标的线性因子 $\sum\limits_{g\in G}x_g$ 和 $\sum\limits_{g\in G}\mathrm{sgn}(g)x_g$ 以外，$\Theta(G)$ 还有余下的不可约二次的平方因子. 他对于8阶四元数群也进行了类似的计算，并且提出了奇妙的见解：如果纯量域 $\mathbf{C}$ 扩展到适当的“超复系”(或者用现代的术语“代数”)，他的两个例子里的 $\Theta(G)$ 将分解成线性型，就象阿贝尔的情形那样，戴德金在1880年和1886年对这个问题有些零星的研究，但是没有得到任何确定的结论. 戴德金于1896年3月25日给弗罗贝尼乌斯发出了信，信中内容主要是关于哈密顿群的，此外也提到了他较早的时候对于群行列式的研究，包括在在阿贝尔情形里的因式分解(35.1)，以及他对于在一般情形里超复系可能起的作用的思考. 接着于1896年4月6日发出的信包含了他已经算出的两个非阿贝尔的例子，以及对

于 $\Theta(G)$ 的线性因子的数目应当等于 $|G/[G,G]|$ 的结论的一些推测的话. 然而由于觉得他自己不可能对这个问题取得任何结论,戴德金请弗罗贝尼乌斯研究这个问题. 结果,戴德金写的这两封信写成了创造抽象非阿贝尔群的特征标理论的催化剂.

弗罗贝尼乌斯

比戴德金小 18 岁的弗罗贝尼乌斯到 1896 年已经有了很高的声望. 他在著名的柏林大学受到数学教育,得到杰出的教师例如库默尔(E. Kummer),克罗内克(L. Kronecker) 和魏尔斯特拉斯的指导. 1870 年他在魏尔斯特拉斯的指导下写了关于微分方程的级数解的毕业论文,此后在柏林大学的预科和大学里教了短暂的几年课. 柏林大学传统地为苏黎世(Zurich) 多科工艺学校(现在的苏黎世联邦工业大学,简称 E. T. H.) 培养教员,因此毫不奇怪弗罗贝尼乌斯于 1875 年搬到苏黎世接受那儿的教授职位.

弗罗贝尼乌斯在 E. T. H. 任职的 17 年间通过对于宽广的领域中各种各样的数学论题的贡献赢得了他的名声,特别是在线性微分方程,单变量和多变量的椭圆函数和 θ 函数,行列式和矩阵论,以及双线性型方面. 他对论述代数对象的偏爱到 19 世纪 80 年代后期已日益明显地增长,当时他也开始在探索有限群论方面作出有影响的工作. 1887 年他发表了关于抽象群(而不仅是置换群) 的西洛定理的第一证明:他用类方

程对于西洛群的存在性作出的归纳证明直到今天仍然在使用.同一年又发表了他的另一篇重要的群论文章[①];这篇文章对有限群的双陪集作出了透彻的分析,并且包含了著名的柯西一弗罗贝尼乌斯计数公式,这个公式目前在组合论里无处不在.弗罗贝尼乌斯并不知道所有他的群论工作正在为他赠给数学的最伟大的礼物做着准备:这就是他很快要创造的特征标理论.

19 世纪 90 年代早期是弗罗贝尼乌斯的职业生涯转变的时期,克罗内克于 1891 年 12 月逝世,柏林大学出现了一个空缺职位.邀请柏林大学的备受宠爱的前学子弗罗贝尼乌斯,任何人都决不会感到奇怪.43 岁的处于创造力最高潮的弗罗贝尼乌斯显然是克罗内克的很好的继任者.可是如果让克罗内克自己来选择继任者事情就不会那么显然.克罗内克对他的箴言:"上帝创造了整数,其余一切都是人的工作"笃信无疑,他几乎批评了每一个热衷于考虑含有实数或超越数问题的人.他对函数论专家的攻击是如此不留情面,有时甚至大肆咆哮,以至于使老教授魏尔斯特拉斯潸然泪下.克罗内克大概还会在下述想法上踌躇不前:他的继任者居然是魏尔斯特拉斯的学生,显然这不会是他的选择.

弗罗贝尼乌斯诞生在柏林的一个郊区 Charlottenburg,远离家乡的 17 年是一段很长的时间,在当时人们明显地倾向于在他们的家乡度过一生.

---

① F. G. Frobenius, Gesammelte Abhandlungen Ⅰ,Ⅱ,Ⅲ,(J. P. Serre, ed.), Springer-Verlag, Berlin, 1968.

于是由于从柏林来的邀请，弗罗贝尼乌斯很高兴地带他的一家于1893年回到德国，在Charlottenburg的莱布尼兹街70号安顿了他的新家. 同年他被选为有声望的普鲁士科学院的成员. 由于克罗内克和库默尔两位都已逝世，并且他的前指导教师魏尔斯特拉斯已80高龄，因此弗罗贝尼乌斯从那个时候起必将成为柏林数学学派的主要执炬者之一.

弗罗贝尼乌斯虽然已精通群论，但是在1896年以前他从来也没有听说过群行列式的定义[①]. 然而他是行列式理论的伟大专家. 并且他在θ函数和线性代数的较早的工作中实际上涉及了有点类似的行列式. 因此，戴德金的群行列式的因式分解问题立即引起了他的注意. 他被戴德金在阿贝尔情形分解$\Theta(G)$迷住了，但是他不确信超复数会提供在一般情形下分解的恰当的工具. 于是他打算只是在复数域上研究$\Theta(G)$的因式分解. 他以令人惊异的速度解决这个问题. 他狂热地工作，不到一个月就创造了有限群的一般的特征标理论，并且应用这个新发现的理论解决群行列式因式分解问题. 他在1896年4月12日、17日和26日给戴德金的三封长信里报告了他的发现. 这些信连同当前保存在布伦瑞克工业大学档案馆里的弗罗贝尼乌斯—戴德金通信联系的其他东西一起，现在成为创造有限群特征标理论的第一个文字记载.

下图上面一份是弗罗贝尼乌斯于1896年4月12日写给戴德金的信的第一页的部分内容. 这封信以

① 戴德金没有发表他在这个专题上发现的任何东西.

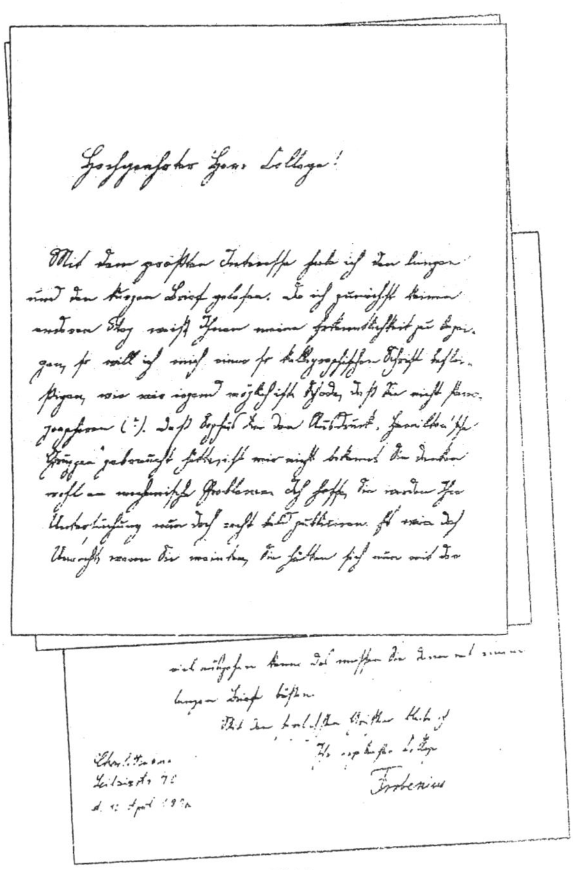

"Hochgeehrter Herr College! "开头，这是弗罗贝尼乌斯时期在同事之间的普遍的客气称呼. 下面一份是最后一页的部分内容，在这一页弗罗贝尼乌斯以"您的忠诚的同事，弗罗贝尼乌斯"结尾，并且在左边的空白处写了他的家庭地址："Charlottenburg，Leibnizstr，70"，注明这封信的日期"d. 12. April 1896"，这封信写在 6 大张纸上，每张上有 4 页.

我感谢金伯林(C. Kimberling)友好地给我这封信的复印件. 数学界应该大大地感谢金伯林,他在诺特的遗产里保留下来的书信文件集中间重新发现了弗罗贝尼乌斯给戴德金写的这封信(以及各种其他的戴德金的信). 围绕这些信的发现的有趣的细节在金伯林的U. R. L 的网页上有报告, 网址是 http://www.evansville.edu/~ck6/bstud/dedek.html.

——T. Y. L. a

因为弗罗贝尼乌斯的信已经被Hawkins和Cartis的文章(在上述引文中)详细分析,所以我们将试图从另一个角度探讨它们. 由于假定我们正在与现代听众谈话,因此我们将首先讨论用现代的表示论工具如何分解群行列式. 有了这个事后的认识,我们将回到弗罗贝尼乌斯的工作,阐述他在1896年是如何解决$\Theta(G)$的因式分解问题,以及在那个时候他是如何创造群的特征标理论的.

我们的方法实际上也有战略上的理由,虽然首先引导弗罗贝尼乌斯创造群的特征标的是群行列式,但是现代的群表示论不再通过群行列式发展. 事实上,没有几本当代的表示论教科书还接触这个专题,因此很可能现代的学习表示论的学生从来也没听说过群行列式. 下一节用表示论的现代方法阐述弗罗贝尼乌斯的部分工作,因此它将作为在老的方法和新的方法之间的有用的环节.

为现代读者的$\Theta(G)$的因式分解

实际上我们在这一节将要做的并非都是"现代

的”. 我们在这里将谈论的每一件事情都是诺特熟悉的,读者可以通过读她的关于表示论的奠基性文章[①]中关于群行列式的论述很容易证实这一点. 事实上,纯粹形式上看,诺特考虑了在可能的非半单代数上的更一般的“系统－矩阵”和“系统－行列式”. 对于我们的目的而言用群代数 $\mathbf{C}G$ 就够了. $\mathbf{C}G$ 是由有限的形式线性组合 $\sum_{g\in G} a_g g\ (a_g \in \mathbf{C})$ 组成的代数,它们按照自然的方式相加和相乘.

正如我们在较早一节中指出的,群 G 的一个表示是一个群同态 $D:G\to GL_n(\mathbf{C})$,数 n 称为这个表示的维数(或次数). 表示 D 称为不可约的,如果 $\mathbf{C}^n$ 没有任何(非平凡的)子空间在 $D(G)$ 的作用下是不变的,每一个表示 D(不可约的或可约的)引起一个特征标 $\chi_D: G\to\mathbf{C}$,由下式定义

$$\chi_D(g)=\mathrm{trace}(D(g))\quad(\text{对于任意 } g\in G)$$

两个 n 维表示 D,D' 称为是等价的,如果存在一个矩阵 $U\in \mathrm{GL}_n(\mathbf{C})$ 使得 $D'(g)=U^{-1}D(g)U$ 对于一切 $g\in G$ 成立. 此时,显然有 $\chi_D=\chi_{D'}$. 反之,如果 $\chi_D=\chi_{D'}$ 并且 G 是有限群,表示论的一个基本结果保证 D 和 D' 是等价的.

现在让我们通过引进有限群 G 的任一表示的行列式来扩大群行列式的观点,如下所述,给定一个表示 $D:G\to GL_n(\mathbf{C})$,我们与前面一样取一组不定元 $\{x_g:$

---

① E. Noether, Hyperkomplexe Grössen und Parstellungstheorie, Math. Zeit, 30(1929), 641－692.

$g \in G\}$，并且令

$$\Theta(G)=\deg(\sum_{g\in G}x_g D(g)) \tag{35.2}$$

我们指出下面的三个事实：

(1) 如果我们把 $\sum_{g\in G}x_g g$ 看作是群代数 $\mathbf{C}(G)$ 里的"一般"元素 x，那么上面的矩阵 $\sum_{g\in G}x_g D(g)$ 恰好是 $D(x)$，这里把 D 扩充成 $\mathbf{C}$—代数同态 $\mathbf{C}G\to M_n(\mathbf{C})$. 实际上，把表示 D 看成是这个代数同态"给出"的，这往往是方便的.

(2) $\Theta_D(G)$ 仅依赖于表示 D 的等价类，因为表示矩阵的共轭不改变行列式.

(3) 当 D 是正则表示的情形(使得 $D(g)$ 是与 g 在 G 上的左乘联系的置换矩阵)，$\Theta_D(G)$ 恰好是群行列式 $\Theta(G)$，事实上，在第 h 列，矩阵 $x_{g'}D(g')$ 有一个元素 $x_{g'}$ 在第 $g'h$ 行而其余元素全为零. 因此，在第 h 列，$\sum_{g'\in G}x_{g'}D(g')$ 恰好有元素 $x_{gh^{-1}}$ 在第 g 行.

显然 $\Theta_{D_1\oplus D_2}(G)=\Theta_{D_1}(G)\Theta_{D_2}(G)$. 因此，为了计算 $\Theta(G)$，我们可以首先把正则表示"分解"成它的不可约成分. 这是有限群的表示论的标准过程，它利用了归功于 Maschke 和 Wedderburn 的 $\mathbf{C}G$ 的基本结构定理. 根据这个定理.

$$\mathbf{C}G\simeq M_{n_1}(\mathbf{C})\times\cdots\times M_{n_s}(\mathbf{C}) \tag{35.3}$$

对于适当的 $n_1,\cdots,n_s$(使得 $\sum_i n_i^2=|G|$). 从 $\mathbf{C}G$ 到 $M_{n_i}(\mathbf{C})$ 上的投影提供了第 i 个不可约复表示 D_i，然后运用环论的一点知识，我们从(35.3)看出正则表示等价于 $\oplus_i n_i D_i$. 其次我们注意下面的事实.

引理 每个 $\Theta_{D_i}(G)$ 是 $\mathbf{C}$ 上的一个不可约多项式,并且它与 $\Theta_{D_j}(G)$ 不成比例,对于每个 $j \neq i$.

证明 这里的关键一点是,如果我们记 $D_i(x) = (\lambda_{jk}(x))$,则这些线性型 $\lambda_{jk}(x)$ 在 $\mathbf{C}$ 上是线性无关的. 事实上,假设 $\sum\limits_{j,k} c_{jk}\lambda_{jk}(x) = 0$,其中 $c_{jk} \in C$. 因为 D_i:$\mathbf{C}G \to M_{n_i}(\mathbf{C})$ 是映上的,所以我们能够找到这些 x_g 在 $\mathbf{C}$ 上的适当的值使得 $D_i(x)$ 变成单位矩阵 $\boldsymbol{E}_{j_0k_0}$[①]. 把这些 x_g 的值代入 $\sum\limits_{j,k} c_{jk}\lambda_{jk}(x) = 0$ 中,我们看出每个 $c_{j_0k_0} = 0$. 在证明了这些 $\lambda_{jk}(x)$ 线性无关之后,我们能够把它们扩充成$\{x_g : g \in G\}$ 的所有线性型组成的线性空间的一个基. 这个基现在将作为多项式环 $\mathbf{C}[x_g : g \in G]$ 里的新的变量,用这些新的变量的术语,众所周知 $\det(\lambda_{jk}(x))$ 是不可约的.

为了证明引理的最后的陈述,只要注意 $\Theta_{D_i}(G)$ 实际上决定了表示 D_i. 为此可把 $\Theta_{D_i}(G)$ 看成 x_1 的多项式. 因为 $D_i(1) = I_{n_1}$,所以 x_1 仅出现在 $D_i(x)$ 的对角线上. 记 $D_i(g) = (a_{jk}(g))$, 我们有 $\lambda_{jj}(x) = \sum\limits_{g \in G} a_{jj}(g)x_g$,因此

$$\begin{aligned}\Theta_{D_i}(G) &= \prod_{j=1}^{n_i} \lambda_{jj}(x) + \cdots \\ &= x_1^{n_i} + \sum_{g \in G \setminus \{1\}} \chi_{D_i}(g) x_1^{n_i - 1} x_g + \cdots\end{aligned} \tag{35.4}$$

于是这个不可约因式决定了特征标χ_{D_i},并且正如我们

① $E_{j_0k_0}$ 是指在(j_0, k_0)位置为 1,其余位置全为 0 的矩阵.

前面已说过的，χ_{D_i}，决定 D_i，这正是所要求的.

用上述观点便得出

$$\Theta(G)=\prod_{i=1}^{s}\Theta_{D_i}(G)^{n_i} \tag{35.5}$$

是群行列式到 $\mathbf{C}$ 上的不可约多项式的完全因式分解. 这里因为表示 D_i 有维数 n_i，所以不可约因式 $\Theta_{D_i}(G)$ 的次数是 n_i—— 与 $\Theta_{D_i}(G)$ 出现在 $\Theta(G)$ 里的重数相同. 还有从式(35.3)看出 s 似乎是 $Z(\mathbf{C}G)$($\mathbf{C}G$ 的中心)的 $\mathbf{C}$－维数，它由 G 的共轭类的数目给出. 我们将在下一节的稍微后面一些回到这一点.

从(35.4)和(35.5)我们明显地看到，$\Theta(G)$ 的分解因式与 G 的不可约特征标有密切联系.

弗罗贝尼乌斯的(不可约)特征标的第一个定义

当然，在上一节给出的 $\Theta(G)$ 的因式分解的高效率的处理是基于大量的事后认识. 数学的开拓者没有事后的认识，必须也只能指望善于发现意外收获的能力和纯粹的行列式. 正如我们大家知道的，数学的任何新方向的第一步通常是最困难的一步. 弗罗贝尼乌斯知道他需要创造新的特征标理论来分解群行列式，但是不像我们，他基本上没有线索来着手这个问题. 于是看一看他实际上如何在漆黑的通道里设法找到第一道亮光，这对于我们是非常有启发的.

正如我们在前面指出的，“群表示”不在19世纪数学家的词汇表里，因此“特征标”的现代定义对于弗罗贝尼乌斯在1896年是不存在的. 代替这个，弗罗贝尼乌斯通过对某个交换 $\mathbf{C}$－代数的研究首次达到特征标

的定义，后来他认识到这个 $\mathbf{C}-$ 代数就是群代数的中心 $Z(\mathbf{C}G)$. 为了迅速地阐述他的想法，利用现代读者已经熟悉的那些内容的有利条件又是比较容易的. 尽管我们将试图作出有关的评论：弗罗贝尼乌斯由于缺少现代方法而使他解决问题时在哪些地方碰到了困难. 下面的讲解的理论基础是 $\mathbf{C}$ 上的交换半单代数的概念.

设 $g_j(1\leqslant j\leqslant s)$ 是有限群 G 的共轭类的完全代表系（具有 $g_1=1$），并且设 $C_j\in\mathbf{C}G$ 是“类和”（与 g_j 共轭的群元素的和）. 众所周知（并且容易证明）这些 C_j 给出了 $Z(\mathbf{C}G)$ 的一个 $\mathbf{C}-$ 基，具有由下述等式定义的结构常数

$$C_jC_k=\sum_i a_{ijk}C_i \tag{35.6}$$

这里在倍数的意义上（由第 i 个共轭类的大小给出），a_{ijk} 是使得 $x\sim g_j, y\sim g_k, z\sim g_i$，且 $z=xy$ 的有序三元组 $(x,y,z)\in G^3$ 的数目（其中“$\sim$”意思是在 G 里共轭）. 弗罗贝尼乌斯通过对方程 $xyw=1$ 而不是对 $xy=z$ 的讨论稍微有点不同地建立这些数；差别仅是记号上的. 特点是，他非常熟悉这些常数，它们表出了这些方程在群里的解的数目，现在我们引进一点更现代化的内容. 即，Wedderburn 分解式(35.3). 取这个分解的中心，我们得到

$$Z(\mathbf{C}G)=\mathbf{C}\varepsilon_1\times\cdots\times\mathbf{C}\varepsilon_s \tag{35.7}$$

对于适当的中心幂等元 $\varepsilon_i\in\mathbf{C}G$ 满足 $\varepsilon_i\varepsilon_j=0$ 当 $i\neq j$. 从(35.7)我们知道 $Z(\mathbf{C}G)$ 是（交换的且）半单的. 弗罗贝尼乌斯没有配备所有这些现代的专门术语，因此他不得不对数目 $\{a_{ijk}\}$ 做大量的特别的计算来检验我们

现在所知道的作为半单性的迹条件. 无论如何弗罗贝尼乌斯做了这点,因此他能够利用这个半单性的信息,尽管是隐含的.

从(35.3)出发,设 $D_i:\mathbf{C}G\to M_{n_i}(\mathbf{C})$ 是给出第 i 个不可约表示的投影映射,并且设 χ_i 是对应的特征标 $(\chi_i(g))=\mathrm{trace}(D_i(g))$. 因为 D_i 把中心映到中心,我们有

$$D_i(C_j)=c_{ij}I_{n_i},\text{对于适当的 } c_{ij}\in\mathbf{C}\qquad(35.8)$$

计算迹,我们得到 $h_j\chi_i(g_j)=n_ic_{ij}$,其中 h_j 是第 j 个共轭类的基数. 因此

$$c_{ij}=\frac{h_j\chi_i(g_i)}{n_i}=\frac{h_j\chi_i(g_i)}{\chi_i(1)}\qquad(35.9)$$

从(35.8)我们有 $C_j=\sum\limits_i c_{ij}\varepsilon_i$,特别地

$$C_j\varepsilon_i=c_{ij}\varepsilon_i\qquad(35.10)$$

于是$\{\varepsilon_1,\cdots,\varepsilon_s\}$是 $Z(\mathbf{C}G)$ 的一个基,它是由用$\{C_1,\cdots,C_s\}$的(交换的)左乘算子的公共的特征向量组成. 用 C_j 的左乘算子的特征值是在(35.9)给出的那些 c_{ij}.

我们得到的上述计算比弗罗贝尼乌斯做的迅速得多,因为他必须把他的较早的一篇关于交换算子的文章的主要结果汇总来说明这些特征向量的存在性和无关性,而无关性证明的关键依赖于前面提到的 $Z(\mathbf{C}G)$ 的半单性质,他的那篇文章是于 1896 年在 S'Ber. Aked. Wiss. Berlin 发表的著名的三部曲的第一篇,此文又是受魏尔斯特拉斯,戴德金和施图迪(Study)关于交换超复系的较早的工作激励. 然而用现代的方法,弗罗贝尼乌斯的工作的全部内容都能够如上所述用几

行就得出来的.

在做了这个工作之后,通过等式(35.9)特征值 c_{ij} 现在能被用来定义特征标的值$\chi_i(g_j)$(当然我们首先必须知道 $n_i=\chi_i(1)$,但这是相对次要的问题①). 正如看上去绕了一圈,这正是弗罗贝尼乌斯在他的著作如何第一次定义特征标χ_i 作为G上的类函数! 在定义这些χ_i 之后,弗罗贝尼乌斯立刻得到了(不可约)特征标之间的第一和第二正交关系(见下面框内的叙述).

$$\sum_{g\in G}\chi_i(g)\overline{\chi_j(g)}=\delta_{ij}\ |G|$$

$$\sum_{i}\chi_i(g)\overline{\chi_i(h)}=\delta_{g,h}\ |C_G(g)|$$

弗罗贝尼乌斯证明的在不可约特征标χ_i 之间的这些第一和第二正交关系至今仍然是有限群的特征标理论的基点. 这里δ_{ij} 是通常的克罗内克记号,如果 g,h 在G里共轭,则$\delta_{g,h}=1$,否则为0;$C_G(g)$ 表示 g 在G 里的中心化子.

虽然今天我们有更加容易的途径通向特征标(通过表示论),但是弗罗贝尼乌斯采取的最初的途径并没

---

① 弗罗贝尼乌斯对于这个问题有些含糊,它引起 Hawkins 的评论:在"Gesammelte Abhandlungen Ⅰ,Ⅱ,Ⅲ"里"特征标从未被完全定义",但是在"Gesammelte Abhandlungen Ⅰ,Ⅱ,Ⅲ"里有如此大量的信息可以利用,以至于这个问题能被一种或另一种方式解决. 例如,一旦我们知道了对于所有 j 的比值$\chi_i(g_j)/\chi_i(1)$,那么$\chi_i(1)$ 能够从第一正交关系被决定.

有被忘记. 弗罗贝尼乌斯的上述结果现在用下面的简洁形式保存下来：

定理 结构常数$\{a_{ijk}\}$与特征标表$(\chi_i(g_j))$彼此决定.

实际上,假设这些 a_{ijk} 被给定. 那么这些 a_{1jk} 决定了 $h_j(1\leqslant j\leqslant s)$,于是上面的工作决定了这些$\chi_i$. 反之,如果这些$\chi_i$ 被给定,利用第二正交关系进行计算导致用各种特征标的值表示 a_{ijk} 的一个详细的公式.

上述弗罗贝尼乌斯的定理至今仍是特征标理论里的一个有深刻意义的结果,它的证明的内在性是这样一个结果:一个不可约特征标χ 的值的 Q－生成子空间总是一个代数数域,现今称为χ 的特征标域. 用特征标的值的术语精确表示 a_{ijk} 的公式在有限单群的构造和研究中有各种各样有趣的应用;关于这方向的恰当的参考文献是希格曼的文章①.

弗罗贝尼乌斯从一开始就认识到群的特征标是具有高度算术性质的对象,他注意到了常数 c_{ij} 总是代数整数②,并且后来说明了特征标的值也总是代数整数. 利用所有这些连同第一正交关系,他推导出一个重要的算术结果:每一个特征标的次数 n_i 整除 $|G|$.

---

① G. Higman, Construction of simple groups from character tables, Finite Simple Groups (M. B. Powell and G. Higman, eds.). Academic Press, London-New York, 1971.

② 一个效率高的现代的证明如下:因为环 $\sum_i ZC_i$ 是有限生成的阿贝尔群,所以每个 C_i 在 Z 上是整的. 运用这点到(35.10),我们看出对于每个 c_{ij} 同样是真的.

弗罗贝尼乌斯的群行列式文章

在发表了群的特征标的文章之后，弗罗贝尼乌斯最后准备论证他心中已经有的关于戴德金的群行列式 $\Theta(G)$ 的因式分解问题的应用领域. 他在 1896 年写的系列文章的最后一篇做了这件工作. 因为他在处理这个问题时没有任何现代方法，所以 $\Theta(G)$ 的因式分解仍是颇费周折的.

首先弗罗贝尼乌斯写下 $\Theta(G)$ 的因式分解如下

$$\Theta(G)=\prod_{i=1}^{t}\Phi_i^{e_i} \tag{35.11}$$

其中这些 Φ_i 是不同的（齐次）不可约多项式，次数设为 f_i. 在大略估计之后，我们可以假设每个 Φ_i 有一项是 $x_1^{f_i}$；这唯一决定了这些 Φ_i（除了它们出现的次序以外）. 要做的工作是描述这些 Φ_i 并且决定式(35.11)中的指数 e_i. 如果我们将现代的方法用于 $\Theta(G)$ 并且假设我们在较早一节里关于 $\Theta(G)$ 的因式分解已经做的工作，那么下述信息立即得到：

(1) 式(35.11)中的不同的不可约因式的数目 t 等于 G 里的共轭类的数目 s.

(2) 对于所有 i，f_i（Φ_i 的次数）等于式(35.11)中的重数 e_i.

然而对于弗罗贝尼乌斯，这些命题的每一个都必须要有证明. (1) 不太难；他用正交关系（见上面框里所述）处理了它. 但是(2)却是一个真正的挑战！当然(2)被弗罗贝尼乌斯和戴德金知道的所有例子所证实. 但是弗罗贝尼乌斯是一个细心的人，而任何一个细心的人都知道，数学中的一些过度简单化的例子可能完全是骗人的！因此，起初弗罗贝尼乌斯不准备相信 $e_i = f_i$. 对于学数学史的学生来说，这是一个难得的事例，他们在这儿有极好的机会通过弗罗贝尼乌斯和戴德金写的信，来直接观察弗罗贝尼乌斯怎样去进攻（有时停止进攻）这个困难问题. 他首先在线性因子（$f_i = 1$）的情形证明了(2)，这是不难的；然后他设法解决 2 次因子（$f_i = 2$）的情形，它是非常难的. 他给戴德金写信请求帮助或者给出可能的反例；同时他计算了某些立方因子的例子来证实(2)，他向戴德金吐露：他有时候怎样试图通过从事完全无关的活动来“达到证明 $e_i = f_i$ 的目的”. 例如与他妻子去贸易博览会，然后去艺术陈列馆；在家里读小说，或者除去他的果树上的毛虫等. 为了显示令人愉快的幽默感，他在 1896 年 6 月 4 日给戴德金写信：

我希望您不要泄露这职业秘密给任何人，我的论数学研究的方法的伟大著作（其附录涉及逮毛虫）利用了它，这部著作将在我逝世后出版.

弗罗贝尼乌斯许诺的书从未出版，但是显然他的“数学研究的方法”今天在数学教授和他们的研究生中间仍在广泛地实践着. 弗罗贝尼乌斯关于 $e_i = f_i$ 问题的前哨战持续了五个月，但是以一个愉快的注记结束：到 1896 年底他最后以完全一般的形式设法证明了它，这使他能写完关于群行列式的文章. 在该文的第 9 节他写道：

包含在群行列式里的素因子的幂指数等于那个因子的次数.

现在把这个结论称为“群行列式理论的基本定

理”，这肯定是他于 1896 年在特征标理论的不朽的工作中的王冠上的宝石．弗罗贝尼乌斯的证明是令人惊奇的技巧魔力的展示，占了 Sitzungsberichte 的 4 页半．当然今天来证明基本定理要容易得多，就像我们在较前的一节关于 $\Theta(G)$ 的因式分解已经做的那样．在那一节使用的方法也清楚地表明 $\Theta(G)$ 的不可约因式如何对应于不可约特征标χ_i：在相差一个排列的意义上，式(35.11)中的 Φ_i 简单地就是式(35.4)中的 $\Theta_{D_i}(G)$，因此它对应于特征标$\chi_i := x_{D_i}$(并且当然有 $e_i=f_i=n_i$)．等于(35.11)说明在 Θ_i 里 $x_i^{n_i-1}x_g$ 的系数是$\chi_i(g)$ 当 $g\neq 1$．更一般地，其他系数也能被明晰地决定．首先弗罗贝尼乌斯用数学归纳法把每个χ_i 从一元函数扩充成 n 元函数(对于任意明晰地决定)，首先弗罗贝尼乌斯用数学归纳法把每个χ_i 从一元函数扩充成 n 元函数(对于任意 $n\geqslant 1$)；每个$\chi_i(g_1,\cdots,g_n)$是χ_i 的值的多项式特征函数．(例如，作为数学归纳法的开始，令$\chi_i(g,h)=\chi_i(g)\chi_i(h)-\chi_i(gh)$．)然后弗罗贝尼乌斯用这些已定义的“$n$ 重特征标”通过下述著名的公式决定了 Φ_i

$$n_i!\ \cdot\Phi_i=\sum\chi_i(g_1,g_2,\cdots,g_{n_i})x_{g_1}x_{g_2}\cdots x_{g_i}\tag{35.12}$$

其中求和是跑遍 G 的元素组成的所有 n_i 元组．这计算了 Φ_i 的所有系数作为常特征标值$\{\chi_i(g):g\in G\}$的多项式函数．迄今为止，群论学家没有对这些“高级”特征标有实质上的应用，可能这里有很多的工作可做．

在我们离开群行列式之前，我们应当指出在这个专题上最近一些相当令人惊奇的发展.众所周知群的特征标不足以决定这个群;例如,8阶二面体群和四元素群碰巧有相同的特征标表.然而,Formanek和Sibley[①]已证明群行列式$\Theta(G)$的确决定G,并且Hoehnke和Johnson[②]已证明(上面指出的)G的1重、2重和3重特征标也足以决定G.这些新发现的事实可能会使群行列式理论的先辈感到惊奇.

迄今为止我们仅仅讨论了特征零的群行列式(即,在复数域上).L. E. Dickson在1902年和1907年的几篇文章中已经研究了在特征$P>0$的域上的群行列式.我们建议读者参看Conrad的文章[③],该文很好地综述了Dickson的工作.

收获:1897 - 1917

弗罗贝尼乌斯在他的第一篇群特征标的文章的引言里早就表达了他相信这个新的特征标理论将导致有限群论的本质上的丰富和意义重大的进展.在他的一生的最后20年中,以似乎永无止境的精力写了另外15篇群论的文章(不包括其他领域的多篇文章),进一步发展了群的特征标和群表示的理论,并且将它应用到有限群理论上.这里我们仅给出故事的这一部分的概

---

① E. Formanek and D. Sibley, The group determinant determines the group, Proc. Amer. Math. Soc. 112(1991),649 — 656.

② H. — J. Hoehnke and K. W. Johnson, The 1 —,2 —, and 3 —, characters determine a group, Bull. Amer. Math. Soc. (N. S.)27(1992),243 — 245.

③ K. Conrad, The origin of representation theory, to appear.

述.

(1) 在1896年文章的三部曲之后的第一个有意义的发展是弗罗贝尼乌斯能够形式地引进群表示的概念并且把它与群行列式联系起来;他按照戴德金的建议又做了这件事. 看一看弗罗贝尼乌斯如何形式化这一定义,具有历史上的价值,因此我们直接引用原文:

设 n 是抽象群,$A,B,C,\cdots$ 是它的元素. 我们给元素 $A,B,\cdots$ 指定矩阵$(A),(B),\cdots$,等等,用这种方式群 n′ 同构于[①]群 n,即$(A)(B)=(AB)$. 那么我称代换或者矩阵$(A),(B),(C),\cdots$ 表示群 n.

虽然对于现代读者来说这有一点笨拙,但是这本质上是群表示的定义,就像今天我们所知道的那样. 弗罗贝尼乌斯也首次指出,他定义的特征标由不可约的(或者,用他自己的话,"本原的")表示的代表矩阵的迹给出. 弗罗贝尼乌斯用群行列式 $\Theta_D(G)$ 的不可约来定义表示的不可约,不可约的概念在后来几年经历几次重新变动和重新阐述.

有重大意义的事实是,弗罗贝尼乌斯清楚地肯定了 Molien 的贡献,是 Eduard Study 引起他注意到了这篇文章. Molien 的将群代数分析为超复系的有力方法是受 W. Killing 和 E. Cartan 的李代数方法所激励的. 在相当大的程度上,它预示了后来 Maschke, Wedderburn 和诺特的工作;它也是更接近于今天研究表示论的途径之一. Molien 对半单性概念的理解

① 在弗罗贝尼乌斯时代,这个术语并不排除映射 $A\to(A)$ 是多对1.

(和有效地使用它的能力)是他工作的基点,尽管这个工作没有被他的同时代人广泛认识.然而弗罗贝尼乌斯毫不犹豫地赞扬它,并且把它[①]看成一项"出色的工作".在得知 Molien 在 Dorpat 仅仅是一个无薪大学教师之后,弗罗贝尼乌斯甚至于写信给有影响的戴德金,看他是否能帮助提升 Molien 的职务.然而 Molien 的工作相对而言仍然不引人注目.今天人们记得他主要是通过他在多项式不变量理论中的生成函数公式.现代读者有幸从 Hawkins 的文章[②]看到关于 Molien 对于表示论的贡献的出色分析.

(2)在两篇相继的文章中,弗罗贝尼乌斯引进了特征标的"合成"(现在称为张量积),并且导出了一个群的特征标与它的子群的特征标之间的关系.诱导表示的所有重要的概念来自这后一工作.这是真正的天才手法,在他创造特征标理论仅仅两年之内,他提出了辉煌的诱导表示的互反律,现在这一定律以他的名字命名.在 20 世纪仍认为这两篇文章为表示论到群的结构理论的许多应用提供了最有力的工具.

现今我们有群代数,张量积,态射 - 函子等方法,它们使每一件事情都变得容易和"自然",但是在数学里,"自然"仅仅是时间的函数.今天对于我们是自然的东西在 19 世纪末却不存在.为了证明诱导表示和特征标的合成的主要事实,弗罗贝尼乌斯能够采取的工具只有一个:群行列式.对于现代读者来说,看一看弗

---

① T. Molien, Über Systeme höherer complexer Zahlen, Math. Ann, 41(1893), 83 - 156.

② K. Conrad, The origin of representation theory, to appear.

罗贝尼乌斯如何使群行列式在表示论中唱真正的重头戏,并且在一篇又一篇的文章中利用它到达这个专题一个个的新的里程碑实在是相当令人惊奇的!尽管弗罗贝尼乌斯的群行列式证明的大部分(即使不是全部)现在被较容易的现代证明所取代,但是按我的观点它们仍然是19世纪数学家的令人生畏的能力和尽善尽美的技巧的最恰当的证明.

(3)弗罗贝尼乌斯对于某些特殊群的特征标的计算在表示论中有深刻的影响,这是从射影幺模群$PSL_2(P)$的特征标开始的,他在特征标理论的开创性文章中已经计算了它.几年之后这一工作发展成李型有限群的表示论的令人惊奇的丰富的研究专题①.弗罗贝尼乌斯很早就已注意到对称群的特征标值全部是有理整数.此后不久,他独立地开始研究对称群S_n和交错群A_n的表示论.他对于S_n的特征标(因此也是对表示)的分类和分析是在杨(R. A. Young)的工作之前,并且为新的世纪里关于对称函数的大多数进一步的工作奠定了坚实的基础.弗罗贝尼乌斯从S_n的特征标值建立了某种生成函数,并且定出了这些生成函数.于是至少在原理上他设法计算了S_n在任一给定的共轭类上的特征标.这种计算的最值得注意的情形是弗罗贝尼乌斯关于S_n的特征标次数的行列式公式:关于对应于n的划分$\lambda=(\lambda_1,\cdots,\lambda_r)$(其中$\lambda_1\geqslant\cdots\geqslant\lambda_r\geqslant 0$)的不可约特征标$\chi_\lambda$,弗罗贝尼乌斯证明了

---

① 具有讽刺意味的是,众所周知弗罗贝尼乌斯对于S.李的工作极其蔑视.

$$\chi_\lambda(1)=n!\ \det\left(\frac{1}{(\lambda_i-i+j)!}\right)_{1\leqslant i,j\leqslant r}=$$

$$\frac{n!\ \Delta(\mu_1,\mu_2,\cdots,\mu_r)}{\mu_1!\ \mu_2!\ \cdots\mu_r!} \tag{35.13}$$

其中 $\mu_i=\lambda_i+r-i$ 并且 $\Delta(\mu_1,\mu_2,\cdots,\mu_r)$ 是具有参数 μ_i 的范德蒙(Vandermunde)行列式.同一公式被杨独立地得到,但是弗罗贝尼乌斯在这一方面似乎有优先权.更后来关于(S_n)的特征标次数的弗罗贝尼乌斯-杨行列式公式被另一个用划分 λ 的 Ferrer 图的"钩长"$h_{ij}(\lambda)$ 的术语的等价的组合形成给出:Frame-Robimson-Thrall 钩长公式把特征标次数重新写成形式

$$\chi_\lambda(1)=\frac{n!}{\prod\limits_{i,j}h_{ij}(\lambda)} \tag{35.14}$$

今天 S_n 的表示论位于代数和组合论的中心,并且影响纯粹数学和应用数学的许多分支.

(4) 弗罗贝尼乌斯甚至于在他的特征标理论的工作之前就已经对有限可解群怀有强烈的兴趣,并且在1893年和1895年发表了关于它们的两篇文章,集中在它们的子群的存在性和结构上.在该世纪末他在这个专题上的兴趣扩大到他新创造的群的特征标理论上.他写了在可解群序列方面的另外3篇文章,以及关于多重传递群的其他几篇文章,其中一些利用了特征标理论.他的最引人注目的结果现在是有限群表示论的任何研究生课程的主要内容:

定理 如果 G 是传递地作用在一个集合上的有限群,使得在 $G\backslash\{1\}$ 里没有任何元素可固定多于一个的点,则 G 的没有不动点的元素连同单位元组成的集

合形成G的一个(正规)子群K(如果$K \subsetneq G$,则G称为弗罗贝尼乌斯群,并且K称为它的弗罗贝尼乌斯核.任何一点对群作用的稳定子群称为弗罗贝尼乌斯补).

一个世纪之后,弗罗贝尼乌斯用诱导特征标和不可约表示的核的概念给出的这个定理的证明仍没有失去它的魔力和魅力.更奇怪的是,直到今天都还没有找到这个貌似简单的命题的纯粹群论的证明,因此弗罗贝尼乌斯原来的论证仍然是定理的唯一知道的证明!几年之后弗罗贝尼乌斯定理激发了关于例外特征标的Brauer-Suzuki理论,以及Zassenhaus分类双传递弗罗贝尼乌斯群,把它们与有限拟域的分类联系起来.弗罗贝尼乌斯群的理论也帮助了菲尔兹(Fields)奖获得者J.G.Thompson踏上卓越的研究生涯,他在他的芝加哥(大学的)毕业论文里证明了长期未解决的猜想:弗罗贝尼乌斯核是幂零群.

(5) 弗罗贝尼乌斯和他的学生舒尔(I.Schur)引进了一个不可约特征标χ的指数(或者指标)的概念

$$s(\chi):=\frac{1}{|G|}\sum_{g\in G}\chi(g^2) \qquad (35.15)$$

并且证明了$s(\chi)$取的值属于$\{1,-1,0\}$.在这个弗罗贝尼乌斯-舒尔理论里,这些χ分成三种不同的类型:$s(\chi)=1$当χ来自实表示,$s(\chi)=-1$当χ不是来自实表示但是它是实值函数,$s(\chi)=0$当χ不是实值函数.弗罗贝尼乌斯-舒尔指数包含群G的超出它的特征标表的重要信息:例如,一个元素$g\in G$的平方根的数目能够通过式(35.15)中的指数用表达式$\sum_{\chi}s(\chi)\chi(g)$

计算,这是群论里的一个相当重要的事实.在与他们关于第一种类型的特征标的工作的联系中,弗罗贝尼乌斯和舒尔也证明了有趣的结果:一个有限群的任一复正交表示等价于一个实正交表示.

弗罗贝尼乌斯和数论

在数论和群论之间的类似亲属的密切关系由下述事实提供:数域的任一正规扩张 K/F 产生一个有限伽罗华群 $G=Gal(K/F)$.于是弗罗贝尼乌斯的特征标理论在数论中的可应用性应当没有任何奇怪之处.然而在这两个理论之间的真正的相互作用在弗罗贝尼乌斯生前并没有发生,而要等到 20 世纪 20 年代,当代数数论和解析数论发展得更加充分的时候.

在数论里用伽罗华群的表示的想法首先出现在 1923 年阿廷的工作中,对于正如在上面一段里所说的伽罗华群 $G=Gal(K/F)$ 的任一特征标χ,阿廷引进了现在称之为与χ伴随的阿廷 L－函数 $L(s,\chi,K/F)$.这是复变量 $s(|s|>1)$ 的函数,它把关于χ以及关于 F 和 K 里的素元的信息译成码.例如,当χ分别是 G 的平凡特征标(或正则特征标)时,$L(s,\chi,K/F)$ 是 F(或 K)的戴德金 zeta 函数.(一个数域的戴德金 zeta 函数又是有理数域上的黎曼 zeta 函数的直接推广)阿廷的 L－函数理论以两种方式利用了弗罗贝尼乌斯的工作,首先,阿廷证明了:在 G 是阿贝尔群且$\chi(1)=1$的情形,他的 L－函数与较早由 Hecke 研究的 L－函数一致.这要求阿廷互反律的全部力量,它是阿廷通过利

用弗罗贝尼乌斯猜想（现在称为 Tchebotarēv 密度定理）的 Tchebotarēv 的证明的想法建立的. 第二，阿廷证明了：在非阿贝尔的情形，弗罗贝尼乌斯的诱导特征标提供了完美的方式把阿廷 $L-$ 函数与（阿贝尔情形的）Hecke $L-$ 函数联系起来. 后来布劳尔（Brauer）证明了 G 的任一特征标是从 G 的适当子群的 1 维特征标诱导的特征标的整系数组合，从而完备了阿廷的工作. 布劳尔用这个有力的诱导定理证明了 $L(s,\chi,K/F)$ 延拓为 **C** 里的亚纯函数，并且戴德金 zeta 函数的商 $\zeta_K(s)/\zeta_F(s)$ 是一个整函数. 在这个工作里（由于它，布劳尔在 1949 年获得了美国数学会的 Frank Nelson Cole 奖），特征标理论和数论的相互作用结出了果实. 后来伽罗华群的表示变成模形式论的一个重要专题，但那是另一个故事.

结　尾

大约一百年前戴德金给弗罗贝尼乌斯提出伴随一个有限群的某种行列式的因式分解问题. 解决这个抽象问题导致弗罗贝尼乌斯创造特征标理论，以及后来的有限群表示论. 今天这些理论为代数的各个分支提供基本的工具，并且它们对拓扑群和李群的情形的推广在调和分析中起着重要的作用. 同时群的特征和表示已广泛地使用在许多应用领域，例如光谱学、结晶学、量子力学、分子轨道理论和配位场论等. 这些令人惊奇的多种多样的应用通过戴德金和弗罗贝尼乌斯的提前了几十年的理论的工作变成可能，这似乎为数学的伟大的“超乎寻常的效力”提供了又一个惊人的例子.

从弗罗贝尼乌斯到布劳尔的有限群表示论[①]

第36章

在快要进入20世纪之际，弗罗贝尼乌斯、伯恩赛德和舒尔开始了有限群表示论的最初研究. 他们的工作部分地是由19世纪就已存在的、在很大程度上不相关的两个学科所激发. 首先是有限阿贝尔群特征，以及它们被19世纪伟大的数论学家所做的应用. 其次是有限群结构理论的出现，它们是由伽罗华在他临死前夜所写的著名信件中的主要思想的简短概括开始的，其后西洛及其他人（包括弗罗贝尼乌斯）的工作继续着.

① 作者Charles W. Curtis. 原题：Representation Theory of Finite Groups from Frobenius to Brauer. 译自：The Mathematical Intelligencer, 14:4(1992), 48－57. 黄华乐译，沈信耀校.

本章的目的，是给早期的部分工作以注释：所考虑的问题，所做的猜想，然后，从这些数学思想发展的起源到它们在布劳尔(Brauer)模表示论中的地位，理出一些头绪.

有限阿贝尔群特征和19世纪数论 有限阿贝尔群A的特征就是从A到复数域$\mathbf{C}$的乘积群的一个同态，换句话说，它是一个函数$\chi: A \to \mathbf{C}^* = \mathbf{C} - \{0\}$，而且满足以下条件

$$\chi(ab) = \chi(a)\chi(b)\text{，对所有 } a, b \in A$$

最简单的例子(它们出现在初等数论中)涉及有限剩余类域$Z_p = Z/pZ$，$\bar{a} = a + pZ$，对某个素数p的加法群和乘法群. Z_p的加特征是Z_p的加法群特征，由定义有性质$\chi(\bar{a} + \bar{b}) = \chi(\bar{a})\chi(\bar{b})$，对任意剩余类$\bar{a}$和$\bar{b}$. 这些特征通过取$p$次单位根的幂次得到，因此，$\chi(\bar{a}) = \omega^a$，这里$\omega^p = 1$. Z_p的乘特征是Z_p的乘法群特征，这包括勒让德二次剩余符号$(a/p) = \pm 1$，对非0剩余类$\bar{a}$，$(a/p) = 1$当方程$x^2 \equiv a \pmod p$有解，反之为-1.

高斯把加特征和乘特征(分别记为χ和π)组合起来形成一些单位根之和(现在称为高斯和)，它具有以下形式

$$g(\chi, \pi) = \sum \chi(\bar{t})\pi(\bar{t}), 0 \neq \bar{t} \in Z_p$$

在《Disquisitiones Arithmeticae》[①] 中，在一些特殊情况下，利用象 $x^n + y^n \equiv 1 (\bmod p)$ 的剩余类解数的信息，他得到 $g(\chi, \pi)$ 这种表示满足的多项式方程. 我们现在倒过来用它，实际上，高斯和对得到一类广泛的多项式剩余类的解数公式，而且对计算在有限域上多项式方程解的个数这个更一般的问题，被证明是基本的. 关于这些事情的很好讲述，同时还有历史评注，可以从 Weil 的关于有限域上方程解的个数的论文[②]的第一部分找到.

狄利克雷[③]用乘特征来重新解释高斯关于二元二次型分类的工作，在这里，用到了二次剩余符号 (a/p) 的特征论性质同时，在他定义 L - 序列及用 L - 序列来证明某些算术级数包含无限多个素数时[④]，都用到了乘特征.

戴德金将狄利克雷的数论讲义编辑出版，并加了包含有他自己的东西的补充材料. 鉴于在狄利克雷的

---

① C. F. Gauss, Disquisitiones Arithmeticae, Leipzig, 1801; English translation by A. A. Clake, Yale University Press, New Haven, 1966.

② A. Weil, "Numbers of solutions of equations in finite fields," Bull. A. M. S. 55(1949), 497 - 503; Collected Papers, Ⅰ, 399 - 410.

③ P. G. Lejeune Dirichlet, Vorlesungen uber Zahlentheorie, 4th ed. Published and supplemented by R. Dedekind, Vieweg, Braunschweig, 1894.

④ P. G. Lejeune Dirichlet, "Beweis des Satzes, dass jede unbegrenzte arithmetische Progression, deren erstes Glied und Differenz ganze Zahlen ohne gemeinschaftlichen Factor sind, unendlich viele Primzahlen enthält," Abh. Akad. d. Wiss. Berlin(1837), 45 - 81. Werke Ⅰ, 313 - 342.

工作中，不同形式的特征已被用到，在一个附录中，戴德金叫大家注意可以有一个一般的有限阿贝尔群特征的定义. Weber 也对阿贝尔群特征感兴趣，而且发表了一篇关于特征的论文，并且在他的《Lehrbuch der Algebra》[①] 中，给出一个完整的阐述，这里包含了一个利用把阿贝尔群分解为循环群的直积而给出特征的结构.

有限群表示论的起点是戴德金关于有限阿贝尔群的群行列式的分解这一工作，（很明显，这篇文章未发表）和他在 1896 年给弗罗贝尼乌斯的信中的建议，或许弗罗贝尼乌斯对一般群（不必为阿贝尔的）的这同一问题也感兴趣. 以下是这问题的阐述.

令 $\{x_g\}=\{x_{g_1},\cdots,x_{g_n}\}$ 是复数域 $\mathbf{C}$ 上的 n 个不定元集合，这里指标集 $\{g_1,\cdots,g_n\}$ 是一个 n 阶的有限群的元素. 我们构造一个矩阵，它的第 i 行，第 j 列元素为不定元 $x_{g_ig_j^{-1}}$. G 的群行列式就是这个矩阵的行列式 $\Theta=|x_{gh^{-1}}|$，它是一整系数的关于不定元 x_{g_i} 的多项式. 对有限阿贝尔群，戴德金证明了以下优美的结果：在复数域上，群行列式 Θ 可以分解为线性因子的乘积，它们的系数由这群的不同特征所给出

$$\Theta=\prod_{\chi}(\chi(g)x_g+\chi(g')x_{g'}+\cdots)$$

当他写信给弗罗贝尼乌斯时，他也研究了一些特殊情形的非阿贝尔群的群行列式的分解，而且，在他已做的情形中，他发现 Θ 含有次数高于 1 的不可约因子.

① H. Weber, Lehrbuch der Algebra, vol. 2, Vieweg, Braunschweig, 1896.

Θ 的分解并不象它外表那样仅仅是一特殊问题. 它与把正则表示中的特征多项式分解为不可约因子相关联,这个特征多项式是群代数 $\sum x_g g$ (x_g 为不定元) 中的一个元素. Killing 和 Cartan, Cartan 和 Molien 应用完全相同的思想极为成功地得到复数域上的半单李代数和结合代数的结构. ①

弗罗贝尼乌斯关于特征论的第一批文章 受戴德金的来信的鼓舞,在 1896 年,弗罗贝尼乌斯发表了三篇文章而突然出现在这一领域,在这些文章中,他创立了有限群的特征论,非阿贝尔群的群行列式分解,且建立了许多现在在这一领域已成为标准的结果. 当时,他已经在柏林接受了克罗内克的位子,而且由于以下的研究工作他已相当出名:Θ 函数,行列式与双线性型,和有限群的结构,所有这些,为他进行的新尝试提供了有益的思想.

他在《Über Gruppen Charaktere》② 中的第一个工作是定义有限非阿贝尔群的特征,他的方法关键之处是研究有限群 G 中的共轭类 $\{C_1,\cdots,C_s\}$ 所应满足的乘积关系. 从他以前关于有限群论的工作,他很清楚计算群 G 中方程的解数之重要性. 他的出发点是考虑整数 $\{h_{ijk}\}$,它们表示方程 $abc=1$ 的解数,这里 $a\in C_i$, $b\in C_j$, $c\in C_k$,从这些数中,他定义了一个新的整数集

① T. Hawkins, "Hypercomplex numbers, Lie groups, and the creation of group representation theory," Archive Hist. Exact Sc. 8(1971), 243－287.

② F. G. Frobenius, "Über Gruppen charaktere," S'ber. Akad. Wiss. Berlin(1896), 985—1021, Ges. Abh. Ⅲ, 1－37.

合，$a_{ijk}=h_{i'jk}/h_i$，这里 $C_{i'}=C_i^{-1}$，且 h_i 是共轭类 C_i 中元素的个数. 然后，他做出一主要的断言，即 a_{ijk} 满足一恒等式，假如 E 是 $\mathbf{C}$ 上基为 $\{e_1,\cdots,e_s\}$ 的一个向量空间，E 上的一双线性积按以下公式给出

$$e_je_k=\sum a_{ijk}e_i \tag{36.1}$$

那么，该恒等式隐含着该乘积为结合和交换的，也就是说，我们有

$$e_i(e_je_k)=(e_ie_j)e_k\text{ 且 }e_ie_j=e_je_i\text{ 对所有 }i,j,k$$

鉴于《Über Vertauschbare Matrizen》[①]，对他来说，这是熟悉的情况，这唤起他继续研究现在我们称为交换半单代数的不可约表示定理. 这个定理说：在代数半单性的一个等价条件下，存在 $s=\dim E$ 个线性无关的方程(36.1)的数值解 $(\rho_1,\cdots,\rho_s)$，使得 $\rho_j\rho_k=\sum a_{ijk}\rho_i$. 这个条件就是 $\det(p_{kl})\neq 0$，这里 (p_{kl}) 是由元素

$$p_{kl}=\sum_{i,j}a_{ijk}a_{jil}$$

组成的矩阵. 在这种情况，基于相交类数 $\{h_{ijk}\}$ 的性质，他给出一个巧妙的直接证明. 这个结果的一些特殊情形，已经由戴德金，魏尔斯特拉斯和施图迪[②]所得到，

① F. G. Frobenius, "Über vertauschbare Matrizen,"S'ber. Akad. Wiss. Berlin(1896),601－614,Ges. Abh. Ⅱ,705－718.

② R. Dedekind, "Zur Theorie der aus n Haupteinheiten gebildeten complexen Grössen,"Göttingen Nachr. (1885),141－159.

E. Study, "Über Systeme von complexen Zahlen,"Göttingen Nach. (1889),237－263.

K. Weierstrass,"Zur Theorie der aus n Haupteinheiten gebildeten complexen Grössen,"——Göttingen Nach. (1884),395－414.

还有确定定理的新说明(由弗罗贝尼乌斯他本人所给出),都在1896年系列中的第一篇文章《Über Vertauschbare Matrizen》[①]里.

有限群 G 的特征 $\chi=(\chi_1,\cdots,\chi_s)$ 根据方程(36.1)的解 ρ_i 来定义,即按以下公式

$$h_j\chi_j/f=\rho_j$$

这里 f 为一适当的比例常数因子,和上面一样,$h_j=|C_j|$. 直观上看,这很难成为一定义. 当我们象弗罗贝尼乌斯一样意识到特征可看成一复值类函数 $\chi:G\to\mathbf{C}$,它在同一共轭类中取常值(这就是类函数的意思),满足以下关系

$$\chi_j\chi_k=f\sum a_{ijk}\chi_i \tag{36.2}$$

这里 $\chi_j=\chi(x)$ 对 $x\in C_j$,常数 f 称为特征 χ 的度数,为 $\chi(1)$,χ 在 G 中恒等元1的取值,那么事情就更清楚了. 正如弗罗贝尼乌斯在后来[②]所意识到,代数 E 同构于 G 的群代数之中心,因此,对阿贝尔群来说,在群代数的积所描述的常数 a_{ijk} 和方程(36.2),很明显是前面给出的阿贝尔群特征定义的推广.

第一个关于特征的主要结果是我们现在称为正交关系,对两个特征 χ 和 ψ,它是说

---

① F. G. Frobenius, "Über vertauschbare Matrizen,"S'ber. Akad. Wiss. Berlin(1896),601—614,Ges. Abh. Ⅱ,705—718.

② F. G. Frobenius, "Über die Darstellung der endlichen Gruppen durch lineare Substitutionen,"S'ber. Akad. Wiss. Berlin(1897),994—1015,Ges. Abh. Ⅲ,82—103.

$$\frac{1}{|G|}\sum_{g\in G}\chi(g)\psi(g^{-1})=\begin{cases}1, 如果\chi=\psi\\0, 如果\chi\neq\psi\end{cases}$$

(这里牵涉到常数 f 的选择). 根据用以得到特征的定理,不同特征的个数与共轭类个数是一样的,因此,特征就定义了一 $s\times s$ 矩阵,称为 G 的特征表,它在 (i,j) 上的元素为第 i 个特征在第 j 个共轭类上取的值. 在一定意义下,正交关系表明特征表的行和列是正交的.

这自然产生了一问题:对一有限群 G,它的特征表含有什么信息. 弗罗贝尼乌斯本人着手了这一问题的研究,从那时起,就令群论学家们着迷. 他对这一问题的第一个贡献很容易从他的处理特征的方法得到①. 利用正交关系,他推断一个用特征表来表示类相交数 h_{ijk} 的公式,后来证明这个结果对特征论在有限群上的应用是基本的.

正交公式的另一解释是特征构成了 G 上类函数所成向量空间的一组正交基,其上的积是由以下所定义的厄米特内积

$$(\zeta,\eta)=|G|^{-1}\sum_{g\in G}\zeta(g)\overline{\eta(g)}, 对类函数\ \zeta,\eta \tag{36.3}$$

这就使得在类函数向量空间上做傅里叶分析成为可能,在这里,类函数 $\zeta=\sum a_\chi\chi$ 按照特征函数展开的"傅里叶系数" $a_\chi=(\zeta,\chi)$,对每个特征 χ.

在他 1896 年第二篇论文中建立了特征论基础之

① F. G. Frobenius, "Über vertauschbare Matrizen,"S'ber. Akad. Wiss. Berlin(1896),601—614,Ges. Abh. Ⅱ,705—718.

后,在他的第三篇论文中,他转向求解戴德金所提的问题:有限群G的群行列式$\Theta=|x_{gh^{-1}}|$的分解问题.他漂亮地解决了这一问题,证明了$\Theta=\prod\Phi^f$有s个不可约因子,系数由G的s个不同特征所决定,真正困难的结果(他称为群行列式论中的基本定理)是:不可约因子Φ的度数和Φ为Θ的因子分解中所出现的重数相等,都等于相应特征的度数f.他指出以下结果:假如n为有限群G的阶,那么n等于特征度数的平方和

$$n=\sum f_\chi^2,\text{这里 } f_\chi=\deg\chi$$

前面我们已注意到,有限群G特征定义(36.2),不象有限阿贝尔群特征的概念一样,与群G的构造没有直接关系.在接下来的一年即1897年,他首次介绍了有限群的表示这一概念,使得事情变得很清晰.跟我们今天一样,他定义一个表示是一同态$T:G\to GL_d(\mathbf{C})$,这里$GL_d(\mathbf{C})$是$\mathbf{C}$上可逆的$d\times d$矩阵群,d称为该表示的度数,因此,我们有

$$T(gh)=T(g)T(h),\text{对所有 } g,h\in G$$

对阿贝尔群来说,前面所定义的特征是度数为1的表示.在一般情形下,他定义两个表示$\boldsymbol{T}$和$\boldsymbol{T}':G\to GL_{d'}(\mathbf{C})$为等价的,假如他们有相同的度数,$d=d'$,且存在一可逆矩阵$\boldsymbol{X}$,使得$\boldsymbol{T}(g)\boldsymbol{X}=\boldsymbol{X}\boldsymbol{T}'(g)$或$\boldsymbol{X}^{-1}\boldsymbol{T}(g)\boldsymbol{X}=\boldsymbol{T}'(g)$,对所有$g\in G$.换句话说,通过变换向量空间的基,就可以从$\boldsymbol{T}$得到$\boldsymbol{T}'$,特别地,矩阵$\boldsymbol{T}(g)$和$\boldsymbol{T}'(g)$是相似的,对$g\in G$,因此,它们有相同的关于相似性的数值不变量:相同的特征值集,相同的特征多项式、迹和行列式.表示论的重要不变量是迹函数

$$\chi(g)=\boldsymbol{T}(g)\text{ 的迹},g\in G$$

弗罗贝尼乌斯称它为表示的特征.前面按公式(36.2)定义的特征其实是一表示的迹函数,该表示由多项式之不可约性所刻画,类似于群行列式与他们之关系.

不虚心并不是弗罗贝尼乌斯的缺点.从开始特征论的研究起,他就深刻意识到他们对群论和代数之潜在重要性.他知道他在作一件重要的工作.总之,从1896到1907年之间,他发表了二十多篇论文,从各个方向扩展了特征论和表示论,而且把这些结果应用到有限群论上.

在1896年后发表的文章中,一个突出工作是对群G特征和G的子群H的特征之间的关系的深刻分析①.正如他在序言中所说,这种关系的了解对表示和特征的实际计算来说,是极端重要的——从那时直至现在都是正确的论断!在这篇文章中的主要思想之一是:对G的子群H的一个类函数ψ,给出诱导类函数ψ^G的定义,它是按以下公式给定

$$\psi^G(g)=|H|^{-1}\sum_{x\in G}\psi(xgx^{-1}),g\in G$$

这里ψ是G上的一函数,它的定义是

$$\psi(g)=\begin{cases}\psi(g),\text{如果 } g\in H\\0,\text{如果 } g\notin H\end{cases}$$

他证明了一个现在称为弗罗贝尼乌斯互反律的基本结果,即

---

① F. G. Frobenius,"Über Relationen zwischen den Charakteren einer Gruppe und denen iher Untergruppen,"S'ber. Akad. Wiss. Berlin(1898),501－515,Ges. Abh. Ⅲ,104－118.

$$(\psi^G,\xi)_G=(\psi,\xi|_H)_H$$

为 H 上的类函数 ψ 和 G 上的 ζ，这里 $(,)_G$ 和 $(,)_H$ 是 G 和 H 上类函数所成的向量空间的内积(36.3)，且 $\zeta|_H$ 表示类函数 ζ 在 H 上的限制. 利用把类函数展开成特征之和式这种傅里叶分析，则互反律隐含如果 ψ 是 H 一个表示的特征，那么 ψ^G 是 G 的一表示之特征，因此，这就给出了 G 和 H 特征间关系的预期信息.

弗罗贝尼乌斯极喜欢计算，越富有挑战性，他越喜欢，在他完成的众多系列文章中，他算出了以下诸无穷族中所有群的特征表：射影么模群 $PSL_2(p)$（这里 p 为奇素数），对称群 S①和交错群 A_n②. 为完成这些计算，他所使用的方法牵涉到他的所有关于特征的思想，还有组合学和代数学的新技巧，这些技巧远远走在时代的前面，而且对组合学和代数学有着持续而强烈的影响.

对于弗罗贝尼乌斯第一批关于特征论的文章，他与戴德金的通讯，以及同时代的在代数和表示论的其他工作，T. Hawkins 在其著作③中给出了一个综述性

---

① F. G. Frobenius, "Über den Charaktere der symmetrischen Gruppe," S'ber. Akad. Wiss. Berlin(1900), 516－534; Ges. Abh. Ⅲ, 148－166.

② F. G. Frobenius, "Über die Charaktere der alternirenden Gruppe," S'ber. Akad. Wiss. Berlin(1901), 303 － 315; Ges. Abh. Ⅲ, 167－179.

③ T. Hawkins, "The origins of the theory of group characters," Archive Hist. Exact Sc. 7(1971), 142－170.

T. Hawkins, "New light on Frobenius's creation of the theory of group characters." Archive Hist. Exact Sc. 12(1974), 217－243.

的历史分析.

特征论和有限群结构伯恩赛德大约在弗罗贝尼乌斯首批关于特征论的文章出现的同时，伯恩赛德发表了他的专著，《有限阶群论》(1897). 在 1875 年从剑桥毕业之后，伯恩赛德追随着剑桥应用数学之传统，他致力于流体动力学的研究，直到 1885 年成为 Greenwich 的数学教授为止，他在群论方面的工作始于 1892 年关于自守函数的论文，接着他从事不连续群的研究，然后是有限群，直到导致他的书[①].

起初，他对表示论在有限群论可能的应用并不乐观，在他的书第一版序言中，为回答他为什么用那么多篇幅讨论变换群，而对线性变换群只字不提这一问题，他解释："对这个问题的回答是，在我们已有的知识中，通过使用替换群(即变换群) 的性质，纯理论中的许多结果非常容易就可得到，然而，如果考虑线性变换群的话，能够很直接地得出一个结果都是困难的."

然而，他了解弗罗贝尼乌斯的工作，而且他独立地发展了自己的表示论和特征之方法. 思索一下他们的工作是如何相互影响的是很有趣的. 在他们的文章中，他们经常引用对方的工作，然而，就我所知，他们从未见过面，或者相互之间有广泛的通信.

在第二版序言中(1911)，他说："…… 在初版序言中所给的忽略线性变换群的理由不再很好地成立. 实际上，更确切地说，抽象理论更进一步的发展，必须主

---

① W. Burnside, Theory of Groups of Finite Order, Cambridge, 1897; Second Edition, Cambridge, 1911.

要注意群的线性变换的表示”. 后来,他描述了他对弗罗贝尼乌斯工作的感谢:“有限阶群作为线性变换之表示论主要由弗罗贝尼乌斯教授创立,而同源的群特征论完全由他创立”. 接着他列出了我们在上一节所讨论的弗罗贝尼乌斯的文章,他继续说,“在这系列的文章中,在很大程度上,弗罗贝尼乌斯的方法是间接的. 以下两篇文章也是这样的《关于任意给定的有限阶群所定义的连续群》I 和 II,Pro. L. M. S. Vol. XXIV(1898),在这里,作者独立得到了弗罗贝尼乌斯早先论文中的主要结果”.

在他给戴德金的一封信中,弗罗贝尼乌斯按如下方式说明这一事情[1]. “就是这个伯恩赛德,几年前就使我困扰,因为他很快地重新发现了我已发表的群论中的所有定理,而且是相同的顺序没有例外……”.

伯恩赛德在群论中最著名的成果之一是,用特征论证明的定理:每一个阶只被两个素数整除的有限群 G 是可解的,即 $|G|=p^{\alpha}q^{\beta}$,p,q 为素数,隐含着 G 是可解的. 用另外的话说,$p^{\alpha}q^{\beta}$ 一定理含着一有限、单的、非阿贝尔群的阶至少被三个不同的素数所整除. 单的意味着没有非平凡的正规子群. 每一个有限群都存在一个因子为单群的复合列,因此,从某种意义上说,所有有限群都可由单群构造出来. 伯恩赛德对有限单群的分类极感兴趣,这个问题直到 20 世纪 80 年代解决之前,在有限群的研究中具有支配的地位.

---

① W. Ledermann, “The origin of group characters,” J. Bangladesh Math. Soc. 1(1981), 35 — 43.

正是这个联系，在他的书的第二版注记 M 中，他说："在一些方面，偶数阶和奇数阶群有显著的不同之处". 他进行了奇数阶非阿贝尔单群可能存在之讨论，注意他已经证明了阶为复合奇数的单群的可能素因子至少有 7 个. 他继续说："这些结果所表明的奇数阶群和偶数阶群之鲜明对照必然暗示着非阿贝尔奇数阶单群不存在."

在很长的时间之后，这个问题才获得了更进一步的进展. 在 1957 年，突破性的进展来自 M. Suzuki① 证明的以下结果：不存在具有所有非恒等元的中心化子为阿贝尔群性质的复合奇数阶单群. 在他的证明中，弗罗贝尼乌斯关于诱导特征工作的巧妙推广居于重要地位，这一推广称为例外特征理论. 接下来一步是 Feit，Hall 和 Thompson 的定理②：对具有非恒等元的中心化子是幂零群这一性质的群，以上结果也成立.

在 1963 年，随着 Walter Feit 和 John Thompson 后来众所周知的奇数阶论文的发表（它包含一个定理：所有有限奇数阶群是可解的），这方面的研究达到高潮，尽管已经找到了伯恩赛德 $p^{\alpha}q^{\beta}$ 一定理的纯群论证明（不用特征），但奇数阶定理的证明很明显仍需特征论的支援，Feit 和 Thompson 的证明中包含 250 页的严密推理，直至现在，这个证明也不能得到有效的简

---

① M. Suzuki, "The nonexistence of a certain type of simple group of odd order," Proc. A. M. S. 8(1957), 686－695.

② W. Feit, M. Hall, and J. G. Thompson, "Finite groups in which the centralizer of any nonidentity element is nilpotent," Math. Z. 74(1960), 1－17.

化,因此,直到伯恩赛德提出这一问题 50 年之后才得到这证明,也就不奇怪了.

特征论的新基础 在1894年,I.舒尔进入柏林大学学习数学和物理.在他学位论文末尾的简短自传中,他对他教师中的弗罗贝尼乌斯, Fuchs, Hensel 和许瓦兹(Schwarz)教授表达了特别的感谢.这论文本身是关于一般线性群的多项式表示的分类,它是如此卓著以致使他立即与他的著名的表示论前辈平起平坐.

我们已经提到弗罗贝尼乌斯的特征论方法的主要定理证明之困难性.假如所有想进入这一领域的人都必须掌握错综复杂的群行列式,那么,对除了少数人的几乎所有人来说,表示论还是可望不可及.

伯恩赛德对表示论基础的阐述,使得它朝着更易接近的方向迈出了一大步.特别地,很明显他是第一个把不可约表示和完全可约性当作特别重要概念的人.有限群 G 的表示 T 称为可约的,如果它等价于以下形式的表示 T'

$$T'(g)=\begin{pmatrix}T_1(g) & A(g)\\ 0 & T_2(g)\end{pmatrix}\quad \text{对所有 } g\in G$$

T_1,T_2 是比 T 更低的度数的表示.假如不出现这种情况,那么,这个表示就是不可约的.利用 Loewy[①] 的结

① A. Loewy, "Sur les formes quadratiques définies à indétérminées conjuguées de M. Hermite,"Comptes Rendus Acad. Sci. Paris 123(1896),168－171.

果和 E. H. Moore[①] 关于 G－不变厄米特型的存在性，Maschke[②] 证明了每个表示 T 是完全可约的，也就是说，T 或者是不可约的，或者等价于不可约表示的直和.

然而，舒尔仍有事可做，使他给出了一个完全基本的和自身完整的对表示论和特征论中主要事实的综述[③]. 他的出发点是现在称为舒尔引理这一结果，他指出这一结果在伯恩赛德的阐述中也起着重要的作用. 他分两部分来阐述这一结论：

(1) 令 T 和 T' 为有限群 G 的不可约表示，度数分别为 d 和 d'. 令 $\boldsymbol{P}$ 为一常 $d \times d'$ 矩阵，使得

$$T(g)\boldsymbol{P} = \boldsymbol{P}T'(g), \quad \text{对所有 } g \in G$$

那么，或者 $\boldsymbol{P} = \boldsymbol{0}$，或者 T 和 T' 等价，并且 $\boldsymbol{P}$ 为可逆 $d \times d$ 矩阵.

(2) T 为一不可约表示，则与所有 $T(g), g \in G$ 交换的矩阵仅为恒同矩阵的数积.

作为舒尔引理的结果，他给出矩阵系数函数 $\{a_{ij}(g)\}$，即不可约表示 T 的特征 $T(g) = (a_{ij}(g))$ 的正交性质的简短、易懂的证明. 他也给出一个关于完全

---

① E. H. Moore, "A universal invariant for finite groups of linear substitutions: with applications in the theory of the canonical form of a linear substitution of finite period," Math. Ann. 50(1898), 213－219.

② H. Maschke, "Beweis des Satzes, dass diejenigen endlichen linearen Substitutionsgruppen in welchen einige durchgehends verschwindende Coefficienten auftreten, intransitiv sind," Math. Ann. 52(1899), 363－368.

③ I. Schur, "Neue Begründung der Theorie der Gruppencharaktere," S'ber. Akad. Wiss. Berlin(1905), 406－432, Ges. Abh. I, 143－169.

可约性的 Maschke 定理的新证明,这个证明完全不用双线性型不变量的存在性,它简单、直接,它与现在所用的标准证明在想法上有很大的相同之处. 这么一个表达清楚论证漂亮的讲义教程,使得学生和专业数学家都能接触到这一领域,而不需要特别的准备.

他的一个学生 Walter Ledermann 谈到他的演讲受欢迎的程度时,回忆道,听他在讲厅上的代数课有 400 多人,当他有时很不幸只能坐在后面的位置上时,就必须使用看歌剧用的望远镜才能注视着这位演说者[①].

舒尔的研究开创了两个更重要的研究领域,首先[②],他引进了有限群 G 的射影表示即从 G 到射影一般线性群 $PGL_n(\mathbf{C})=GL_u(\mathbf{C})/\{纯量阵\}$ 的同态 τ. 他精确地分析了什么时候这种表示 τ 能提升到一个适当定义的覆盖群 $\widetilde{G}$ 的一个通常表示 T,使得图表

$$\begin{array}{ccc}\widetilde{G} & \xrightarrow{T} & GL_d(\mathbf{C}) \\ \downarrow & & \downarrow \\ G & \xrightarrow{\tau} & PGL_d(\mathbf{C})\end{array}$$

交换,而且从 $\widetilde{G}$ 到 G 的这一同态的核包含在 $\widetilde{G}$ 的中心内. 他构造了一有覆盖群 $\widetilde{G}$,对所有的技射表示 τ,$\widetilde{G}$ 能放在以上图表中(对 T 作适当的选择). 他用以构造 $\widetilde{G}$ 和从 $\widetilde{G}$ 到 G 的核的方法,是所谓群的上同调这个群论中重要部分的开端.

---

① W. Ledermann, "Issai Schur and his school in Berlin," Bull. London Math. Soc. 15(1983),

② I. Schur, "Untersuchungen Über die Darstellung der endlichen Gruppen durch gebrochene lineare Substitutionen," J. reine u. angew. Math. 132(1907), 85 — 137, Ges. Abh. I, 198 — 205.

舒尔研究的另一主题是表示的算术性质,这就产生了与代数数论的联系,中心思想是有限群 G 的分裂域 K 这个概念. 这个 K 是复数域 $\mathbf{C}$ 的子域,它有性质:每一个不可约表示 $T:G \to GL_d(\mathbf{C})$ 等价于 K - 表示 $T':G \to GL_d(K)$. 一个分裂域称为最小的,假如它没有真子域为分裂域. 从弗罗贝尼乌斯的工作,可以知道,对任一给定的有限群 G,存在一个成为代数数域(即有理数域的有限扩张)的分裂域 K. 分裂域问题是去决定,上述由有限群 G 决定的代数数域是否为最小分裂域,分裂域以一种什么方式反映着群的构造仍是个谜. 例如,循环群的分裂域必须把单位根添加到有理数域上,而有理数域都是对称群 S_n 的分裂域.

伯恩赛德和舒尔都对分裂域问题感兴趣,而且均有证据支持以下猜想:m 次单位根的分圆域总是 G 的分裂域,这里 m 是 G 中元的阶数的最小公倍数. 利用精巧的方法,即所谓的舒尔指标,舒尔证明了对可解群而言,以上猜想是对的①.

近代表示论之曙光 通过发现用简单的代数思想表述数学理论的本质构造,诺特(Emmy Noether)改造了 20 世纪数学的许多不同部分. 有限群的表示论也不例外:自从她的论文《Hyperkomplexe Grössen

---

① I. Schur, "Arithmetische Untersuchungen uber endliche Gruppen linearer Substitutionen"S'ber. Akad. Wiss. Berlin(1906), 164 —184;Ges. Abh. I,177 — 197.

und Darstellungstheorie》(1909)[①] 发表之后，表示论再也不是从前的样子了. 她的思想奠定了任意域上有限维代数的表示论的基础. 在有限群这种情形的表示论，涉及的代数是域 K 上 G 的群代数 KG. 它是一结合环，它作为加群是 K 上具有以群 G 的元素作指标的一个特定基所成的向量空间. 为了在 KG 中定义乘积，只要对基中，相应于 G 中 g 和大的元的积就足够了；这个积就定义为基中相应于 G 中的积 $g \cdot h$ 的元.

G 在域 K 上的表示可看成同态 $T:G \to GL(V)$，这里 V 是 K 上的有限维向量空间，$GL(V)$ 是 V 上可逆线性变换. 以前给出的定义，相当于在 V 中取一组基，再用同构：$GL(V) \simeq GL_d(K)$，这里 d 是 V 在 K 上的维数.

诺特的主要观点是，每一个表示 $T:G \to GL(V)$，按以下方式在 V 上定义了一个左 KG － 模构造

$$a \cdot v = \sum_{g \in G} a_g T(g) v, v \in V, a = \sum_{g \in G} a_g g \in KG$$

(这里我们把 $g \in G$ 与相应的 KG 中基元素当作同一元素). 反过来，每一个左 KG － module V 可定义一个表示 $T:G \to GL(V)$，只要把以上过程反过来.

很容易验证：两个表示为等价的当且仅当它们对应的 KG － 模同构. 因此，表示论中的主要问题，即有限群 G 的表示在等价意义下的分类问题，变成了群代数上模的构造和分类问题. 这个问题对任意域 K 均有

---

① E. Noether, "Hyperkomplexe Grössen und Darstellungstheorie," Math. Z. 30(1929), 641 － 692, Ges. Abh, 563 － 992.

意义.对特征为零的域,或特征素数 P 不整除群的阶的域,那么,根据 Maschke 型定理,左 kG — 模均为半单的,即是单模的直和.这隐含着群代数 KG 是半单的,其他诸如在一分裂域中不可约表示等价类的个数等于共轭类的个数,这样一些表示论中的主要事实,变成了 Wedderburn 关于半单代数结构定理的直接应用.

关于她的论文更详尽的分析,可以参看 Jacobson 的文章[①].

布劳尔和模表示论　有限群表示论中接下来的一大进展是布劳尔和他的学生及后继者们关于模表示论方面的研究.这些工作把本文早先开始的一些思路紧密联系了起来.布劳尔是柏林的一学生,在 1926 年,他在舒尔的指导下,完成了博士论文,他的早期关于表示论和单代数的工作,包括他发现的称为布劳尔群(他反对这样称呼),坚实地奠定了他在欧洲数学界的地位.1933 年,当希特勒上台时,布劳尔,诺特和其他许多德国犹太大学教师被解除了职位而去了美国.他到达美国之后不久,布劳尔开始发表他在模表示论中的主要文章,而且这个课题一直是他此后整个研究生涯中的焦点.

我在表示论上的兴趣,是在我当研究生时听布劳尔的演讲所激发的.这包括他在 1948 年美国数学会在 Madison 夏天会议上所做的所有四次通俗报告,以及在纽约的另一次会议上,他所做的解决阿廷关于在一

① N. Jacobson, Introduction, in Emmy Noether, Ges. Abh., Springer — Verlag, Berlin, 1983, 12 — 26.

般群特征的 L —级数猜想的演讲，由于这个工作，在这次会议上，他被授予美国数学会的 Cole 奖．我不能说当时我对这些讲演理解得很透彻，但它们给我一个很深的印象．

在几年之后的 1954 年，我和 Irving Reiner 在 Princeton 的高等研究所度过一年．当时我们均不大了解表示论，但是，对我们来说，仿佛在这领域里正产生令人激动的东西，特别是那些与布劳尔工作有联系的东西．我们组织了一个非正式的讨论班，专门讨论布劳尔关于模表示论的工作和特征论的其他课题．这导致了我们的写书协议，作为学习这一分支的一种方法．

模表示论是 kG —模的分类，这里 kG 是有限群 G 在特征 $p>0$ 的域 k 上的群代数．在 p 整除群 G 的阶这一情形时，群代数 kG 不是半单的，而且 kG —模也不必是单模的直和，因此，他们的分类就更困难．Leonard Eugene Dickson① 首先考虑了模表示论，另外，他也是第一个指出，在群的阶被域的特征素数所整除的情形，表示论有本质上的不同．

① L. E. Dickson, "On the group defined for any given field by the multiplication table of any given finite group," Trans. A. M. S. 3(1902), 285—301.

L. E. Dickson, "Modular theory of group matrices," Tran. A. M. S. 8(1907), 389—398.

L. E. Dickson, "Modular theory of group characters," Bull. A. M. S. 13(1907), 477—488.

在这个领域布劳尔最早的结果之一是定理[①]：在特征 $p>0$ 的分裂域中，有限群 G 的不可约表示在等价意义下的个数，等于 G 中包含的阶数与 p 互素的共轭类的个数. 如果 p 不整除 G 的阶，那么每个共轭类均有这个性质，从而这个结论与已知的复数域 $\mathbf{C}$ 上的表示的性质一致.

布劳尔一直保持着对不可约复值特征和有限群构造之间的联系的兴趣. 他的一个目的是用模表示论得到 $\mathbf{C}$ 上不可约特征值的新信息，并且应用到有限群构造上. 在各类会议和研讨会上，他的演讲中包含了一串未解决的问题，这些问题经常牵涉到有限单群和他们特征的性质.

为了发现模表示论和复值特征之间的关系，他引进了现在称为 p－模系统，这包括 G 的分裂域(同时也是代数数域)K，商域为 K 的离散赋值环 R，极大理想 P，和特征为 p 的剩余类域 $k=R/P$，这里 p 为一固定素数. 作为他在阿廷猜想的获奖证明中[②]所发展的特征论的应用，他也成功地证明了伯恩赛德和舒尔的分裂域猜想[③]. 对包含 n 次单位根的分圆域(这里 n 是 G 的阶)，K 及其剩余类域 $k=R/P$ 均为分裂域.

下列步骤解释了模表示论是怎样与域 K 上的表

---

① R. Brauer, Über die Darstellungen von Gruppen in Galoischen Feldern, Actualités Scientifiques et Industrielles 195, Hermann, Paris, 1935.

② R. Brauer, "On Artin's L－series with general group characters," Ann. of Math. (2)48(1947), 502－514.

③ R. Brauer, "On the representation of a group of order g in the field of g th roots of unity," Amer. J. Math. 67(1945), 461－471.

示论联系起来的. 每个 KG — 模 V 定义了一个表示 $T: G \to GL_d(K)$. 由于 R 为主理想整环,因此存在一表示 $T': G \to GL_d(R)$,它与 T 等价: $T'(g) = XT(g)X^{-1}$,对所有 $g \in G$. 同态 $R \to R/P = k$ 能应用到矩阵 $\boldsymbol{T}'(g)$ $(g \in G)$ 的元素上;这个过程得到了一表示 $\overline{T}': G \to GL_d(k)$ 和 kG — 模 $M = \overline{V}$. 表示 $\overline{T}'$ 和模 $M = \overline{V}$ 称为 T 和 V 的模 P 简化,因此,$\overline{T}'$ 是 G 的模表示. 但这个过程有些麻烦:同构的 KG — 模并不能决定同构的 kG — 模 $\overline{V}$. 然而,在重要的合作论文①中,布劳尔和他的多伦多博士生 Cecil Nesbitt 证明了 M 的复合因子是唯一决定的.

利用模 P 简化过程,他们按如下方式定义了分解矩阵 $\boldsymbol{D}$. $\boldsymbol{D}$ 的行以单 KG — 模的同构类为指标(或者,换一种说法,不可约表示 $T: G \to GL_d(K)$ 的等价类),列以单 kG — 模的同构类为指标,D 中的元素 d_{ij} 为第 j 个 kG — 单模在第 i 个 KG — 单模模 P 简化后的复合因子中出现的次数. 他们也引进了 Cartan 矩阵 $\boldsymbol{C}$,它的元素 c_{ij} 为第 j 个 kG — 单模在第 i 个不可分解的左理想的复合因子中出现的次数,该左理想为 kG 在某种指标集下的不可分解的直和项. 1937 年,他们证明了引人注目的结果:Cartan 阵和分解矩阵满足关系 $\boldsymbol{C} = {}^t\boldsymbol{D}\boldsymbol{D}$,这里 ${}^t\boldsymbol{D}$ 为 $\boldsymbol{D}$ 的转置. 这就在特征为零的域 K 上的 G 表示论与特征为 p 的域 K 上的 G 表示论间建立了深刻的联

① R. Brauer and C. J. Nesbitt, "On the modular representations of groups of finite order I," Univ. of Toronto Studies, Math. Ser. 4, 1937.

系，它的证明用到了弗罗贝尼乌斯[①]的一个结果，这个结果他以前关于群行列式分解工作的一个改进.

前面的结果仅仅是布劳尔理论的开端. 他所寻求的对特征论的改进来自他的 p—块理论. p 块用来描写把不可约特征集合分解为子集的分法，它们对应于群代数 RG 分解为不可分解的双边理想的直和. 对不可约特征的每个 p—块，对应地他给出了一个 G 的 p—子群，称为该块的亏损群. 利用亏损群及其正规化子的模表示论，他得到了给定 p—块的不可约特征的值的精确信息. 接着，这个工作导致了布劳尔，Suzuki 和其他人把特征的 p—块理论应用到重要的有限单群分类的早期进程.

弗罗贝尼乌斯，伯恩赛德，舒尔，诺特和布劳尔相信有限群的表示论有光明的前景. 现在在这个课题高水平研究活动及它与别的数学分支的联系，似乎支持他们的判断.

---

① F. G. Frobenius, "Theorie der hyperkomplexen Grössen,"S'ber, Akad. Wiss. Berlin(1903), 504 — 537, Ges. Abh. Ⅲ, 284 — 317.

拯救宇宙中最宏伟的定理[①]

第37章

2011 年 9 月一个凉爽的周五晚上，在朱迪丝・L・巴克斯特(Judith L. Baxter) 和她丈夫，数学家斯蒂芬・史密斯(Stephen Smith) 位于伊利诺斯州奥克帕克的家中，种类数不胜数的菜肴铺满了好几张桌子. 什锦餐前小点、家常肉丸、奶酪拼盘和烤虾串旁簇拥有西饼、法式肉冻、橄榄、三文鱼配莳萝以及茄子酿菲达干酪. 甜点的选择包括 —— 但不仅限于 —— 一个柠檬马斯卡普尼干酪蛋糕以及一个非洲南瓜蛋糕. 夕阳渐落，香槟徐启，六十位宾客，其中半数是数学家，他们吃着喝着，喝着吃着.

① 斯蒂芬・奥尔内斯(Stephen Ornes)，方弦译.

宏大的场面正适合这个为巨大的成就举办的庆功会.晚宴中的四位数学家——史密斯、迈克尔·阿施巴赫(Michael Aschbacher)、理查德·莱昂斯(Richard Lyons)、罗纳德·所罗门(Ronald Solomon)——他们刚出版了一本书,延续着180多年来的工作,全面概述了数学史上最大的分类问题.

他们的专著并未荣登任何畅销书榜,这可以理解,毕竟这本书叫《有限单群分类》(The Classification of Finite Simple Groups).但对于代数学家而言,这本350页的巨著是一座里程碑.它是一般分类证明的摘要,或者说是导读.完整的证明多达15 000页——有些人说接近10 000页——而且散落在由上百名作者发表的数百篇期刊论文中.它证明的结论被恰到好处地称为"宏伟定理"(Enormous Theorem,定理本身并不复杂,冗长的是证明).史密斯家中的丰盛佳肴似乎正适合褒奖如此宏大的成就.它是数学史上最庞大的证明.

陷入险境的证明

但现在它处于险境.2011年的这本著作只是勾勒出了证明的梗概.实际文献无与伦比的篇幅将这个证明置于人类理解能力的危险边沿."我不知道有没有人将所有东西都读过了."所罗门说,他现在66岁,整个职业生涯都在研究这个证明(他两年前刚从俄亥俄州立大学退休).在庆功会上接受庆祝的所罗门以及其余三位数学家,可能是当世仅有的理解这个证明的人,而他们的年岁令每个人担忧.史密斯67岁,阿施巴赫71

岁，莱昂斯也已经 70 岁了．“我们现在都老了，我们想在为时已晚之前，将这些想法传递下去，”史密斯说，“我们可能会死，或者退休，或者把东西忘掉．”

这种损失同样“宏伟”．简而言之，这项工作为群论这一门关于对称性的数学研究带来了秩序．而关于对称性的研究，又对现代粒子物理学等科学领域至关重要．标准模型（standard model）是解释宇宙中存在的所有基本粒子（无论是已经知道的还是尚待发现的）的性质和行为的基本理论，它依赖于群论提供的关于对称的工具．在最微观的尺度上，有关对称的巧妙想法曾经帮助物理学家建立了一些实验中用到的方程，而这些实验又帮我们发现了一些奇异的基本粒子，比如组成我们熟悉的质子与中子的夸克．

同样是在群论的指引下，物理学家产生了一个令人不安的想法：质量——也就是一本杂志，你本人，以及你触手可及放眼可见的所有东西包含的物质的量——实际来源于某种基本层面上的对称破缺．循着这个想法，物理学家发现了近年来最有名的粒子：希格斯玻色子，只有对称在量子尺度上轰然崩塌，这种粒子才能存在．有关希格斯玻色子的想法在 20 世纪 60 年代就从群论中浮现出来，但直到 2012 年才被欧洲核子研究中心的大型强子对撞机在实验中发现．

对称性这个概念，就是说某样事物能经受一系列变换——旋转、折叠、反射、在时间中移动——并在所有这些改变之后，看上去仍保持不变．从夸克的配置，到星系的排布，对称在宇宙中无处不在．

宏伟定理以确定无疑的精确性证明，任意的对称

性都能被分解并按照共性归类到四大类别之中.在那些专注于对称性研究的数学家,或者说群论学家的眼中,这个定理是一个伟大的成就,无论是概括性、重要性还是基础性,都不逊于化学家眼中的元素周期表.在未来,它可能会带来其他关于宇宙构成和实在本性的深刻发现.

当然,前提是它不是像现在这样的一团乱麻.整个证明的方程、推论和猜想散落在超过500篇期刊论文中,有一些被埋在厚厚的书卷里,填满了希腊字母、拉丁字母以及其他用在复杂难懂的数学语言中的字符.给这场混乱雪上加霜的是,每位贡献者都有其自己特有的写作方式.

这团乱麻的问题在于,如果证明并非每个部分各在其位,整个证明就摇摇欲坠.要比较的话,想象一下组成吉萨大金字塔的超过两百万块石头杂乱地散落在撒哈拉沙漠上,只有寥寥几个人知道怎么将它们重新整合.如果宏伟定理没有一个更易理解的证明的话,未来的数学家就只有两个艰险的选择:要么在没有充分理解机理的情况下盲目相信那个证明,要么"重新发明轮子"(没有一个数学家会对第一个选项感到自在,而第二个选项几乎不可能实现).

史密斯、所罗门、阿施巴赫与莱昂斯在2011年共同整理的提纲,正是一个雄心勃勃的存续计划的一部分,这个计划的目的是让下一代的数学家也理解这个定理."从某种意义上来说,今天绝大多数人把这个定理当成一个黑箱."所罗门痛惜地说.计划的主要目标是将林林总总的证明碎片整合起来,得到一个精简过的证明.这个计划是在三十多年前制定的,但直到现在还只完成了一半.

如果一个定理很重要,那么它的证明更是加倍重要.证明确立了定理的真实可靠性,也让数学家能令他的同行确信某个陈述的真实性,哪怕远隔重洋,甚至跨越世纪.这些陈述又孕育出新的猜想与证明,令数学的合作精神能延续千年.

英格兰华威大学(Universty of Warwick)的因娜·卡普德博斯克(Inna Capdeboscq)正是投身于这个定理之中寥寥可数的几位年轻研究员之一.她现年44岁,语气温和,充满自信,在谈起理解宏伟定理为何正确的重要性时,两眼放光."分类是什么?给你一张列表,这有什么意义?"她思索着."我们知不知道列表上的每个东西是什么?如果不知道的话,它仅仅是一堆符号而已."

现实最深处的秘密

早在19世纪90年代,数学家就开始梦想证明这个定理,当时名为群论的新领域刚刚站稳脚跟(见"关于对称的数学研究").在数学中,"群"用于指代一个集合,它的元素之间有着由某种数学运算带来的联系.如果你将这个运算应用到群中任何一个元素上,得到的还是群中的另一个元素.

对称操作,或者说不改变某个物体外观的运动,正好符合这个要求.作为例子,假设你有一个立方体,每条边都涂上了相同的颜色.将这个立方体旋转90度,或者180度或者270度,旋转之后的立方体看起来与

原来一模一样.把立方体翻转过来,让它底朝上,它看起来也没有变化.你如果离开房间,让一位朋友旋转或者翻转这个立方体——或者一系列旋转和翻转的组合——当你回来时,你不会知道这位朋友做了什么操作.总共有 24 种不同的旋转方式不会改变立方体的外观.这 24 种旋转构成了一个有限群.

有限单群就像原子.它们是构成其他更大的东西的单元.有限单群组合起来,就会变成更大、更复杂的有限群.就像元素周期表一样,宏伟定理将这些群整理出来.它断言每个有限单群都属于三个类别之一——或者属于由疯狂的离群者组成的第四个类别.这些离群者中最大的一个被称为魔群,它的元素个数超过 1 053,存在于 196 883 维空间中(甚至有一个叫"魔群学"的完整研究领域,这些研究者在数学和科学的其他分支中寻找这个怪物的踪迹).第一个有限单群是在 1830 年之前被发现的,到了 19 世纪 90 年代,数学家对这些基础构件的追寻有了新的进展.研究者也开始认为这些群能够被一张很大的表格囊括.

20 世纪早期的数学家为宏伟定理奠定了基础.然而,定理的证明主体直到 20 世纪中叶才开始成型.在 1950 年与 1980 年之间——罗格斯大学(Rutgers University)的数学家丹尼尔·戈伦斯坦(Daniel Gorenstein)将这段时间称为"三十年战争"(thirty years war)——一群重量级的数学家将群论这个领域推进到了前所未及之处.他们发现了许多有限单群,并为它们分好了类.这些数学家把手上长达 200 页的手稿当作"代数砍刀",在抽象的密林中披荆斩棘,揭示对称性最深层次的基础.(普林斯顿高等研究所的弗里曼·戴森将这一连串发现的奇异而美丽的群称为“壮丽的动物园”.)

那是一段梦幻的时代:现在已经是佛蒙特大学(University of Vermont)教授的理查德·富特(Richard Foote)当时是剑桥大学的研究生,有一次他坐在一个阴冷的办公室,亲眼见证了两位著名的研究者——现在在佛罗里达大学的约翰·汤普森(John Thompson),还有现在正在普林斯顿大学工作的约翰·康威(John Conway)——在反复推敲某个特别难缠的群的细节.“那真是让人惊叹,就像两尊泰坦巨人脑袋之间在电闪雷鸣,”富特回忆说,“他们在解决问题时,似乎从来就不缺乏美妙绝伦而独辟蹊径的技巧.那真是惊心动魄.”

证明中两个最关键的里程碑正是出现在这数十年间.在 1963 年,数学家沃尔特·费特(Walter Feit)和约翰·汤普森阐述了寻找更多有限单群的方法.在这个突破之后,戈伦斯坦列出了一个证明宏伟定理的十六步方案——这个计划将一劳永逸地让所有有限单群各就其位.它的内容包括整理所有已知的有限单群,寻找缺失的单群,将所有单群分成合适的类别,以及证明除此之外就没有别的有限单群.这个计划非常宏大、野心勃勃而又难以驾驭,有些人甚至认为无法实现.

心怀大计的人

但戈伦斯坦是个具有超凡号召力的代数学家,他的远见令新的一群数学家热血沸腾,与有限单群不同,

他们的抱负既不“简单”也不“有限”,他们希望能够名垂青史.“他有着过人的气度,”现居罗格斯的莱昂斯说,“他在构思问题与解答时锐意进取,在说服其他人帮助他时又令人信服.”

所罗门说自己对群论是“一见钟情”,他遇到戈伦斯坦是在1970年.当时美国国家科学基金会正在鲍登学院(bowdoin college)举办一个关于群论的暑期学校,每周都会请数学大家来校园做讲座.对于当时还是研究生的所罗门来说,戈伦斯坦的来访到现在仍然历历在目.这位刚从马萨岛的避暑别墅过来的数学大家,无论是外表还是谈话都令人震撼.

“在遇到他之前,我之前从来没见过穿着鲜粉色裤子的数学家.”所罗门回忆道.

所罗门说,在1972年,大多数数学家认为那个证明到20世纪末也完成不了.但四年后,终点已然在望.戈伦斯坦认为,证明加快完成主要应归功于加州理工大学教授阿施巴赫创造性的方法与狂热的步调.

证明如此庞大的原因之一,是它要保证有限单群的列表是完整的.这意味着列表必须囊括每一个基本单元,而且不存在遗漏.通常证明某种东西不存在——比如说证明不存在额外的有限单群——要比证明它存在更困难.

在1981年,戈伦斯坦宣布证明的初版已经完成,但是他的庆祝为时过早.在某篇特别棘手的800页论文中出现了一个问题.人们几经争论才将它成功解决.一些数学家偶然也会宣称在证明中发现了新的问题,或者发现了不遵循定理的新的群.不过直到现在,这些断言都无法撼动整个证明，而所罗门也表示他深信证明没有问题.

戈伦斯坦很快看出这个定理的文献已经变成一团四处蔓延毫无秩序的乱麻. 这是毫无计划的发展所导致的结果. 于是他说服了莱昂斯 —— 然后在 1982 年他们两个突然拉上了所罗门 —— 来一起打造一个修订版，让证明的陈述变得更易懂更有序，它将会成为所谓的第二代证明. 莱昂斯说，他们的目标是规划好证明的逻辑，让后来者不必重新论证. 另外，这项努力也会将共计 15 000 页的证明削减到仅 3 000 或 4 000 页.

戈伦斯坦设想着完成这样一套著作，它们将所有迥然不同的片段整齐地收集起来，精简整个逻辑以去除不规范与冗余之处. 在 20 世纪 80 年代，除了那些曾经奋战在证明前线的老将以外，没有人理解整个证明. 毕竟数学家们已经在这个定理上工作了数十年，他们希望能与后来者分享他们的工作. 戈伦斯坦担心他们的工作将会佚失于封尘的图书馆内厚重的书籍中，第二代证明将平息他的忧虑.

戈伦斯坦没有看到最后一块拼图的就位，更没能够在史密斯和巴克斯特的房子里举杯. 他于 1992 年在马萨岛因为肺癌去世. “他一直没有停止过工作，” 莱昂斯回想道，“在他去世之前的那天，我们谈了三次话，都是关于那个证明的. 没有什么告别之类的东西，我们谈的全都是工作. ”

又一次证明

第二代证明的第一卷在 1994 年出版. 它比一般的

数学著作更侧重解释，在预计能完全容纳宏伟定理证明的 30 节内容中，它只包含了两节. 第二卷在 1996 年出版，之后的卷目延续到现在——第六卷在 2005 年出版.

富特说，第二代证明每部分之间的契合比原来更好. “已经出版的部分写法更一致，条理更是清晰多了，”他说，“从历史的角度看，将证明整理到一起非常重要. 否则它在某种意义上就会变成口耳相传的东西. 即使你相信证明已经完成，它也变得让你无法检查了.”

所罗门和莱昂斯这个夏天就会完成第七卷，而一小群数学家已经开始着手第八卷和第九卷了. 所罗门估计，精简后的证明将会长达 10 或者 11 卷，也就是说，修订版的证明到现在只出版了一半多一点.

所罗门留意到，这共计 10 或者 11 卷的著作仍然不能完全涵盖第二代证明. 即使是精简过的新证明仍然引用了增补的卷目和以前在别处证明的定理. 某种意义上说，这种延伸正体现了数学是在不停积累的：每个证明都不仅是当时的产物，还牵涉此前数千年以来的思考.

在《美国数学学会通报》2005 年的一篇文章中，伦敦国王学院的数学家 E・布莱恩・戴维斯(E. Brian Davies)指出，“这个证明从未被完整写下来，可能永远也写不下来，目前看来，也没有任何人能单枪匹马地理解它.”他的文章提及了这个令人不安的想法：有些数学工作可能复杂到了让凡人无法理解的地步. 戴维斯的话促使史密斯与他的三位合作者写下了在奥克帕克的聚会上众人庆祝完成的那本相对简明扼要的著作.

宏伟定理的证明可能超出了绝大部分数学家的能力,更不用说那些好奇的数学爱好者了,但它整理出的原理为未来提供了一件无价的工具.数学家长久以来就习惯了这样的情况,他们证明出来的抽象真理往往要在数十年甚至数百年之后才能在本领域以外得到应用.

"未来会很让人兴奋,原因之一是它难以预测,"所罗门说,"未来的天才们会带来我们这一代人中没有人想到过的主意.有一种诱惑,一种愿望和梦想,它会告诉我们,还有更加深刻的理解方法等待发现."

下一代人

数十年来的深刻思考不仅推进了证明,也建立了一个共同体.同样曾接受过数学训练的朱迪丝·巴克斯特说,群论学家组成了一个不同寻常的社会群体."研究群论的人通常是一生的朋友,"她说,"你在会议上碰到他们,跟他们一起旅行,跟他们一起聚会,这真是一个美妙的集体."

毫不意外,这些体验过完成第一次证明所带来的兴奋的数学家,渴望将它的思想保存下来.为此,所罗门和莱昂斯召集了其他数学家来帮助他们完成新版本的证明,将它保留到未来.这并非易事:许多年轻数学家将这个证明视为已经完成的工作,他们更渴望做一些别的东西.

除此之外,致力于重写一个已经被确立的证明,这需要一种对群论的无畏热忱.所罗门在卡普德博斯克

身上看到了熟悉的"群论教徒"的影子，她是接过完成第二代证明这把火炬的屈指可数的年轻数学家之一.她在上过所罗门的一门课后就深深地迷上了群论.

"我很惊讶，我竟然记得阅读并完成习题，而且觉得很喜欢. 那太美好了."卡普德博斯克说，就在所罗门请她帮忙弄明白一些最后被写进第六卷的缺失部分之后，她就"上钩"了，开始为了第二代证明而工作.

卡普德博斯克将这项工作比作改进一份草稿. 戈伦斯坦、莱昂斯和所罗门列出了计划，但她说，见证证明的所有部分各归其位，这是她和另外几位年轻人的工作："我们有路线图，只要跟着走，最后就能完成证明."

克莱因的《埃尔朗根纲领》[①]

第38章

纵观整个数学的发展历程，能称得上“纲领”的文献很少. 如果某一论文或演讲被称为纲领，则它一定联系或沟通了多门学科. 1872 年，德国数学家克莱因 (F. Klein，1849—1925) 发表了《关于新近几何学研究的比较考察》一文，把变换群和几何学联系在一起，这种观点突出了变换群在讨论几何中的地位，对后世影响深远. 这篇论文也因此获得了美誉 ——“埃尔朗根纲领”，这是数学史上为数不多的纲领性文件.

鉴于埃尔朗根纲领在数学史上的突出地位，有关这方面的研究可谓成

① 邓明立，王涛.

果非凡.[①②]先后有数学史家从几何学和群论的角度,对埃尔朗根纲领进行了深入的研究.这些研究主要分为以下两个方面:大部分数学史家一般以非欧几何的诞生为切入点,论述射影几何学的繁荣,最终将埃尔朗根纲领作为几何学的统一来处理,这一研究路线比较成熟并且深受数学史家的青睐.[③]近年来,部分数学史家将埃尔朗根纲领放在了群统一数学的框架之下,这样可自然地将埃尔朗根纲领与李群、自守函数等并列讨论,[④]可以说是一种比较新的研究方法,这种研究方法突出群已成为当时统一数学的工具之一.

采用变换群的观点来研究几何,这是克莱因的一大创造,但克莱因的埃尔朗根纲领并不能囊括所有的几何学.除了用变换群总结当时的几何学,克莱因在埃尔朗根纲领中还大篇幅地论述了几何学和二元型理论的对应关系,交代了他与挪威数学家 S. 李(M. S. Lie,1842—1899)在最近工作中的一些方法和观点,并试图将之前总结的各种几何学推广到流形上,这是在对埃尔朗根纲领讨论时数学史家们较少涉猎的.因此,笔者觉得仍有许多历史问题有待研究.另外,克莱因在埃

---

① Rowe,D. E. A Forgotten Charpter in the History of Felix Klein's Erlanger Programm[J]. Historia Mathematica, 1983(10):448—454.

② Hawkins, T. The Erlanger Programm of Felix Klein: Reflections on its Place in the History of Mathematics[J]. Historia Mathematica, 1984(11):442—470.

③ Klein, M. Mathematical Thought from Ancient to Modern Times[M]. Newyork:Oxford University Press,1972,917—920.

④ 胡作玄.近代数学史[M].济南:山东教育出版社,2006,467—470,564—570.

尔朗根纲领中对流形的处理,可以解释为什么克莱因没有将黎曼几何容纳在内,也可以部分反映出当时数学家对流形的认识,这对流形概念的历史研究也颇有意义.

埃尔朗根纲领的主要结构和内容

从论文《关于新近几何学研究的比较考察》的题目可以看出,埃尔朗根纲领属于比较研究.文章主要由四部分组成:开篇综述、正文、结束语和附注.

埃尔朗根纲领的背景

19 世纪是几何学的黄金时代,据统计,几何学文献的数量占数学文献总数的一半以上,超过数论、代数和分析的总和.非欧几何学的产生、射影几何学的繁荣以及黎曼对几何学观念的革新,使得几何学取得了突破性的进展.当时的情况,按照克莱因自己的说法[①]:

"几何学近年来取得了飞速的发展,尽管主题一致,但却被分割成一系列几乎相互隔绝的分支,并且在相当程度上互不相关地继续发展."

克莱因认为有必要开展一种纵观全局的几何学研究.但是他又认为单独归纳几何只是把许多人或多或少思考过的东西总结在一起,没有多少创新性.因此,他特别愿意交代一些 S.李和他本人的研究工作,并将之前的几何学研究推广到流形上.

当时几何学解析方法与综合方法的对立十分严

① 菲利克斯·克莱因.数学在 19 世纪的发展[M],第 2 卷,李培廉,译.北京:高等教育出版社,2011,187-214.

重,观点也十分狭隘:只有对几何问题的射影几何处理才是科学的研究.克莱因在埃尔朗根纲领中对几何的处理,用他自己编著的《19世纪的数学史》中的话来说,旨在用更宽松的观点来代替这一狭隘观念.毫无疑问,克莱因的思想超前,并且会受到旧思想的猛烈批判.

埃尔朗根纲领的核心思想

克莱因在开篇综述就给出观点①:

"在几何学领域最近50年所取得的成就中,射影几何处于首要地位.从射影的观点下处理度量已经成熟,从而射影方法覆盖整个几何学."

他首先指明事实,目前存在多种几何:射影几何、反演几何、有理变换几何,但没有提到微分几何②.正文共有10节.第1节和第2节集中阐述了克莱因的几何分类思想.克莱因首先给出了空间变换群的概念,这是对群概念的一次大扩展③.如果在某个变换群的作用下,空间的所有几何性质保持不变,则称该群为主群.继而克莱因论述了变换群和几何学的关系,由于几何性质在主群作用下保持不变,故研究主群的子群是

① 菲利克斯·克莱因.关于现代几何学研究的比较考察——1872年在埃尔朗根大学评议会及哲学院开学典礼上提出的纲要[A].中国科学院自然科学史研究所数学史组、中国科学院数学研究所数学史组译,数学史译文集[C].上海:上海科学技术出版社,1981,13-32.

② 微分几何的名称最早见于1894年,之前人们一般以无穷小几何称呼微分几何.

③ Wussing, H. The Genesis of the Abstract Group Concept: A Contribution to The History of the Origin of Abstract Group Theory[M]. Cambridge: MIT Press,1984,167-177.

没有意义的.它的意义在于可用一个扩大了的空间变换群代替主群来研究几何.克莱因还将这种方法推广到流形上,只不过这时已不存在主群,变换群的选取具有任意性.因此克莱因的观点就变为:

"给了一个流形和这个流形的一个变换群,以在这个变换群的变换之下性质保持不变的观点研究这个流形."

克莱因埃尔朗根纲领的基本观点总结起来就是:每种几何都由变换群所刻画,几何学所要研究的就是几何图形在变换群下的不变量.因此,埃尔朗根纲领在不变量的历史发展中也占有重要地位.

埃尔朗根纲领的具体内容

从第3节开始,克莱因次第展开了对射影变换群、反演变换群、有理点变换群、一般点变换群、切触变换群的讨论,然后给出结论并加以案例说明,结论后还给出附注,以作为对正文的解释.在第3节"射影几何"中,克莱因以射影几何为例,详细地说明了射影变换群的构成,并指出如何从射影几何考察度量性质——将度量作为对球面圆的关系引进,这样克莱因就能统一射影几何①和各种度量几何.

在第4节"通过映射产生的转移"中,克莱因给出了一个引理:映射可以将一个给定变换群的空间几何研究转移到另一个空间和变换群.这样,克莱因就能将二元型理论和几何学研究对应起来:二元型理论和圆锥曲线的点系的射影几何等价,从而得出平面的初等

① 射影几何不是度量几何.

几何和带有一个基本点的二次曲面的射影研究是一回事.

在第5节"关于空间元素选择的任意性 Hesse 转移原理"中,克莱因将空间的元素不再限于点,而是扩展到线、面甚至高维流形,这方面克莱因主要受到了他的老师普吕克尔(J. Plücker,1801—1868)的影响. 克莱因的计划不仅在于统一点几何学,他还从变换群的观点出发,把任意元素的空间几何学统一起来,并且指出与它们相对应的代数理论. 这里的代数理论,主要是二元型的理论. 由于几何元素的扩张,必然导致几何维数的增加,故二元型的变元数自然也增加. 克莱因指出:

"二元型理论与平面上的一般射影度量几何是同一种几何. …… 如果将几何学推广到空间,则变元的数目同样增加,如一个由六个齐次变量所生成的流形中的射影度量几何与四元型理论等价."

在第6节"反演几何学"中,克莱因指出平面反演几何与二次曲面的射影几何等价,空间反演几何与对一个由五个齐次变量间的一个二次方程所描绘的流形的射影处理等价. 克莱因还指出反演几何的一个有趣应用:复变量的二元型理论可以用实球面射影几何来表示. 这样,二元型理论、线几何、反演几何是一致的,区别仅在于变量的数目.

但克莱因同时指出还存在与变量数目无关的几何 —— 李球几何,这是克莱因在第7节"前述内容的推广"中给出的. 李球几何是由克莱因的好友,挪威数学家S. 李引进的,属于一个更大的研究范围,也就是说李球几何包含了反演几何和初等几何. 但克莱因与S. 李有所不同:S. 李是从线几何出发的,而克莱因则是从球极投影所建立的实平面与球面之间的联系来着手的. 李球几何的群具有如下性质:它把那些互相相切的圆变成仍然是这样一些互相相切的圆,把那些与另一个圆交角都相等的圆也变成具有这样性质的一些圆. 球面上的线性变换群和反演群都是该群的子群.

克莱因的演讲非常宏大,在第 9 节中克莱因单独论述"关于全体切触变换". 关于切触变换,克莱因的工作不多,主要是 S. 李的工作,这是 S. 李进入李群研究的必经之路. 在李群创立过程中起着重要作用. 从时间上来看,克莱因发表埃尔朗根纲领和 S. 李的工作处于同一时期,他们的工作一脉相承而又各有分工. 首先他们都得益于几何元素观念的扩张、不变量的推广以及群观念的日益成熟;其次,他们以群来统一数学的观点也是一致的,但其后克莱因主要研究离散变换群,S. 李主要研究连续变换群. 克莱因还注意到更一般的双有理变换和无穷小变换,特别是克莱因意识到无穷小变换组成的群已经与之前的群有本质不同,在无穷小变换群下保持不变的几何 —— 位置分析以及双有理变换观点下的代数几何,在 20 世纪成为了数学的主流分支,这都表明克莱因是一个具有战略眼光的数学家.

在结论中,克莱因交代他受到了伽罗华的影响. 伽罗华将群论用于解决代数方程,克莱因则试图用群论分类几何. 毫无疑问,二者具有很大的相似性.

克莱因对流形和非欧几何的认识

几乎埃尔朗根纲领的每一部分都提及流形，正文的第 10 节以及附注的第 4 节都是整节在论述克莱因对流形的看法. 流形是由德国数学家黎曼在 1854 年的报告中引入的，但该报告迟至 1868 年才发表，这时非欧几何突然受到了各方面的注意，并进而引发了非欧几何学的实现问题，而实现的对象则是微分几何与射影几何. 另一方面，自黎曼引入朴素的流形概念到威尔(H. Weyl，1885—1955) 给出现代流形概念之前，特别是庞加莱(H. Poincaré，1854—1912)、希尔伯特(D. Hilbert，1862—1943) 之前，这段时间内流形概念的历史研究可以说是相对不足[①].

克莱因对流形的认识

我们在之前的讨论中已经明确克莱因试图将空间的几何学推广到流形上，在综述中克莱因给出了详细的论述：

"流形是在舍弃了那些对纯粹数学研究来讲并非本质的空间图形之下，从几何学中抽象出来的. 空间[②]仅是一个三维流形，但从数学观点来看，没有任何理由去阻碍主张空间实质上有四维，甚至无穷多维. 所以就抽象来讲，直接研究流形就足够了."

---

① 埃尔朗根纲领中多次提及空间，克莱因对空间和流形作了具体的区分，所谓空间就是具体的流形，而流形就是抽象的空间.

② Scholz，E. The Concept of Manifold，1850 — 1950[A]. James I. M. (Eds) The History of Topology[C]，Amsterdam：The Netherlands Elsevier Science B. V.，1999：31 — 33.

但克莱因仍坚持从几何实体出发，除了论述简单易懂之外，恐怕就是缘于当时的研究风格了，当时几乎没人接受抽象的研究.

黎曼的流形是一个多重延量，多重延量由格拉斯曼(H. G. Grassmann，1809—1877)开创，但黎曼并没有参考格拉斯曼的工作. 而可以肯定的是，克莱因知道黎曼的工作并且受到了他的影响，具体可见下文中克莱因对常曲率流形和射影度量几何关系的讨论. 克莱因主要是从格拉斯曼那里受到启发，不过格拉斯曼的理论最终指向了高维空间、广义复数以及向量和张量理论；而黎曼的流形概念主要是从物理学方面得出来的，如可用流形描述光热现象，并且黎曼一开始就在流形上引进度量，所以他的研究直指几何学.

黎曼的流形从数学上表述起来是$(x_1, x_2, \cdots, x_n)$的全体，黎曼还说明了低维流形如何生成高维流形，并把n作为流形的维数. 关于克莱因的流形，我们可以从两方面来理解：几何方面，几何元素的扩张直接推出高维几何，比如线几何就是一个四维流形的几何；代数方面，不同几何学对应的代数理论的变量数目不同，也不可避免地将空间推向高维流形，而且这种流形是“数”流形，也就是由齐次变量产生的，这是对黎曼的流形的具体化. 但克莱因认为，不论元素是点、线、面还是球，只要取作几何基础的变换群不变，几何的内容就不会改变. 因此，克莱因埃尔朗根纲领中重要的是变换群，流形的维数反而成了不太重要的概念了.

黎曼和克莱因对流形的处理方法也完全不同. 黎曼给出他的流形概念后，随即给出了局部度量 $ds^2 =$

$\sum_{i,j=1}^{n} g_{ij} dx^i dy^j$,具有这种度量的流形被称为黎曼流形,并着手建立这种空间的几何学.他提出了截面曲率,并引进了常曲率空间及其上的黎曼度量,直接奠定了黎曼几何的基础.在黎曼的处理方法中,曲率占据着非常重要的位置,是衡量空间是否均匀的一个重要概念.虽然克莱因在第10节中也提到了常曲率流形,并且意识到常曲率流形是从更一般的流形概念中引申出来的,但克莱因没有关注更一般的流形,他仅处理常曲率流形.

因此,从黎曼曲率的观点来看,克莱因的流形"所有点是一样的".他没有考虑空间的不均匀性,处理的流形也都是齐性空间,埃尔朗根纲领正是建立在齐性空间基础上的.欧几里得空间、仿射空间、射影空间以及常曲率流形都自然是相应对称群的齐性空间,因此可以纳入到克莱因的研究框架中.由于一般的黎曼空间未必是齐性空间,所以黎曼几何不在克莱因的几何范围内.

常曲率流形与非欧几何

在附注第5节"关于所谓的非欧几何"中,克莱因再次提到了黎曼的常曲率流形,这种流形的黎曼曲率(张量)处处相等,是黎曼在1854年的报告中给出的.黎曼的报告是一个非常宏大的数学演讲,暗示了非欧几何只不过是黎曼几何的特例.其具体关系如下:

正常数曲率流形　　黎曼式几何学[1]

负常数曲率流形　　罗巴切夫斯基几何学

零曲率流形　　欧氏几何学

从流形的曲率来看，欧氏几何学是罗巴切夫斯基几何学和黎曼式几何学的特殊情形，即当曲率趋近于0时，罗巴切夫斯基几何和黎曼式几何以欧氏几何学为极限，这表明欧氏几何学并不比非欧几何学基础，非欧几何学比欧氏几何学更具一般性．这从侧面表明了黎曼几何的广阔性．黎曼式几何、罗巴切夫斯基几何和欧氏几何的关系可由如下数学模型表示：

$\lim\limits_{K\to 0^+}$ 黎曼式几何 $=\lim\limits_{K\to 0^-}$ 罗巴切夫斯基几何 $=$ 欧氏几何学．

当时已经知道，常曲率流形上的几何对应于非欧几何．虽然一般的黎曼空间未必是齐性空间，但常曲率流形（如球面）恰是齐性空间，这一恰好适用，使得克莱因能够将常曲率流形纳入到他的研究范围．由于常曲率流形自然相对应于非欧几何，这样非欧几何也就纳入到埃尔朗根纲领之中．其实早在埃尔朗根纲领之前，克莱因在从1870年到1872年发表的五篇论文中，已经成功地把各种度量几何归结为射影几何，并且从射影几何的角度出发，联系到椭圆、双曲线、抛物线与无穷远线的实交点个数，在射影空间中适当引进度量得到双曲几何与椭圆几何，从而将非欧几何实现为射影几何学．

---

[1] 黎曼式几何和黎曼几何是两个概念，黎曼式几何是黎曼发现的一种非欧几何，而黎曼几何则是微分几何的一个分支．

黎曼式几何学　椭圆几何

罗巴切夫斯基几何学　双曲几何

欧氏几何学　抛物几何

克莱因由此从射影几何学的角度实现了非欧几何.从射影几何来看,欧氏几何、黎曼式几何和罗巴切夫斯基几何都是射影几何的特例.虽然克莱因从射影几何的角度通过添加不同的度量统一了非欧几何,但与黎曼几何揭示欧氏几何与非欧几何之间关系的深刻程度相比,射影几何没能较好地实现这一目标.这可能与克莱因对待非欧几何的观点有关系.克莱因似乎不太看重非欧几何,当时的情况是:人们把太多的非数学的想象与非欧几何这个名称联系到一起,这些非数学的想象一方面受到了巨大的热情支持,另一方面又受到了同样多激烈的排斥.但克莱因并不认可数学家之外的讨论,他认为纯粹数学的研究靠非数学方面的讨论不能得出任何创新.这表明了克莱因对待非欧几何的态度,也难怪克莱因没有大篇幅论述非欧几何学.

但在非欧几何学的实现问题上,射影几何明显胜出.克莱因在开篇第一段中就曾交代,最近50年中几何学最大的进展是射影几何的建成,却连黎曼几何都没提,因为黎曼几何尚在它的"婴儿"时期,而且从贝尔特拉米(E. Beltrami,1835—1900)和克莱因先后就罗巴切夫斯基几何给出的模型来看,射影几何无疑有着优越性.1868年的贝尔特拉米模型并没有实现整个罗巴切夫斯基几何,而1870年的克莱因模型则完美地完成了这个任务,在数学史论著中找到这两个模型的论述不是一件困难的事情.

结　论

埃尔朗根纲领从变换群的角度统一几何学，观点在当时是非常大胆和先进的，内容也十分广博，此文结构合理，文笔优美，几乎每一结论都给出案例来说明．从群论的角度来看，埃尔朗根纲领将群从置换群、运动群扩充到几何变换群极大地拓展了群的概念，在从具体群到抽象群的发展过程中占有重要地位，现在看来这些群中很多都是著名的李群．随着群观念的日益成熟，数学家们逐渐意识到群是描述对称的有力武器，他们用群的观点统一随后的李群、微分方程和自守函数，取得了相当的成功．

从几何的角度来看，在克莱因的几何学分类中，射影几何学处于中心的位置，不包括黎曼几何．由于一般的黎曼空间不是齐性空间，从这点来看，埃尔朗根纲领没有实现几何空间的最一般形式，因此它的几何研究也就将黎曼几何排除在外．克莱因的流形在某种程度上比黎曼的流形大打折扣，甚至一度降格为“数”流形．因此从几何方向来看，克莱因的埃尔朗根纲领不是黎曼 1854 年那种开创性的报告的类型，而更像是一种总结性的研究，但克莱因注意到线几何、球几何与切触变换、位置分析等的确反映出克莱因是一个有眼光的数学家．

埃尔朗根纲领最重要的意义在于它联系了不同的

学科分支——群论、二元型理论、不变量理论和几何学①.其长期效应可以在物理和纯数学的多方面显现出来,狭义相对论和广义相对论都受到了埃尔朗根纲领的影响.埃尔朗根纲领对数学的影响深远而又历久弥新,最近数学界又有人提出"广义埃尔朗根纲领",试图在群(群表示)的观点下统一数学.统一数学或许永远不能实现,但数学正是在不断分化和追求统一的过程中取得进展的,这似乎有着极大的哲学意义②.

埃尔朗根纲领发表之际,正值对非欧几何讨论的热潮时期.克莱因在正文中根本就没有提及非欧几何,而只是在附注的第5节中才对非欧几何做了简单论述.对于平行公理的基础,克莱因认为这是一个涉及最一般基础的哲学问题,纯粹数学家对此丝毫不感兴趣.尽管像克莱因这样所谓的纯粹数学家声称自己对哲学不感兴趣,但无可否认的是他们都有着极高的哲学素养和历史眼光,而且毫不犹豫地从哲学中吸取营养;而作为回报,数学家所从事的非欧几何学的实现问题,则被哲学家所借鉴.在20世纪逻辑还原方法和逻辑经验主义的兴起中,数学家有一定的贡献.

---

① 邓明立,张红梅.群论统一几何学的历史根源[J].自然辩证法通讯,2008,30(1):75-80.

② 亚历山大洛夫.数学——它的内容,方法和意义[M].王元,万哲先等,译.北京:科学出版社,2011,103-172.

可计算域和伽罗华理论[①]

第39章

不可约多项式在域F有根式解当且仅当这个多项式分裂域的伽罗华群是可解的.这个结果被广泛认为是伽罗华理论的最高成就,并且经常是一个数学家想要描述数学的美丽时的第一反应.然而随着严格的算法理论的发展,关于寻找一个多项式根的过程我们可以提出更进一步的问题.除了用根式求解是否有其他方法可能满足?同样,当甚至不知道一个给定域中包含哪些根式时,在根式中有解又有多大用处?

① 译自:Notices of the AMS, Vol. 55(2008),No. 7,p. 798—807, Computable Fields and Galois Theory, Russell Miller. Copyright © 2008 the American Mathematical Society. Reprinted with permission. All rights reserved. 美国数学会与作者授予译文出版许可. 李方译,白琪峰校.

在本章中，我们首先利用可计算性理论提出这样的一些问题，这里在一个算法的严格定义下，我们决定哪些数学函数可以被计算哪些不可以.这个领域中主要的概念追溯到图灵(Alan Turing)，他在18世纪30年代给出了现在称为图灵机的定义，以及它的推广"谕示图灵机".在随后的70年里，数学家们已经发展了一个关于自然数子集的可计算性和复杂性的丰富知识体系.值得一提的是，在历史的大部分时间里这个学科一直被称为递归论;可计算的和递归的术语被当作可互换的.

可计算模型论将可计算理论的观点应用到任意数学结论.纯可计算性通常考虑从**N**到**N**的函数，或者等价地，有限笛卡儿积**N**×…×**N**的子集.模型论是逻辑学的分支，在这里我们考虑一个结构(即元素的集合，称为定义域，和在那个定义域上适当的函数和关系)，并检验这个结构如何用我们的语言描述，即用符号以及常用的逻辑符号，例如否定，合取，$\exists x$ 和 $\forall x$ 来表示那些函数和关系.为了适应可计算性的情形，我们通常假设定义域是自然数**N**(包括0)，以使函数和关系变成可计算性理论家研究的那种对象.在本章中，我们主要考虑一个可计算域的具体情形，在可计算性的一个简短介绍之后，将给出它的定义.

基本可计算性理论

这里我们给出强调直观的定义和一些基本定理.严格的表述可以在任何关于可计算性的标准文本中找到.

对我们来说，图灵机是一个普通的计算机，按照一个有限程序工作，它接受一个自然数输入，对于那个输入一步步离散地运行它的程序. 这个机器有任意多可用的内存(在一个磁带上，以通常的观点)，但是它一步只能在一个位置写一位(0 或 1)，所以在有限多步后，仅用到有限多内存. 程序中的一个特定指令告诉机器停止；任何时候到达这个指令时，程序就发出嘟嘟声告诉我们它完成了，它的输出就是写在存储磁带上 1 的总数. 因为到目前为止可能只进行了有限多步，所以这个输出一定也是一个自然数. 计算机科学家非常担心机器停止需要多少步以及在它停止前用了多少存储磁带，但是对于一个可计算性理论学家，主要问题是机器是否停止，如果是，它的输出是什么. 当然，指令可能进入一个无限循环，或者以其他方式避开了停止指令，因此对于一个给定的输入程序很有可能根本不会停止.

一个函数 $f:\mathbf{N}\to\mathbf{N}$ 称为可计算的，如果存在计算 f 的一个图灵机. 具体地，对于每一个输入 $n\in\mathbf{N}$，程序将会最后停止并输出 $f(n)$. 更一般地，我们考虑部分函数 $\varphi:\mathbf{N}\to\mathbf{N}$，(尽管记法是相似的) 它的定义域允许是 $\mathbf{N}$ 的任何子集. 程序永不停止这个可能性使得部分函数成为对于我们的定义更自然的一类，因为每个图灵机都计算某个部分函数，记为 φ，它的定义域是使机器停止的输入的集合，对于每一个这样的输入 n，$\varphi(n)$ 是机器的输出. 如果 $n\in\mathrm{dom}(\varphi)$，我们就记 $\varphi(n)\downarrow$，并称 $\varphi(n)$ 收敛；否则称 $\varphi(n)$ 发散，记为 $\varphi(n)\uparrow$.

图灵机必须用一个有限程序这个限制的重要性现在清楚了，因为一个无限程序能够简单地对每一个可

能的输入明确地给出正确的输出.另一方面,有了这个限制,我们总共就只有可数多个程序:因为只存在有限多个可能的指令,所以对于每一个 $n \in \mathbf{N}$,只有有限多个程序可能恰好包含 n 个指令.因此只有可数多个部分函数是可计算的,而剩余的(不可数多个)是不可计算的.不难定义不可计算函数,只要模仿嘉当(Cantor)证明 $\mathbf{R}$ 是不可数的对角线法.

一个子集 $S \subseteq \mathbf{N}$ 称为可计算的,当且仅当它的特征函数χ_S 是可计算的(当然,特征函数是全的,即它的定义域是所有的 $\mathbf{N}$).简单的例子包括有限集,最后周期集,素数集以及任何能够用算术的语言而不用无界量词 $\forall$ 和 $\exists$ 定义的集合(更具有挑战性地,寻找一个可计算但是不能只用有界量词定义的集合).另一个有用的概念是可计算可枚举性:S 是可计算可枚举的,缩写为 c. e. ,如果它是空集或者某个全可计算函数 f 的值域.直观地,这是说存在一个机械式的方法列出 S 的元素:仅仅计算 $f(0)$,然后 $f(1)$ 等,并将每一个写在我们的列表中.从下面的感觉看,可计算可枚举集是"半－可计算的",读者可以试着去证明.

事实 39.1 子集 $S \subseteq \mathbf{N}$ 是可计算的,当且仅当 S 和它的补集 $\bar{S}$ 都是可计算可枚举的.

事实 39.2 集合S是可计算可枚举的当且仅当S是一个部分可计算函数的值域,当且仅当存在一个可计算集 R 使得 $S=\{x: \exists y_1 \cdots \exists y_k (x, y_1, \cdots, y_k) \in R\}$,当且仅当 S 是一个部分可计算函数的定义域.

对于事实 39.2 中的 R,我们也需要考虑笛卡儿积 $\mathbf{N}^k$ 的子集,为此我们利用函数

$$\beta_2(x,y)=\frac{1}{2}(x^2+y^2+x+2xy+3y)$$

它是一个从 $\mathbf{N}^2$ 到 $\mathbf{N}$ 上的双射.(在验证这个的时候,记住 0 对于我们是一个自然数). β_2 像是可计算的;如果我们允许在输入磁带上用 x 个 1,接着是 0,然后 y 个 1 来模拟输入 (x,y),那么它将是可计算的. 或者,注意到如果 π_1 和 π_2 是投射,那么两个函数 $\pi_i\circ\beta_2^{-1}$ 都是可计算的,因此给定 x 和 y,我们可以搜寻所有可能的输出 $n\in\mathbf{N}$ 直到找到一个满足 $\pi_1(\beta_2^{-1}(n))=x$ 和 $\pi_2(\beta_2^{-1}(n))=y$. 于是我们可以用这个双射 β_2 把 $\mathbf{N}^2$ 视为 $\mathbf{N}$,然后定义 $\beta_3(x,y,z)=\beta_2(x,\beta_2(y,z))$ 等. 事实上,由

$$\beta(x_1,\cdots,x_k)=\beta_2(k,\beta_k(x_1,\cdots,x_k))$$

定义的双射 β 将自然数的所有有限序列的集合 $\mathbf{N}^*$ 双射地映到 $\mathbf{N}$ 上. 这为我们提供了一种方法允许来自 $\mathbf{N}[X]$ 的多项式成为一个可计算函数的输入.

既然我们知道如何把来自 $\mathbf{N}$ 的元素组作为输入,那么就存在一个通用图灵机. 所有可能程序的集合不仅可数,而且可以被双射编码到自然数,以这样的一种方式图灵机能够接受一个输入 $e\in\mathbf{N}$,将 e 译码来指出它所编码的程序,并且运行那个程序. 通用图灵机接受一对数 (e,x) 作为输入,将 e 译码成程序,并且对输入 x 运行那个程序. 它定义了一个部分可计算函数 $\varphi:\mathbf{N}^2\to\mathbf{N}$,可以模拟每一个部分可计算函数 ψ:只要固定正确的 e,对于每一个 $x\in\mathbf{N}$ 我们有 $\psi(x)=\varphi(e,x)$(此外,$\psi(x)\uparrow$ 当且仅当 $\varphi(e,x)\uparrow$). 这使得我们能够对于一个固定的通用部分可计算函数 φ 给出所有部分可计算函数的一个可计算列表,通常记为 φ_0,

φ_1,…,其中 $\varphi_e(x)=\varphi(e,x)$. 相比之下,不存在所有全可计算函数的可计算列表(即定义域是 $\mathbf{N}$ 的那些);如果有,那么就可以用它来对角化得到一个不在表上的新的全可计算函数!

同样地,利用事实 39.2,可以给出一个所有可计算可枚举集的可计算列表 $W_0, W_1,\cdots$,其中 $W_e=\mathrm{dom}(\varphi_e)$. 我们可以将它们看作通用 c.e. 集 $W=\mathrm{dom}(\varphi)=\{(e,x):\varphi_e(x)\downarrow\}\subseteq\mathbf{N}^2$ 的排. 另外,不存在所有可计算集的这种可计算列表.

下面这个我们以后需要的事实,表述起来很简单.

事实 39.3 存在不可计算的 c.e. 集.

这样的一个简单例子是

$$K=\{e:\varphi_e(e)\downarrow=0\}$$

想法是 φ_e 不可能等于 χ_K,因为 $e\in K$ 当且仅当 $\varphi_e(e)=0$ 推测 e 不在 K 中. 当然,如果 $\varphi_e(e)$ 永不收敛,我们就不能把 e 加入到 K 中,简单地因为 $e\in\mathrm{dom}(\chi_K)$,我们又一次看到 $\chi_K\neq\varphi_e$. 可以定义许多类似的集合;著名的一个,由通用图灵机计算的函数 φ 的定义域,这通常被称为停机问题,因为它准确地告诉你哪些程序在哪些输入上收敛. 如果它是可计算的,我们就可以用它来计算 K,这是不可能的. 事实上,如果 $\mathrm{dom}(\varphi)$ 是可计算的,那么每一个 c.e. 集将是可计算的.

可计算域

当考虑域时,我们通常用这样一种术语,包括被看成是二元函数的加法和乘法符号,命名恒等元的两个常量符号,以及所有标准的逻辑符号. 一个域 F 包括元

素集合 F(称为域的定义域,但不要与没有零因子的环这个不同的概念混淆)(英文中"定义域"与"整环"是同一单词"domain"—— 编校注),F 中两个作为常量区别的元素,以及 F 上两个用符号 $+$ 和 $\cdot$ 表示的二元函数,它们都满足标准的域公理.

对于一个域是可计算的,我们希望能够用这种语言计算两个域运算.可计算性的概念是定义在 $\mathbf{N}$ 上的,因此我们用 $\mathbf{N}$ 来标记域中的元素.当然,这立即从讨论中排除掉所有的不可数域!在本文的结尾,对于这个问题我们提到了一种可能的方法.

定义 39.1 一个可计算域是定义域为 $\{a_0, a_1, \cdots\}$ 的域 F 和两个可计算的全函数 f 和 g,使得对于所有的 $i, j \in \mathbf{N}$,有

$$a_i + a_j = a_{f(i,j)} \text{ 和 } a_i \cdot a_j = a_{g(i,j)}$$

简单地说,我们可以用图灵机计算 F 中的基本域运算,事实上,在大多数可计算模型论中都取 $\mathbf{N}$ 本身作为定义域.然而,我们希望用符号 0 和 1 来表示域的恒等元(并且或许 2 表示和 $1+1$ 等),因此为了避免混淆我们用记号 a_i.

既然对于某个 r 和 s 我们有常量符号 $0 = a_r$ 和 $1 = a_s$,就应该正式地说这些数 r 和 s 也是可计算的.不过,任何一个单一的数在某种意义上总是可计算的;我们可以将这个信息加入到任何有限程序并且仍得到有限程序.如果语言碰巧有无穷多个常量符号,大概以某种方式用 $\mathbf{N}$ 来标记,那么我们可能需要他们在定义域中的值从那些索引中是可计算的.此外,对于这个问题我们有一个更强的答案:知道如何计算 f 和 g 允许我们

识别恒等元.只要计算 $f(0,0)$, $f(1,1)$, $\cdots$ 直到你发现(唯一的) r 满足 $f(r,r)=r$,那么 a_r 一定是 F 中的零.类似地,1 是唯一满足 $g(s,s)=s$, $a_s\neq a_r$ 的元素.

一个相关的问题是,在我们的语言里没有包含其他的域运算,例如减法或互换,这是否会有关系.当然,如果我们已经包含它们,那么将要求那些运算也是可计算的.不过,我们的定义是等价的.

引理 39.1 在一个可计算域中,一元运算否定和互换以及二元运算减法和除法都是可计算的.

证明 为了找到任何 a_n 的相反数,只要计算 $f(0,n)$, $f(1,n)$, $\cdots$ 直到你找到一个 m 满足 $f(m,n)$ 等于使 $a_r=0$ 的 r.那么 a_m 就是 a_n 的相反数,现在定义减法也是简单的.互换是类似的,利用 g,接下来除法,除了现在程序必须检验输入 n 不是 r 本身.(否则搜索将永远继续!)如果输入是 r,针对互换的程序应该只输出 r 本身或者别的人工设计来指示已经检测到被 0 除,并且不打算继续它的搜索.

作为第一个例子,存在一个同构于有理数域 $\mathbf{Q}$ 的可计算域 F.为此我们希望把每个 a_i 看作一个具有整数型分子和自然数型分母的分数,而不让我们的定义域重复任何分数.因为我们已经有来自前文的可计算双射 β_2,所以可以定义 $h(0)=2=\beta_2(0,1)$, $h(n+1)$ 是使 $\pi_1(\beta_2^{-1}(k))$ 和 $\pi_2(\beta_2^{-1}(k))$ 互素的最小的 $k>h(n)$.这使得我们可以定义可计算函数 $\mathrm{num}(2n)=\pi_1(\beta_2^{-1}(h(n)))$ 和 $\mathrm{denom}(2n)=\pi_2(\beta_2^{-1}(h(n)))$, $\forall n\in\mathbf{N}$,给出了域元素 a_0, a_2, a_4, $\cdots$ 的分子和分母,我们把 a_{2n+1} 当作 a_{2n+2} 的相反数,通过在分数上做算术在定义

域$\{a_0,a_1,a_2,\cdots\}$上定义加法和乘法.(这遵循一个简单的算法,所有的经验教给学生正相反!)

请读者尝试着去建立同构的可计算域,例如$\mathbf{Q}(X)$,$Q(\sqrt{2})$,$\mathbf{Q}(X_1,X_2,\cdots)$并且其他著名的可数域.$\mathbf{Z}_p(X_1,X_2,\cdots)$当然也是可能的.当然,定义39.1应该可以修改成包括有限域,因为由有限的值表格给出域运算的算法使得这种域在某种意义上一定是可计算的.虽然为了保持定义简单,我们避免了这一点,但是最好也允许$\{a_0,\cdots,a_m\}$形式的定义域.

但是,要注意一个可计算域很有可能同构于一个不可计算域.严格说来,$\mathbf{Q}$本身是不可计算的,因为它的定义域不是正常形式.然而更进一步,存在$\mathbf{Q}$的定义域为$\{a_0,a_1,\cdots\}$的同构拷贝,它中的运算是不可计算的.事实上,$\mathbf{N}$的不可数多个置换(即从$\mathbf{N}$到它本身的双射)中的任何一个都构造了相同域的一个不同拷贝,它们有相同的定义域但是运算是由置换提升得到的,并且几乎所有的这些都是不可计算的.所以我们不能说一个域的同构型是可计算的;而说一个域(或它的同构型)是可计算可表现的,如果它同构于一个可计算域.

事实上,我们已经有建立一个不是可计算可表现的可数域的工具.考虑来自事实39.3的不可计算c.e.集K.记p_n为第n个素数($p_0=2$,$p_4=11$等),并令ε_K是$\mathbf{Q}$的如下扩张

$$\varepsilon_K=\mathbf{Q}[\sqrt{p_n}:n\notin K]$$

既然素数集是可计算的,那么在任何特征为0的域中,只要通过把1加到它本身上就容易列出素数p_0,

p_1,…(特别地,$p_n = a_{h(n)}$ 的函数 h 是可计算的).如果 F 是一个同构于 $\varepsilon_{\bar{K}}$ 的可计算域,那么下面的过程将与 K 的不可计算性矛盾.对于任意 n,每当平方等于 p_n 的一个域元素出现在 F 中,都将那个 n 枚举在一个集合 W 中.根据 $\varepsilon_{\bar{K}}$ 的定义,这个 W 将等于补集 $\overline{K}$,而且我们有这个补集的一个可计算枚举,根据事实 39.1 这是不可能的.

考虑到这个,域 $\varepsilon_K = \mathbf{Q}[\sqrt{p_n}: n \in K]$ 是可计算可表现的似乎很让人感到意外.然而它的确是:我们将建立 ε_K 的一个可计算表现."建立"一个域通常意味着我们一次给出有限多个元素,首先只在定义域 $\{a_0, \cdots, a_j\}$ 上定义加法和乘法,然后将他们扩张到 $\{a_0, \cdots, a_{j+1}\}$ 等.我们通过一个算法来做这个,并且如果以后想计算这个域加法或乘法,就简单地运行这个相同的算法直到它定义了我们寻找的和或积.(当然,我们的算法必须在有限长时间内确定哪一个 a_k 是和 $a_i + a_j$;而且一旦决定了,就不能改变它的主意!)

和上面给出的过程相似,我们开始建立 $\mathbf{Q}$ 的一个可计算表现,同时开始枚举 K(考虑一个允许我们同时做这两个过程的分时程序).每当一个新的元素 n 出现在 K 中,我们就继续建立我们的域直到元素 p_n 出现在它里面,然后停下来足够长的时间来定义乘法,使得下一个新元素是 p_n 的平方根.接着继续建立这个域,当定义加法和乘法时总是把这个新元素当作 p_n 的平方根.因为每一个 $n \in K$ 最后都出现在我们的枚举里,这就建立了一个同构于 ε_K 的可计算域.

这里的关键是,陈述"p_n 有一个平方根"对于自由

变量 n 是一个存在公式

$$(\exists x)[x \cdot x=(1+1+\cdots+1)(p_n\text{ 次})]$$

因为可以重写 $(1+1+\cdots+1)$ 为 $a_{h(n)}$，其中 h 如上定义，所以方括号里的表述定义了一个可计算集. 因此根据事实 39.2 在一个可计算域中，满足这个存在公式的数 n 的集合是一个可计算可枚举集. K 本身是 c. e. 集，于是这个集合等于 K（像在 ε_K 中）不是问题. 事实上，我们可以对任何 c. e. 集 W 建立一个类似的域 ε_W. 但是，因为补集 $\overline{K}$ 不是 c. e. 集，所以域 $\varepsilon_{\overline{K}}$ 不是可计算可表现的.

然而，ε_K 不是没有它的复杂性. 关于域 F 的一个标准问题是 F 的分裂算法的存在性. 就是说，给定一个多项式 $p(X)\in F[X]$，我们想要一个产生 $p(X)$ 在 $F[X]$ 中的不可约因子的算法. 当然，如果知道 $p(X)$ 本身不是不可约的，那么可以在 $F[X]$ 中寻找一个非平凡的因式分解（利用函数 β 列出 $F[X]$ 中所有元素），然后对于每一个因式递归地重复这个过程. 因此分裂算法实质上能够判定一个给定的多项式是否是不可约的. 形式上，可计算域 F 有一个分裂算法，当且仅当 $F[X]$ 中不可约多项式的集合是一个可计算集.（再一次，我们把 β 当作 $\mathbf{N}^*$ 间的一个典范变换，即多项式集和 $\mathbf{N}$.）

克罗内克给出了 $\mathbf{Q}$ 本身的一个分裂算法. 事实上，他指出 $\mathbf{Q}$ 的每一个有限扩张都有分裂算法，如下：

定理 39.1（克罗内克） 如果可计算域 L 有一个分裂算法，那么对于 L 上的任何超越元 X，$L(X)$ 也有一个分裂算法. 当 x 在 L 上是代数的，$L(x)$ 仍有一个

分裂算法,但是它需要知道 x 在 L 上的极小多项式.

针对代数元和超越元的算法是不同的,所以对于任意一个扩张 $L(t)$,需要知道 t 是否是代数的,如果是,又需要知道 t 在 L 上的极小多项式.直接利用这个需要建立没有分裂算法的可计算域是有可能的,事实上,我们已经有一个例子.如果可计算域 ε_K 有一个分裂算法,那么对于任何输入 n,我们可以找到 ε_K 中的元素 p_n,并且问多项式 X^2-p_n 在 $\varepsilon_K[X]$ 中是否分裂.根据 ε_K 的定义,这个答案将告诉我们是否有 $n\in K$,从而 K 将是可计算的,这与事实 39.3 矛盾.因此我们有:

引理 39.2 存在没有分裂算法的可计算域.

算法和伽罗华理论

古典伽罗华理论的著名结果涉及的并非是寻找多项式根的一般算法,而是那些根的具体表达式或者任何这种形式的不存在.最著名的结果鲁菲尼(Ruffini)—阿贝尔定理指出一个一般五次多项式没有根式解.为计算这样一个根,它不考虑其他可能的算法.另一方面,在这些表达式中根式经常被视为理所当然的,最基本的假定是(从算法的观点)根式以某种方式是知道的:对于域中的任何元素 x 和任意的 n,可以有效地找到 x 的一个 n 次根.域当然不需要包含它所有元素的 n 次根,在上面已经构造的可计算域 ε_K 中,在这个域里拥有平方根的元素集合是一个不可计算集.因此在考虑可计算域的伽罗华型问题时,我们最后可能获得和古典伽罗华理论结果不同的答案.

当然,在可计算性理论中,我们的算法经常包括简

单的(或许更简单的)查找过程.一个类似的情形出现在希尔伯特第十问题中,它需要判定一个任意的丢番图方程(即 $\mathbf{Z}[X_1,\cdots,X_n]$ 中一个多项式,$\forall n$)是否在 $\mathbf{Z}^n$ 中有解的算法.直觉上,真正的问题是找到这样一个解,而并非仅仅证明那样一个解存在.然而一个简单的查找过程就足够了:只需对依次的每一个 $m\geqslant 0$ 检验满足 $\sum_i |a_i|=m$ 的任何 $\boldsymbol{a}\in\mathbf{Z}^n$ 是否解方程.只要假定解存在,这个算法当然产生一个解;困难是如果没有解存在,算法将简单地永远运行下去而不给出一个答案.于是有效地寻找一个解这个问题简化为如何判断这样一个解是否存在的希尔伯特问题.在戴维斯、普特南、鲁宾逊工作的基础上,Matijasevi 证明了不存在计算有解丢番图方程集合的算法,他指出这样一个算法能够允许我们计算 K(和所有其他的 c. e. 集).

处理系数在一个可计算域 F 中的多项式 $p(X)$ 时产生了一个相似情形.我们可以在 F 中搜寻 p 的一个根,仅仅通过计算 $p(a_0),p(a_1),\cdots$ 直到找到一个根.再一次,真正的问题是判定这个搜寻是否将会停止,即 F 是否包含 $p(X)$ 的一个根.由定义,F 有一个根算法,如果集合 $\{p(X)\in F[X]:(\exists a\in F)p(a)=0\}$ 是可计算的.

当然 F 的一个分裂算法将解决这个问题,通过给出 $p(X)$ 在 $F[X]$ 中的一个不可约因式分解:p 将有和它线性部分一样多的根.于是一个分裂算法提供了一个根算法.在下面给出拉宾定理之后,我们将考虑逆方向.

考虑到伽罗华理论,对于任意 n 和 a,判断形式为

$(X^n - a)$ 的多项式在 F 中是否有根，我们也可以定义一个根式算法. 事实上，我们也将按次数分解这个问题，定义下面的集合

$$P_n(F) = \{p(X) \in F[X]: \deg(p) = n \& (\exists a \in F) p(a) = 0\}$$

$$R_n(F) = \{x \in F: (\exists y \in F) y^n = x\}$$

对于 $n > 1$，这些集合都不一定是可计算的. 域 ε_K 对于 R_2 证明了这一点，因而对于 P_2 也是，并且对于更大的 n 相似的构造成立. 另一方面，二次公式证明了如果 $R_2(F)$ 是可计算的，那么 $P_2(F)$ 也是，因为只需要判断一个二次多项式的判别式是否在 $R_2(F)$ 中. 由于逆是显然的，因而 P_2 和 R_2 可以说是等可计算的.

（比等可计算的更准确的一个术语是图灵－等价的，实际上在这种情形下可计算同构. 这些表明，在各种定义下，计算 $P_2(F)$ 和 $R_2(F)$ 是“同样难”的. 图灵－等价，举个例子，意思是如果有一个外部信息可以对于任意 $p(X)$ 回答形如“$p(X)$ 在 $R_2(F)$ 中吗？”的问题，那么就可以写一个程序来提出外部信息的这些问题，并且用答案来决定 $P_2(F)$ 中任意多项式成员；反过来说，有关于 $P_2(F)$ 的一个外部信息也是一样的. 因而即使当这些都是不可计算的时候，他们也在相同的被称为图灵度的不可计算层次水平. 在本文中，为了简单起见，我们已经故意避开了图灵度和提示可计算性的概念；可以在任何关于这个问题的标准文本中找到.）

但是，$P_3(F)$ 和 $R_3(F)$ 一般不是等可计算的. 三次公式不仅用立方根而且也用到平方根，因此如果 $R_2(F)$ 和 $R_3(F)$ 都是可计算的，那么 $P_3(F)$ 也是可计算的.逆命题不成立:事实上,我们的域 ε_K 再一次充当了反例.给定3次的 $p(X)$,我们可以枚举 K 中元素 n_1, n_2,… 直到找到子域 $(\varepsilon_K)_j=\mathbf{Q}[\sqrt{p_{n_1}},\cdots,\sqrt{p_{n_j}}]$ 包含 $p(X)$ 的所有系数.现在无论 j 多大,我们知道 $(\varepsilon_K)_j$ 的一个分裂算法,因而可以检验 $p(X)$ 在 $(\varepsilon_K)_j[X]$ 中是否是可约的.如果是可约的,那么 $p(X)$ 在 $(\varepsilon_K)_j$ 中有一个根,因为一定有一个线性因式.如果是不可约的,那么它不可能在 ε_K 中有任何根,因为任何出现在 $\mathbf{Q}$ 的某个进一步有限扩张中的新根 r 都将在 $(\varepsilon_K)_j$ 中有一个极小多项式 $p(X)$,但这是不可能的,因为 $p(X)$ 有3次,并且 $(\varepsilon_K)_j$ 的所有后面的扩张是对某个 k 的 2^k 次扩张.所以 $P_3(\varepsilon_K)$ 是可计算的,因此 $R_3(\varepsilon_K)$ 也是,然而 $R_2(\varepsilon_K)$ 不是可计算的.

四次多项式的求根公式当然可以只用平方根和立方根来表示,于是当 $R_2(F)$ 和 $R_3(F)$ 都是可计算的时候,$P_4(F)$ 也是可计算的.我们鼓励读者考虑可能的逆,或许也包含 $P_3(F)$ 的可计算性(和 $P_2(F)$,当然除了这和 $R_2(F)$ 是等可计算的).由下面的一般引理和它的推论证明讨论中完全省略 $R_4(F)$ 是正当的.

引理 39.3 固定任何可计算域 F 和 $\mathbf{N}$ 中任意的 $n,k>0$,那么 $R_{nk}(F)$ 是可计算的当且仅当 $R_n(F)$ 和 $R_k(F)$ 都是可计算的.

证明 正方向,设 m 是使 $R_{nk}(F)$ 可计算的可计算域 F 中 nk 次单位根的数量,x 是 F 中任意一个元素.我们检验 $x^k\in R_{nk}(F)$ 是否成立.如果不成立,那么当然有 $x\notin R_n(F)$.如果成立,那么 $x=0$(于是 $x\in R_n(F)$)或者 F 一定恰好包含 m 个元素 $y_1,\cdots,y_m$ 满足

$y_i^{nk}=x^k$,因为商 y_i/y_1 正是 nk 次单位根.对于任意 $i \leqslant m$,我们检验 $y_i^n=x$ 是否成立.如果成立,那么当然有 $x \in R_n(F)$.如果不成立,那么 $x \notin R_n(F)$,因为任何满足 $y^n=x$ 的 y 将有 $y^{nk}=x^k$,必定有某个 $i \leqslant m$ 满足 $y=y_i$.因而 $R_n(F)$ 是可计算的,对 $R_k(F)$ 的证明是同样的.

逆是类似的,一旦我们知道了 F 中 n 一次单位根的数量:检验 F 中一个非零 x 是否有 n 一次根,如果有,把他们全部找到,并且检验他们中的任何一个是否有 k 一次根.

推论 39.1 对于任意的可计算域 F 和 $n>0$,$R_n(F)$ 是可计算的,当且仅当对所有整除 n 的素数 p,$R_p(F)$ 是可计算的.

从技术方面,引理 39.3 的证明是不一致的;它要求关于 F 和(nk)的特定知识.比如正方向,只说对于使 $R_{nk}(F)$ 可计算的每一个 F 都存在计算 $R_n(F)$ 的一个算法,这是对的.但是为了知道它是哪一种算法,需要知道 F 中 nk 一次单位根的数量,而且一般这个数是不可计算的:对于 $nk>2$,不存在有效的算法,当对程序输入一个可计算域中的加法和乘法而输出那个域中 nk 一次单位根的数量.于是这个证明对 F 是不一致的.对(nk)也是不一致的:读者可能已经可以构造一个可计算域 ε,其中每一个个别的 $R_p(\varepsilon)$ 是可计算的,但是集合 $\{\langle x,n\rangle : x \in R_n(\varepsilon)\}$ 不是.

拉宾定理

为了更进一步,我们将考虑代数闭域(或 ACF).

关于可计算域的可计算代数闭包的权威性结果是由迈克尔·拉宾给出的.我们用他的名字来命名要考虑的嵌入型.

定义 39.1 设 F 和 ε 是可计算域,函数 $g:F\to\varepsilon$ 是一个拉宾嵌入,如果:

(1)g 是一个域同态;

(2)ε 既是代数闭的,又在 g 的像上是代数的;

(3)g 是一个可计算函数.(更准确地,存在全可计算函数 h,对所有的 n 满足 $g(a_n)=b_{h(n)}$,其中 F 有定义域$\{a_0,a_1,\cdots\}$,ε 有定义域$\{b_0,b_1,\cdots\}$.)

着重指出,ε 是 F 的代数闭包:实际上,我们利用可计算同构 g 把 F 看作 ε 的一个子域,而且那个子域是可计算可枚举的,因为它的元素(指标)构成一个全可计算函数的值域.不难证明所有可数的代数闭域都是可计算可表现的,但是当 F 有无限超越次数(并且不能计算 F 的一个超越基)时,F 的拉宾嵌入的存在性就不是明显的了.此外我们希望嵌入的像是 F 的一个可计算子域,而不仅仅是一个 c.e. 子域.拉宾用他的著名定理解决了这些困难.第 1 部分是定理的核心,但是第 2 部分是更好的结果而且更经常被引用.在这个水平,第 2 部分的证明已经是容易理解和易读的了.

定理 39.2(拉宾) 设 F 是任意一个可计算域.

(1) 存在可计算的 ACF$\overline{F}$,它有从 F 到 $\overline{F}$ 的一个拉宾嵌入.

(2) 对于 F(到任何可计算 ACFε) 的每一个拉宾嵌入 g,g 的像是 ε 的一个可计算子集,当且仅当 F 有一个分裂算法.

因此第1部分蕴含着 F 总是能够被看作在它本身的某个可计算代数闭包里的一个 c. e. 子域. 对于代数数域,我们可以固定这个闭包,但对一般的域不可以.

推论 39.2 (1)$\mathbf{Q}$ 的可计算可表现代数扩张正好是 $\overline{Q}$ 的任何一个可计算表现的 c. e. 子域,在可计算同构的意义下.

(2)$\mathbf{Q}$ 的超越次数 $\leqslant n$ 的可计算可表现域扩张正好是 $\overline{\mathbf{Q}(X_1,\cdots,X_n)}$ 的任何一个可计算表现的 c. e. 子域,也在可计算同构的意义下.

(3) 特征为 0 的可计算可表现域正好是 $\overline{\mathbf{Q}(X_1,X_2,\cdots)}$ 的所有可计算表现为 c. e. 子域,在可计算同构的意义下.

对于任意 $n \geqslant 0$,任何一个域 $\mathbf{Q}(X_1,\cdots,X_n)$ 的代数闭包称为可计算范畴的:这个代数闭包的每一对可计算表现之间都有一个可计算同构. 这就是为什么在(1) 和(2) 里,域的一个拷贝就足够了. 另一方面,(3) 中的域不是可计算范畴的. 事实上,因为纯粹超越扩张 $\mathbf{Q}(X_1,X_2,\cdots)$ 有一个具有可计算超越基和分裂算法的可计算表现,所以拉宾定理蕴含存在这个域的代数闭包的一个有它自己的可计算超越基的可计算表现 C. 验证 C 的每一个 c. e. 子域一定也有一个可计算超越基. 但是,Metakides 和 Nerode 构造了一个没有可计算超越基的可计算域 F,所以这个 F 没有到 C 的拉宾嵌入 g,因为 $g(F)$ 的一个可计算超越基的原像将是 F 的一个可计算超越基. 当然,根据定理 39.2,F 的确有到同构于 C 的不同可计算 ACF 的一个拉宾嵌入. 这表明了为什么推论 39.2 里(3) 中的表述没有(1) 和(2)

强.

对于推论中每一部分的逆，注意到定义域为$\{a_0, a_1, \cdots\}$的任何可计算域的任何 c.e. 子域可以利用这个子域的一个枚举被拉回到一个定义域$\{b_0, b_1, \cdots\}$，它的运算是由子域上的运算提升到拉回得到的. 因为拉回是可计算的，所以提升的运算也是可计算的.

利用拉宾定理，我们也可以回答上面提出的一个问题. 这个推论很好地说明了定理的用处，因为直接证明这个答案一点也不容易.

推论 39.3 可计算域F有一个分裂算法，当且仅当它有一个根算法.

证明 正方向我们以前讨论过，但是逆方向可能会使留心的读者感到惊讶：只因为我们知道$F[X]$中一个给定的多项式，例如 26 次，在F中没有根，那么又如何能够知道它在这里是否分解？为了弄明白，固定F在某个可计算代数闭的$\overline{F}$的一个拉宾嵌入g. 现在对任意的$x \in \overline{F}$，我们可以找到某个$p(X) \in F[X]$，在g下的像是$\overline{p}(X) \in (g(F))[X]$，且$\overline{p}(x) = 0$. 我们通过递推确定$p(X)$在$F$中的根，从$n = 0$开始，搜寻$\dfrac{p(X)}{(X - r_1)\cdots(X - r_n)}$在$F$中的一个根$r_{n+1}$，直到$F$的根算法说$\dfrac{p(X)}{(X - r_1)\cdots(X - r_n)}$在$F$中没有根. 那么，$x \in g(F)$当且仅当对某个$i \leqslant n$，$x = g(r_i)$. 因而$g(F)$是可计算的，并且拉宾定理给出了$F$的一个分裂算法.

我们也将需要下面的定理，对可计算域伽罗华理论的更深研究，这个结果是必不可少的.

定理 39.3 $\bar{Q}$ 的可计算子域的伽罗华扩张的伽罗华群是可计算的,关于子域的分裂算法和 $\bar{Q}$ 中扩张的任何有限生成集是一致的.

这个定理结合拉宾定理和经典伽罗华理论给出了根闭包的一个很好的结果,我们将在下节中用到.

定义 39.2 对于代数闭域 F 的任何子域 ε,ε 的根闭包是 F 中包含 ε 并且对于每一个 $n>1$,包含它的每一个非零元的 n 个不同 n 一次根的最小子域. ε 是根闭的,如果 ε 是它本身的根闭包.

当然,经典伽罗华理论指出根闭包可以是代数闭包的一个真子域,特别地,某些 5 次多项式在根闭包中没有根.

推论 39.4 固定任意一个有分裂算法的可计算域 F,则 F 的根闭包也有一个有分裂算法的可计算表现,F 是它中的一个可计算子域.

证明 拉宾定理提供了一个从 F 到可计算代数闭域 $\bar{F}$ 的拉宾嵌入 g,并且指出 $g(F)$ 是可计算的. 对于任意 $x\in\bar{F}$,我们可以利用 F 的分裂算法找到一个不可约多项式 $p(X)\in F[X]$,使得 x 是它在 g 下像的一个根. p 在 $g(F)$ 上的分裂域 $F_p\subset\bar{F}$ 是 $g(F)$ 的一个有限扩张,因而也是可计算的,并且一旦我们已经找到 p 在 $\bar{F}$ 中全部根,定理 39.3 就允许我们计算 F_p 在 $g(F)$ 上的(有限)伽罗华群,它被看作是 p 的根的一个置换群. 但是现在 x 在 $g(F)$ 的根闭包中,当且仅当 G 是可解的,这是伽罗华理论的一个著名结果,我们可以简单地通过重复计算换位子群 $G^{(m)}$ 直到 $G^{(m+1)}=G^{(m)}$ 或者 $G^{(m)}$ 是平凡的来确定 G 的可解性.

这就建立了一个算法来确定 $g(F)$ 在 $\bar{F}$ 中的根闭包的成员.根据推论 39.2,借助于一个可计算同构,根闭包本身是可计算可表现的(在这个同构下可计算子域 $g(F)$ 的原像也是可计算的),并且根据拉宾定理,它有一个分裂算法.

五次方程的有效不可解性

最后我们指出关于五次方程的根式不可解性的著名伽罗华理论结果,当"可解性"指的是可计算域的算法时同样成立,像在上面章节"算法和伽罗华理论"中讨论的那样.事实上,我们构造的域 ε 将是根闭的,对于每一个 n,$R_n(\varepsilon)=\varepsilon$.于是,像在经典结果中那样,甚至当我们有能力找到想要的每一个根式时,不可解性仍然成立.

定理 39.4 存在可计算域 ε 满足对每一个 n,$R_n(\varepsilon)=\varepsilon$,使得 $P_5(\varepsilon)$ 是不可计算的.

证明 我们首先固定一个 Y 的次数为 5 的有理系数多项式 $p(X,Y)$,使得当 p 被看作域 $\mathbf{Q}(X)$ 上的多项式 $p_X(Y)$ 时,p_X 的根既不在 $\mathbf{Q}(X)$ 的根闭包中,也不在 $\mathbf{Q}$ 的代数闭包中.$p(X,Y)=XY^5+Y^5-Y-1$ 是一个例子,利用一些方法可以证明,它在 $\mathbf{Q}(X)$ 上的伽罗华群是对称群 S_5.

现在考虑一下可计算域 $\mathbf{Q}(X_0,X_1,\cdots)$,它有可计算超越基 $\{X_0,X_1,\cdots\}$.根据定理 39.1 和 39.2,它的代数闭包有一个可计算表现 C,并且存在 $\mathbf{Q}(X_0,X_1,\cdots)$ 到 C 中的一个有可计算像的拉宾嵌入 g.对于每一个 e,我们定义多项式 $p_e(Y)=p(g(X_e),Y)\in C[Y]$.

我们通过枚举一个生成集 W,并且在域运算(包括否定和互换)和对每一个 $n>0$ 取 n—次根的运算下封闭来构造一个可计算可枚举子域 $F\subseteq C$. 首先,W 包括上面给定的(可计算)超越基的全部元素 X_i(更准确地,W 包含他们在 C 中的像). 然后我们可计算的枚举事实 39.3 中的集合 K. 对于每一个出现在 K 的枚举中的新数 e,在整个 C 中搜寻 p_e 的 5 个根,并将所有那些根枚举在 W 中. 做完这些,我们当然继续在包括取根在内的所有运算下封闭 F. 子域 F 是 C 中在某一阶段进入 W 或者包含在我们的封闭过程中所有元素的集合,如此我们已经给出了 F 的一个可计算枚举.

正式地说,F 本身不是一个可计算域,但是我们可以利用推论 39.2 将 F 拉回到一个可计算域 ε,并存在从 ε 到 F 上的一个可计算同构 g. 因为我们让 F 在根运算下封闭,所以对所有的 n,有 $R_n(F)=F$,从而也有 $R_n(\varepsilon)=\varepsilon$. 类似地,如果集合 $P_5(\varepsilon)$ 是可计算的,那么我们也可以计算任意一个 $q(Y)\in F[Y]$ 是否在 $P_5(F)$,只须通过检验它的原像是否在 $P_5(\varepsilon)$ 中(为了得到原像,只要搜寻 q 的系数在 g 下的原像).

现在我们断言每一个自然数 e 在 K 中当且仅当多项式 p_e 在 $P_5(F)$ 中. 因为我们可以从 e 简单地计算 p_e,所以 $P_5(F)$ 的可计算性蕴含着不可计算集 K 的可计算性. 首先,如果 $e\in K$,则将 p_e 的根枚举到 W 中,于是 $p_e\in P_5(F)$. 下面假设 $e\notin K$,并令 r_e 是 p_e 在 C 中的任意一个根. 那么 X_e 在 C 中与 r_e 代数相关,又因为 $e\notin K$,所以 r_e 不会进入 W. 此外,我们对 $p(X,Y)$ 的选择保证了 r_e 既不可能在 $\mathbf{Q}(X_e)$ 的根闭包中也不可能在$\overline{Q}$中.因此,如果r_e曾经在我们的闭包运算下进入到F中,那么归功于来自某些多项式p_{i_k}的根$r_{i_1},\cdots,r_{i_m}\in W$,其中所有的$i_k\neq e$.但是另一方面$r_e$将在$\mathbf{Q}(X_{i_1},\cdots,X_{i_m})$的代数闭包中,这与$X_e$和集合$\{X_{i_1},\cdots,X_{i_m}\}$代数无关矛盾.因而$p_e$没有根在$F$中,所以$p_e\notin P_5(F)$.因此,像我们断言的那样,$e\in K$,当且仅当$p_e\in P_5(F)$.所以$P_5(F)$不是可计算的,$P_5(\varepsilon)$也不是.

我们请读者试着对$\mathbf{Q}$的代数扩张证明定理39.4.当然,没有必要对所有的n都有$R_n(\varepsilon)=\varepsilon$,但是$R_n(\varepsilon)$对于$n$可能是一致可计算的.也就是说,可能存在一个算法接受一对$\langle n,x\rangle$作为输入并判断是否有$x\in R_n(\varepsilon)$.(非一致版本,仅仅要求每一个集合$R_n(\varepsilon)$是可计算的,对每一个n允许完全不同的算法.)

当然,上述的论证无论怎么样也无法取代经典伽罗华理论.首先,经典理论的结果是必要的:他们提供了根全部在我们建立的域的根闭包外面的多项式.其次,我们的结果主要用于增强经典结论,关于五次多项式有一些特别的事:当到达那个次数时,搜寻根的过程碰上麻烦.最后,我们的论证仅仅应用于可计算域.这些足够证明我们在定理39.4中想要的例子,但是我们希望扩展这个讨论.如果可计算性的概念允许一个外部信息,那么可以考虑其他的可数域,并且先前章节的结果可以广泛地推广到那种情形.但是可计算模型论总是把它自己限制在可数结构之内,本质上因为图灵机和在有限时间内计算的性质只允许这样一个机器有可数多个输入.作者他自己目前的工作热衷于局部可

计算结构,即很有可能不可数的数学结构,它的有限生成子结构以一致的方式都是可计算可表现的.在研究这个题目的过程中,这篇文章中的想法或许也能应用到许多不可数域.

在本文中,每次我们想构造一个不可计算性的例子都用到集合 K.读者不要误认为 K 是唯一能够得到的不可计算集.事实上,可以构造无穷多个可计算可枚举集,他们中任何两个都不是图灵-等价的,并且除了那些,还存在 $\mathbf{N}$ 的不可数多个子集不是可计算可枚举的有他们自己的图灵度.可计算模型论主要考虑结构,例如域,代表所有这些可能产生的不同复杂度的方法.这里为了简便起见,我们已经避免了这种问题.

另一方面,这里用的查找过程可能经常看起来非常慢,真的需要一个元素接一个元素地查找整个 $\mathbf{Q}$ 来找一个多项式方程的解吗?当开始考虑关于搜寻所需要的时间和内存的数量的问题时,就已经跨入了理论计算机科学,在这里,这种问题已经被研究了很多,并且像本章中简单又慢的查找过程被认为是无用的.相反,可计算性理论家希望考虑所有可能的算法,并且做这件事最简单的方法就是除掉他们的复杂性,全部简化为查找过程.据此,通过确定没有查找过程可行,就可以容易地构造不可计算对象.据说这个学科实际上应该叫作不可计算性理论,因为它把如此多的力量放在建立和研究不可计算对象上.但是,这样一个名字不仅过分消极而且也不准确:甚至在研究不可计算对象时,我们也经常问哪些对象包含足够的信息来计算其他的对象(即哪些对象有更高的图灵度),因此真正的主题仍然是可计算性.

文章中的结果应该被假定为民俗,除非给出具体的隶属关系.虽然一些考虑过的问题可能之前还没有提出,但是通过核心可计算模型论的标准给出的答案不是特别复杂.作者将感谢任何和引理 39.3,推论 39.1 或定理 39.4 有关的可能已经被考虑的材料来源的信息.

微分代数初探①

第40章

本章引入了一种代数方程，可同时研究多项式方程的解和微分方程的解，这个方法就是伽罗华理论与微分伽罗华理论. 通过研究多项式方程 $x^5-4x^2-2=0$ 的解与微分方程 $u'=t-u^2$ 的解，我们同时发展了这两种理论.

① 译自：The Amer. Math. Monthly, Vol. 118(2011), No. 3, p. 245-261, A First Look at Differential Algebra, John H. Hubbard and Benjamin E. Lundell. 冯绪宁译，李福安校.

引　言

本章的目的是证明微分方程

$$u' = t - u^2 \tag{40.1}$$

没有用初等函数写出的解，或者说这个解不是初等函数的反微分(积分)或这些积分的指数，或这一类函数的积分等. 我们将会看到方程(40.1)可以用幂级数，依赖于参数的积分，或者阶为 1/3 的贝塞尔函数来解. 但是，正如我们在后面会看到，这些方法中没有一个是自然的“代数”方法.

我们的目的是通过发展微分代数理论(它的大部分工作是里特作出的，其他人包括刘维尔，皮卡，韦西奥，科尔钦和罗森利希特都有所贡献)，给出“代数”的精确定义. 我们所要用的微分伽罗华理论的部分与伽罗华理论的那部分非常类似，后者可导出阿贝尔著名结果的证明，那个著名结果即五次或更高次的一般多项式方程不可能有根式解. 为了尽可能平行地导出这两种情形，我们也将解释为什么多项式方程

$$x^5 - 4x^2 - 2 = 0 \tag{40.2}$$

没有如低次多项式方程那样的根式解.

本章原意是为对伽罗华理论多少有一些了解的读者写的：这包括最近才学的，但还不是专家的人；或是很久以前学的，但对其中很多精华已有所淡忘的人. 我们选取的例子是为了解释定理的：在本章中给出每一个细节证明是难以做到的.

分 裂 域

我们的第一步将是确定方程(40.1)和(40.2)的

解所在的区域. 回忆一下,域是一个能够定义加、减、乘、除运算的集合,而且这些运算要满足初等运算中的一些规则. 标准的例子是有理数域 **Q** 和实数域 **R** 以及复数域 **C**. 本章中考虑的域都是特征为 0 的.

对于多项式情形,我们现在来给出所需的所有基础.

定义 40.1 给出一个多项式 f,其系数在一个域 $F \subset \mathbf{C}$ 中,f 在 F 上的分裂域,记为 E_f,是 **C** 中包含 F 以及 f 的所有根的最小子域.

我们确信多项式 f 的所有解一定位于 **C** 的某个子域中,是代数基本定理所保证的. 这个定理是说任一次数为 n 的、系数在 **C** 中的多项式在 **C** 中有 n 个根(这些根不一定是不同的).

例 40.1 考虑多项式 $f(x)=x^2-2$,则域

$$E_f=\mathbf{Q}(\sqrt{2})=\{a+b\sqrt{2}: a,b\in\mathbf{Q}\}$$

是 f 在 **Q** 上的分裂域. 为什么?

首先,它是一个域. 人们可以显然的方式对这样的数相加,相减,相乘而得到同样形状的另一个数. 除法也是可能的,因为

$$\frac{1}{a+b\sqrt{2}}=\frac{a-b\sqrt{2}}{a^2-2b^2}$$

而 $a^2-2b^2=0$ 意味着 $a=b=0$(因为$\sqrt{2}$ 是无理数).

其次,它确实包含 f 的两个根 $\pm\sqrt{2}\in\mathbf{Q}(\sqrt{2})$. 再次,它显然是包含这两个根的最小域.

注 分裂域不一定只看作是 **C** 的子域. 我们只需要固定 **Q** 的一个代数闭包,就在这个闭包中研究(因为由定义可知,任一个代数闭包包括了任一个多项式的

根). 我们发现考虑 **C** 的子域会容易些，但这只是精神上的支持.

事实上，多项式伽罗华理论的结果在更一般的情形下也是成立的：设 F 是任一特征为 0 的域，对于系数属于 F 的多项式 f，我们有同样结果，只要开始时固定一个 F 的代数闭包. 这一层推广对于命题 40.1 是必须的.

当处理微分方程而不是多项式方程时，人们必须考虑带有更多结构的域.

定义 40.2 微分域，也称 D 域，是一个域 F，同时带有一个导数运算 $\delta: F \to F$，它满足

$$\delta(u+v)=\delta(u)+\delta(v)$$

且

$$\delta(uv)=u\delta(v)+v\delta(u)$$

(F,δ) 上一个 k 阶线性微分算子是一个映射 $L: F \to F$，它由下述公式给出

$$L(u)=\delta^k(u)+\alpha_{k-1}\delta^{k-1}(u)+\cdots+\alpha_0 u$$

其中 $\delta^k(u)=\delta(\delta(\cdots(u)\cdots))$，$\alpha_i \in F$.

D 域的第一个例子是 $\mathbf{C}(t)$，即所有的复系数单变量有理函数的集合，带有通常的加法和乘法，导数即通常的求微商. 由求微商的基本规律可知一个有理函数的微商仍是有理函数. 另一个例子是在一个开子集 $U \subset \mathbf{C}$ 上的亚纯函数构成的域 $M(U)$，亚纯函数就是两个解析函数的商 u/v，v 不恒等于 0. 相对于我们的目的，域 $\mathbf{C}(t)$ 是我们感兴趣的最小的域(类似于多项式情形中的 **Q**)，而 $M(U)$ 是最大的(类似于 **C**). 我们可以用 $M(U)$ 作为我们的“最大域” 的理由是微分方程的

存在性和唯一性定理,该定理说,若U是$\mathbf{C}$的单连通子集,$\alpha_1,\cdots,\alpha_k$是U中解析函数,则微分方程

$$L(u)=u^{(k)}+\alpha_1 u^{(k-1)}+\cdots+\alpha_k u=0$$

对任一$t_0\in U$及任意给定的初始条件$u(t_0),u'(t_0),\cdots,u^{(k-1)}(t_0)$在$M(U)$中有唯一解.

定义 40.3 设(F,δ)是一个微分域.F中的常数是使得$\delta(u)=0$的所有元素$u\in F$.

本章中,常数域总是$\mathbf{C}$.现在我们来确定所需要的微分方程解的范围的相关背景.

定义 40.4 设

$$L(u)=\delta^n(u)+\alpha_{n-1}\delta^{n-1}(u)+\cdots+\alpha_0 u$$

是一个微分算子,其中诸$\alpha_i\in F\subset M(U)$都是某个单连通开集$U\subset\mathbf{C}$上的解析函数.则$M(U)$中$L$在$F$上的微分分裂域是含有$F$和方程$L(u)=0$在$U$上所有解的$M(U)$的最小$D-$子域,记为$E_L^U$.

在不会产生混淆时,我们将省去U,把E_L^U记为E_L.

例 40.2 设$L(u)=u'-u$,这是最简单的微分算子.这时仅有的系数是± 1,自然是在$\mathbf{C}$上解析的.所以$\mathbf{C}(t)$上的分裂域就是包含有理函数域和微分方程$u'=u$所有解的$M(\mathbf{C})$的最小D_0子域,即形如Ce^t的所有函数.很清楚,这个子域E_L即形如

$$\frac{p_0(t)+p_1(t)e^t+\cdots+p_m(t)e^{mt}}{q_0(t)+q_1(t)e^t+\cdots+q_n(t)e^{nt}}$$

这样的函数形成的空间,其中诸p_i和q_j是系数在$\mathbf{C}$中的多项式,分母不恒等于0,这是一个微分域(容易看出在加、减、乘、除和求导运算下它是封闭的),而且不难看出它是包含所有常数和e^t的最小域.我们将看到

这个分裂域是由 $a+b\sqrt{2}$ 组成的域的一个很接近的类似物.

伽罗华群

现在我们研究分裂域的构造,特别是要知道多项式方程和微分方程的根在域的自同构下的性状. 我们从多项式方程开始.

定义 40.3 设 $F\subset \mathbf{C}$ 是一个域,并设 K/F 是域的任一个扩张. 伽罗华群是 K 的所有保持 F 中元素不动的域自同构构成的群,记为 $\mathrm{Gal}(K/F)$,此时群的乘法即是自同构的复合. 如果 f 是一个系数在 F 中的多项式,则称 $\mathrm{Gal}(E_f/F)$ 为 f 的伽罗华群.

固定一个系数在 F 中的多项式 f,设 $\sigma\in\mathrm{Gal}(E_f/F)$. 因为 σ 固定 F 中每个元素,并根据域中运算的定义,对任意 $a\in E_f$ 我们就有 $f(\sigma(a))=\sigma(f(a))$. 特别,若 a 是 f 的根,即 $f(a)=0$,则有

$$0=f(a)=\sigma(f(a))=f(\sigma(a))$$

结论是 f 的伽罗华群中元素对 f 的根作置换. 因此,如果我们用 R_f 记 f 的全部根的集合,则存在一个群同态映射

$$\mathrm{Gal}(E_f/F)\rightarrow \mathrm{Perm}(R_f)$$

($\mathrm{Perm}(R_f)$ 表示 R_f 的置换群——编校注)容易看出,这是一个单射. 所以 $\mathrm{Gal}(E_f/F)$ 自然地同构于根的有限置换群的一个子群. 以后,我们将该多项式的伽罗华群与置换群的这个子群视为同一.

事实上,我们可以说得更多. 写 $f=g\cdot h$,其中 g 是一个系数在 F 中不可约的非常数多项式,设对某个

$a \in \mathbf{C}$ 有 $g(a)=0$. 首先我们必有 $f(a)=g(a)h(a)=0$，即 $a \in R_f$. 设 $\sigma \in \mathrm{Gal}(E_f/F)$. 由与前面同样的理由

$$0=g(a)=\sigma(g(a))=g(\sigma(a))$$

所以 $\mathrm{Gal}(E_f/F)$ 不仅置换了 f 的根，也置换了 f 的每个不可约因子的根. 因此，我们在本文的下面将只关注 f 本身就是不可约的情形.

例 40.3 例 40.1 中的 $f(x)=x^2-2$，则群 $\mathrm{Gal}(E_f/\mathbf{Q})$ 是 $\{\sqrt{2}, -\sqrt{2}\}$ 的置换群.

例 40.4 令 $f(x)=x^5-1$. 它的根集合由 5 个元素组成，$\omega_k=\mathrm{e}^{2k\pi\mathrm{i}/5}$，$k=0,\cdots,4$. 很清楚，这个伽罗华群不是全置换群，没有一个自同构可以将 1 映为其他任一元素. 这是下列一般叙述的一个特例：多项式 f 的伽罗华群在根集上的作用是传递的，当且仅当 f 是不可约的（传递的意思是，给定 f 的任意两个根 a_1 和 a_2，必有 $\sigma \in \mathrm{Gal}(E_f/\mathbf{Q})$，使得 $\sigma(a_1)=a_2$）.

在我们的情形，$x^5-1=(x^4+x^3+x^2+x+1)(x-1)$，两个因子的根不可以混淆. 其他的根如何呢？它不是十分显然的，[①] 但 ω_1 可以用一个自同构 $\sigma \in \mathrm{Gal}(E_f/\mathbf{Q})$ 映为任一别的根 ω_k，$k=1,2,3,4$. 知道 $\sigma(\omega_1)$ 就完全确定了 σ，因为

$$\omega_k=\omega_1^k\text{，所以 }\sigma(\omega_k)=\sigma(\omega_1)^k$$

当你看到这点，就不难看出这个伽罗华群是 $\mathbf{Z}/5\mathbf{Z}$ 的乘法群，它是四阶循环群. 同样的论证可以证明，对任意素数 p，多项式 x^p-1 的伽罗华群是域 $\mathbf{Z}/p\mathbf{Z}$ 的乘法群.

---

① 这是高斯证明的分圆多项式是不可约的定理内容. —— 原注

定义 40.4 域 F 的一个扩张 K/F 称为是伽罗华扩张,是指 K 中被 $\mathrm{Gal}(K/F)$ 的全部元素保持不动的部分恰是 F,仅在此时,伽罗华群是真正有用的.[①]

下列定理给出了特征为 0 的域 F 上的所有有限伽罗华扩张.

定理 40.1 设 f 是系数在某个域 $F\subset\mathbf{C}$ 中的不可约多项式,则域扩张 E_f/F 是一个伽罗华扩张. 事实上,F 的每个有限伽罗华扩张是系数在 F 中的一个不可约多项式的分裂域. 这时有 $|\mathrm{Gal}(E_f/F)|=[E_f:F]$.

我们看到例 40.3 和例 40.4 都是伽罗华扩张的例子. 下面看一个非伽罗华扩张的例子.

例 40.5 考虑域 F 由形如

$$a+b2^{1/3}+c4^{1/3}$$

的实数组成的域,其中 a,b,c 是任意有理数. 在此情形,$\mathrm{Gal}(F/\mathbf{Q})=\{1\}$,这是因为这个群的元素必须把 $2^{1/3}$ 映为 2 的一个立方根,而 F 中不存在 2 的其他立方根,于是 $F/\mathbf{Q}$ 是非伽罗华扩张.

定理 40.2(伽罗华理论的基本定理) 设 K/F 是有限伽罗华扩张. 如果 M 是满足 $F\subset M\subset K$ 的一个域,则 $\mathrm{Gal}(K/M)$ 是 $\mathrm{Gal}(K/F)$ 的子群. 进一步,这在包含 F 的 K 的子域与 $\mathrm{Gal}(K/F)$ 的子群之间定义了一个逆包含的一一映射. 在这个一一映射下,正规子群对应的子域 M 使得 M/F 也是伽罗华扩张, 并且有

---

① 当 L/K 不是伽罗华扩张,正确的做法是考虑嵌入 $K\subset\mathbf{C}$ 的集合,它在 F 上是恒等映射. 我们这里就不去涉及了. —— 原注

$\mathrm{Gal}(M/F) \cong \mathrm{Gal}(K/F)/\mathrm{Gal}(K/M)$.

例 40.6 考虑多项式 $f(x)=x^3-2$. 它有 3 个根. 伽罗华群 $\mathrm{Gal}(E_f/\mathbf{Q})$ 是 3 个根①的置换群,因此阶是 6. 分裂域 E_f 必包含 3 根之间的比,是三次单位根. 如果我们令 E_g 是 $g(x)=x^2+x+1$ 的分裂域,则 $\mathrm{Gal}(E_f/E_g)$ 是三阶循环群. 因指数 2 的子群总是正规的,所以 $\mathrm{Gal}(E_f/E_g) \trianglelefteq \mathrm{Gal}(E_f/\mathbf{Q})$. 由定理 40.2, $E_g/\mathbf{Q}$ 是伽罗华扩张, 且 $\mathrm{Gal}(E_g/\mathbf{Q}) \cong \mathrm{Gal}(E_f/\mathbf{Q})/\mathrm{Gal}(E_f/E_g)$.

更确切地,设 $\omega=e^{2\pi i/3}$,则 $\mathrm{Gal}(E_f/\mathbf{Q})$ 由唯一的域自同构 $\sigma: 2^{1/3} \mapsto \omega \cdot 2^{1/3}$ 及复共轭生成, 然而 $\mathrm{Gal}(E_f/E_g)$ 是只由 σ 生成的,因为复共轭在 E_g 上不是恒等映射. 后一结论说明 $\mathrm{Gal}(E_g/\mathbf{Q})$ 同构于它们的商群,由包含复共轭的陪集生成,所以阶为 2.

最后,我们考虑由复共轭生成的 $\mathrm{Gal}(E_f/\mathbf{Q})$ 的二阶子群. 这个子群对应的域(如定理 40.2 所说的一一映射)恰是在例 40.5 中考虑的域,我们已经看到这个域不是 $\mathbf{Q}$ 上的伽罗华扩张. 这正对应了一个事实,即在 $\mathrm{Gal}(E_f/\mathbf{Q})$ 中没有二阶正规子群.

微分伽罗华群

在这一节,我们将对微分域扩张建立类似的伽罗华理论. 本节中, 我们总是假定所有微分域都包含 $\mathbf{C}(t)$,并且它位于某个域 $M(U)$ 中,其中 $U \subset \mathbf{C}$ 是单连

---

① 特别地,2 的实立方根不能与其他两根在代数上区分开来. ——原注

通开集.

定义 40.5 设(K,ε)是微分域(F,δ)的微分扩张. 微分伽罗华群 $\mathrm{DGal}(K/F)$ 是域 K 的自同构 σ: $K\to K$ 构成的群,这些自同构使 F 的元素固定不动,并且满足对一切 $u\in K$ 有$\sigma(\varepsilon(u))=\varepsilon(\sigma(u))$. 群的乘法由自同构的复合给出. 如果 L 是系数在 F 中的线性微分算子,则称 $\mathrm{DGal}(E_L/F)$ 为 L 的微分伽罗华群.

正如多项式情形那样,若我们固定一个系数在 F 中的k 阶微分算子L,则$\mathrm{DGal}(E_L/F)$的元素将$L(u)=0$ 的一个解映为另一个解. 证明与多项式的情形相同. $L(u)=0$ 在 $M(U)$ 中的解空间 V_L 作为 $\mathbf{C}$ 上向量空间是 k 维的(因为我们必须给定 k 个初始条件才能保证解的唯一性). 如我们刚才提到的,$D-$伽罗华群中的元素置换 L 的解,并且在 F 上(因此在 $\mathbf{C}$ 上也)是线性的. 我们的结论是 $D-$伽罗华群 $\mathrm{DGal}(E_L/K)$ 自然同构于 $GL(V_L)$ 的一个子群. 这样,如果选取 $L(u)=0$ 的解的一个基底,我们就可以将 $\mathrm{DGal}(E_L/F)$ 理解为可逆 $k\times k$ 复矩阵的一个群. 如同多项式情形一样,我们总是将它们视为等同.

例 40.7 设L是由$L(u)=u'-u$给出的算子. 在例 40.2 中,它的分裂域已经确定. E_L 的任一自同构必须将$u'=u$ 的解映为另一个解. 特别地,将 e^t 映为 Ce^t,C 为某个非 0 复数. 进而,C 完全确定了这个 $D-$伽罗华自同构. 因此 $D-$伽罗华群是 $\mathbf{C}^*=GL_1(\mathbf{C})$,即复数乘法群.

定理 40.2 线性微分算子 L 的微分伽罗华群 $\mathrm{DGal}(E_L/K)$ 是 $GL(V_L)$ 的一个代数子群,即它是由

有限多个多项式方程定义的子集合.

我们用几个例子说明这点. $\mathbf{C}$ 的加法群有很多子群,同构于 $\mathbf{Z},\mathbf{Z}\oplus\mathbf{Z},\mathbf{R}$ 等,但它们中没有一个是代数的. 例如 $\mathbf{Z}$ 是由方程 $\sin \pi z=0$ 定义的,但 $f(z)=\sin(\pi z)$ 不是多项式(函数 $f(z)=z-\bar{z}$ 也不是多项式,它恰在 $\mathbf{R}$ 上为 0). 群 $\mathbf{C}^*$ 中也有很多子群,但其中仅有对于某个 n,n 次单位根组成的群是代数的(显然这个群是由单个方程 $z^n-1=0$ 定义的).

下述定理是代数群中一个很强的结果,对于证明定理 40.5 是必需的.

定理 40.3 设 V 是 $\mathbf{C}$ 上的一个有限维向量空间,$G\subset GL(V)$ 是一个代数群,则 G 的含有单位元的连通分支 $G_0\subset G$ 是正规子群,且 G_0 也是代数的,而商群 G/G_0 是有限群.

我们下面的例说明了一个 $D-$伽罗华群也完全可以是有限的.

例 40.8 设 $U\subset\mathbf{C}$ 是开单位圆盘,考虑线性微分算子

$$L(u)=u'+\frac{t}{1-t^2}u$$

它的系数在 U 上是解析的. 设 w 是 $\sqrt{1-t^2}$ 在 U 上的一个解析分支,例如在 $(-1,1)$ 取正值的那个分支. 则对任一 $C\in\mathbf{C}$,$L(Cw)=0$,L 在 $\mathbf{C}(t)$ 上的分裂域 $E_L\subset M(U)$ 是形如 $u+v\sqrt{1-t^2}$ 的函数集合,其中 $u,v\in\mathbf{C}(t)$.

因为 L 是一阶算子,我们知道 $\mathrm{DGal}(E_L/\mathbf{C}(t))$ 是 $GL_1(\mathbf{C})=\mathbf{C}^*$ 的子群. 设 $\sigma\in\mathrm{DGal}(E_L/\mathbf{C}(t))$,使对某

个 $C\in\mathbf{C}$ 有 $\sigma(w)=Cw$. 则 $\sigma(w)^2=C^2w^2=C^2(1-t^2)$. 但又有 $\sigma(w)^2=\sigma(w^2)=\sigma(1-t^2)=1-t^2$,因为 σ 固定 $1-t^2\in\mathbf{C}(t)$. 因此 $C^2=1$. 这样 $\mathrm{DGal}(E_L/\mathbf{C}(t))$ 是一个两元素的群. 一个是单位自同构，一个是将 $\sqrt{1-t^2}$ 变为 $-\sqrt{1-t^2}$.

这解释了下列事实:即使一个线性微分算子是不可约的(不可约就是说它不可能由两个低阶微分算子所复合),它的分裂域的微分伽罗华群也可能不是可迁地作用在算子的非零解上. 这些解有它们的"特别性".

这个例子中的情形完全是一般的.

命题 40.1 设 L 是一个线性微分算子,其系数在某个 $D-$ 域 $F\subset M(U)$ 中,其中 $U\subset\mathbf{C}$ 是一单连通开集. 设 E_L/F 是伽罗华扩张,且 $\mathrm{DGal}(E_L/F)$ 是有限的. 则 E_L 所有元素在 F 上是代数的.

在我们证明这个命题之前,我们需要解释清楚"E_L/F 是伽罗华扩张"是什么意思. 我们的意思是 E_L 是系数在 $D-$ 域 F(包含在 F 的某个代数闭包中)的某个不可约多项式的分裂域. 在例 40.8 中,我们有 $E_L=E_f$,其中 $f(x)=x^2-(1-t^2)\in\mathbf{C}(t)[x]$. 正如我们在例 40.1 后作的注记所提到的,我们所发展的多项式的伽罗华理论对于这个更一般的情形也成立.

命题 40.1 的证明 选取 $v\in E_L$,并考虑多项式

$$f:=\prod_{\sigma\in\mathrm{DGal}(E_L/F)}(x-\sigma(v))$$

这个多项式的系数在 $\mathrm{DGal}(E_L/F)$ 元素作用下是固定的. 因此由下面的定理 40.4 可知是属于 F 的,所以 f 是系数属于 F 的多项式,v 是它的根,故 v 在 F 上是代数的.

上面的命题将线性微分算子的分裂域与多项式的分裂域联系了起来.人们不禁要问:伽罗华$D-$扩张是否是研究$D-$域的合适扩张?答案为否.但是,我们仍然很喜欢对微分域伽罗华扩张的这种类比.

定义 40.6 一个微分域的扩张K/F称为皮卡-韦西奥扩张是指:K中被$\mathrm{DGal}(K/F)$的所有元素固定的元素组成的集合恰为F.

皮卡-韦西奥扩张在微分伽罗华理论中扮演的角色就是伽罗华扩张在多项式伽罗华理论中扮演的角色.为了支持这种观点,我们给出下列两个定理作为定理40.1和定理40.2在微分域中的类比物.

定理 40.4 设L为一线性微分算子,它的系数在一微分域$F\subset M(U)$中,则域扩张E_L/F是一个皮卡-韦西奥扩张.更进一步,F的每个皮卡-韦西奥扩张都可看作为某个系数在F中的线性微分算子的分裂域.

定理 40.5(微分伽罗华理论的基本定理) 设K/F是皮卡-韦西奥扩张.若M是一个$D-$域,并且$F\subset M\subset K$,则$\mathrm{DGal}(K/M)$是$\mathrm{DGal}(K/F)$的一个代数子群.进一步,这定义了K的包含F的$D-$子域与$\mathrm{DGal}(K/F)$的代数子群之间的一个逆包含的一一映射.在这个映射下,正规子群对应的$D-$子域M,使得M/F也是皮卡-韦西奥扩张,此时$\mathrm{DGal}(M/F)\simeq\mathrm{DGal}(K/F)/\mathrm{DGal}(K/M)$.

判别式和朗斯基行列式

伽华罗理论与$D-$伽罗华理论外观的相似已让人吃惊了,而多项式的判别式与线性微分算子的朗斯基

(Wronski) 行列式的对应简直让人觉得不可思议.

定义 40.7 设 f 为不可约多项式,其系数在一域 F 中. E_f 是它的分裂域,包含 f 的根 $x_1,\cdots,x_d$. 则 f 的判别式为①

$$\Delta(f)=\pm\prod_{i\neq j}(x_i-x_j)$$

其中,取正号当且仅当因子个数被 4 整除.

首先,这是 E_f 的元素,但显然它被 $\mathrm{Gal}(E_f/F)$ 固定,因此由定理 40.1,它属于 F. 在 E_f 中判别式 $\Delta(f)$ 是 $\prod_{i<j}(x_i-x_j)$ 的平方(这是选取正负号的原因),但在 F 中它不一定是一平方元. 如果它不是平方元,那么在 F 和 E_f 之间就有一个中间域,即 $F(\sqrt{\Delta(f)})$. 用它能比较容易地理解各个伽罗华群之间的关系.

命题 40.2 我们有 $\mathrm{Gal}(E_f/F(\sqrt{\Delta(f)}))=\mathrm{Gal}(E_f/F)\cap\mathrm{Alt}(R_f)$,其中 $\mathrm{Alt}(R_f)\subset\mathrm{Perm}(R_f)$ 是偶置换子群. 特别地,仅当 $\mathrm{Gal}(E_f/F)$ 由 f 的根的全部偶置换组成时,判别式是 F 中的平方元.

证明 一个偶置换 σ 可以写成偶数个对换的乘积,因此它不改变 $\prod_{i<j}(x_i-x_j)$ 的符号(从而固定了它).

例 40.8 考虑多项式 $f(x)=x^3-2$. 我们可以计算出 $\Delta(x^3-2)=-108$. 在例 40.6 中,我们可看到 $\mathrm{Gal}(E_f/\mathbf{Q})=S_3$, 由命题 40.2 可知

---

① 为了与朗斯基行列式相比较,最好用结式术语来定义 f 的判别式,但我们在这里没有用结式术语,因为它更长而且更具技巧性.——原注

$\mathrm{Gal}(E_f/\mathbf{Q}(\sqrt{\Delta(f)}))=A_3$. 自然由例 40.6 我们已经看到 $-108=-1\cdot 2^2\cdot 3^3$,所以 $\mathbf{Q}(\sqrt{\Delta(f)})=\mathbf{Q}(\sqrt{-3})=E_g$,其中 $g(x)=x^2+x+1$. 这是 3 次单位根所满足的不可约多项式.

设 U 是 $\mathbf{C}$ 的单连通开子集,F 是 $M(U)$ 的微分子域. L 是系数在 F 中的微分算子. 为了更好地理解微分算子 L 的朗斯基行列式,我们将微分方程 $L(u)=0$ 转为一阶方程组,做法如下.

如果 $L(u)=u^{(n)}+\alpha_{n-1}u^{(n-1)}+\cdots+\alpha_0 u$,则我们可以将方程 $L(u)=0$ 表示为矩阵方程 $\mathbf{A}_L\boldsymbol{u}=\boldsymbol{u}'$,其中 $\mathbf{A}_L$,$\boldsymbol{u}$,$\boldsymbol{u}'$ 分别是 $n\times n$,$n\times 1$ 和 $n\times 1$ 矩阵

$$\mathbf{A}_L:=\left(\begin{array}{c|ccc} 0 & & & \\ \vdots & & I_{n-1} & \\ 0 & & & \\ \hline -\alpha_0 & -\alpha_1 & \cdots & -\alpha_{n-1} \end{array}\right)$$

$$\boldsymbol{u}:=\begin{pmatrix} u \\ u' \\ \vdots \\ u^{(n-1)} \end{pmatrix}$$

和

$$\boldsymbol{u}':=\begin{pmatrix} u' \\ u'' \\ \vdots \\ u^{(n)} \end{pmatrix}$$

若 $u_1,\cdots,u_n$ 是 $L(u)=0$ 的 n 个线性无关的解,我们定义一个新的 $n\times n$ 矩阵 $\mathbf{W}_L$,它的第 i 列是 $\boldsymbol{u}_i$,$i=1,\cdots,n$. 则 $\mathbf{W}_L$ 满足 $n\times n$ 矩阵的微分方程 $\mathbf{W}'=\mathbf{A}_L\mathbf{W}$.

定义 40.8 微分算子 L 的朗斯基行列式是一个复变量 t 的函数 $Wr_L=\det(\boldsymbol{W}_L)$. 因为矩阵 $\boldsymbol{W}_L$ 依赖于 $L(u)=0$ 解的基底的选择,但不同基底算出的朗斯基行列式至多相差一个非零复常数.

看来很不幸,从定义中我们似乎必须知道 $L(u)=0$ 的解空间的基底才能计算朗斯基行列式,一般来说,这是非常困难的.但下述命题却给了我们计算朗斯基行列式的一种方法,它只需考虑矩阵 $\boldsymbol{A}_L$.

命题 40.3 朗斯基行列式 Wr_L 满足下列微分方程

$$u'=\mathrm{Tr}(\boldsymbol{A}_L)u$$

因此,我们可写出

$$Wr_L(t)=Wr_L(t_0)\exp\left[\int_{t_0}^{t}\mathrm{Tr}(\boldsymbol{A}_L(s))\mathrm{d}s\right]$$

其中 t_0 是 U 中任一点,我们可沿着 U 中任一条从 t_0 到 t 的道路作积分.特别地,朗斯基行列式总是包含在添加所得积分的指数函数的微分扩张中.

证明 先看第1部分,我们用关于 $n\times n$ 可逆矩阵的雅可比等式

$$(\det \boldsymbol{W})'=\mathrm{Tr}(\boldsymbol{W}'\cdot \mathrm{Adj}\ \boldsymbol{W})$$

其中 $\mathrm{Adj}\ \boldsymbol{W}$ 是唯一的 $n\times n$ 可逆矩阵,满足

$$\boldsymbol{W}\cdot \mathrm{Adj}\ \boldsymbol{W}=(\mathrm{Adj}\ \boldsymbol{W})\cdot \boldsymbol{W}=\det(\boldsymbol{W})\boldsymbol{I}_n$$

命题的第1部分如下推出

$$\begin{aligned}Wr'_L&=\mathrm{Tr}(\boldsymbol{W}'_L\cdot \mathrm{Adj}\ \boldsymbol{W}_L)\\&=\mathrm{Tr}(\boldsymbol{A}_L\boldsymbol{W}_L\mathrm{Adj}\ \boldsymbol{W}_L)(\text{因为 }\boldsymbol{W}'_L=\boldsymbol{A}_L\boldsymbol{W}_L)\\&=\mathrm{Tr}(\boldsymbol{A}_L\cdot\det(\boldsymbol{W}_L)\boldsymbol{I}_n)(\text{因为 }\boldsymbol{W}_L\cdot \mathrm{Adj}\ \boldsymbol{W}_L=\det(\boldsymbol{W}_L)\boldsymbol{I}_n)\\&=\mathrm{Tr}(\boldsymbol{A}_L\cdot Wr_L\boldsymbol{I}_n)\end{aligned}$$

$$= \mathrm{Tr}(\boldsymbol{A}_L)Wr_L$$

假设在 $t_0 \in U$ 处朗斯基行列式为 0，则 w 为 $u_1, u_2, \cdots, u_n$ 的线性组合，使得 $w(t_0) = w'(t_0) = \cdots = w^{(n-1)}(t_0) = 0$，然而 $L(w) = 0$，根据 $L(u) = 0$ 解的唯一性定理，我们必有 w 是常数函数 0. 但这与解 $u_1, u_2, \cdots, u_n$ 的线性无关性矛盾. 所以我们可以假定 Wr_L 在 U 上非零. 于是，我们可以用它来除上面等式两端，得到

$$\frac{Wr'_L}{Wr_L} = \mathrm{Tr}\ \boldsymbol{A}_L$$

是单连通集 U 上的函数. 如取任一 $t_0 \in U$，积分

$$\int_{t_0}^{t} \mathrm{Tr}\boldsymbol{A}_L(s)\mathrm{d}s = \int_{t_0}^{t} \frac{Wr'_L(s)}{Wr_L(s)}\mathrm{d}s$$
$$= \ln Wr_L(t) - \log Wr_L(t_0)$$

与 t_0 到 t 的道路无关，这便得到了命题的第 2 部分.

再者，如果朗斯基行列式不在原来的 D－域中，就给出一个中间 D－域扩张：$F \subset F(Wr_L) \subset E_L$，理解 D－伽罗华群的作用不是十分困难.

命题 40.4 将 $\mathrm{DGal}(E_L/F)$ 与 $GL(V_L)$ 等同后，我们有

$$\mathrm{DGal}(E_L/F(Wr_L)) = \mathrm{DGal}(E_L/F) \cap \mathrm{SL}(\boldsymbol{V}_L)$$

这里 $\mathrm{SL}(\boldsymbol{V}_L) \subset GL(\boldsymbol{V}_L)$ 是行列式为 1 的自同构构成的子群. 特别，如果朗斯基行列式在 F 中，则 D－伽罗华群包含在 $\mathrm{SL}(\boldsymbol{V}_L)$ 中.

证明 设 $\sigma \in \mathrm{DGal}(E_L/F)$，则如上讨论的，$\sigma$ 置换 $L(u) = 0$ 的解. 由于 $\boldsymbol{W}_L$ 是由这些解确定的，我们看到 σ 通过作用在它的每个元素而作用在 $\boldsymbol{W}_L$ 上. 我们将记这个作用为 $\sigma(\boldsymbol{W}_L)$. 因为 σ 是域同态，$\boldsymbol{W}_L$ 是 F（应为 E_L——译注）中元素乘积之和，我们可以推出

$\sigma(Wr_L)=\sigma(\det \boldsymbol{W}_L)=\det(\sigma(\boldsymbol{W}_L))$.

将 $\mathrm{DGal}(E_L/F)$ 与 $GL(\boldsymbol{V}_L)$ 等同,我们可以找到一个矩阵 $\boldsymbol{S}\in GL(V_L)$,使得 $\sigma(\boldsymbol{W}_L)=\boldsymbol{W}_L\boldsymbol{S}$.[①]因此

$$\begin{aligned}\sigma(Wr_L)&=\det(\sigma\boldsymbol{W}_L)=\det(\boldsymbol{W}_L\boldsymbol{S})\\&=\det(\boldsymbol{W}_L)\det(\boldsymbol{S})=\det(\boldsymbol{S})Wr_L\end{aligned}$$

特别,σ 固定 Wr_L 当且仅当 $\det \boldsymbol{S}=1$.

我们用一个例子解释这些想法,这个例子对定理 40.5 的证明是很关键的.

例 40.9 考虑艾里(Airy)微分算子 $L_A(u)=u''-tu$,并设 v 是 $L_A(u)=0$ 的一个解,则

$$\boldsymbol{A}_{L_A}=\begin{pmatrix}0&1\\t&0\end{pmatrix}$$

如果 $L_A(v)=0$,则

$$\begin{aligned}\boldsymbol{A}_{L_A}\boldsymbol{v}&=\begin{pmatrix}0&1\\t&0\end{pmatrix}\begin{pmatrix}v\\v'\end{pmatrix}\\&=\begin{pmatrix}v'\\tv\end{pmatrix}\\&=\begin{pmatrix}v'\\v''\end{pmatrix},\text{因为 } L_A(v)=0\\&=\boldsymbol{v}'\end{aligned}$$

我们现在可以用命题 40.3 来计算朗斯基行列式 Wr_{L_A} 了.因为 $\mathrm{T}_r\boldsymbol{A}_{L_A}=0$,对某个非零复数 C 我们有 $Wr_{L_A}=$

---

① 这不是显然的,但可以从相对于基底$\{u_1,\cdots,u_n\}$的矩阵来检查,同时要注意对应于 σ 的矩阵作用是右乘.—— 原注

W 的每列由一个解生成,σ 的作用使它们彼此置换,即各列置换,等于右乘一个置换矩阵,自然是行列式为 ±1 的矩阵.—— 译注

$C\exp[\int 0]=C$. 因为 $C\in\mathbf{C}(t)$，由命题 40.4 我们可以看出 $\mathrm{DGal}(E_{L_A})$ 是 $\mathrm{SL}_2(\mathbf{C})$ 的子群，精确地定出这个子群是定理 40.5 的内容.

根扩张和可解伽罗华群

回想你的中学代数课程的主要结果，二次方程根的公式，当时假定是在特定 0 的域上讨论的. 这个简单的公式让你可以求得任何二次多项式的根. 在解中出现一个平方根是不稀奇的. 这个基本格式提供了继续进行下去的直觉.

定义 40.9 假定你可以用下列步骤找到系数在域 F 中的不可约多项式 f 的根：

(1) 选取 $a_1\in F$，令 $x^{d_1}-a_1$ 的分裂域为 F_1.

(2) 选取 $a_2\in F_1$，令 $x^{d_2}-a_2$ 的分裂域为 F_2.

(3) 继续这种做法，直到你找到一个域 F_i，它包含了 f 的所有的根.

那么，我们说 f 是根式可解的.

更为复杂的是三次公式(大概中学不包括这个内容)：解方程 $x^3+ax^2+bx+c=0$ 时先作代换 $y=x-a/3$，将问题转变为

$$y^3+py+q=0$$

这里

$$p=b-\frac{a^2}{3}$$

$$q=\frac{2a^3}{27}-\frac{ab}{3}+c$$

则我们求得

$$y=\left(\frac{-q\pm\sqrt{q^2+\frac{4p^3}{27}}}{2}\right)^{1/3}-\frac{p}{3\left(\frac{-q\pm\sqrt{q^2+\frac{4p^3}{27}}}{2}\right)^{1/3}}$$

注意,这是一个典型的根扩张,第一步添加平方根 $\sqrt{q^2+4p^3/27}$,然后是一个由此生成的扩张域中的元素的立方根.

定义 40.10 一个群 G 叫作是可解的,如果存在一个子群链

$$\{1\}=G_n\subset G_{n-1}\subset\cdots\subset G_0\subset G_{-1}=G$$

使得每个 G_j 是 G_{j-1} 的正规子群,而且 G_{j-1}/G_j 是阿贝尔群.

可解有限群的典型例子是对称群 S_3 和 S_4,后者有链

$$\{1\}\subset V\subset A_4\subset S_4$$

这里 V 是克莱因四元群,A_4 是交错群. 当 $n\geqslant 5$ 时,S_n 和 A_n 都是不可解的.

下一命题表示名称上的相似并非巧合.

命题 40.5 一个系数在 F 中的不可约多项式 f 是根式可解的,当且仅当 $\mathrm{Gal}(E_f/F)$ 是可解群.

刘维尔扩张与可解微分伽罗华群

自然,我们可以考虑微分域的根式扩张,但在微分域的背景下它并非是根扩张最正确类比物. 对一个 D — 域 F,考虑 $v\in F$ 之积分 V. F 的"单"扩张是指或包含 V,或包含 e^V 且包含 F 的最小 D — 扩域. 我们考虑 F 的所有有限代数扩张,因为它比较初等.

定义 40.11 说 K 是 $D-$ 域 F 的刘维尔扩张，如果存在一个序列

$$F=F_0\subset F_1\subset F_2\subset\cdots\subset F_n=K$$

使得每个域 F_{i+1} 或是 F_i 的有限代数扩张，或是由 F_i 中一个元素的积分或其积分的指数函数所生成.

注意，如果我们把所有域都看作 $M(U)$ 的子域，那么对某个合适的域 U，我们必须局限在某个 $U_1\subset U$：如果 $v\in U$ 是个极点，且留数不为 0，那么就不可能在整个 U 上定义 v 的积分. 但我们总可以找到 U 的单连通子集避开 v 的极点.

考虑扩张 F_i/F_{i-1}，那么依据扩张生成方式，$\mathrm{DGal}(F_i/F_{i-1})$ 有 3 种可能性：

(1) 如果 F_i/F_{i-1} 是由一个有限代数元素生成，则 $\mathrm{DGal}(F_i/F_{i-1})$ 是有限群.

(2) 如果 F_i/F_{i-1} 是由 $\alpha\in F_{i-1}$ 的积分生成，那么我们可以认为 F_i 是线性算子 $L(u)=u'-\alpha$ 的分裂域. 特别，我们用来生成 F_i 的该算子之解仅由所加的 $\mathbf{C}$ 中常数确定. 因为 $\mathrm{DGal}(F_i/F_{i-1})$ 必须置换 $L(u)=0$ 的解，我们就知 $\mathrm{DGal}(F_i/F_{i-1})\simeq\mathbf{C}$(因为 $\mathbf{C}$ 没有代数子群).

(3) 如果 F_i/F_{i-1} 是由 F_{i-1} 中一元素 α 积分的指数函数所生成的扩张，则我们可以将 F_i 视为线性算子 $L(u)=u'-\alpha u$ 的分裂域，特别，我们用来生成 F_i 的解由乘上一个 $\mathbf{C}^*$ 中常数确定，所以 $\mathrm{DGal}(F_i/F_{i-1})\simeq\mathbf{C}^*$，或者 $\mathrm{DGal}(F_i/F_{i-1})$ 是 n 阶循环群(对应于 n 次单位根的代数子群). 由命题 40.1 可知，此时 F_i/F_{i-1} 是一个代数扩张.

例 48.10 设 $F\subset M(U)$，其中 $U\subset\mathbf{C}$ 是某个单连通开子集. 上面的(2) 和(3) 说明，如果 L 是一个一阶线性算子在 F 上所定义的域，则 E_L/F 是一个刘维尔扩张. 二阶线性算子的情形又是怎样的呢？这个答案要求我们更详细地考虑一下一阶算子.

假设 $L(u)=u'+\alpha u$，$\alpha\in F$. 设 $\beta\in E_L$，设 v 是非齐次方程 $L(u)=\beta$ 的解. 为解出 v，首先我们要在方程 $v'+\alpha v=\beta$ 两边同乘以积分因子 $w:=\exp[\int\alpha]$. 注意这个 w 是包含在 F 的一个刘维尔扩张之内的.

这个乘法把我们的方程变为 $(vw)'=w\beta$. 将其积分并双方除以 w 得到

$$v=\frac{1}{w}\int w\beta$$

特别因为 w 和 β 都含在 F 的刘维尔扩张之内，所以 v 亦然.

现在我们已作好了讨论二阶线性算子 $L(u)=u''+\alpha_1u'+\alpha_0u$ 的准备，其中 $\alpha_0,\alpha_1\in F$. 假定 v 满足 $L(v)=0$，设 $K\subset E_L$ 是包含 v 与 F 的最小 D－子域. 不需要假定 K/F 是刘维尔扩张. 但是，我们可以证明 E_L/K 是刘维尔扩张.

设 w 是 $L(w)=0$ 的另一与 u 线性无关的解，则除了差一个标量乘子外，我们有

$$Wr_L=\det\begin{pmatrix}v & w\\ v' & w'\end{pmatrix}=vw'-wv'$$

由此可推出 w 满足一阶非齐次微分方程

$$w'-\frac{v'}{v}w=\frac{Wr_L}{v}$$

其中 Wr_L/v 包含在 K 的一个刘维尔扩张中. 从上面所说, E_L/K 是刘维尔扩张, 又因 K/F 是刘维尔扩张, 则 E_L/F 也是刘维尔扩张.

命题 40.6 任一初等函数都包含在 $\mathbf{C}(t)$ 的某个刘维尔扩张中.

证明 困难是 D－域的定义中从未提到复合, 像 $e^{\sin t}$ 或 $\ln(\sqrt{1-t^2}+1)$ 之类. 但这些复合是包含在刘维尔扩张中的. 实际上任意复合是从 e^u, $\ln u$ 和 $\sin u$ 复合的. 三角函数可利用欧拉公式

$$\cos t=\frac{e^{it}+e^{-it}}{2} \quad 和 \quad \sin t=\frac{e^{it}-e^{-it}}{2}$$

来处理. 指数是很清楚包括在刘维尔扩张的定义中, 而对数是 u'/u 的积分.

下列命题说明刘维尔扩张是根扩张的类比物.

命题 40.7 L 是系数在 D－域 F 中的线性微分算子, 设 $G=\mathrm{DGal}(E_L/F)$. D－分裂域 E_L 是(包含在)一个刘维尔扩张, 当且仅当 G 中单位元的连通分支 G_0 是可解的.

方程(40.1)和(40.2)的解

我们现在用前几节所发展的新语言重述我们的目的.

(1) 多项式 $f(x)=x^5-4x-2$ 是没有根式解的.

(2) 微分方程 $u'=t-u^2$ 的任一解都不能包含在刘维尔扩张中.

我们先证明(1) 回忆一下, 一个多项式可以根式解当且仅当(原文只写了"仅当"—— 译注) 它的分裂域的伽罗华群是可解群, 这样我们只要证明

$\mathrm{Gal}(E_f/\mathbf{Q})$ 不是可解群即可.

因为 f 是五次的，它在 $\mathbf{C}$ 中有 5 个根. 伽罗华群 $\mathrm{Gal}(E_f/\mathbf{Q})$ 置换这些根. 因此是 S_5 的子群. 设 $a \in \mathbf{C}$，使得 $f(a)=0$，因 f 不可约，域 $\mathbf{Q}(a)$ 是 $\mathbf{Q}$ 的一个次数为 5 的扩张. 因为 $\mathbf{Q}(\alpha) \subset E_f$，$E_f/\mathbf{Q}$ 的次数一定被 5 整除. 由定理 40.1，$\mathrm{Gal}(E_f/\mathbf{Q})$ 的阶也被 5 整除. 由柯西定理，在 $\mathrm{Gal}(E_f/\mathbf{Q})$ 中存在阶为 5 的元素(或说 5－循环).

注意 $f(-2)<0<f(-1)$ 及 $f(0)<0<f(2)$，所以 f 有 3 个实根 a,b,c 满足

$$-2<a<-1<b<0<c<2$$

通过计算 f 的微商，可以看出它们是 f 的全部实根. 于是 f 还有两个复共轭根.

现在考虑在域 E_f 中的复共轭作用，它必定是一个自同构，并固定 $\mathbf{Q} \subset \mathbf{R}$，因此是 $\mathrm{Gal}(E_f/\mathbf{Q}) \subset S_5$ 中的元素. 我们刚才得到结论 f 有 3 个实根，在复共轭下不动，其余两个根互换. 这样我们就知道 $\mathrm{Gal}(E_f/\mathbf{Q})$ 包有一个 2 循环.

这样所有需要的东西都有了. 从初等群论知道一个 2 循环和一个 5 循环生成 S_5. 我们得到结论 $\mathrm{Gal}(E_f/\mathbf{Q})=S_5$，$f$ 是没有根式解的.

现在我们讲第 2 个问题. 到此为止，我们只是考虑了线性微分算子和它们的解. 据此，到目前为止我们对于非线性方程 $u'=t-u^2$ 的解还几乎一无所知. 然而还有希望，回忆一下例 40.9 中的艾里微分算子

$$L_A(u)=u''-tu$$

它当然是线性的，且由于函数 t 没有极点，分裂域 E_{L_A}

是 $\mathbf{C}$ 上亚纯函数域 $M(\mathbf{C})$ 的子域.

设 $v \in E_{L_A}$ 是满足 $L_A(v)=0$ 的任一函数,并设 $w=v'/v$ 是 v 的对数的微商(它必定在域 E_{L_A} 中). 然后对 w 求微商

$$\begin{aligned} w' &= \frac{v \cdot v'' - [v']^2}{v^2} \\ &= \frac{t \cdot v^2 - [v']^2}{v^2} \text{(因为假设了 } v'' - tv = 0\text{)} \\ &= t - w^2 \end{aligned}$$

也就是说,w 是 $u'=t-u^2$ 的解! 进而,我们用逆过程可得,若 w 是任意使得 $w'=t-w^2$ 的函数,则 $v=\exp[\int w]$ 满足 $L_A(v)=0$. 这样,我们有了方法将 $u'=t-u^2$ 之解与线性微分方程 $L_A(u)=0$ 之解联系起来.

定理 40.5 我们有 $G=\mathrm{DGal}(E_{L_A}/\mathbf{C}(t))=\mathrm{SL}_2(\mathbf{C})$.

证明 在例 40.9 中,我们发现 $G \subset \mathrm{SL}_2(\mathbf{C})$. 为了证明等号成立,设 G_0 是单位元的连通分支,则由定理 40.3 可知 G/G_0 是有限的.

因 $\mathrm{SL}_2(\mathbf{C})$ 是三维的,很少有真连通子群. 实际上,真连通子群共轭于下列 4 个之一:

(1) $\left\{\begin{bmatrix}1 & 0\\ 0 & 1\end{bmatrix}\right\}$;

(2) $\left\{\begin{bmatrix}a & 0\\ 0 & 1/a\end{bmatrix}, a \in \mathbf{C}^*\right\}$;

(3) $\left\{\begin{bmatrix}1 & b\\ 0 & 1\end{bmatrix}, b \in \mathbf{C}\right\}$;

(4) $\left\{\begin{bmatrix}a & b\\ 0 & 1/a\end{bmatrix}, a \in \mathbf{C}^*, b \in \mathbf{C}\right\}$.

注意对每个这样的群，$(1\ 0)^t$ 是一共同的本征向量. 这样，如果 G_0 是 $\mathrm{SL}_2(\mathbf{C})$ 的真子群，则 G_0 的所有元素就有一公共的本征向量 $v\in E_{L_A}$，它满足 $L_A(v)=0$.

因为在 E_{L_A} 中微分运算与群 G 的作用是可以交换的，我们得到 $w=v'/v$ 被 G_0 所固定. 这样，由 w 生成的皮卡－韦西奥扩张是 E_{L_A} 的一个 D－子域 M，且 $G_0\subset \mathrm{DGal}(E_L/M)$（因为 G_0 固定 w）. 特别，我们可以应用微分伽罗华理论的基本定理（定理 40.5）使得 $\mathrm{DGal}(M/\mathbf{C}(t))\simeq G/\mathrm{DGal}(E_L/M)$ 是 G 对一个包含 G_0 的子群的商群. 因此 $\mathrm{DGal}(M/\mathbf{C}(t))$ 是有限的，则由命题 40.1，w 是一个代数函数（故存在有限多个极点）.

但是，正如我们所看见的，因为 w 是 $\ln v$ 的微商，$L_A(v)=0$，所以 $w'=t-w^2$. 对任一数 $t_0<-1-\pi/2$，满足 $w(t_0)=0$ 的解 w 有一个定义域 (a,b)，$t_0-\pi/2<a<b<t_0+\pi/2$，因为这个解当 $t>t_0$ 时高于 $\tan(t+t_0)$，而在 $t<t_0$ 时低于 $\tan(t+t_0)$（图 40.1）. 这样 w 至少和 $\tan(t)$ 有一样多的极点，那就是有无穷多个极点. 因 w 不是代数函数，说明我们猜想 $G_0\neq \mathrm{SL}_2(\mathbf{C})$ 是错的.

推论 40.1 艾里方程没有属于 $\mathbf{C}(t)$ 的一个刘维尔扩张的非零解.

证明 由命题 40.7，如果艾里方程的一个非零解（因此由例 40.10 可知所有解）属于一个刘维尔扩张，则 $G_0=\mathrm{SL}_2(\mathbf{C})$ 是可解群. 因为可解性在作商群时仍保持着（这是一个习题，利用定义和群的同构定理），我们有 $\mathrm{PSL}_2(\mathbf{C})=\mathrm{SL}_2(\mathbf{C})/\{\pm\mathrm{Id}\}$ 也是可解的，$\mathrm{PSL}_2(\mathbf{C})$ 是单的. 这样 $\mathrm{PSL}_2(\mathbf{C})$ 可解仅当它是交换群. 很容易

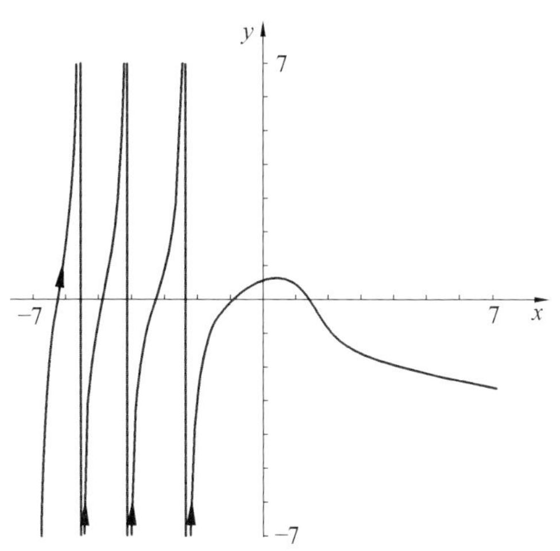

图 40.1 $w'(t)=t-w^2$ 的解

验证这是不可能的.

我们最后得到我们的第 2 个结果.

推论 40.2 微分方程 $u'=t-u^2$ 没有属于 $\mathbf{C}(t)$ 的一个刘维尔扩张的非零解.

证明 假定 v 是该方程的一个解，则 $\exp[\int v(t)\mathrm{d}t]$ 包含在 $\mathbf{C}(t)$ 的一个刘维尔扩张中，且满足艾里方程. 这与上一个推论矛盾.

要　义

1. 数学并不像普通一般人所相信的，仅是一组呆板的定义和法则. 在把人们的心从它的偏见和旧的定义中解放出来以后，现代的数学已开辟了一块非常膏腴的园地.

2. 不过这种解放绝对不是纷乱无主的. 在推广了定义，选定了公理和确定了数域以后，我们就要遵从这些限制，只要我们在这一个系统里研究的话，对于它们就要表示忠诚.

3. 然则，在起初的时候我们将如何选择那些公理和定义以及数域呢? 那就要看目的如何而定的. 如伽罗华的目的是要用既定的方法来解方程式.

4.有了目的,有了和这目的契合的公理,那么,方法又怎样呢?这方法就是要用一个以一些变化作元素的群的元素来变化那些我们所研究的东西,并且找出对于这些变化不会更易的东西,这些在我们的系统中是不会变更的.

5.从现代数学中可以得到的另一个训示是:一个很小的原因可以引起惊人的结果.这正是:“星星之火,可以燎原”.一个问题可以是可能的或不可能的,只要

在条件上有点轻微的变更.这个最好拿几何学作比喻:只在一条公理上有一点细微的变化,把其余的公理照旧,就把欧几里得几何学变成非欧几里得几何学了[①].

① 参看本书作者 L. R. 勒贝尔所著的 Non-Euclidian Geometry or Three Moons in Mathesis 一书.

编辑手记

这是一本介绍群论的科普书.

丘成桐先生说:我个人认为,即便在目前应试教育的非理想框架下,有条件的、好的学生也应该在中学时期就学习并掌握微积分及群的基本概念,并将它们运用到对中学数学和物理等的学习和理解中去.

其实在中学生参加的各类考试中群论内容就早已渗透其中了,当然是以背景形式出现的.如第五届冬令营(CMO)数学试题的第二题:

设 x 是一个自然数,若一串自然数 $x_0=1,x_1,x_2,\cdots,x_l=x$ 满足 $x_{i-1}<x_i,x_{i-1}\mid x_i,i=1,2,\cdots,l$,则称 $\{x_0,x_1,x_2,\cdots,x_l\}$ 为 x 的一条因子链,称 l 为该因子链的长度.我们约定以 $L(x)$ 和 $R(x)$ 分别表示 x 的最长因子链的长度和最长因子链的条数.

对于 $x=5^k\times 31^m\times 1\,990^n$（$k,m,n$ 是自然数），试求 $L(x)$和 $R(x)$.

此题貌似浅显，但其背景却是群论或格论中的若尔当—赫尔德定理(Jordan—Hölder Theorem). 这里的最长因子链相当于群论中的合成群列.

按俄罗斯著名群论专家库洛什所指出：

群的概念是近代数学中为数不多的一些基本概念之一，对于它们的全面研究组成现代数学的目的和内容. 现在，把群论仅局限于与相邻学科的直接需求有关的一些问题，已是不可能的了——群论中任何本质的推进，任何揭示群概念的深刻和新的性质的结果都不会不给这些相邻学科的发展以影响，因而可被看作是在整个数学中的一个推进. 实际上，在数学的非常不相同的部门中以及甚至在其范围以外，例如在理论物理中. 群为自己找到各式各样而有时是非常本质的应用，并且它的作用随时都在增长. 当然，在很多情况中暂时只涉及群的概念本身以及它最简单的性质，即是对群的理论没有提出任何要求. 但是，毫无疑问，数学的相应分支将会得到对其发展的新的可能性，若是它们对它们所使用的群的群论性质以及这些性质与该分支中最基本概念的性质之联系表现出巨大兴趣的话，这里的基本概念是指，对它们的研究组成这些分支的基本课题，另一方面，利用深入的群论结果或者对群论提出巨大要求的情形也是非常多的. 下面指出其中的一些.

伽罗华理论的基本内容归结为，任意多项式（更精

确些,给定交换域的任意有限扩张)可与一个完全确定的有限群对应着.对这个对应的研究引导出可能把交换域理论和多项式理论的许多问题归结为有限群论的问题;特别,用这种途径解决了用根号解方程的可解性问题.其次,在环,特别是交换环论中,而今带算子的群以及包括若尔当—赫尔德定理在内的关于这些群的基本结果找到了巨大的应用.具有限生成元的阿贝尔群的理论在线性代数中,在代数数论中以及特别在拓扑(Betti群)中起着重要的作用.另一方面,组合拓扑中的许多问题归结为关于由定义关系式给定的群的问题.

群论的最终目的——假如一般而言对于巨大的广泛分叉的学科可以谈论统一最终目的的话——应该认为是寻求对所有存在于自然界的群或者至少是充分广泛的群类给以完全的描述,即能用一组不变量来给出这些群.关于具有有限生成元的阿贝尔群的理论可以认为是一个样本.对这个情形所得到的刻画是非常方便和清晰的,使得现在很难指出一个与此有关的问题,在解决它时会遇到什么困难.但是容易明白,不可能指望对于更广泛的其他群类也能得到同样清晰的刻画,例如,对可数准素阿贝尔群的不变量系以及特别是对无扭有限秩阿贝尔群的不变量系已是非常复杂的,它们反映上述这些群类的丰富性,并且没能给出这样的可能性,使得可以设想,在解决有关这些群的任意问题时除去纯技术性外已不会遇到其他困难了.此外,一般很难期待,在所有的情况都能用不变量来确定群,而这些不变量是利用较群本身更单纯或是更习惯的一些概念,但是仅仅这样的分类才是有兴趣的.只需指出,到目前为止甚至对有限群尚未得到完善的刻画,而有限群集才仅是可数的.即使是在附加的假设下,只考察有限可解群或者甚至有限 p—群,也还是没有能做到这一点.在为列举有限群寻找途径的各种不同工作中应当指出 Fitting 的论文,其中作了这样的尝试,想把对任意有限群的描写归结为对可解群和单群的刻画.另一方面,已经很久前便开始了刻画所有具给定 n 阶群的工作,从一些小的 n 开始.但是,这些研究随着 n 的增大的程度变得非常复杂且暂时讨论过的值 n 只限在二百或三百范围内,并总结不出任何一般的规律性.从赫尔德开始的一个方向是依赖数 n 分解成素因子乘积的形式来刻画 n 阶群,并从这种分解最简单的情况开始.这一方向也是除了一些个别新的群的例子外没有给出任何东西来.

联系着群的编目这个一般问题现在可以理解,为什么在现代群论中直积和自由积占据这样重要的作用.显然,它们的作用在于,在很多情况下它们能把结构较复杂的群的研究归结为相对来说较简单因而较易进行刻画的群的研究.

直积和自由积运算是代数运算,并且是交换的和结合的,定义在所有群的集合上(或者,为了避免集论的悖论,在所有其势不超过某个基数 $\mathfrak{m}$ 的群的集合

上). 这些运算中的每一个把群对 A,B 一意地对应到一个确定群 C 上,并且在 C 中可找到子群 A' 和 B',他们合在一起生成 C 以及顺序地同构于 A 和 B. 目前尚未解决的问题是,在群的集合上是否存在具有所有刚列举过的性质的运算,它既不是直积也不是自由积? 如果回答是肯定的,则便提出这样的任务:找出所有这样的运算,按直积和自由积的理论的样板建立它们的理论而以后利用它们去研究这些或那些群类. 这里指出,在文献中常常出现的直积的一些推广并不满足上面讨论的问题,这些推广的特点在于不假定其中一个因子是正规子群——在这种情况下,一般说,这个积不是由其给定的因子完全确定.

直积理论的发展现在建筑在某些非常困难的问题上. 很自然地在群论的这一部分中基本的问题是一个群的两个直分解的同构问题,或者更准确些,是关于此两分解是否有中心同构的连续的问题. 对于具任意算子集的群在这个方向摆着的任务是把 Remak—Щмидг 定理推广到较具主列群更广的群类上去. 现在还难指出一个合适的群类. 也许可以取具有递降正规链中断条件的群作为这样的群类——对于戴德金格且具递降链有中断条件者类似于 Remak—Щмидг 定理的定理是不成立的;但是截至目前为止任何对具任意算子集的群证过的定理都能移置到格的理论中.

对于没有算子的群也摆着同样的任务,并且作为出发点可以取 Kořinek 定理,这个定理,以及关于具不可分解中心的群的定理使得可以提出下面一般问题：关于给定群的直分解中心同构的定理的正确性是否可由对于此群之中心的相应定理推得，因之是否这样能把整个问题归结为阿贝尔群的情形？作为这个方向上的第一步可以考察这样的群，其中心可分解为可数个有限循环群和 p^{∞}-型群的直积. 实际上，具极小条件的阿贝尔群具有上述类型的分解，并且只有有限个因子，即是用这种方法我们事实上把 Kořinek 定理所讨论的群类推广了. 与此同时我们知道，在可数周期阿贝尔群中，可分解成有限循环群和 p^{∞}-型群直积的阿贝尔群是使任意直分解都有同构接续定理成立的仅有者.

关于直积的子群问题也是非常有兴趣的. 与自由积的情形不同尚未能借助直因子的子群来刻画直积的子群结构，更不用说找出充要条件使得某个群能同构于给定群的直积的子群. 甚至对于有限群这个问题都是很困难的.

与自由积理论的发展相联系的，出现了具相重子群的自由积的概念. 设考察一些群 A_α 的集合，这些群 A_α 是由生成元系 $\mathfrak{M}_\alpha$ 和定义关系式系 Φ_α 给出(其中 α 遍历某一足码集). 在每一群 A_α 中取定一个子集 B_α，并且认定，这些子群的选择能够这样作出，使得所有它们彼此间是同构的，即是都同构于某一群 B；用 f_α 表示 B_α 和 B 间的一个确定同构对应. 群 A_α 的具相重子群 B 的自由积指的是一个群 G，它以所有集 $\mathfrak{M}_\alpha$ 的并集为生成元系，其定义关系式系取为所有系 Φ_α 之并再

添加上如下得到的关系式:从不同的子群 B_α 和 B_β 中取出在同构对应下对应群 B 的同一元素的元素对而令其相等所得到的关系式.

具相重子群的自由积又给出一种构造新群的方法,因此和通常一样应讨论一个群的两个表成具相重子群的自由积之分解间的同构问题,这里例如可假设,这些分解已经不能再进一步进行了.主要的困难在于,一般说,这两个分解的相重子群不一定相等,因而关于此问题目前为止只得到非常特殊的一些结果.目前最一般的结果是 Э. М. Кишкина 作出的,即对于有共同的相重子群的两个分解,如果这个相重子群还是群的正规子群的话,则关于同构的定理是成立的.

现在我们转来讨论一些个别的群类,并从阿贝尔群论开始.阿贝尔群组成一个研究得较好的群类,然而对于它们仍然可指出一系列重要和困难的问题.根据 Ulm 定理,可数准素阿贝尔群的理论可认为是已完成了,因此应转到建立任意势的准素群的理论,这里目前已得到的结果很少,只好从建立一些条件下手,使得在这些条件下具给定 Ulm 因子的群是存在的,以此来推广对于可数情形的存在定理.这个问题的解决会引起较大的兴趣,因为它可能肯定地解决下面这个目前尚未解决的问题:所有不同构的具给定势 $\mathfrak{M}$ 的阿贝尔群的集合是否具有势 $2^{\mathfrak{m}}$? 其次,在 Ulm 定理的证明中本质地利用了 Prüfer 定理,这就是说,此证明不能推广到可数群范围以外去,然而 Ulm 定理的陈叙对于任意势的群都是有意义的，是否 Ulm 定理对于不可数准素群仍然成立？如果关于这个非常困难的问题的回答是肯定的——应当指出，即使当所有 Ulm 因子可分解成循环群的直和这个特殊情况目前也没有得到解答——则整个准素群的理论就归结为去刻画没有无限高元素的任意势准素阿贝尔群这种刻画本身就是很有兴趣的，但是得到这个刻画是一个不很简单的课题，这是因为存在有这种类型的群，它们不能展开成循环群的直和，并且 Куликов 证明了，甚至对任意非极限势存在有具有这个势的准素群，它们不包含无限高的元素且不能分解成具较小势的群的直和.

无扭阿贝尔群的理论中作为近期的任务应当是利用关于有限秩群的刻画去对有限秩群作更深入的研究，特别是研究这些群的子群，它们的直分解以及它们的自同构群等. 至于混合阿贝尔群，则在这里，一方面，应当在寻求条件以保证阿贝尔群能分解成周期群和无扭群的直和这个问题中，去掉 Baer 在研究此问题所加上去的限制，而另一方面，即使对可数情形也好，对具有给定最大周期子群 A 以及给定的关于它的商群 B 的所有阿贝尔群进行充分好的刻画. 为了得到这样的刻画可以利用扩张理论的方法，但最终结果应当是利用群 A 和群 B 的不变量来陈述. 同时应追求这样一个目标，即是关于群可分解成周期群和无扭群的直和的 Baer 条件该能由这个结果作为显然推论而得出.

书中还讨论了某些群类，它们在这种或那种意义

下是最接近有限群的一些推广.首先指出,在有限群论感兴趣的诸问题中可以列出这样一些来,它们被认为是群论的这个分支中的独特问题,而把它们移置到无限群上,虽然有时也是可能的,但却总是处于理论发展的基本途径之外.我们谈的是与给定群的元素或子群的个数相联系的问题.作为这类结果的例子我们指出下面这个弗罗贝尼乌斯定理,它在有限群论中起着非常显著的作用.

如果 k 是有限群 G 的阶的因数,则此群中满足方程 $x_k=1$ 的元素(亦即其阶为 k 之因数的元素)之个数被 k 整除.

这个定理被不止一次地推广过,其中也有对无限群的情形;这些推广中的最好结果属于霍尔(F. Hall).

周期群组成一个场所,有限群论中研究的大多数问题可以用自然的方式移置到这里来.毫无疑问,周期群的理论将生长成为群论中最丰富最宽广的部分之一;但目前在这里已作出的结果太少,不足以能有充分信心地指出进一步研究的道路.周期群论所遇到的基本困难在于我们不止一次提到的伯恩赛德问题:任意周期群是否为局部有限的,或者换言之,任意具有限生成元的周期群是否为有限群?这个问题甚至在群的所有元素之阶有界的条件下也没有解决.显然当群中异于1的元素的阶都等于2的情形是有肯定解答的,因为这样的群是阿贝尔群.对于元素的阶都等于3的情形，以及对于具两个生成元的群，其元素之阶等于 4 或 4 的因数的情形，伯恩赛德曾给与肯定的解答；Levi 和 Van der Waerden 也考察了上述两种情形中的第一个. 之后，B. Neumann 解决了群的元素的阶不大于 3 的情形，而最后 Санов 解决了具任意有限生成元的群，其元素的阶不大于 4 的情形. 但是对于具有两个生成元的群，其中异于 1 的元素之阶等于 5 的情形，此问题仍没有解决. 另一方面，下面问题也没有解决：对子群有升链条件和降链条件的任意群是否为有限群？这个问题是伯恩赛德问题的特殊情况，因为降链条件(极小条件)保证此群是周期的，而升链条件保证此群有有限生成元.

在书中我们有机会看到，在研究周期或者局部有限群时极小条件有时是非常有益的. 目前下一问题没有解决：是否任意有极小条件的群是可数的？与此有关的有下面的 Щмидт 问题：是否存在异于 p^{∞}-型群的群，其所有子群都是有限的？如果利用对于有极小条件阿贝尔群的刻画，则容易说明，这些问题的解决可由下面 Черников 问题的肯定解决而推出：是否任意有极小条件的群必有有限指数的阿贝尔正规子群？

周期群理论中首要问题之一是细致地研究无限 p-群. 例如我们可指出，目前没有确定，无限(局部有限) p-群是否可为单群？对于局部有限情形这个问题还是 Черников 提出的下述问题的一个特殊情形：局部可解群是否能和其换位子群相重合？毫无疑问，局部可解

群也需要进一步的研究.例如,霍尔关于有限可解群的西洛Π一子群的结果非常可能推广到局部可解群上.从周期群理论的其他路子中该指出应研究具有限共轭元素类的周期群或局部有限群,以及仅具有有限个共轭元素类的群.

应当主要在周期群理论范围之外去发展可解群的理论.不能认为可解群定义本身对于无限群情形是已最后确立的了,这里近期任务是研究可解群定义的各种不同可能方案之间的关系.在周期群理论之外也有关于西洛子群的某些问题.例如在什么条件下给定群的西洛p-子群共轭或者同构的问题就是这样的问题,这些条件应较这种子群的个数有限性为广.

另一方面,虽然(可数)局部有限群的西洛p-子群不一定是同构的,但是给定群之西洛p-子群的多样性在这种情形应当具有某些相当明确的规律性,而确立这些规律性该是群论的这一部分的近期任务之一.最后,研究局部有限群,对其西洛子群附加以这样或那样的限制,也能导出内容丰富的理论.

具有有限生成元的群是非常有兴趣的.在阿贝尔群的情况对它们的研究没有遇到困难,但是关于具有有限生成元的非交换群的任意问题,甚至从其陈述上看最初等的问题,通常都是很困难的.这里除伯恩赛德问题外例如可指出我们已知道的Hopf问题:具有有限生成元的群能和其真商群同构吗?或者关于是否存在具有有限生成元的无限单群问题.对于仅具有有限生成元及有限个关系式的群的研究没有导致建立一个宽广的理论,虽然这样群的个数仅是可数的,或者所考虑的是关于具有有限生成元的群,而其任意子群仍是具有有限生成元的,这也不导致建立一宽广的理论,依这样的群,也就是对子群有极大条件的群,并且目前甚至关于此最后一群类的势的问题也没有解决.

我们知道,在秩 2 自由群的子群中可以找到任意有限甚至可数秩的自由群.另一方面,任意一个有限群含在某个对称群中,而它有由两个元素组成的生成元系.这就产生一个问题:任意一个可数群能否嵌入到某个具有有限生成元的群,甚至可能是具两个生成元的群.如果不是这样,则应该对容许有这种嵌入的那些可数群作专门的研究.与此问题相近的有下面这个关于泛可数群的 Мальцев 问题:是否存在一个可数群,而任意可数群同构于它的一个子群.顺便指出,对于可数阿贝尔群言,可数个与有理数加群同构的群以及对每个素数 p 取可数个 p^{∞}-型群所作的直和就是这样的泛群.

许多关于具有有限生成元的群的问题,其中也包括上面列举过的一些,是可以表述成关于有限秩自由群正规子群的问题.例如,对元素的阶在总体上有界的情形关于周期群的伯恩赛德问题就变成一个自由群中所有元素的 n 次幂生成的子群是否为有限指数的问题;关于是否具有有限生成元的无限单群的问题对应于在有限秩自由群中是否有无限指数的极大正规子群

的问题;在书中提到的关于奇合成数阶有限单群的伯恩赛德问题等价于在自由群中是否存在极大正规子群,其指数是奇合成数;最后,在有限秩自由群中是否存在正规子群,它在群的某个自同构下映到自身的真子群上,这个问题接近于Hopf问题(虽然和它并不一样).但是,这种到自由群上的转移并未使对这些或与之相似问题的解决变得容易一些.问题最终总是归结为要弄清,由自由群的某些元素生成的正规子群是由一些什么样的元素组成的.这就是已指出过的恒等式问题.

关于由定义关系式给出的群的同构问题目前只能说出一些分散的、特殊的结果,距形成一个理论是很远的.下面这个Magnus定理无疑是很有兴趣的,它涉及某个群和自由群的同构问题.

如果一个具有$n+k$个生成元,而由k个表成这些生成元的定义关系式给出的群具有某一由n个元素组成的生成系,则它必是n秩自由群.

在一系列工作中研究某些特殊类型的定义关系式,并且主要讨论由它们定义的群的有限性问题,研究得比较好一些的只是具一个定义关系式的群,然而目前例如下面问题也还没有解答:两个具有一个定义关系式的群什么时候是同构的?没有完全解决的还有关于这些群的子群问题;这里基本的结果是Dehn-Magnus定理.

如果群G由生成元$a_1,a_2,\cdots,a_n$以及一个关系式

$f(a_1,a_2,\cdots,a_n)=1$ 给出,如果元素 a_n 出现在此关系式中且不能利用变形去掉它,则子群 $\{a_1,\cdots,a_{n-1}\}$ 是自由群,而元素 $a_1,\cdots,a_{n-1}$ 是它的自由生成元.

最后,关于由关系式给出的群的结果中,我们指出一个属于 Reidemeister 的方法,用它可建立由定义关系式给出的群之子群的定义关系式.

在局部自由群的理论中还留下许多未解决的问题,在它们未获得解决前,不能说对这个相当广泛群类的研究已经完成了.例如,上面已经提到的关于是否存在非可数的局部自由群,它不是由自由群组成的升链之并,以及与此相近的关于是否存在有限秩的非可数局部自由群.这最后一个问题可归结为下面的问题:是否可将任一可数有限秩局部自由群嵌入较大的同一秩的局部自由群中?还可提出关于完全的刻画有限秩可数局部自由群的问题,对此很可能利用我们已知的关于有限秩无扭阿贝尔群的刻画.另一方面,局部自由群的定义本身引出如下的问题:一个不可数群,如果其任意可数子群都是自由的,则它本身是否是自由的?

除去上面考察过的群类以外,置换群和矩阵群在群论中占有显著的地位.与我们到此以前所做过的不一样,对这些群的研究依赖于它们的元素的性质因而这些研究不在本书计划中.置换群的理论对于有限群的情况很久以来就有详细的讨论,它也已扩展到无限群的情况,然而,目前尚无特别大的成就.对矩阵群的研究,确切地说,对域上有限阶非退化矩阵的群之子群

的研究,是一个非常重要的课题.任一有限群可以同构地嵌入特征零的域上某一充分高阶矩阵群——为了证明它可以用 Cayley 定理,而把置换代以在每行每列处只含一个异于零而等于1的矩阵.在上世纪末和本世纪初有大量研究是讨论全矩阵群以及其最重要的子群和商群,亦即所谓线性群,特别是在有限域上的情形.无限群已远不是常能同构嵌入矩阵群内,或者象通常所说的,用矩阵同构地表示,因而很基本的是关于在什么条件下这种表示是可能的问题. Мальцев 对阿贝尔及周期群的情形给出了这样的条件;特别,p-群可用特征零的域上矩阵同构表示的必要且充分条件是它为特殊的.但是对于有限生成群目前还没有得到类似的条件,同时还知道,既存在有限生成的矩阵群,它不能由有限定义关系式系给出,也存在具有有限生成元和有限关系式组的群,它不能用矩阵同构表示.由于对矩阵群上述有关有限生成群的许多问题得到解决,其中有关于周期群的伯恩赛德问题,Hopf 问题以及关于具有限生成元的无限单群问题,使该问题更有趣.最后,我们指出 Нисневич 证明的一个定理:可由矩阵同构表示的群之自由积在适当选择的域上本身也具有这样的表示.

在有限群论中群到矩阵群中的同态映射起着很重要的作用,如果谈论的是到域 K 上 n 阶全矩阵群中的同态映射,这就是所谓域 K 上 n 次表示.关于这些表示的性质以及在研究有限群时,它们的作用等问题,我们建议读者去看 Van der Wearden 的《近世代数学》的第 17 章或者关于有限群的专著.

最后对群与格的联系作几点注记. 书中已提出了由其子群格唯一确定该群的可能性问题并指明了在一般情况回答是否定的. 因此很自然地除了子群格以外还考虑与此群相联系的其他格,例如关于所有子群的所有陪集做成的格. 另一方面,继续 Baer 的工作,应该弄清,是否和阿贝尔群的情况类似,任一在某种意义下充分大的非交换群由其子群格完全确定? 80 年前 Л. Е. Садовский 证明,自由群的确具有这样的性质.

本书是通过讲数学史进而达到普及现代数学的. 本书的主人公伽罗华在二十一岁死于决斗. 生前他已经发表过一篇讨论现在所谓的伽罗华域的文章,但是他的主要工作仍是未完成的手稿. 其中除了别的东西以外,他陈述了下面三个定理,这里是我们逐字逐句的翻译.

"定理一:两个群所公有的置换构成一个群;定理二:如果一个群包含在另一个群中,那么后面这个群就是与前一个群相似的一些群的并集,而前面一个群称为一个因子;定理三:如果一个群中的置换的数目能被 p(一个素数)整除,那么这个群包含一个代换,其周期具有 p 项."

定理一无须多解释. 定理二中,一个子群作用于一个群上,其所有轨道也被称为群. 定理三是一个难得的结果,1844 年被柯西重新发现. 用近代术语来表述,这

就是说,如果 p 能整除一个群的阶,那么这个群便具有一个 p 阶循环子群.这个定理还没有十分简单的证明.

本书是一本介绍性的读物,以大中学生和数学爱好者为目标读者.正如数学家 R. H. Bing 所指出:

大多数学生将不是从事研究的数学家,大多数不会到达前沿——但他们能更多地欣赏数学,如果他们知道前沿就在那里,知道它(指前沿)不是不可达到的,对它偶一瞥见并认识到它正在被接近了——有时是平稳的,但常常是一阵阵的.

其实有些研究是可以很快就有些进展的.中国在上世纪 80 年代刚刚开始恢复学术研究,巴西巴西利亚大学、加拿大多伦多大学何七然教授来北京大学讲学时提到研究有限几何时需要用到等中心化子群.北京大学数学系的王萼芳教授就对于对称群及交错群完全解决了等中心化子群的问题.

H 是群 G 的一个子群.如果 H 中非单位元素在 G 内的中心化子都相等,则称 H 是 G 的一个等中心化子群.对称群的等中心化子群称为 EC 群,交错群的等中心化子群称为 ECA 群.

设 a 是一个置换.如果 a 的轮换分解的省略形式中的轮换长为 $l_1,l_2,\cdots,l_m$,则称 a 是一个$(l_1,l_2,\cdots,l_m)$型置换.

a 是对称群 S_n 中一个置换.用 $z(a)$ 表示 a 在 S_n 内的中心化子,并令

$$z_a=\{b\in S_n \mid b=e \text{ 或 } z(b)=z(a)\}$$

如果 a 属于交错群 A_n，则用 $z_A(a)$ 表示 a 在 A_n 内的中心化子，而令

$$zA_a=\{b\in A_n \mid b=c \text{ 或 } z_A(b)=z_A(a)\}$$

定理 1 设 $G=S_n$ 或 A_n，a 是 G 中一个非单位元素. 则 $\langle a\rangle$ 是 G 的等中心化子群的充分必要条件为 a 的阶是一个素数.

引理 (1)如果 $n=4$ 或 5，a 是一个(2,2)型置换. 则 $zA_a=z_A(a)$ 是一个 4 阶初等阿贝尔群.

(2)如果 $n=6$，a 是一个 3 轮换或(3,3)型置换. 则 $zA_a=z_A(a)$ 是一个 9 阶初等阿贝尔群.

定理 2 (1)a 是 S_n 中一个非单位元素，z_a 是一个群的充分必要条件是 $z_a=\langle a\rangle$；

(2)a 是 A_n 中一个非单位元素. 则除去引理中的两种情况外，zA_a 是一个群的充分必要条件是 $zA_a=\langle a\rangle$.

定理 3 (1)S_n 的素数阶循环子群及单位子群是全部 EC 群.

(2)A_n 的素数阶循环子群、单位子群及引理中的两类群是全部 ECA 群.

定理 4 (1)a 是 S_n 中一个置换，当且仅当下列条件之一成立时，$z(a)$ 是一个 EC 群：

①$n\leqslant 2$，$a=e$.

②$n=p$ 或 $p+1$(p 是一个素数)，a 是一个 p 轮换.

(2)a 是 A_n 中一个置换，当且仅当下列条件之一成立时，$z_A(a)$是一个 ECA 群：

①$n\leqslant 3, a=e$.

②$p\leqslant n\leqslant p+2$($p$ 是一个素数)，是一个 p 轮换.

③$n=4$ 或 5，a 是一个(2,2)型置换.

④$n=6$，a 是一个 3 轮换或(3,3)型置换.

当然，这只是一个小例子，后来我国学者陆续在有限群模表示论(张继平、石生明等)、代数群与量子群(时俭益、王建磐等)、半群(汪立民等)都有相当精彩的工作.

科普书不好写，有人说是："好人不愿写，孬人写不了". 其地位可类比为文学中的短篇小说.

1941 年，沈从文在西南大国文学会上的一次讲演中，谈到短篇小说的处境，他是这样说的："不如长篇小说，不如戏剧，甚至于不如杂文热闹."说到短篇小说的作者，沈从文说："从事于此道的，既难成名，又难牟利. 且决不能用它去讨个小官作作. 社会一般事业都容许侥幸投机，作伪取巧，用极小力气收最大效果，唯有'短篇小说'可是个实实在在的工作，玩花样不来，擅长'政术'的分子决不会来摸它. '天才'不是不敢过问，就是装作不屑于过问."

既然都不愿意做，就让我们来试试！

刘培杰

2016 年 6 月 1 日

于哈工大